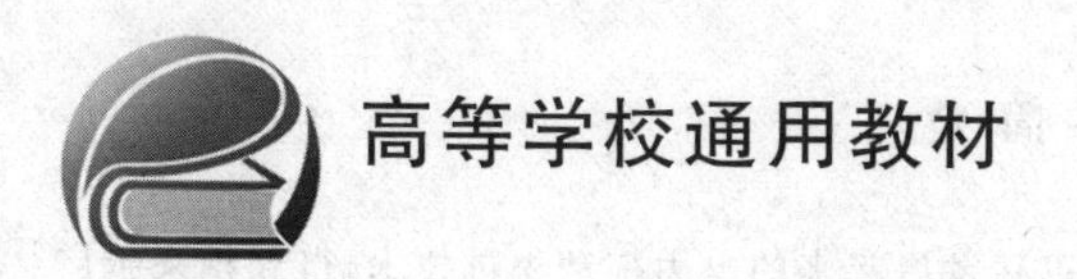

交流变频调速技术

（第4版）

何超　编著

北京航空航天大学出版社

内容简介

交流电动机变频调速技术是在近几十年来才迅猛发展起来的电力拖动先进技术，得到越来越广泛的应用，并已成为高等院校电类、自动化类、机电类专业本科，尤其是应用型本科和高职高专相关专业的必修或选修课程。

本书修订后的第4版仍分八章，依次是：变频调速技术概述，常用电力电子器件原理及选择，变频调速原理，变频器的选择、变频调速拖动系统的构建，变频技术应用概述，变频器的安装、维护与调试，变频器操作实验；并着重在实践性和应用性上加大了笔墨。增加了高、中、低变压器的概述，更新了我国变频速技术的发展状况，以及变频技术的发展方向相关内容。此外，还精选了思考题和习题，考虑到题目难度较大和读者学习的困难，给出了适度的解答。

本书可用作高等院校电类、自动化类、机电类等专业，尤其是应用型本科教学和高职高专相关专业的教学教材；也可供从事变频技术相关工作的工程技术人员参考。

图书在版编目(CIP)数据

交流变频调速技术 / 何超编著. --4版. --北京：
北京航空航天大学出版社，2023.10
ISBN 978-7-5124-4158-3

Ⅰ. ①交… Ⅱ. ①何… Ⅲ. ①交流电机—变频调速
Ⅳ. ①TM921.51

中国国家版本馆CIP数据核字(2023)第169433号

交流变频调速技术(第4版)
何　超　编著
策划编辑　冯维娜　　责任编辑　金友泉
*
北京航空航天大学出版社出版发行
北京市海淀区学院路37号(邮编100191)　http://www.buaapress.com.cn
发行部电话：(010)82317024　传真：(010)82328026
读者信箱：goodtextbook@126.com　　邮购电话：(010)82316936
涿州市新华印刷有限公司印装　各地书店经销
*
开本：710×1 000　1/16　印张：18.5　字数：416千字
2023年10月第4版　2023年10月第1次印刷　印数：2 000册
ISBN 978-7-5124-4158-3　定价：59.00元

第4版前言

为答谢广大读者的关爱，不断追踪变频技术的发展与变化，作者虚心吸取广大读者的反映和建议，在2006年第1版的基础上，于2012年、2017年先后出版第2版和第3版，现于2023年修订出版第4版。

近几十年来，我国变频调速技术飞速进展，其应用也越来越广泛，如家用电器“变频化”走进大众视野，为生活带来更多便捷。变频调速作为一门课程已成为高等院校电类、自动化类、机电类专业本科教育的一门主干课程。

本书第4版编写，仍坚持如下几点：

1. 继承前几版具有的结构合理、简明扼要、重点突出、通俗易懂、文笔流畅、图文并茂等特点。

2. 始终如一贯彻少而精、启发式、理论联系实际的教学原则。

3. 突出实践性和应用性。诸如变频系统的构建、变频器的选择、变频器的安装与维护、变频器的常见应用实例、变频器的操作实验均设专门章节叙述，以培养学生的工程实践应用能力。

4. 变频调速技术理论深、不好懂，因此，本书注重定性分析，浅显易懂地描述物理现象和分析物理过程，并且在教材编写上注意知识基础的查漏补缺、铺路搭桥，但不做大篇幅的数学推导。

5. 精选的思考题和习题中，部分题目难度较大。为便于读者的学习，给出了适度的解答。

6. 全书严格贯彻国家相关标准。

本书新版仍分8章，依次是：变频调速技术概述，常用电力电子器件原理及选择，变频调速原理，变频器的选择，变频调速拖动系统的构建，变频技术应用概述，变频器的安装、维护与调试，变频器操作实验。

本书第1版由何超教授主编，参加第1版编写工作的有：杨晓贵、刘婷婷、孙飞龙等教师，乐道平和侯细章教师编写了变频器的实验操作部分。

本书第2版、第3版、第4版均在第1版的基础上由何超教授修订编著。

本书各版在编写过程中，得到了北京航空航天大学、华中科技大学、广东白云学院、广东技术师范学院天河学院、北京理工大学珠海学院等单位的关心、帮助和支持，在此表示衷心的感谢。

变频调速技术飞速发展，鉴于编者的学术水平和实践能力有限，书中错误和不足之处在所难免，诚望各位专家学者和广大读者不吝赐教。

编　者

2023年8月

目　录

第1章　变频调速技术概述……1
1.1　直流电动机及其拖动系统的基础知识回顾……1
1.1.1　直流电动机的工作原理……1
1.1.2　直流电动机的励磁方式……2
1.1.3　直流电动机的机械特性……3
1.1.4　直流电动机的调速……4
1.2　三相交流异步电动机及其拖动系统的基础知识回顾……5
1.2.1　三相异步电动机的基本结构……5
1.2.2　三相异步电动机的工作原理……7
1.2.3　旋转磁场的极数……9
1.2.4　三相异步电动机的运行特点……10
1.2.5　三相异步电动机的调速……10
1.2.6　三相异步电动机的机械特性……11
1.2.7　异步电动机负载的机械特性……12
1.2.8　异步电动机拖动系统运行状况的分析……14
1.2.9　异步电动机拖动反抗性恒转矩负载系统的制动……15
1.2.10　异步电动机拖动位能性恒转矩负载系统的制动……17
1.3　交流电动机的变频调速技术概述……19
1.3.1　什么是交流电动机的变频调速技术……19
1.3.2　交流电动机变频调速技术的主要发展过程……19
1.3.3　交流电动机的变频器种类……19
1.3.4　变频电机……23
习题1……25
第2章　常用电力电子器件原理及选择……27
2.1　晶闸管的结构原理及测试……27
2.1.1　普通晶闸管的结构……27
2.1.2　晶闸管的工作原理……27
2.1.3　晶闸管的伏安特性……29
2.1.4　晶闸管管脚极性的判断和测试……30
2.1.5　门极可关断晶闸管……31
2.2　功率晶体管……31
2.2.1　功率晶体管的结构及工作特点……31

2.2.2 功率晶体管的主要参数 …… 32
2.2.3 功率晶体管的选择方法 …… 33
2.2.4 常用功率晶体管的驱动电路模块 …… 34
2.3 功率场效应晶体管的结构、工作特点及测试 …… 34
2.3.1 功率场效应晶体管的结构 …… 34
2.3.2 功率场效应晶体管的工作特点 …… 34
2.3.3 功率场效应晶体管的测试 …… 35
2.4 绝缘栅双极型晶体管的结构与工作特点 …… 36
2.4.1 绝缘栅双极型晶体管的结构 …… 36
2.4.2 绝缘栅双极型晶体管的工作特点 …… 36
2.5 集成门极换流晶闸管的结构与工作特点 …… 37
2.5.1 集成门极换流晶闸管的结构 …… 37
2.5.2 集成门极换流晶闸管的工作特点 …… 37
2.6 MOS控制晶闸管的结构与工作特点 …… 37
2.6.1 MOS控制晶闸管的结构 …… 37
2.6.2 MOS控制晶闸管的工作特点 …… 38
2.7 电力半导体器件的应用特点 …… 38
2.8 智能电力模块的结构与工作特点 …… 39
习题2 …… 40

第3章 变频调速原理 …… 42

3.1 变频调速的基本原理 …… 42
3.1.1 变频调速系统的控制方式 …… 42
3.1.2 PWM控制技术 …… 44
3.2 通用变频器简介 …… 49
3.2.1 通用变频器基本结构 …… 49
3.2.2 变频器的主电路 …… 50
3.2.3 变频器的其他单元电路 …… 53
3.2.4 其他相关电路 …… 59
3.3 U/f控制型通用变频器 …… 60
3.3.1 普通控制型U/f通用变频器 …… 60
3.3.2 具有恒定磁通功能的U/f通用变频器 …… 64
3.3.3 转速闭环控制的转差频率控制系统 …… 65
3.4 矢量控制系统通用变频器 …… 66
3.4.1 矢量控制的基本思路 …… 66
3.4.2 矢量控制通用变频器举例 …… 68
3.5 直接转矩控制 …… 68

3.5.1 PWM逆变器输出电压的矢量表示 …… 68
3.5.2 磁通轨迹控制 …… 69
3.5.3 直接转矩控制系统的实际结构 …… 71
3.6 高、中、低压变频器概述 …… 71
3.6.1 高、中、低压变频器概述 …… 71
3.6.2 高压变频器 …… 72
3.6.3 三电平或五电平逆变器 …… 75
3.7 我国变频调速技术的发展状况 …… 78
3.7.1 我国变频调速技术的发展过程 …… 79
3.7.2 国内主要的产品状况 …… 80
3.8 变频技术的发展方向 …… 81
习题3 …… 84

第4章 变频器的选择 …… 85

4.1 变频器的额定值和性能指标 …… 85
4.2 变频器的选择 …… 87
4.2.1 变频器品牌的选择 …… 88
4.2.2 变频器控制方式的选择 …… 88
4.2.3 变频器滤波方式的选择 …… 89
4.2.4 变频器容量的选择 …… 90
4.3 电网与变频器的切换 …… 96
4.4 瞬时停电再启动 …… 96
4.5 变频器的外围设备及其选择 …… 97
4.5.1 常规配件的选择 …… 97
4.5.2 专用配件的选择 …… 99
习题4 …… 102

第5章 变频调速拖动系统的构建 …… 104

5.1 变频调速拖动系统的组成 …… 104
5.2 构建变频调速拖动系统的基本要求 …… 104
5.2.1 在机械特性方面的要求 …… 104
5.2.2 在运行可靠性方面的要求 …… 105
5.3 变频调速时电动机的有效转矩线 …… 106
5.3.1 有效转矩线的概念 …… 106
5.3.2 $f_X \leqslant f_N$ 时的有效转矩线 …… 106
5.3.3 $f_X > f_N$ 时的有效转矩线 …… 107
5.4 恒转矩负载变频调速系统的构建 …… 108

5.4.1 工作频率范围的选择 …… 108
5.4.2 调速范围与传动比 …… 109
5.4.3 电动机和变频器的选择 …… 111
5.5 恒功率负载变频系统的构建 …… 112
5.5.1 恒功率负载系统构建的主要问题 …… 112
5.5.2 电动机和变频器的选择 …… 115
5.6 二次方律负载变频调速系统的构建 …… 115
5.6.1 二次方律负载系统构建的主要问题 …… 116
5.6.2 二次方律负载系统电动机与变频器的选择 …… 117
5.7 直线律负载变频系统的构建 …… 117
5.7.1 直线律负载及其特性 …… 117
5.7.2 直线律负载系统变频器的选择 …… 118
5.8 对混合特殊性负载变频器的选择 …… 118
5.8.1 混合特殊性负载及其特性 …… 118
5.8.2 对混合特殊性负载变频器的选择 …… 118
习题5 …… 119

第6章 变频技术应用概述 …… 120

6.1 变频技术的应用 …… 120
6.2 起升机构的变频调速 …… 122
6.2.1 起升机构的特点 …… 122
6.2.2 起升机构对拖动系统的要求 …… 124
6.2.3 起升机构的变频调速改造 …… 124
6.3 箱式电梯设备的变频调速 …… 127
6.3.1 箱式电梯与起升机构的异同 …… 127
6.3.2 箱式电梯的变频调速 …… 128
6.4 水泵、风机的变频调速 …… 132
6.4.1 水泵变频调速节能原理 …… 133
6.4.2 恒压供水变频调速系统的构成与工作过程 …… 135
6.4.3 恒压供水系统的应用实例 …… 137
6.5 中央空调的变频调速 …… 138
6.5.1 中央空调的构成 …… 138
6.5.2 对中央空调变频调速系统的基本考虑 …… 139
6.5.3 对中央空调变频调速系统的另一考虑 …… 141
6.6 机床的变频调速改造 …… 143
6.6.1 变频器的选择 …… 143
6.6.2 变频器的频率给定 …… 144

6.6.3　变频调速系统的控制电路 …… 145
习题 6 …… 147

第 7 章　变频器的安装、维护与调试 …… 149

7.1　三菱 FR－A－500 系列变频器 …… 149
7.1.1　变频器的外形与结构 …… 151
7.1.2　变频器的硬件和软件功能编码 …… 155
7.1.3　功能预置的几个问题 …… 157
7.2　变频器的安装与调试常识 …… 168
7.2.1　变频器的安装 …… 168
7.2.2　变频器的调试 …… 170
7.3　变频器的保养和维护 …… 174
7.3.1　变频器保养维护的重要性及注意事项 …… 174
7.3.2　变频器的保养维护 …… 176
7.4　变频器常见故障诊断 …… 182
7.4.1　关于维修变频器要注意的一些问题 …… 182
7.4.2　故障报警显示和运行异常处理对策 …… 186
7.4.3　变频器主板故障 …… 191
7.5　电磁干扰和射频干扰 …… 200
习题 7 …… 201

第 8 章　变频器操作实验 …… 205

实验一　变频器结构认识与接线 …… 205
实验二　变频器的基本操作 …… 214
实验三　变频器的 PU 模式操作 …… 220
实验四　变频器的外部操作 …… 224
实验五　变频器的组合操作 …… 227
实验六　变频器的频率跳变 …… 232
实验七　变频器的多段速运行 …… 234
实验八　变频器的程序运行 …… 237
实验九　变频器与 PLC 的综合应用 …… 244
附录一　三菱 FR－A－500 变频调速器常用参数表 …… 248
附录二　三菱变频器故障报警代码表 …… 251

习题解答 …… 254

参考文献 …… 283

第1章　变频调速技术概述

变频调速技术是一种以改变交流电动机的供电频率来达到交流电动机调速目的的技术。从电源性能来分,电动机有直流电动机和交流电动机。由于直流电动机调速容易实现且性能好,因此过去生产机械的调速多用直流电动机。但直流电动机固有的缺点是:由于采用直流电源,它的滑环和碳刷要经常拆换,费时费工,成本高,给使用带来不少的麻烦。因此,人们希望简单可靠价廉的笼式交流电动机也能像直流电动机那样调速,于是就出现了定子调速、变极调速、滑差调速、转子串电阻调速和串极调速等交流调速方式,产生了滑差电机、绕线式电机、同步式交流电机等,但其调速性能都无法和直流电动机相比。直到20世纪80年代,由于电力电子技术、微电子技术和信息技术的发展,出现了变频调速技术,其优异的性能逐步取代其他交流电动机的调速方式,乃至取代直流电动机调速系统,而成为电气传动的中枢。

要学习交流电动机的变频调速技术,必须有**电力拖动系统的知识**。因此,本章先学习电力拖动系统的基础知识。**电力拖动系统由电动机、负载和传动装置三部分组成。描写电力拖动系统的物理量主要是转速 n 和转矩 T(有时也用电流,因转矩和电动机的电枢电流成正比),两者之间的关系式 $n=f(T)$ 称为机械特性。**

1.1　直流电动机及其拖动系统的基础知识回顾

1.1.1　直流电动机的工作原理

直流电动机由转子和定子两大部分组成。定子是用励磁绕组绕在定子磁极上而成的(这里不讨论"永磁式直流电动机");转子是用电枢绕组嵌入转子铁芯(用来构成磁路)而成的。定子绕组和转子绕组都通入直流电流。两个电流产生的磁场相互作用,使转子旋转。

图1-1为直流电动机的工作原理图。图中N和S是定子励磁绕组产生的磁极。电刷A接直流电源的正极,电刷B接直流电源的负极。因此电流总是从电刷A流入,经转子(也称电枢)绕组有效边 ab 后再经有效边 cd 最后经电刷B流出。

由图1-1可见,电枢绕组有效边 ab 与 cd 处于定子励磁绕组产生的磁场中,根据左手定则,它们都受到如图1-2所示方向的电磁力的作用,且在电磁力所产生的转矩推动下,电枢将沿顺时针方向旋转。电枢转过180°时,电枢绕组 ab 边和 cd 边互换了位置,因与之相连的换向片也随着转动,所以各边的电流方向也改变,这就是换向片的换向原理。利用这种换向原理,使电枢绕组各边到达同一磁极下时具有相同的电流方向,

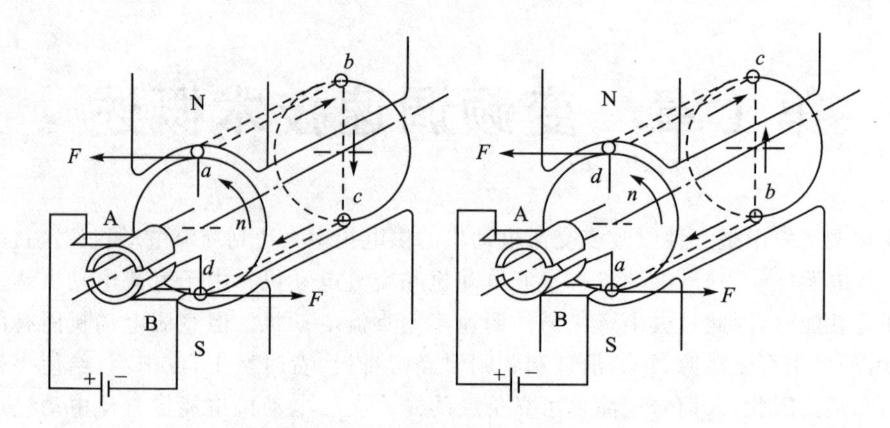

图 1-1　直流电动机的工作原理

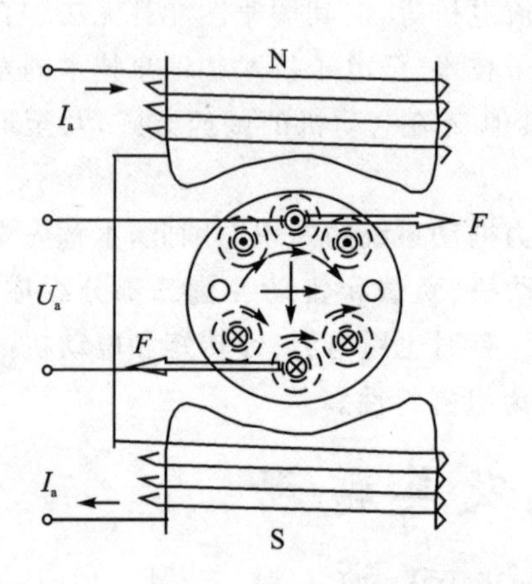

图 1-2　直流电动机的两个磁场

从而使电动机产生固定方向的电磁转矩,驱动电枢沿顺时针方向继续旋转,如此循环往复。这就是直流电动机的工作原理。实际的电动机有许多组电枢绕组,每组电枢绕组都有一对换向片,这些换向片就组成了一个换向器。

综上所述,直流电动机的结构有以下两个特点:

① 定子励磁电路和电枢供电电路基本上是相互独立的,可以分别进行调节。

② 两个磁场(由定子励磁电路产生的主磁场和电枢供电电路产生的电枢磁场)互相垂直,如图 1-2所示。

这是直流电动机具有优良的调速性能的原因。

1.1.2　直流电动机的励磁方式

前面已经提到,直流电动机定子主磁极上装有励磁绕组,在励磁绕组中通入直流电后产生的磁场称为励磁磁场。励磁绕组的供电方式称为励磁方式。按励磁方式的不同,可将直流电动机分为他励、并励、串励和复励四种。

① 他励直流电动机:励磁绕组由其他直流电源供电,与电枢绕组无任何电的联系,如图 1-3(a)所示。

② 并励直流电动机:励磁绕组与电枢绕组并联起来,接在同一个直流电源上,如图 1-3(b)所示。

③ 串励直流电动机:励磁绕组与电枢绕组串联后接直流电源,如图 1-3(c)所示。

④ 复励直流电动机:接线方式如图 1-3(d)所示,绕在主磁极上靠近电枢的绕组是与电枢绕组串联的,靠近定子外壳的绕组是与电枢绕组并联的,这种励磁方式称为复励直流电动机。

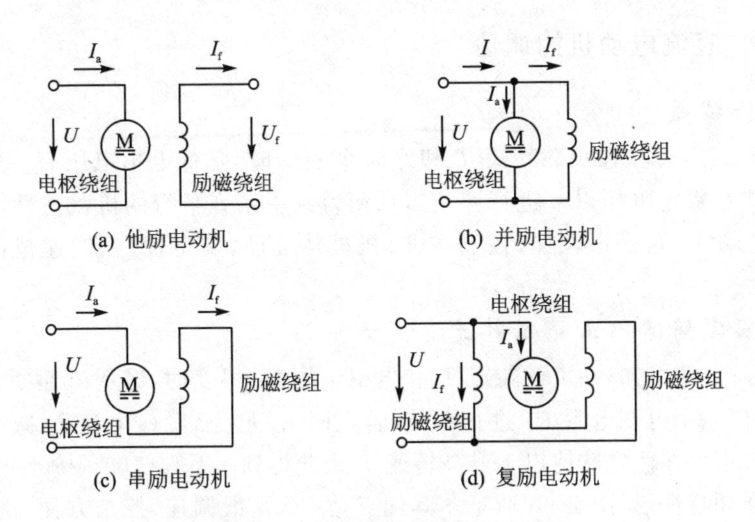

图1-3　直流电动机的励磁方式

1.1.3　直流电动机的机械特性

在直流电动机中，由图1-2可知，电枢电压 U_a 除去电枢绕组 R 上的直流电压降 I_aR 以外，主要用于克服反电势 E，即有

$$E = U_a - I_aR \tag{1-1}$$

而 E 与定子磁场的磁通 Φ 成正比，与转子转速 n 成正比，即

$$E = K_e\Phi n \tag{1-2}$$

式中：K_e 为比例系数。由式(1-1)和式(1-2)可得

$$n = \frac{U_a - I_aR}{K_e\Phi} \tag{1-3}$$

而转矩 T 和电流 I_a 与磁通 Φ 的关系为

$$T = K_T\Phi I_a \tag{1-4}$$

将式(1-4)代入式(1-3)，消去 I_a 则有

$$n = \frac{U_a}{K_e\Phi} - \frac{R_a}{K_eK_T\Phi^2}T \tag{1-5}$$

式(1-5)表示了他励直流电动机的转速 n 和转矩 T 之间的关系。在电枢电压 U_a 和磁通 Φ 保持不变的条件下，转速 n 和转矩 T 之间的关系称为直流电动机的机械特性。在通常情况下，式(1-5)后项很小，故直流电动机的机械特性接近于一条水平直线，随着转矩 T 的增大，转速 n 仅略有下降，这样的机械特性称为硬特性，表明了转速的相对稳定性，如图1-4所示。

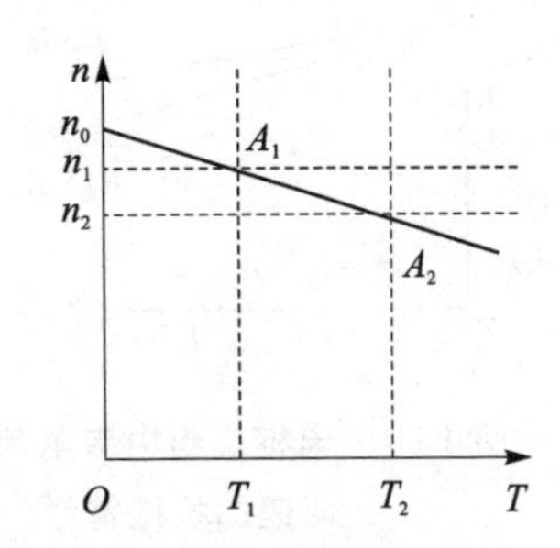

图1-4　直流电动机的机械特性

1.1.4 直流电动机的调速

1. 调压调速

由式(1-5)可知,在负载转矩 T 和磁通 Φ 不变时,降低电枢电压 U_a 可以降低转速 n(但只能在额定电压以下进行调速),从而得到一系列平行的机械特性,如图1-5所示。其优点是:可平滑调速,控制方便;机械特性硬,稳定性好;调速范围大,可达6~10倍。

2. 在额定转速以上弱磁升速

由式(1-5)还可知,在负载转矩 T 和电枢电压 U_a 不变时,减弱磁通 Φ(通过在励磁绕组上串联一个可变电阻 R_f 进行调节,若电阻 R_f 增大,励磁电流 I_f 减少,磁通 Φ 也随之减弱)可以在额定转速以上升高转速 n,由此得到一系列变陡了的不平行的机械特性,但仍属硬特性,如图1-6所示。其优点是:可平滑调速,控制方便;机械特性虽然没有调压调速的机械特性硬,但也是斜率不大的直线,仍属较硬特性,稳定性也较好;有一定的调速范围,专门生产的弱磁升速的电动机,其调速范围可达3~4倍。

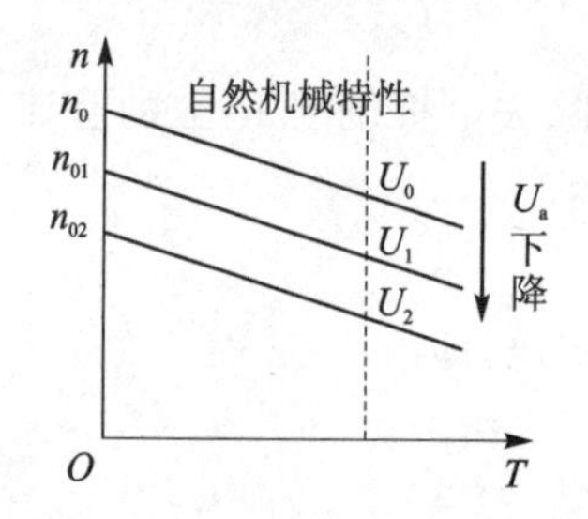

图1-5 直流电动机的调压调速

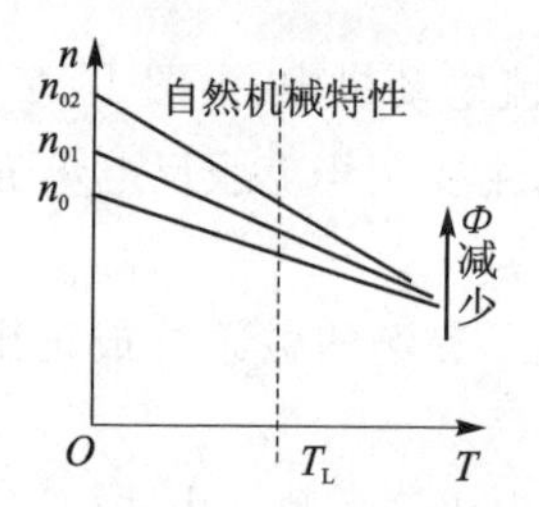

图1-6 直流电动机的弱磁升速

3. 电枢电路串电阻 R_T 调速

由式(1-5)可知,在负载转矩 T、电枢电压 U_a 和磁通 Φ 不变时,通过在电枢绕组上串联一个可变电阻 R_T,式(1-5)后项中的 R_a 变为 R_a+R_T,若电阻 R_T 增大,转速 n 降低,从而得到一系列斜率较大(较陡的)的机械特性。电阻 R_T 越大,机械特性越陡,则可由硬特性变为软特性,如图1-7所示。其中 $R_T=0$ 时的机械特性,称为"自然机械特性",其余的称为"人工机械特性"。

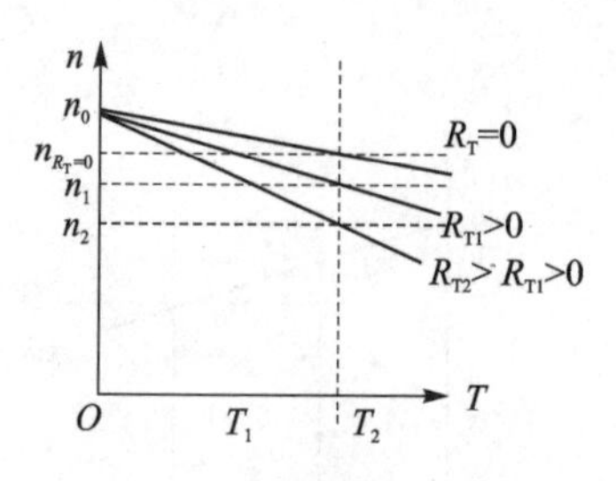

图1-7 电枢绕组中串电阻调速的机械特性

其优点是方法简便;缺点是机械特性软,调速电阻 R_T 上的能量损耗增大。在电枢电路中串联 R_T 调速电阻,这种调整方法适用于小功率电动机,在对机械特性要求不高的情况下可以采用。

1.2　三相交流异步电动机及其拖动系统的基础知识回顾

交流电动机可分为异步电动机和同步电动机两大类。异步电动机由于结构简单、运行可靠、维护方便、价格低廉，是所有电动机中应用最广泛的一种。近年来，随着交流变频调速技术的不断发展，三相异步电动机的调速性能有了很大提高，已完全可以和直流电动机相媲美。据统计，目前在电力拖动中90%以上采用的是异步电动机，在电力系统总负荷中，三相异步电动机占50%以上。因此，三相异步电动机的变频调速具有重要的意义。

1.2.1　三相异步电动机的基本结构

三相异步电动机主要由定子和转子两部分组成。其拆开后的总体结构如图1-8所示。定子由机座、定子铁芯、定子绕组和端盖等部件组成。定子铁芯一般用相互绝缘、厚0.5 mm的环形硅钢片叠成圆筒形，固定在机座里面。在定子铁芯硅钢片的内圆侧表面冲有间隔均匀的槽，如图1-9所示。定子三相绕组对称地嵌放在这些槽中，在空间上彼此相隔120°。三个绕组共有6个出线端，首端接头分别用U_1、V_1、W_1表示，其对应的末端接头用U_2、V_2、W_2表示，分别引出接到机座的接线盒上，如图1-10(a)所示。根据电动机额定电压和供电电源电压的不同，定子绕组连接成三角形或星形，分别如图1-10(b)和(c)所示。如果电网线电压等于电动机每相绕组的额定电压，那么三相定子绕组应为三角形连接；如果电网线电压等于电动机每相绕组额定电压的$\sqrt{3}$倍，那么三相定子绕组应为星形连接。

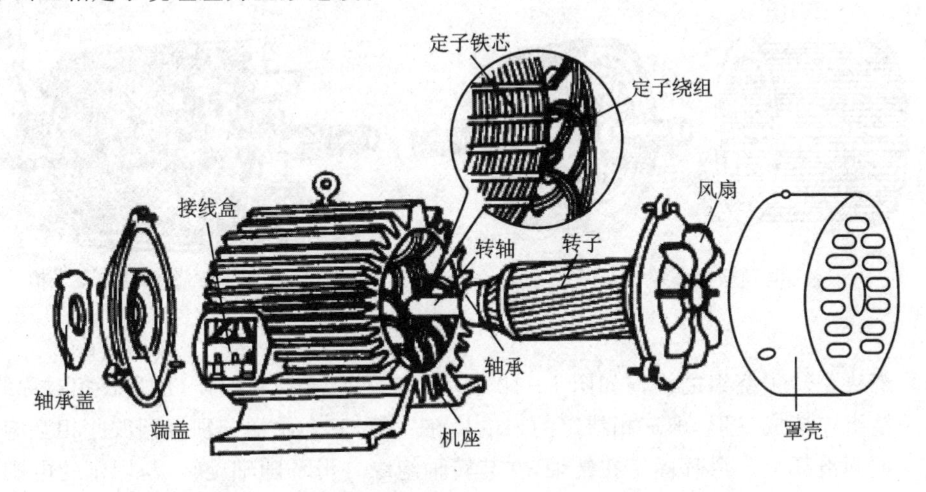

图1-8　三相异步电动机的总体结构

端盖固定在机座上，端盖中央孔上装有轴承，支撑转子。转子拖动机械负载。转子

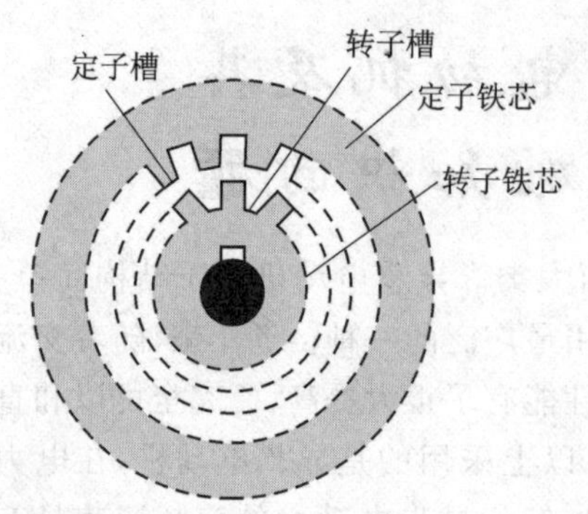

图 1-9 定子铁芯与转子铁芯截面图

由转子铁芯、转子绕组、转轴和风扇等组成。转子铁芯用硅钢片叠成,固定在转轴上,呈圆柱形,外圆侧表面冲有均匀分布的槽(见图 1-9 和图 1-11),槽内嵌放转子绕组。在定子铁芯与转子铁芯之间有一定的空气隙,它们共同组成电动机的磁路。转子绕组有鼠笼型和绕线型两种。

鼠笼型转子绕组的制作方法有两种:一种是将铜条嵌入转子铁芯槽中,两端用铜环将铜条一一短接构成闭合回路,如图 1-11(a)所示。另一种方法是将熔化的铝液浇铸到转子铁芯槽内,同时铸出两端短路环和散热风扇叶片,如图 1-11(b)所示。后一种制造方法成本较低,中小型鼠笼型异步电动机转子一般都采用铸铝法制造。

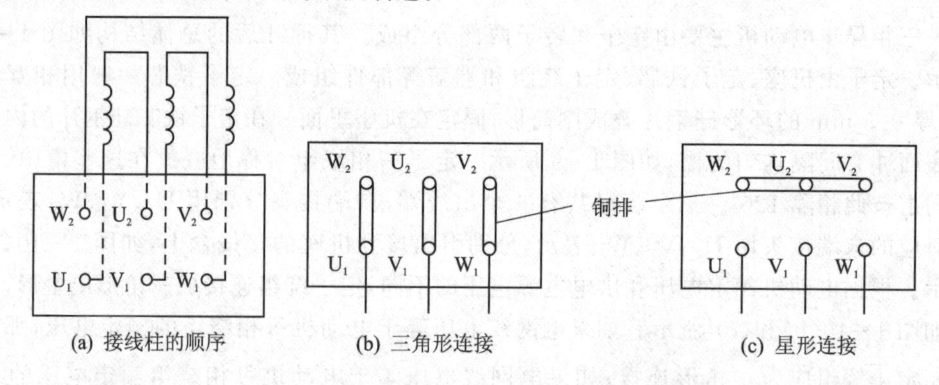

图 1-10 三相异步电动机定子绕组的接法

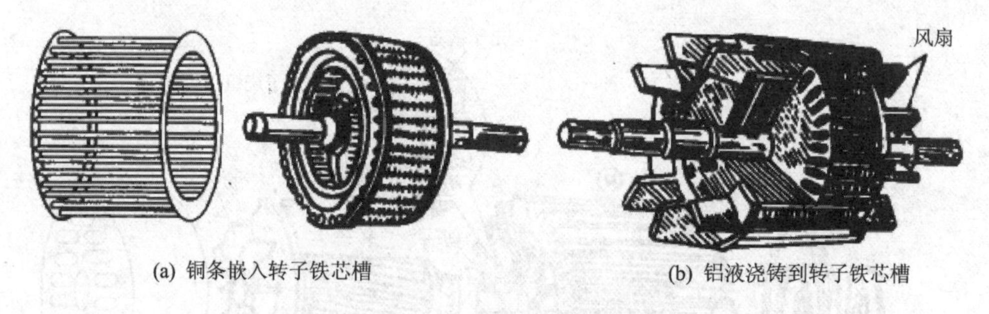

图 1-11 鼠笼型转子

绕线型转子绕组的结构如图 1-12 所示。它同定子绕组一样,也是三相对称绕组。转子绕组连接成星形,即三相线组的末端接在一起,三个始端分别接到彼此相互绝缘的三个铜制滑环上。滑环固定在转轴,并与转轴绝缘。滑环随轴旋转,与固定的电刷滑动接触。电刷安装在电刷架上,电刷的引出线通常与外接三相变阻器连接。通过滑环、电刷将转子绕组与外接变阻器构成闭合回路,用以改善电动机的启动和调速性能。

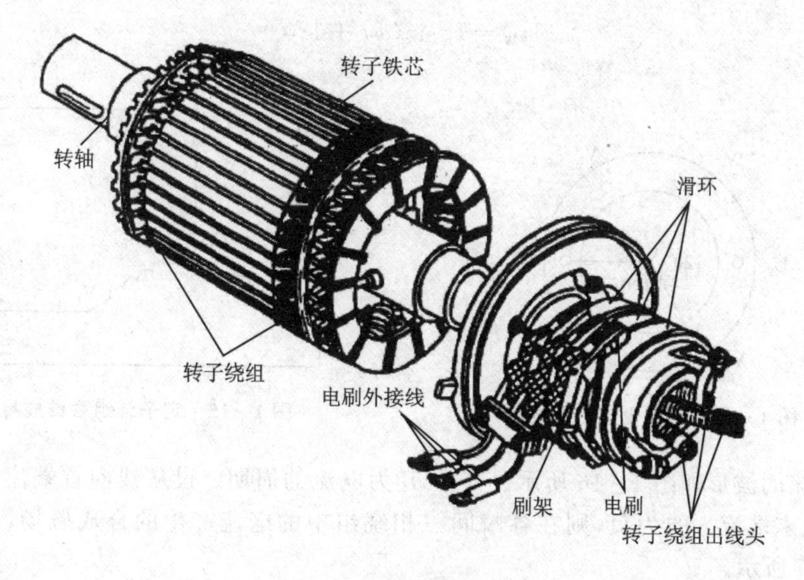

图 1－12　绕线型转子

1.2.2　三相异步电动机的工作原理

为了便于理解三相异步电动机的转动原理，先假设用一对旋转着的永久磁铁作为旋转磁场，旋转磁场中间为仅有一匝绕组的转子，如图 1－13 所示。设这个两极磁场顺时针方向旋转，于是旋转磁场与转子导体相互切割，在转子绕组中会产生感应电动势；由于转子绕组是闭合回路，所以在感应电动势的作用下出现感应电流，感应电流的方向如图 1－13 所示。图中⊙表示电流从该端流出，⊗表示电流从该端流入。感应电流又同旋转磁场相互作用产生电磁力 F，电磁力的方向根据左手定则判定，在电磁力的作用下转子和旋转磁场同方向旋转。

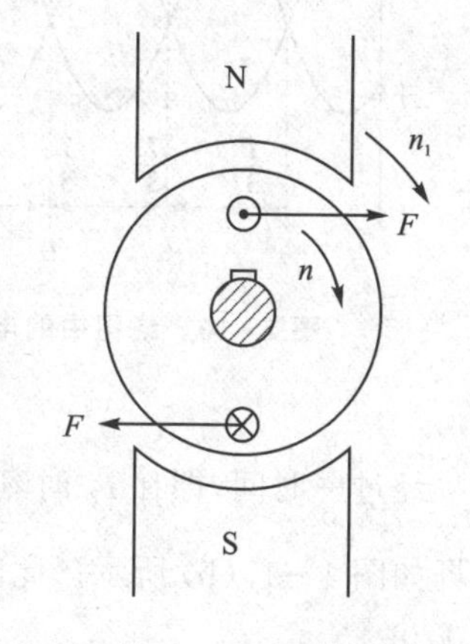

图 1－13　三相异步电动机的工作原理

上面的讨论有两点启示：第一，要有一个旋转磁场；第二，转子随旋转磁场转动。三相异步电动机的转动原理与上面的讨论是相似的。那么，三相电动机中的旋转磁场是怎么产生的呢？首先来研究这个问题。

为简单起见，假定三相异步电动机的每相定子绕组只有一个线圈，这三个线圈的结构相同，对称地嵌放在定子铁芯线槽中，绕组的首端与首端、末端与末端都互相间隔 120°，如图 1－14 所示。设三相绕组接成星形，如图 1－15 所示。当三相绕组的首端接通三相交流电源时，绕组中的三相对称电流分别为

$$i_U = I_m \sin \omega t$$

$$i_V = I_m \sin(\omega t - 120°)$$

$$i_W = I_m \sin(\omega t + 120°)$$

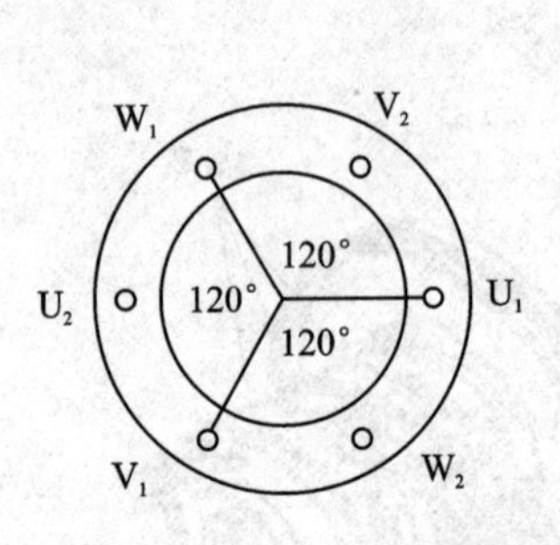

图 1-14 一对极的定子绕组

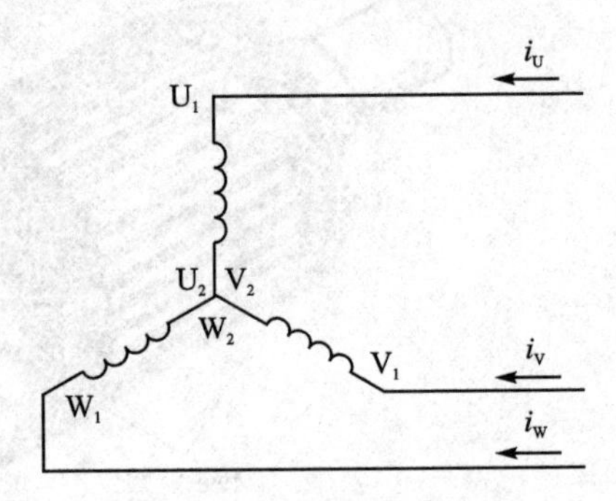

图 1-15 定子绕组联结成星形

各相电流的波形如图 1-16 所示。其中 T 为电流的周期。设从线圈首端流入的电流为正,从末端流入的为负,则在各瞬间三相绕组中的电流产生的合成磁场,该磁场如图 1-17 所示。

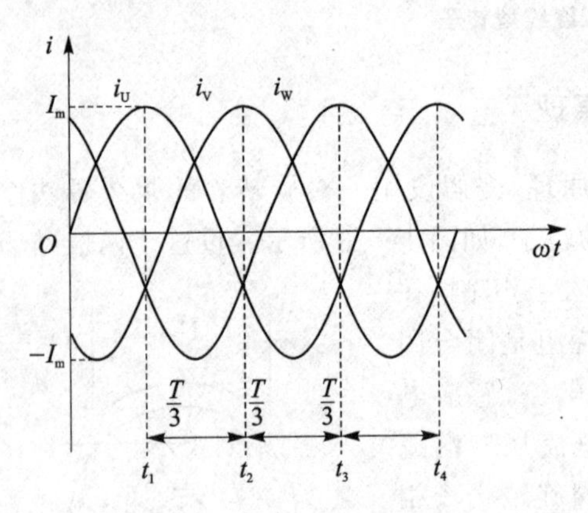

图 1-16 绕组中的电流波形

不失一般性,可在图 1-16 中选 $t_1 \sim t_4$ 四个时刻来研究电流的合成磁场:

在 t_1 时刻,$\omega t = 90°, i_U = I_m, i_V = i_W = -\frac{1}{2} I_m$。因此,$i_U$ 的实际方向与参考方向一致,即电流从 U_1 端流到 U_2;而 i_V、i_W 的实际方向与参考方向相反,即电流分别从 V_2、W_2 流到 V_1、W_1。根据右手螺旋法则可知三相电流的合成磁场如图 1-17(a)所示,为一对磁极的磁场,方向自下而上。

经过$\frac{T}{3}$时间,即在 t_2 时刻,$\omega t = 210°, i_V = I_m, i_U = i_W = -\frac{1}{2} I_m$。三相电流的合成磁场如图 1-17(b) 所示。此时两极磁场在空间的位置较 t_1 时刻沿顺时针方向旋转了 120°。

又经过$\frac{T}{3}$时间,即在 t_3 时刻,$\omega t = 330°, i_W = I_m, i_U = i_V = -\frac{1}{2} I_m$。三相电流的合成磁场如图 1-17(c)所示。此时两极磁场在空间的位置较 t_2 时刻沿顺时针方向又旋转了 120°。

再经过$\frac{T}{3}$时间,即在 t_4 时刻,两极磁场又沿顺时针方向旋转 120°而回到了图 1-17(a) 所示的位置。

当三相电流不断变化时,合成磁场在空间将不断旋转,这样就产生了旋转磁场。一

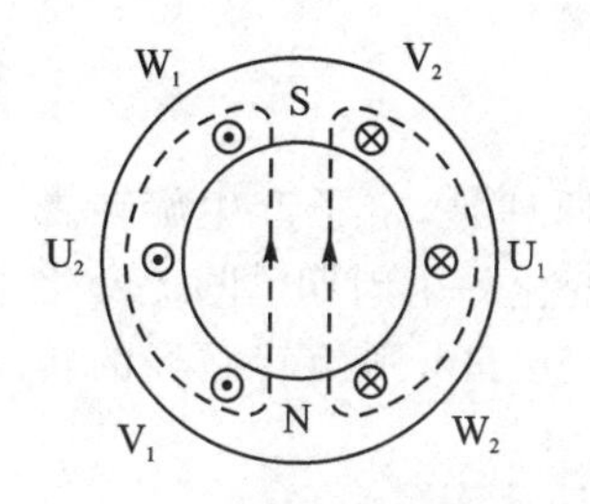

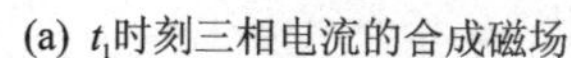

(a) t_1时刻三相电流的合成磁场

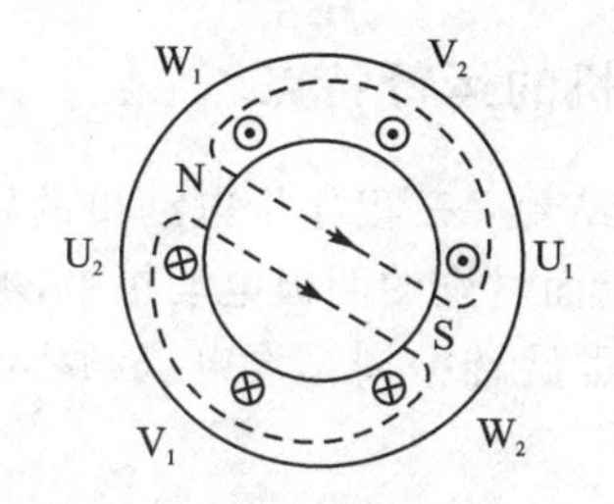

(b) t_2时刻三相电流的合成磁场

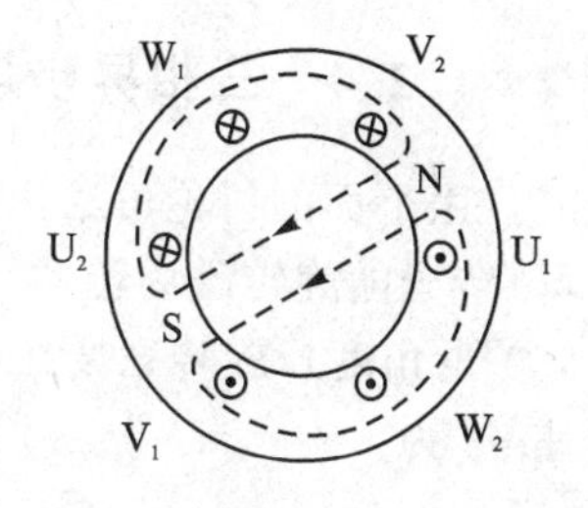

(c) t_3时刻三相电流的合成磁场

图1-17　三相电流产生的旋转磁场(一对磁极)

对极的磁场旋转一周需要 T 时间,即和交流电的周期相同。换句话说,旋转磁场的转速和交流电的频率相等。

根据上面的讨论还可以确定旋转磁场的转动方向。在图1-17中,电流正幅值按 U_1 相→V_1 相→W_1 相的顺序出现,磁场的旋转方向与这个顺序是一致的,即磁场的转向与通入绕组的三相电流的相序有关。如果将与三相电源连接的任意两根导线对调,或将三相电源线任意交换两相,磁场将反向旋转。

1.2.3　旋转磁场的极数

三相电动机的极数就是旋转磁场的极数,旋转磁场的极数与定子绕组的安排有关。已经知道,如果每相定子绕组只有一个线圈,各绕组的首端在空间上相隔120°,则产生的旋转磁场具有一对磁极($p=1$,p 表示磁极对数)。

若每相绕组由两个线圈串联组成,线圈的首端与首端、末端与末端在空间上都互隔60°,给三相绕组通入三相对称正弦电流,则可产生两对极(四极)的旋转磁场,如图1-18所示。

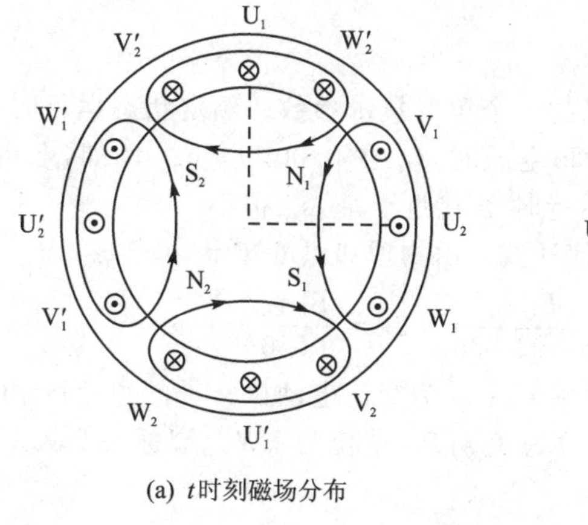

(a) t时刻磁场分布

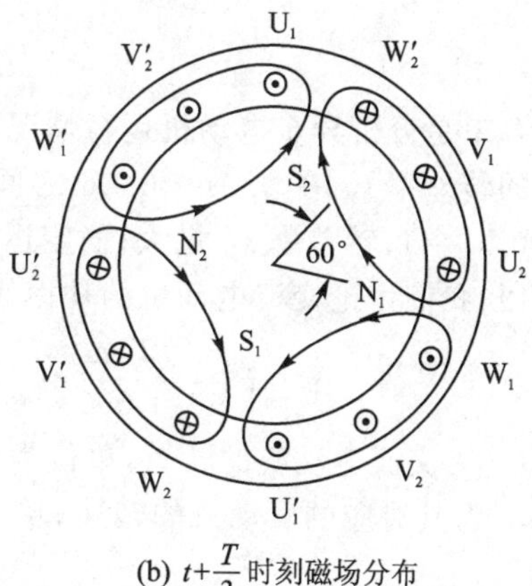

(b) $t+\frac{T}{3}$时刻磁场分布

图1-18　四极旋转磁场(两对磁极)

两对磁极的磁场旋转一周需要 $2T$ 时间。

同理,适当安排绕组,便可以得到三对磁极、四对磁极或 p 对磁极的旋转磁场。

1.2.4 三相异步电动机的运行特点

由上面的讨论可给出两点结论：三相异步电动机的转动原理是，定子产生旋转磁场，转子随旋转磁场转动。在上面讨论的两极电动机中，电流变化一个周期(即 ωt 变化 360°电角度)，旋转磁场在空间也旋转一周。设电流频率 $f_1=50$ Hz，则旋转磁场的转速 n_0 为

$$n_0=60f_1=60\times 50\ \text{r/min}=3\ 000\ \text{r/min}$$

旋转磁场的转速称为同步转速。

当旋转磁场有两对磁极时，由于电流变化一个周期，旋转磁场只转动半周(180°)，因此此时的同步转速 n_0 为

$$n_0=60\times\frac{f_1}{2}=60\times 25\ \text{r/min}=1\ 500\ \text{r/min}$$

依此类推，对于有 p 对磁极的旋转磁场的同步转速为

$$n_0=\frac{60f_1}{p} \tag{1-6}$$

式中：n_0 的单位为 r/min。电动机的转速实际上是转子的转速，虽然异步电动机转子转动的方向与旋转磁场的方向一致，但转速 n 不可能达到同步转速 n_0。因为，如果转子转速等于同步转速，两者之间就没有相对运动，转子绕组将不受磁力线切割故不能产生感应电动势和感应电流，当然也就不能产生电磁力和转矩，转子也就不可能继续以 n 的转速继续转动。所以，转子转速与旋转磁场转速之间必须有差别，即 $n<n_0$，这就是"异步"电动机名称的由来。另外，因为转子电流是由电磁感应产生的，所以异步电动机也称为"感应"电动机。

同步转速 n_0 与转子转速 n 之差称为转速差，转速差与同步转速的比值称为转差率，用 s 表示，即

$$s=\frac{n_0-n}{n_0} \tag{1-7}$$

转差率是分析异步电动机运行情况的一个重要技术参数。额定状态运行时，异步电动机的转差率 s_N 在 0.01～0.06 之间；空载时，s_N 在 0.005 以下。例如，电机启动时，$n=0$，$s_N=1$，转差率 s_N 最大；稳定运行时，n 接近于 n_0，s_N 很小。

顺便，我们讨论交流电动机的功率表达式。由物理知识可知

$$P_L=\frac{T_L\omega}{1\ 000}=\frac{T_Ln_L}{60\times 1\ 000}\times 2\pi=\frac{T_Ln_L}{9\ 550} \tag{1-8}$$

式中：T_L 为交流电动机的转矩，单位为 N·m；ω 为交流电动机转子的角速度，单位为 rad/s；n_L 为其对应的电动机的转速，单位为 1/s；P_L 单位为 kW。脚标"L"表示"负载(Lood)"。

1.2.5 三相异步电动机的调速

综上所述，交流电动机相对于直流电动机结构简单、成本低廉、使用方便，但其调速性能远不及直流电动机。为什么呢？因为在 1.1.1 节中所述的直流电动机结构所具有

的两个特点，三相异步电动机都不具备。即三相异步电机：

① 只有定子回路从外界供电，而电枢电路中的电流是由转子导体切割定子电流产生的旋转磁场感应而来的，两者并不相互独立。

② 两个磁场（旋转磁场和电枢感应磁场）只相差很小的角度，也不互相垂直。电枢感应磁场不能单独存在，很难从外部对其控制。这正是三相异步电动机调速特性不及直流电动机的根本原因。

从式(1-6)和式(1-7)可知，三相异步电动机的转速公式为

$$n=(1-s)\frac{60f}{p} \tag{1-9}$$

式中：n 的单位为 r/min。因此，调速可有如下方案：

① 调频调速：调节三相交流电的频率，也就调节了同步转速，从而调节了异步电动机转子的转速。只要平滑地调节三相交流电的频率，就能实现异步电动机的无级调速，使三相异步电动机的调速性能直追直流电动机。

② 改变磁极对数。

③ 改变转差率。

改变磁极对数和改变转差率这两点在电工学和电机拖动课程中已详细讨论过，此处不再赘述。

1.2.6 三相异步电动机的机械特性

1. 三相异步电动机的自然机械特性

三相异步电动机的自然机械特性如图1-19所示，有三个主要特征点。

① 理想空载点(N_0)：负载转矩 T 为零，异步电动机的转速 n 最大，达到同步转速 n_0。

② 启动点(S)：异步电动机接通电源瞬间，电动机的转速 n 为零，此时的转矩为启动转矩 T_S，称为堵转转矩。通常，$T_S=0.8\sim2T_N$。

③ 临界点(K)：异步电动机的机械特性有一个拐点 K，此点对应的转矩最大，称为临界转矩 T_K，K 点称为临界点。此点对应的转速称为临界转速 n_K。相应地，有临界转差率 s_K。

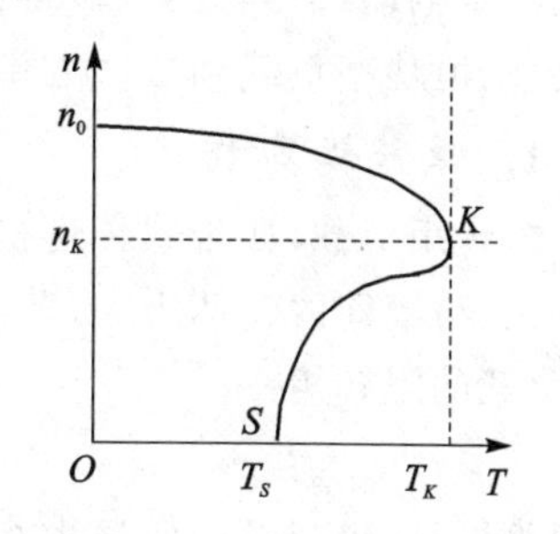

图1-19　异步电动机的自然机械特性

忽略转矩损耗，可认为电动机的电磁转矩等于负载转矩。

2. 三相异步电动机的人工机械特性

三相异步电动机的人工机械特性如图1-20～图1-22所示。

图1-20所示为降压机械特性。异步电动机降压启动（如用自耦变压器启动和采用“Y-△”变换启动）的主要特点是：同步转速 n_0 不变；启动转矩 T_S 和临界转矩 T_K

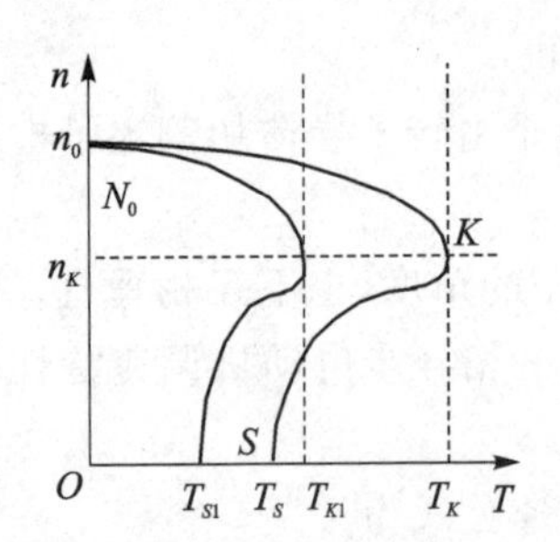

图1-20 异步电动机的降压机械特性

都减少;临界转速 n_K 和临界转差率 s_K 均不变。

图1-21所示为改变转差率(通过在转子回路中串入可调电阻)的机械特性,其主要特点是:电阻变大,转差率也变大,机械特性变软,同步转速 n_0 和临界转矩 T_K 均不变;临界转速 n_K 减少;临界转差率 s_K 和启动转矩 T_S 均变大。

图1-22所示为改变频率的机械特性,即调频机械特性。其主要特点是:同步转速 n_0 和临界转矩 T_K 均减少;临界转速 n_K 减少;但临界转差率 s_K 不变,机械特性硬度变化不大。

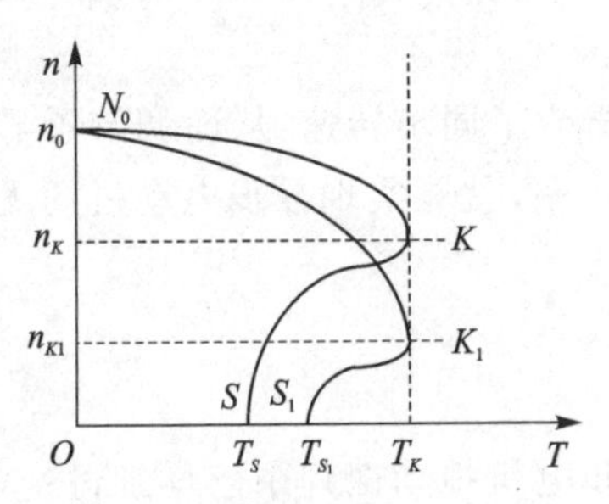

图1-21 异步电动机改变转差率(转子串电阻)的机械特性

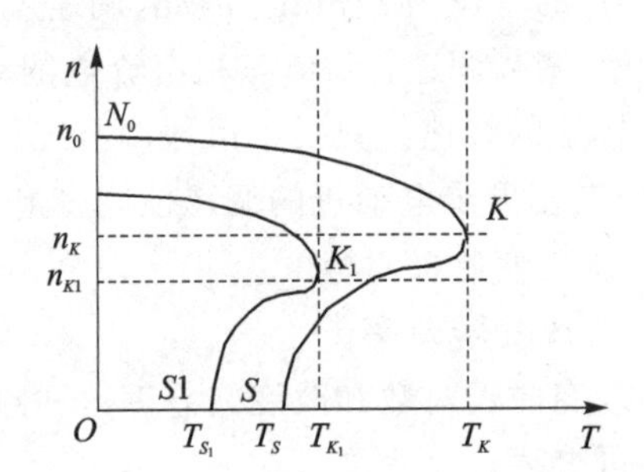

图1-22 异步电动机的调频机械特性

1.2.7 异步电动机负载的机械特性

异步电动机负载的机械特性主要是指负载的阻转矩与转速的关系。常见的有恒转矩负载、恒功率负载和二次方率负载。其主要特点如下。

1. 恒转矩负载

恒转矩负载,如带式传送机,其传送带与滚筒间的摩擦力 F 与传送带和滚筒的材质有关,与滚筒的转速无关,若滚筒半径 r 不变,则 F、r 两者都与滚筒的转速无关。所以,负载的阻转矩

$$T_L = F \cdot r \tag{1-10}$$

近似为恒量,也与滚筒转速大小无关。

依据式(1-8)可知,负载功率与转速成正比。其机械特性和功率特性如图1-23和图1-24所示。

注意: 这里的"恒转矩"是指:一旦此类负载被电动机带动,无论电动机的转速高低,转矩的大小是不变的。由式(1-8)可知,转速高,电动机消耗的功率大;转速低,电动机消耗的功率小。这绝不是指:无论"怎样轻重的负载",加到电动机上,负载的阻转矩都一样。

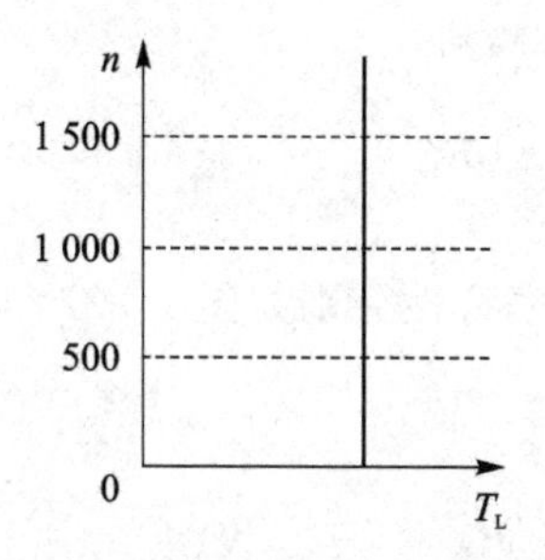

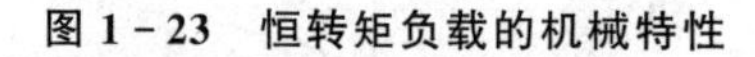
图1-23　恒转矩负载的机械特性

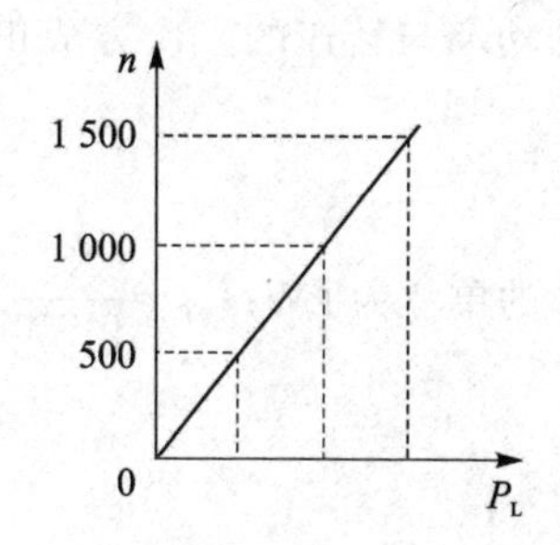

图1-24　恒转矩负载的功率特性

2. 恒功率负载

恒功率负载，如机床主轴、轧钢机和各种薄膜的卷取机械是恒功率负载的典型例子。各种薄膜卷取机，要求被卷薄膜的张力 F 一定，其基本手段是保持滚筒的线速度 v 一定。这样，在不同的转速下，负载的功率 $P=Fv$ 基本恒定，如图1-25所示。其机械特性表现为"转速和转矩成反比"，如图1-26所示。由式(1-8)可知

$$T_x=\frac{9\,550\,P_N}{n_N}\propto\frac{1}{n_N} \tag{1-11}$$

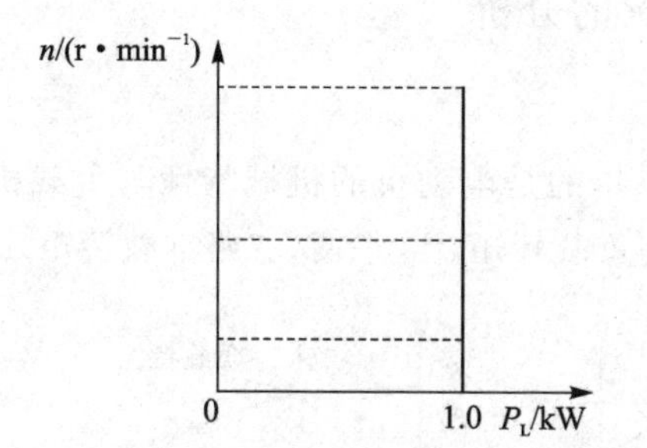

图1-25　恒功率负载的功率特性

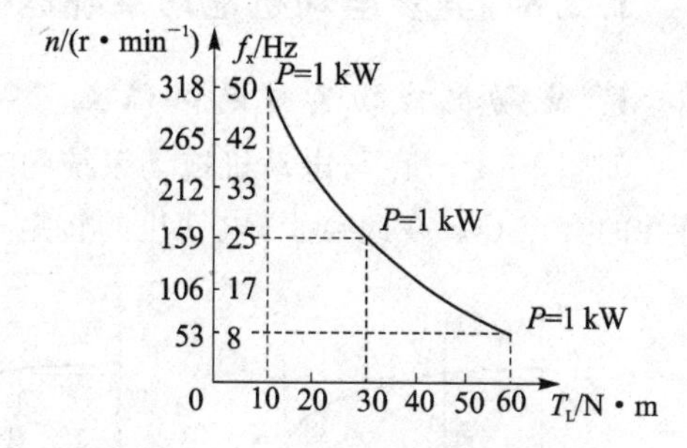

图1-26　恒功率负载的机械特性

注意：这里所说的"恒功率"指的是：此类负载一旦被电动机带动运行，其负载的变化不会影响电动机的功率。例如，机床上的同一工件，若所受的切削力变大，则要求机床主轴转动的线速度 v 降低，以保证加工质量和机床的安全，而电动机的输出功率不变。

但绝不是说，无论什么负载，负载大小如何，加到同一台电动机上，电动机输出功率相同。机床上加工不同工件，要求电动机的功率是不同的。就卷取机械而言，被卷物体的材质不同时，所要求的张力和线速度是不一样的，所要求的电动机的卷取功率的大小也就不相等。

3. 二次方率负载

二次方率负载，如离心式风机和水泵类电动机。其负载的阻转矩与转速的二次方成正比，即

$$T_L=K_T n_L^2 \tag{1-12}$$

而负载的功率与转速的三次方成正比,即依据式(1-8),得

$$P_L = \frac{T_L n_L}{9\,550} = \frac{K_T n_L^2 n_L}{9\,550} = K_P n_L^3 \tag{1-13}$$

式中:P_L 的单位为 kW;$K_P = \frac{K_T}{9\,550}$。其机械特性和功率特性分别如图 1-27 和图 1-28 所示。

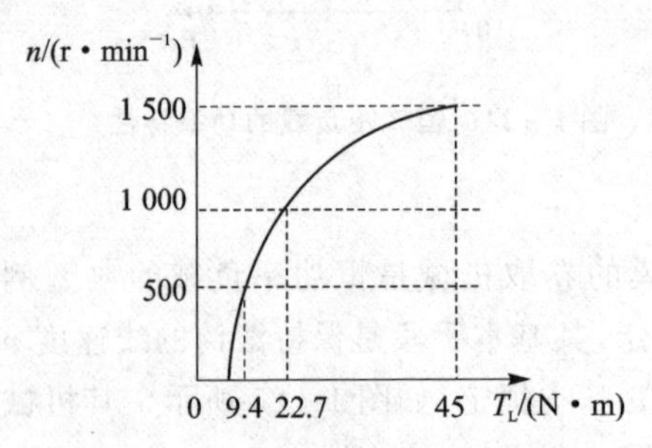

图 1-27　二次方率负载的机械特性

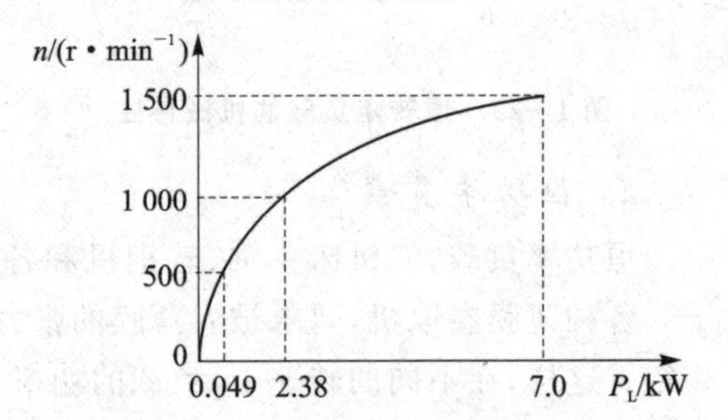

图 1-28　二次方率负载的功率特性

1.2.8　异步电动机拖动系统运行状况的分析

1. 电动机拖动系统的工作点

如图 1-29 所示,电动机拖动系统的工作点指的是电动机的机械特性与负载机械特性的交点 Q。在此点上,电动机的转矩 T_M 和负载转矩 T_L 平衡(忽略空载转矩)。

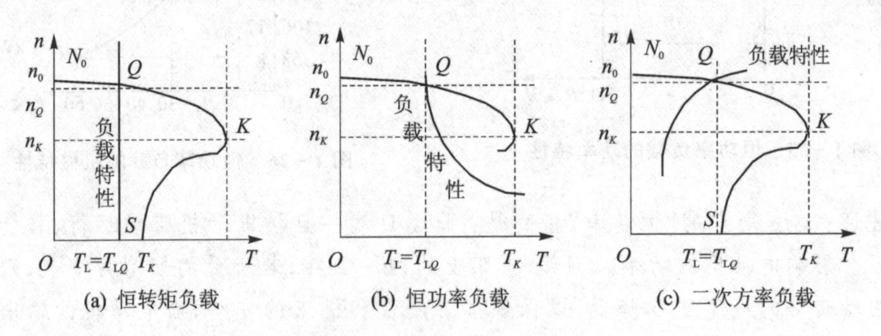

图 1-29　异步电动机带负载的工作点

2. 负载变化时工作点的转移

以恒转矩负载为例,系统开始工作在 Q 点,如图 1-30 所示。若使负载转矩由 T_L 减少到 T_{L1},而此时电动机的转矩 $T_M = T_L > T_{L1}$,拖动系统转速必然上升,T_M 随之减少,系统工作点由 Q 沿着机械特性向 Q_1 移动;到达 Q_1 后,电动机的转矩 T_M 减少到和 T_{L1} 相等,系统又将在工作点 Q_1 上稳定运行,转速升高为 n_{Q1}。

3. 电动机参数变化时工作点的转移

如图 1-31 所示,以恒转矩负载及改变转差率(加大转子回路电阻,即加大转差率)

为例，电动机拖动系统的原机械特性如图 1－31 中的自然特性曲线①所示，其工作点为 Q，若加大转子回路电阻，电动机的机械特性变为人为特性曲线②，其工作点应为 Q_1，但由于惯性，开始时电动机的转速仍保持为 n_1，拖动系统的工作点从 Q_1 沿直线 QQ_2 跳到特性曲线②上的 Q_2 点，电动机的电磁转矩减少为 $T_M < T_L$，这样，电动机的转速迅速下降，拖动系统的工作点沿特性曲线②移到 Q_1，转速下降为 n_2。

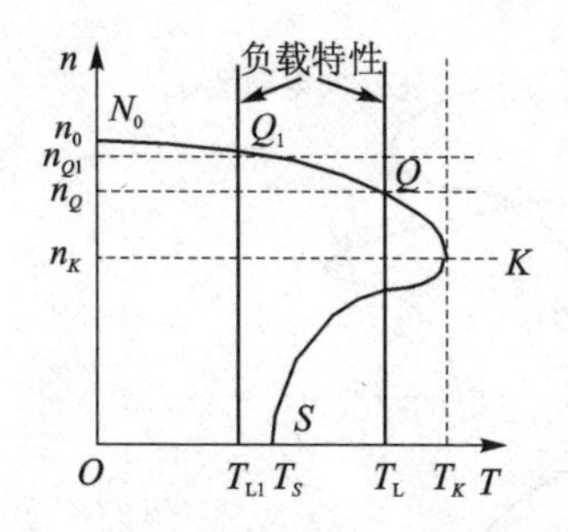

图 1－30　负载变化时工作点的转移

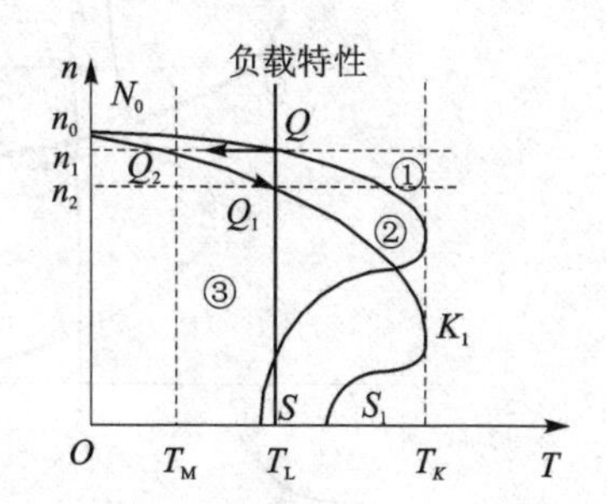

图 1－31　改变转差率时工作点的转移

1.2.9　异步电动机拖动反抗性恒转矩负载系统的制动

1. 反抗性恒转矩负载系统第二象限的正向回馈制动

设反抗性恒转矩负载系统开始时正向电动运行，工作点在 Q 点，负载转矩为 T_L，如图 1－32 特性曲线①所示。当双速电动机改变磁极对数，从高速挡切换到低速挡时，电动机的同步转速 n_{Q1} 已经下降为 n_{Q2}，但拖动系统的实际转速 n_1 并未下降，实际转速高于同步转速，故电动机切割磁场的方向与电动机状态相反，电动机变成了发电机，把输入的机械能变为电能回馈给电网，称为发电机状态或再生状态。转子绕组中的电流方向也反了，电磁转矩的方向也和转速相反，成为制动转矩。拖动系统的工作点由特性曲线①的 Q 点跳变到特性曲线②的 Q_1 点，制动转矩迫使电动机减速，并沿着特性曲线②向下转移，直到工作点穿过纵轴（此时电动机的实际转速等于同步转速 n_{Q2}），回到第一象限，正向回馈制动结束。以后，电动机的实际转速低于同步转速 n_{Q2}，电磁转矩再次反向，并逐渐增大，但小于负载转矩 T_L，直到电动机沿着特性曲线②转移到新的稳定工作点 Q_2，电磁转矩再次等于负载转矩 T_L，拖动系统在低速挡稳定运行。回馈制动只能限制电动机的转速，不能制停。

图中说明：在不考虑机械摩擦等因素的情况下，图中的 T_{L1} 和 T_L 应该有 $T_{L1} = T_L$。以后的行文中，类似的情况同此；但在拖动位能性负载及反向回馈制动运行时，考虑到位能性负载的自重产生的阻转矩，所以 $T_{L1} < T_L$。

2. 反抗性恒转矩负载系统第二象限的能耗制动

直流电切换入正在运行的异步电动机的定子绕组时，产生的磁场是静止的，电动机的同步转速突降为零（频率为 0），电动机切割磁场产生制动转矩，电动机变成了发电机，但能量不能回馈电网（为什么？请读者想一想），转子的动能消耗在转子电阻上（对绕线式转子，包括其串接的电阻），称为能耗制动状态。电动机拖动反抗性转矩负载系统的工作点由特性曲线①的 Q 点跳变到特性曲线③的 Q_3 点，制动转矩迫使电动机减速，并沿着特性曲线③向下转移；电动机的转速下降，电动机切割磁场的速度也下降，制动转矩也越来越小，直到电动机的转速和制动转矩都变为0(对应坐标原点位置)，电动机迅速制动。

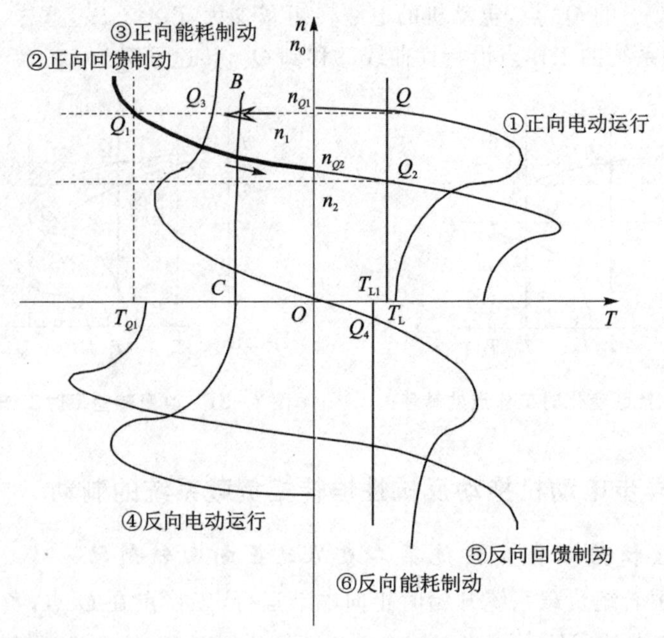

图1-32 异步电动机拖动反抗性恒转矩负载系统工作时的回馈制动和能耗制动

3. 第三、四象限的机械特性

第三象限是指电动机反转时，拖动系统处于电动运行状态的机械特性；第四象限是指电动机反转时，拖动系统处于发电机(或再生)状态的机械特性，即反向能耗制动和反向回馈制动。

4. 反抗性恒转矩负载系统的反接制动

图1-32所示的第三象限特性曲线④是电动机反转时，拖动系统处于反向电动运行状态的机械特性，与第一象限正向电动运行的特性曲线①成中心对称。但若将处于正向电动运行的三相异步电动机的定子两相绕组的线端对调(即变相序)接入电源，电动机的电磁转矩就和转速反向，进入反接制动过程，其对应的机械特性就由图1-32曲线①变成反相序的特性曲线④在第二象限的延长线 BC 段(为下面讲述方便，可将它移到图1-33中)。

为了限制反相时的过电流，常在绕线式电动机定子绕组中串入限流电阻 R_B，其对应的机械特性就由图1-32曲线④变成图1-33的特性曲线⑦，图1-32特性曲线④在第二象限的延长线 BC 段变成图1-33的特性曲线⑦的 $B'C'$ 段。

如果利用反接制动进行快速停车，则在转速接近零的 C 或 C' 点时，应立即切断电源。否则，当电机拖动较小的反抗性恒转矩负载，电动机的机械特性有可能进入第三象限。如图1-33中所示，在 $n=0$ 时，电磁转矩大于负载转矩，电动机将反向启动到 D

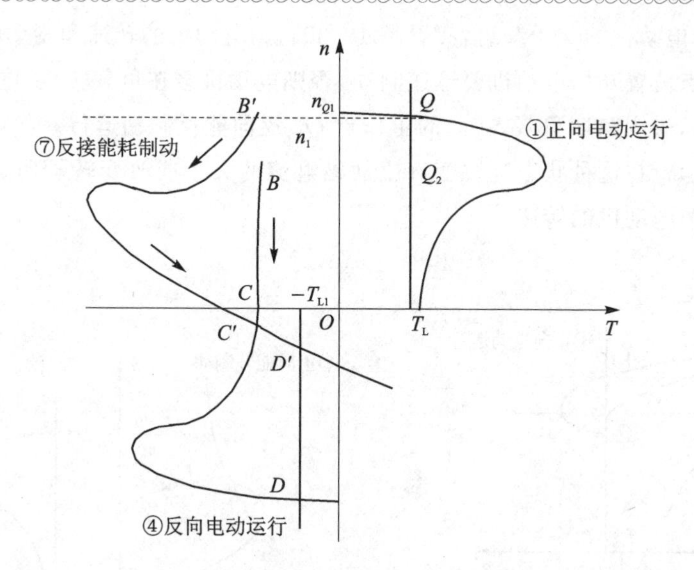

图 1-33 异步电动机拖动反抗性恒转矩负载系统时的反接制动

(D')点，最后稳定运行于反向电动状态。

图中说明：在不考虑机械摩擦等因素的情况下，图 1-33 中的 T_{L1} 和 T_L 应该满足 $T_{L1}=T_L$，但在拖动位能性负载，反向电动运行时，$T_{L1}<T_L$。

鼠笼式异步电动机转子回路无法串电阻，因此不宜频繁地进行反接制动。

1.2.10 异步电动机拖动位能性恒转矩负载系统的制动

1. 位能性恒转矩负载系统的正向电动运行和倒拉反转制动

设异步电动机拖动位能性恒转矩负载作正向电动运行，负载转矩向下拉重物，电磁转矩向上提重物，两者平衡时重物匀速上升。如图 1-34 所示，系统的工作点为 Q_1。如果在绕线式电动机的转子中串入限流电阻 R_B，则机械特性向下倾斜，与负载特性的交点下移到 Q_2，电动机转速降低。当 R_B 超过某一数值，致使在第一象限内，电动机的电磁转矩总小于负载转矩，工作点不断下移，进入第四象限，则电动机会反转，但转子切割磁力线的方向未变，电磁转矩对转子的转动起制动作用。最后电磁转矩等于负载转矩(实际上电磁转矩略小于负载转矩，应考虑到摩擦力矩的作用，即图 1-34 中 T_{L1} 略小于 T_L 的缘故)，稳定运行在第四象限的 Q_3 点，重物平稳低速下放，这称为倒拉反转制动状态。改变电阻 R_B 的大小，可以调节工作点 Q_3，从而调节重物下放的速度。

图中说明：在不考虑机械摩擦等因素的情况下，图中的 T_{L1} 和 T_L 应该有 $T_{L1}=T_L$，但在拖动位能性负载，反接能耗制动运行时，$T_{L1}<T_L$。

2. 位能性恒转矩负载系统的正向能耗制动和反向能耗制动

位能性恒转矩负载系统第二象限的正向能耗制动和第四象限的反向能耗制动运行与前面讨论过的反抗性恒转矩负载系统第二象限的能耗制动相似(让直流电切换入正

在运行的异步电动机的定子绕组,参看图 1-35),到电动机的转速和制动转矩都变为 0(对应坐标原点位置)时,电动机要迅速制动,否则电动机会在负载转矩(重物引起)的作用下反向启动,进入第四象限,在新的工作点 Q_2 反向能耗制动运行。起重机低速下放重物时,经常运行在这种状态。改变直流励磁电流的大小或改变转子回路所串电阻的大小,均可调节电动机的转速。

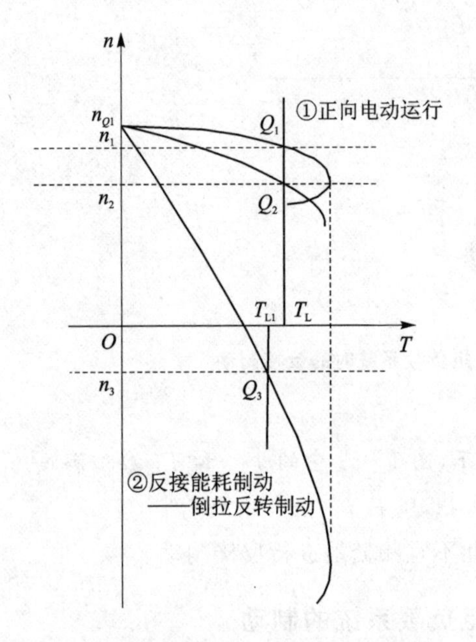

图 1-34 异步电动机拖动反抗性恒转矩负载时的反接制动——倒拉反转制动

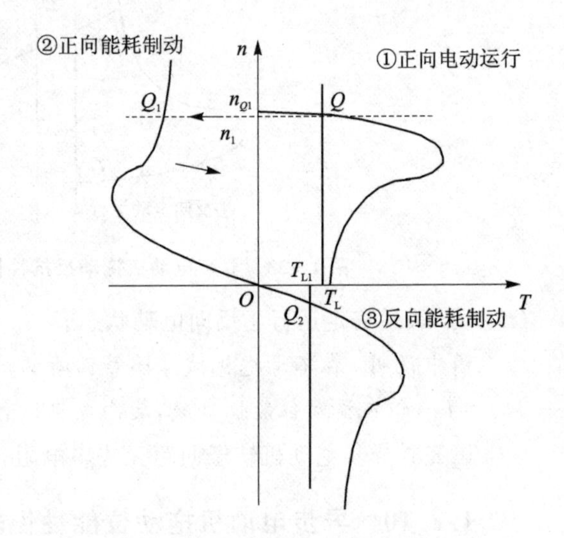

图 1-35 异步电动机拖动反抗性恒转矩负载系统时的正反向能耗制动

3. 位能性恒转矩负载系统的反接制动

与前面讨论过的反抗性恒转矩负载系统的反接制动相似,在转速接近零时,应立即切断电源;否则电动机在位能负载拖动下,将反向启动,越过第三象限,一直反向加速到第四象限的某点($T=T_L$)才能稳定运行,这时已进入回馈制动状态(见下面讨论)。

4. 位能性恒转矩负载系统的第四象限的反向回馈制动

在生产实践中,回馈制动还出现在电动机拖动位能性负载下放(电动机反转,如起重机快速下放重物时)。此时,电源反相序供电,电动机的转矩和重物加到电动机上的转矩方向相同,使电动机的转速很快超过同步转速,电动机切割磁场的方向与电动状态相反,电动机变成发电机,将输入的机械能转化为电能,回馈给电网,产生回馈制动。特性曲线如图 1-32 中“曲线⑤反向回馈制动”所示。

1.3　交流电动机的变频调速技术概述

1.3.1　什么是交流电动机的变频调速技术

如前所述,由三相异步电动机的转速公式可知:调节三相交流电的频率即调节同步转速,也就调节了异步电动机转子的转速。

因此,用半导体电力电子器件构成的变频器,把50(或60)Hz的交流电变成频率可调的交流电,供给交流电动机,用以改变交流电动机的运转速度的技术称为交流电动机的变频调速技术。

1.3.2　交流电动机变频调速技术的主要发展过程

变频调速技术的道理简单,实现却很难,直到20世纪80年代以后,随着大功率电力电子器件的发展,变频调速技术才得以快速发展,日益成熟;当今以其高效的拖动性能和良好的控制特性,在工业生产领域,在交通工具方面,在风机、水泵、压缩机的拖动中,在电梯、空调、洗衣机等家用电器方面,都获得了广泛应用。

人们先后研究了整流技术、斩波技术、逆变技术,在此基础上实现了变压变频(VVVF)、矢量控制变频技术以及直接转矩控制技术。这三者均为交-直-交变频技术,后来又发展了矩阵式交-交变频技术,该技术目前尚未成熟,仍在研究进展中。

在交流电动机的变频调速技术的发展过程中,可以看到理论(尤其是数学)和实践(半导体电力电子器件构成的变频器研制)相互促进,共同发展的美好展现。

计算机科技和自动控制理论与技术的发展,极大地促进了变频器的研制。例如,微处理器已成为变频器的控制核心,通过精确计算压频比(U/f)并将其作为控制原理,使异步电动机的变频调速成为可能;变频器的功能从单一的变频调速功能发展为包含算术逻辑运算及智能控制在内的综合功能;自动控制理论与技术的发展,使变频器在改善压频比控制性能的同时,推出了能实现矢量控制、直接转矩控制、模糊控制和自适应控制等多种模式。现代的变频器已经内置有参数辨识系统、PID调节器、PLC和通信单元等,根据需要可实现拖动不同负载、宽调速和伺服控制等多种应用。

1.3.3　交流电动机的变频器种类

1. 按变换环节分类

变频按变换环节分为两大类:交-直-交变频器和交-交变频器。

变频根据其变频的原理分为直接变频和间接变频。

直接变频为交-交变频。交-交变频器把频率固定的交流电直接变换成频率连续可调的交流电。其主要优点是没有中间环节,变换效率高,但其连续可调的频率范围窄,一般为额定频率的1/2以下,故主要用于大功率三相异步电动机和同步电动机的低速变频调速的拖动系统中。

间接变频为交-直-交变频。间接变频是指将交流电经整流器后变为直流电,然后再经逆变器调制为频率可调的交流电。交-直-交变频器由整流器、中间滤波器和逆变器三部分组成。整流器是三相桥式整流电路,其作用为将定压、定频的交流电变换为可调直流电,然后作为逆变器的直流供电电源;中间滤波器由电抗器或电容组成,其作用是对整流后的电压或电流进行滤波;逆变器也是三相桥式整流电路,但它的作用与整流器相反,是将直流电变换(调制)为可调频率的交流电,是变频器的主要部分。

交-直-交变频器又分为两种,其区别在整流器上,即可控整流器和不可控整流器。

① 可控整流器调压:用逆变器调频的交-直-交变频器如图 1-36(a)所示,调压和调频分别在两个环节上进行。这里,若输入环节采用晶闸管相控整流器,则功率因数较低;若输出环节采用三相六拍逆变器,则输出的电流有较大的谐波。

② 不可控整流调压:用脉宽调制逆变器的交-直-交变频器如图 1-36(b)所示。该交-直-交变频器的脉宽调制逆变器采用全控式电力电子器件,使输出谐波减少。该谐波减少的程度取决于脉宽调制的开关频率,而开关频率受器件开关时间的限制。采用 P-MOSFET 或 IGBT 电力电子器件时,开关频率可达 20 kHz 以上,输出波形已非常接近正弦波,因而又称为正弦脉冲调制逆变器(SPWM),目前通用变频器常采用。

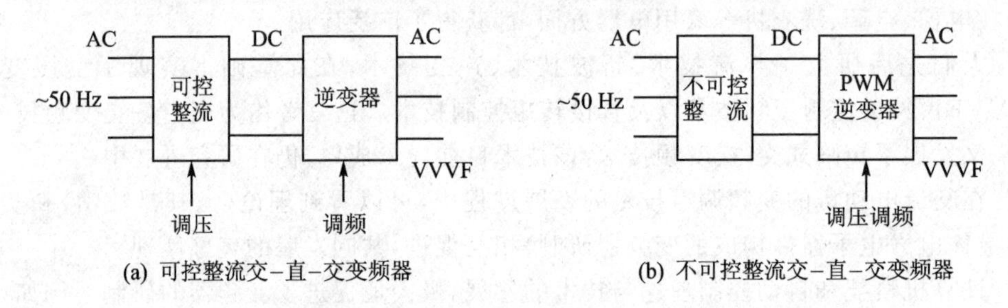

(a) 可控整流交-直-交变频器　　(b) 不可控整流交-直-交变频器

图 1-36　交-直-交变频器

2. 按电压的调制方式分类

电压调制方式一般有 PAM 和 PWM 两种。

(1) PAM(脉幅调制)

所谓 PAM,是 Pulse Amplitude Modulation 的简称,是通过调节输出脉冲的幅值来调节输出电压的一种方式。在调节过程中,逆变器负责调频,相控整流器或直流斩波器负责调压。目前,PAM 在中小容量变频器中很少采用。

(2) PWM(脉宽调制)

所谓 PWM,是 Pulse Width Modulation 的简称,是通过改变输出脉冲的宽度和占空比来调节输出电压的一种方式。在调节过程中,逆变器负责调频和调压。目前普遍应用的是脉宽按正弦规律变化的正弦脉宽调制方式,即 SPWM 方式。中小容量的通用变频器几乎全部采用此类型的变频器。

3. 按滤波方式分类

按滤波方式,一般分为电压型和电流型两种。

(1) 电压型变频器

在交-直-交变压变频装置中，中间直流环节采用大电容滤波时，直流电压波形比较平直，在理想情况下可以等效成一个内阻抗为零的恒压源，其输出的交流电压是矩形波或阶梯波，这类变频装置称为电压型变频器（见图1-37(a)）。一般的交-交变压变频装置虽然没有滤波电容，但供电电源的低阻抗使其具有电压源的性质，也属于电压型变频器。

(2) 电流型变频器

在交-直-交变压变频装置中，中间直流环节采用大电感滤波时，直流电流波形比较平直，因而电源内阻抗很大，这对负载来说基本上是一个电流源，其输出的交流电流是矩形波或阶梯波，这类变频装置称为电流型变频器（见图1-37(b)）。有的交-交变压变频装置的电抗器将输出电流强制变成矩形波或阶梯波，故具有电流源的性质，也是电流型变频器。

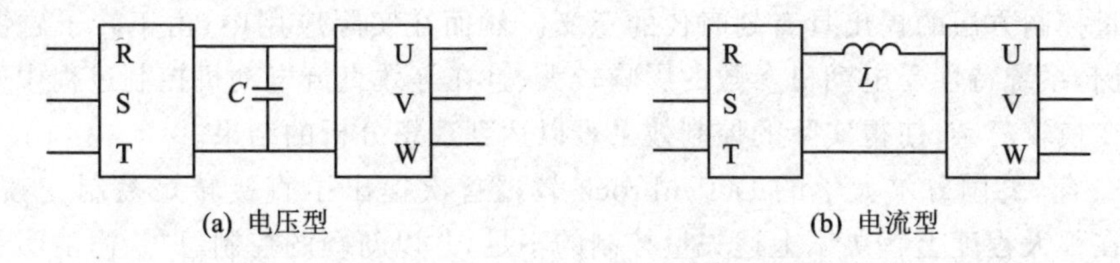

图1-37　电压型和电流型变频器

4. 按输入电源的相数分类

① 三进三出变频器：变频器的输入侧和输出侧都是三相交流电，绝大多数变频器都属于此类。

② 单进三出变频器：变频器的输入侧为单相交流电，输出侧是三相交流电，家用电器里的变频器都属于此类，通常容量较小。

5. 按控制方式分类

控制方式一般有U/f控制、转差频率控制、矢量控制和直接转矩控制。

(1) U/f控制(VVVF变频器控制)

U/f控制相对简单，机械特性硬度也较好，能够满足一般传动的平滑调速要求，多用于风机、泵类机械的节能运转及生产流水线的工作台传动等。但在低频时，这种控制方式由于输出电压较小，故受定子电阻压降的影响比较显著，可能造成最大输出转矩减小。另外，其机械特性终究没有直流电动机硬，动态转矩性能和静态调速性能都还不尽如人意，因此人们又研究出转差频率控制变频调速。

(2) 转差频率控制变频调速

转差频率控制需检测出电动机的转速，构成速度闭环。速度调节器的输出为转差频率，然后以电动机速度与转差频率之和作为变频器的给定输出频率。转差频率控制是指能够在控制过程中保持磁通的恒定，能够限制转差频率的变化范围，且能通过转差频率调节异步电动机的电磁转矩的控制方式。与U/f控制方式相比，加减速特性和限制过电流的能力得到提高。另外,还有速度调节器,它是利用速度反馈进行速度闭环控制。转差频控制系统的速度静态误差小,适用于自动控制系统;但是速度反馈精度不高,且速度反馈装置安装麻烦。当对生产工艺提出更高的静态和动态性能指标时,转差频率控制系统仍然不如转速、电流双闭环直流电动机调速系统,于是矢量控制变频调速技术应运而生。

(3) 矢量控制变频调速技术

矢量控制变频调速的做法是:将异步电动机在三相坐标系下的定子交流电流 I_a,I_b,I_c 通过三相-二相变换,等效成两相静止坐标系下的交流电流 $I_{\alpha1}$,$I_{\beta1}$,再经转子磁场定向旋转变换,等效成同步旋转坐标系下的直流电流 I_{m1},I_{t1}(I_{m1} 相当于直流电动机的励磁电流;I_{t1} 相当于与转矩成正比的电枢电流),然后模仿直流电动机的控制方法,求得直流电动机的控制量,经过相应的坐标反变换,实现对异步电动机的控制。

(4) 直接转矩控制变频技术

矢量控制方法的提出具有划时代的意义。然而在实际应用中,由于转子磁链难以准确观测,系统特性受电动机参数的影响较大,且在等效直流电动机控制过程中所用矢量旋转变换较复杂,使得实际的控制效果难以达到理想分析的结果。

1985年,德国鲁尔大学的 DePenbrock 教授首次提出了直接转矩控制变频技术。该技术在很大程度上解决了上述矢量控制的不足,并以新颖的控制思想、简洁明了的系统结构、优良的动静态性能得到了迅速发展。目前,该技术已成功地应用在电力机车牵引的大功率交流传动上。直接转矩控制直接在定子坐标系下分析交流电动机的数学模型、控制电动机的磁链和转矩。它不需要将交流电动机化成等效直流电动机,因而省去了矢量旋转变换中的许多复杂计算;它不需要模仿直流电动机的控制,也不需要为解耦而简化交流电动机的数学模型。

VVVF 变频、矢量控制变频、直接转矩控制变频都是交-直-交变频。其共同缺点是输入功率因数低,谐波电流大,直流回路需要大的储能电容,再生能量不能反馈回电网,即不能进行四象限运行。为此,矩阵式交-交变频应运而生。由于矩阵式交-交变频省去了中间直流环节,从而省去了体积大、价格高的电解电容。它能实现功率因数为1,输入电流为正弦且能四象限运行,系统的功率密度大。该技术目前尚未成熟,但仍吸引着众多的学者深入研究。

6. 按用途分类

① 通用变频器:通用变频器是指能与普通的笼型异步电动机配套使用,能适应各种不同性质的负载,并具有多种可供选择功能的变频器。

② 高性能专用变频器:高性能专用变频器主要应用于对电动机的控制要求较高的系统,与通用变频器相比,高性能专用变频器大多数采用矢量控制方式,驱动对象通常是变频器厂家指定的专用电动机。

③ 高频变频器:在超精密加工和高性能机械中,常常要用到高速电动机。为了满足这些高速电动机的驱动要求,出现了采用 PAM(脉冲幅值调制)控制方式的高频变频器,其输出频率达到 3 kHz。

7. 按变频器的供电电压的高低分类

① 低压变频器：低压变频器指输入电源电压为110 V～1 kV的中、小容量的变频器，直接应用GTR、IGBT等半导体器件实现变频，多用于中、小型家电、泵、风机等。

② 高压变频器：高压变频器指输入电源电压为1 kV以上的变频器，应用GTO，IGBT，IGCT等半导体器件直接或间接变频，多用于大型轧机、大容量水泵、风机和压缩机等。

1.3.4 变频电机

上面的讨论中，未涉及电动机的问题。为了使交流变频技术更好地发挥作用，人们对交流电动机也做了改进，制造出专门用于交流变频调速的三相交流电动机，即变频调速电动机，简称变频电动机，该机是用变频器驱动的电动机的统称。

变频电动机由传统的鼠笼式电动机发展而来，一般采用强迫通风冷却，即将主电机的散热风扇采用独立的电机(称为风机)驱动，并且提高了电机绕组的绝缘性能。

变频专用电机可以在变频器的驱动下实现不同的转速与扭矩，以适应负载的需求变化。那么，变频电机和普通电机的区别在哪里呢？从外形上看，很难分辨得出，但内部还是有些差异的。为了说明这个问题，先来讨论以下问题。

1. 变频器对电动机的影响

(1) 电动机的温升和效率问题

不论哪种形式的变频器，在运行中均会产生不同程度的频率高于50 Hz的高次谐波($2u+1$，u为调制比)的电压分量和电流分量，使电动机在非正弦电压、电流下运行。

由于异步电动机是以接近于基波频率所对应的同步转速旋转的，因此高次谐波电压以较大的转差切割转子导体条后，会引起导体中的载流子剧烈震荡，导致电动机定子铜耗、转子铜(铝)耗、铁耗及附加损耗增加，最为显著的是转子铜(铝)耗。除此之外，还需考虑因集肤效应(高频电流通过导体时趋于导体表面，使得实际导电截面积大大减小，引起电阻急剧增加的现象)所产生的附加铜耗。这些损耗都会使电动机额外发热，效率降低，输出功率减小，如将普通三相异步电动机运行于变频器输出的非正弦电源条件下，其温升一般要增加10%～20%，使得电动机的效率降低。

一般国产的普通电机大部分只能在AC 380 V/50 Hz的条件下运行，也能降频或升频使用，但变化范围不能太大，否则电动机会发热甚至烧坏。

经过改进的变频电动机可在较大的调速范围内无级调速。

(2) 电动机绝缘强度问题

变频器的载波频率约为几到十几千赫兹，电动机定子绕组要承受很高的电压变化率，形成梯度很大的冲击电压，要求电动机绕组的匝线绝缘程度高。同时，变频器产生的矩形斩波冲击电压叠加在电动机运行电压上，会对电动机对地绝缘构成威胁，使得加速对地绝缘部件在高压的反复冲击下加速老化。

因此，要求使用变频器的电动机的绝缘性能应该比普通电动机要高。对于同样中心高的电动机，其绝缘材料和电磁线的选择都应比普通电动机好。电磁线的耐电压冲击能力要强。

实际中,为了节约资金,在很多需要调速的场合多用普通电机代替变频电动机,比如风机、水泵的节能改造,但普通电动机的调速精度不高。在用普通电动机代替变频电动机时变频器的载波频率应尽量低一点,以减少高频电流对电机的绝缘损坏。

所以,将普通电动机用于变频时,要选择功率稍大一些的,否则会影响电动机使用寿命。另外,要注意散热,特别是低频状态下,普通电动机没有专用风机,是靠电动机快速转动带着尾部的风叶产生的风量来实现散热。低频时,转速变慢,风叶产生不了足够的风量,可能会过热而烧毁。将普通电机用于变频时,要注意频率不能设置太高(短时间内可在100 Hz下运行)。

如前所述,变频电动机采用独立的散热风扇(称为风机,单独接线)强迫通风冷却,这也提高了电机绕组的绝缘性能。

(3) 谐波电磁噪声与振动

变频电源中含有的各次谐波与电动机电磁部分的固有空间谐波相互干涉,形成各种电磁激振力。当电磁激振力的频率和电动机机体的固有振动频率一致或接近时,会产生共振现象,增大噪声。由于电动机工作频率范围宽,转速变化范围大,各种电磁激振力的频率很难避开电动机各构件的固有振动频率。因此,电动机采用变频器供电时,会使由电磁、机械、通风等因素所引起的振动和噪声变得更加复杂,故要求电动机的各部分机械强度更高。

(4) 电动机对频繁启动、制动的适应能力

采用变频器供电后,电动机可以在很低的频率和电压下以无冲击电流的方式启动,并可利用变频器所供的各种制动方式进行快速制动,为实现频繁启动和制动创造了条件。当然电动机的机械系统和电磁系统处于循环交变力的作用下,其机械结构和绝缘结构易于疲劳且加速老化。

(5) 低转速时的冷却问题

如前所述,首先,普通异步电动机用于变频调速时热损耗较大。再者,普通异步电动机在转速降低时,冷却风量与转速的三次方成比例减小,致使电动机的低速冷却状况变差,温升急剧增加,难以实现恒转矩输出。

针对以上情况,人们设计了专门用于变频调速的变频电机。

2. 变频电动机的特点

(1) 在电磁设计方面

普通异步电动机在设计时主要考虑过载能力、启动性能、效率和功率因数等参数。变频电动机由于其临界转差率与电源频率成反比,可以在临界转差率接近1时直接启动,因此过载能力和启动性能无须过多考虑,主要考虑如何改善电动机对非正弦波电源的适应能力。方法一般如下:

① 尽可能地减小定子和转子电阻。减小定子电阻,以减少高次谐波引起的导体损耗。

② 适当增加电动机的电感,以抑制电流中的高次谐波,但需考虑到转子槽漏抗较

大,其集肤效应也大,高次谐波铜耗也会增大。因此,要兼顾到整个调速范围内阻抗匹配的合理性,据此设计电动机漏抗的大小。

③ 将变频电动机的主磁路设计成不饱和状态。原因有二,一是考虑高次谐波会加深磁路饱和,二是考虑到在"低频补偿"时,为了提高输出转矩而应适当提高变频器的输出电压。当转矩补偿值较大时,如果主磁路设计成"饱和状态",容易导致低速时电动机的励磁电流过大,处于过励磁状态,电动机可能会发生快速发热现象,危害电动机的安全运行。

(2) 结构设计

如前所述,考虑非正弦电源特性对变频电动机的绝缘结构、振动、噪声冷却方式等方面的影响,在结构设计时,一般注意以下问题:

① 提高绝缘等级。一般为 F 级或更高,加强对地绝缘和线匝间绝缘强度,特别要考虑其耐冲击电压的能力。

② 增大电动机构件及整体的机械强度。为了减轻电动机的振动、噪声,应提高电动机构件及整体的机械强度;尽力提高其固有频率,以避开与各次电磁激振力谐波产生共振现象。

③ 冷却方式。一般采用强迫通风冷却,即主电机散热风扇采用独立的电机驱动。

④ 防止轴电流措施。对容量超过 160 kW 电动机应采用轴承绝缘措施。主要防止产生磁路不对称或轴电流(高频分量所产生的电流结合一起作用时,轴电流将大为增加,从而导致轴承损坏)。

⑤ 采用耐高温的特殊润滑脂。对恒功率变频电动机,当转速超过 3 000 r/min 时,应采用耐高温的特殊润滑脂,以补偿轴承的温度升高。

习题 1

1.1　复习电力拖动课程,回答下列问题。

(1) 选择题

1) 直流电动机具有两套绕组,励磁绕组和(　　)。

A. 电枢绕组　　B. 它励绕组　　C. 串励绕组　　D. 以上都不是

2) 异步电动机的两套绕组是定子绕组和(　　)。

A. 电枢绕组　　B. 它励绕组　　C. 串励绕组　　D. 转子绕组

3) 处于停止状态的异步电动机加上电压后,电动机产生的启动转矩为额定转矩的(　　)倍;电动机通常启动电流为额定电流的(　　)倍。

A. 1 倍　　B. 1.25 倍　　C. 4～5 倍　　D. 5～7 倍

4) 电动机在空载电流作用下,电动机的转速接近(　　)。

A. 额定转速　　B. 同步转速　　C. 再生制动转速　　D. 反接制动转速

5) 电网电压频率 50 Hz,若电动机的磁极对数 $p=2$,则该电动机的旋转磁场转速(　　)r/min。

A. 1 000　　B. 1 500　　C. 2 000　　D. 3 000

6) 恒转矩负载与下列物理量(　　)无关。

A. 转动惯量　B. 速度　C. 张力 F　D. 转差率

7) 公式 $s=\frac{n_0-n}{n_0}$ 中,n 表示(　　);s 表示(　　)。

A. 转差率　B. 旋转磁场的转速　C. 转子转速　D. 以上都不是

8) 起重机、带式输送机负载转矩均属于(　　)。

A. 恒转矩负载　B. 恒功率负载　C. 二次方律负载　D. 以上都不是

9) 卷扬机负载转矩属于(　　)。

A. 恒转矩负载　B. 恒功率负载　C. 二次方律负载　D. 以上都不是

10) 风机、泵类负载转矩属于(　　)。

A. 恒转矩负载　B. 恒功率负载　C. 二次方律负载　D. 以上都不是

(2) 问答:电动机拖动系统由哪些部分组成?

(3) 简述直流电动机的工作原理。为什么直流电动机会有优良的调速特性?

(4) 简述三相异步交流电动机的工作原理和机械特性。画出异步电动机的机械特性曲线。

(5) 画出电动机的机械特性曲线,并指明几个特殊点。

(6) 依据转子结构的不同,三相异步电动机可分为哪两种?各自有什么优缺点?

(7) 三相异步电动机的转速与哪些因素有关?三相异步交流电动机的调速方式有哪些?为什么三相异步交流电动机没有直流电动机那样优良的调速特性?

(8) 笼型异步电动机在什么条件下允许直接启动?绕线异步电动机是否也存在直接启动的条件?

(9) 电动机的调速范围是如何定义的?

(10) 电动机的额定功率是它吸收电能的功率吗?

(11) 说明电动机电磁转矩基本公式 $T = P_M/\Omega = 9\,550P_M/n$ 中各物理量的含义和使用的单位。

(12) 说明三相异步电动机直流制动的原理,并描绘制动前后的机械特性曲线。

1.2　异步交流电动机的变频调速的理论依据是什么?

1.3　异步交流电动机启动时的电流可能达到额定电流的5～7倍,是不是它的电磁转矩也会达到这一倍数?

1.4　什么是变频技术和变频器?

1.5　交-交变频有什么优点和缺点?主要应用是什么?

1.6　交-直-交变频器为什么又称为间接变频?用方框图说明它的组成?按整流方式又可分为哪两种?两者电路的组成和原理有什么区别?

1.7　按电压的调制方式分类,变频器分为哪两种类型?两者有什么不同?

1.8　按滤波方式分类,变频器又可分为哪两种类型?两者的区别在哪里?

1.9　按输入交流电源的相数分类,变频器分为哪两种类型?两者有什么不同?

1.10　按控制方式分类,变频器分为哪几种类型?

1.11　按用途分类,变频器又可分为哪几种类型?按变频器供电电压的高低分类,变频器又可分为哪几种类型?

1.12　为什么说计算机技术和自动控制理论在变频技术的发展过程中起了很重要的作用?

第2章　常用电力电子器件原理及选择

变频调速是基于电力电子、微电子、信息技术发展的产物。一是它的逆变部分都基于允许通过电流大、耐受电压很高的可控硅(silicon controlled rectifier,SCR)或晶闸管(thyristor)、门极可关断晶闸管(gate turn-off thyristor,GTO)、大功率晶体管(giant transistor,GTR)、绝缘栅双极型晶体管(insulated gate bipolar transistor,IGBT)、集成门极换流晶闸管(integrated gate commutated thyristor,IGCT)、金属氧化物场效应管(metal oxide field transistor,MOSFET)、静电感应晶体管(static induction transistor,SIT)、静电感应晶闸管(static induction thyristor,SITH)、MOS控制晶闸管(MOS-controlled thyristor,MCT)以及智能电力模块(intelligent power module,IPM)等电力电子器件来完成的。交流变直流(AC→DC)由整流装置完成,反之,直流变交流(DC→AC)要由逆变装置完成。二是它的控制部分和负载状态的检测是由CPU(32位计算机)来完成的,这是微电子器件发展的结果。三是内置4～20 mA接口和RS-232/422/485接口,可以和仪表、数控系统DCS相接,通过Profibus总线、Interbus总线和外界通信。

常用电力电子器件主要在逆变电路里作为开关元件来应用,要求:

① 能够承受足够大的电压和电流;

② 允许频繁地开关,且控制方便。

2.1　晶闸管的结构原理及测试

2.1.1　普通晶闸管的结构

晶闸管(TH或SCR)是一个有三个PN结和三个极的大功率半导体器件,如图2-1所示。晶闸管的三个极分别是阳极A、阴极K和门极G(又称为控制极)。

2.1.2　晶闸管的工作原理

晶闸管是一种具有单向导电特性和正向导通的可控特性器件。其初始导通时必须同时具备以下两个条件:

① 晶闸管的阳极A和阴极K之间加正向电压。

② 晶闸管的门极G和阴极K之间加正向触发电压,且有足够的门极电流。

如图2-2所示,晶闸管工作时必须有两个回路:主回路和控制回路。S_1是主回路的电键,S_2是控制回路的电键。在图2-2(a)中,S_1,S_2均未闭合,两个条件都不满足,

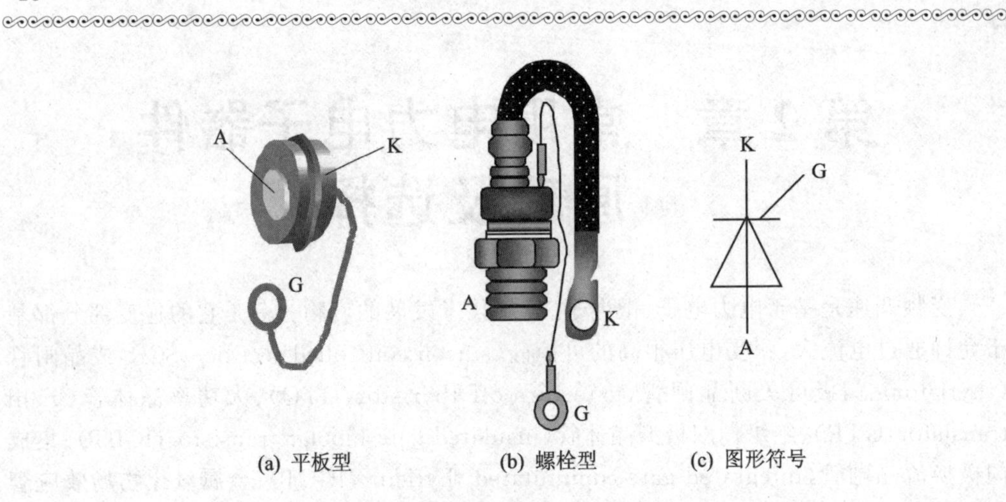

(a) 平板型　(b) 螺栓型　(c) 图形符号

图 2-1　晶闸管的外形和图形符号

晶闸管不能导通,指示灯不亮。在图 2-2(b)中,S_1 闭合,S_2 未闭合,条件①满足,条件②不满足,晶闸管仍不能导通,指示灯仍不亮。在图 2-2(c)中,S_1,S_2 都闭合,条件①和条件②都满足,晶闸管导通,指示灯亮。在图 2-2(d)中,保持图 2-2(c)状态,然后让 S_1 仍闭合,S_2 断开,条件①满足,但条件②不满足,晶闸管仍导通,指示灯仍亮。说明晶闸管一旦导通后,控制回路就不再起作用了。这时如果让 S_1 也断开,如图 2-2(e)所示,就回到图 2-2(a)的情况。另外,如图 2-2(f)所示,即把图 2-2(a)中的主电路的电源极性接反了,就不能满足晶闸管导通的基本条件①,指示灯不亮。

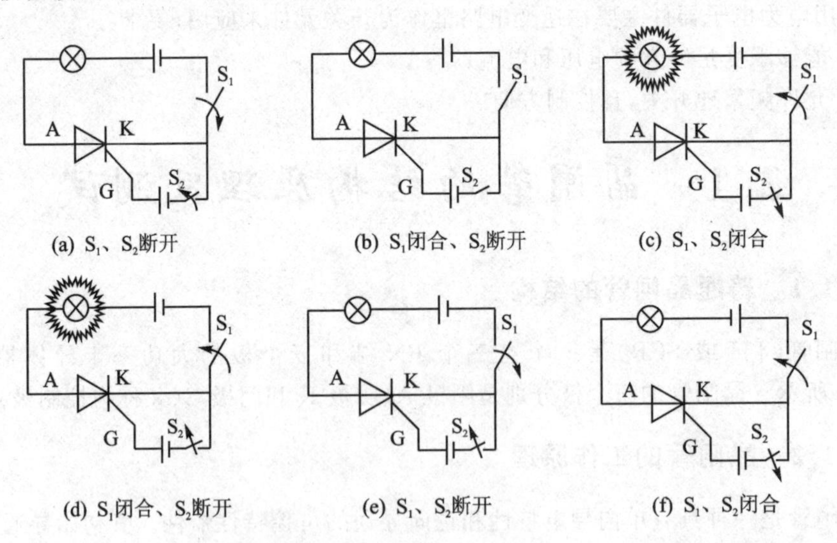

图 2-2　晶闸管的工作特性

下面,再从半导体的材料特性更深入地讨论如图 2-3 所示晶闸管的工作原理。

晶闸管是四层半导体(P_1,N_1,P_2,N_2)三端器件,有 J_1,J_2,J_3 三个 PN 结,如图 2-3(a)所示。如果把中间的 N_1 和 P_2 分为两部分,就构成一个 NPN 型晶体管($N_1P_2N_2$)和一个 PNP($P_1N_1P_2$)型晶体管的复合管,如图 2-3(b)所示。

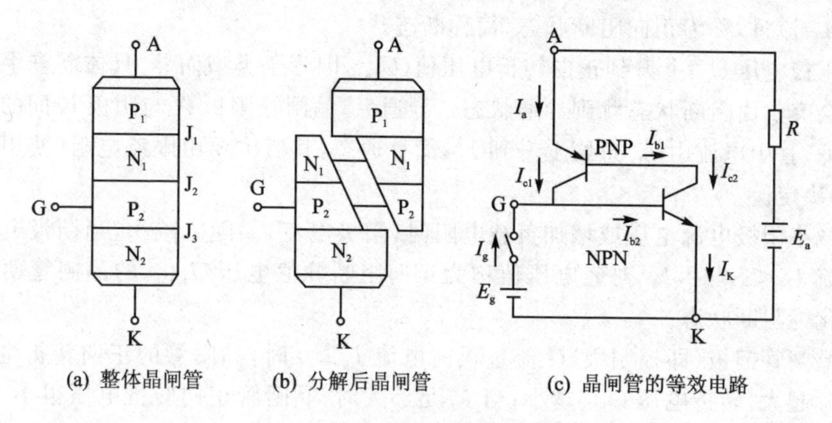

图 2-3　晶闸管的内部工作过程

晶闸管承受正向阳极电压时，为使晶闸管从关断变为导通，必须使承受反向电压的PN结失去阻断作用。如图 2-3(c)所示，每个晶体管的集电极电流是另一个晶体管的基极电流。两个晶体管相互复合，当有足够的门极电流 I_g 时，就会形成强烈的正反馈，即

$$I_g \uparrow \rightarrow I_{b2} \uparrow \rightarrow I_{c2} \uparrow = I_{b1} \uparrow \rightarrow I_{c1} \uparrow \rightarrow I_{b2} \uparrow$$

两个晶体管迅速饱和导通，晶闸管即饱和导通。

若使晶闸管关断，应设法使晶闸管的阳极电流减小到维持电流以下。

2.1.3　晶闸管的伏安特性

晶闸管的阳极电压 u_A 与阳极电流 i_A 的关系，称为晶闸管的伏安特性，如图 2-4 所示。晶闸管的阳极与阴极间加上正向电压时，在晶闸管门极(即控制极)G 开路($I_g=0$)情况下，初始，晶闸管阳极 A 与阴极 K 间表现出很大的电阻，两极间只有很小的正向

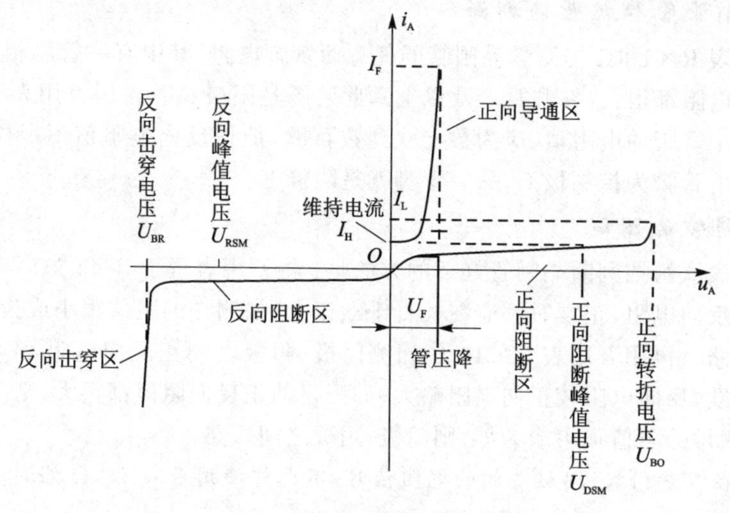

图 2-4　晶闸管的伏安特性

漏电流 I_L 流过,称为正向阻断状态,简称断态。

当阳极电压 U_A 上升到正向转折电压值(U_{BO},因管子类型而异,具体需查手册)时,晶闸管会突然由阻断状态跳到导通状态。导通后,晶闸管阳极 A 与阴极 K 间的电阻值急剧降低,管中电流由 I_L 急剧上升到 I_F,简称通态,其值主要由限流电阻(使用时决定于负载)决定。

当减小阳极电源电压或增加负载电阻时,阳极电流 i_A 随之减小,当阳极电流小到维持电流 $I_H < I_L$ 时,I_H 对应电压值称为正向阻断峰值电压 U_{DSM},的晶闸管便从导通状态转化为阻断状态。

在晶闸管门极(即控制极)G 流过正向电流 $I_g > 0$ 时,晶闸管的正向转折电压 U_{BO} 降低,I_g 越大,转折电压 U_{BO} 越小;当 I_g 足够大时,晶闸管正向转折电压很小,当加上正向阳极电压,晶闸管就导通。通常规定,当晶闸管元件阳极与阴极之间加上 6 V 直流电压时,能使元件导通的控制极最小电流(电压)称为触发电流(电压)。

在晶闸管阳极与阴极间加上反向电压时,晶闸管处于反向阻断状态,只有很小的反向漏电流流过。当反向电压增大到反向不重复峰值电压 U_{RSM} 时,反向漏电流开始显著增大;当反向电压继续增大到反向转折(击穿)电压 U_{BR} 时,反向漏电流急剧增大。

U_{BO},I_L,I_H,U_{RSM},U_{BR} 等因管子类型而异,具体需查手册。

可见,晶闸管的反向伏安特性与二极管反向特性类似。

晶闸管正常工作时,外加电压不允许超过反向不重复峰值电压 U_{RSM},否则管子将被损坏。同时,外加电压也不允许超过正向转折电压,否则不论控制极是否加控制电流,晶闸管均将导通。在可控整流电路中,控制极电压应来决定晶闸管何时导通,可将其称为一个可控开关。

2.1.4 晶闸管管脚极性的判断和测试

1. 晶闸管管脚极性的判断

用万用表 R×1 kΩ 挡测量晶闸管的任意两管脚电阻,其中有一管脚相对另外两管脚其正反向电阻都很大(在几百千欧以上),此管脚是阳极 A。再用万用表 R×10 Ω 挡测量另外两个管脚的电阻值,应为数十欧到数百欧;但正反向电阻值不一样,阻值小的黑表笔所接的管脚为控制极 G,另一管脚就是阴极 K。

2. 晶闸管的测试

用万用表欧姆挡判断晶闸管好坏的方法是:将万用表置于 R×1 kΩ 挡,测量阳极-阴极之间正反向电阻,正常时都应在几百千欧以上;如测得的阻值很小或为零,则阳极-阴极之间短路。再用万用表 R×10 Ω 挡测门极-阴极之间正反向电阻,正常时应为数十欧到数百欧,反向电阻较正向电阻略大;如测得的正反向阻值都很大,则门极-阴极之间断路;如测得的阻值很小或为零,则门极-阴极之间短路。

注意: 在测量门极-阴极之间的电阻值时,不允许使用 R×10 kΩ 挡测量,以免击穿门极的 PN 结。

晶闸管不具有自关断能力,要求驱动电流大,因而它的主电路与控制电路都较复杂，工作不够可靠，性能也不太完善，未能推广普及。但它是理解许多新型电力电子器件的基础，所以，还是作了上面的介绍。

2.1.5 门极可关断晶闸管

门极可关断晶闸管(GTO)具有普通晶闸管(SCR)的全部优点，其伏安特性也相似，如耐压高、电流大等。但它具有自关断能力，控制功率小属于全控器件。GTO 的外形和 SCR 一样，内部也是四层三端器件；但制作工艺和 SCR 不同，因而具有灵敏度较高的自关断能力；但其开关频率不高，一般在 2 kHz 以下。GTO 用在脉宽调制技术中，难以得到比较理想的正弦脉宽调制波形，故异步电动机在变频调速时产生刺耳的噪声，现在已较少使用。

2.2 功率晶体管

2.2.1 功率晶体管的结构及工作特点

功率晶体管(GTR)的结构为二级或三级达林顿管模块化结构。其工作特点与晶体管类同，属于电流控制型器件。其优点是：控制方便，大大简化了控制电路，提高了工作的可靠性；能较好地实现正弦脉宽调制技术；具有自关断能力。GTR 主要用于开关，工作在高电压、大电流的场合。GTR 的图形符号及模块内部结构如图 2－5 所示。

GTR 开关频率低(≤2 MHz)，用它做变频器件的变频器有以下弱点：

① 电流波形较差(但比用晶闸管 SCR 要好)，电动机转矩略小；

② 电动机的电磁噪声大；

③ 故障率高。

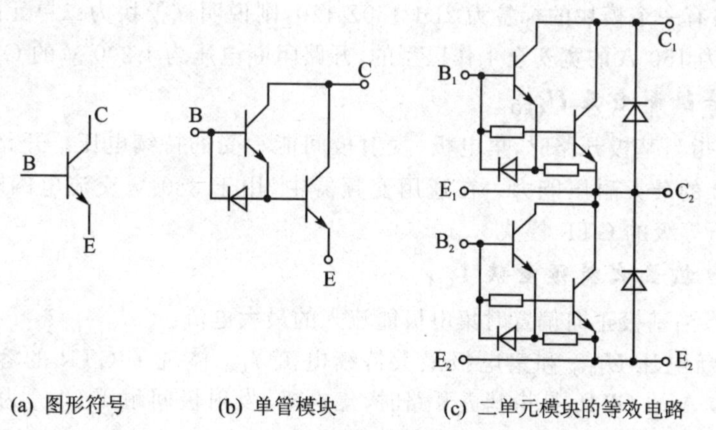

(a) 图形符号　(b) 单管模块　(c) 二单元模块的等效电路

图 2－5　GTR 模块的图形符号及内部电路

GTR 是目前通用变频器中普遍使用的模块型电力晶体管。这种电力晶体管的三个极与散热片隔离，也就是散热片上不带电。模块内部有一单元结构、二单元结构、四单元结构和六单元结构。一单元结构是在一个模块内有一个电力晶体管和一个续流二极管并反向并联,如 ETN01－055 或 1D1200F－055。二单元结构(又称半桥结构)是2个一单元串联做在一个模块内,构成一个桥臂。四单元结构(又称全桥结构)是由2个二单元组成,可以构成单相桥式电路。而六单元结构(又称三相桥结构)是由3个二单元并联,构成三相桥式电路。对于小容量变频器,一般使用六单元模块。

GTR是一种放大器件,具有三种基本工作状态,即放大状态、饱和状态和截止状态。

在逆变电路中,GTR是用作开关器件的。在工作过程中,GTR总是在饱和状态和截止状态交替进行。所以,逆变用的GTR的额定功耗通常是很小的。如果GTR处于放大状态,其功耗将增大达百倍以上。所以,逆变电路中的GTR模块是不允许在放大状态下稍作停留的。

GTR具有优化驱动特性。为使GTR开关速度快、损耗小,GTR应有较理想的基极驱动特性。图2－6中给出了最优化的基极驱动电流 i_B-t 开关过程波形图。在GTR开通时,基极电流具有快速上升沿并短时过冲(请读者想一想,图2－6中的 i_B-t 波形应作怎样的修正),以加速开通过程。在GTR导通期间应使其在任何负载条件下都能保证正向饱和压降 U_{CES} 较低,以便获得低的导通损耗。但有时为了减小存储时间、提高开关速度,希望维持在准饱和工作状态;在GTR关断时,基极电流也有一个快速下降沿和短时过冲(再请读者想一想,图2－6中的 i_B-t 波形应作怎样的修正),能提供足够的反向基极驱动能量,以迅速抽出基区的过剩载流子,缩短关断时间,减小关断损耗。

2.2.2 功率晶体管的主要参数

在GTR模块上都标有GTR的主要参数。例如,通用GTR二单元的模块,其集电极最大持续电流为200 A,开路阻断电压为1 000 V,在模块的标签上表示为2D1 200D-100。如果另有一个模块的标签为2D1 150Z-120,则说明该模块为二单元的,集电极最大持续电流为150 A的宽安全工作区型的,开路阻断电压为1 200 V的GTR。

1. 开路阻断电压 U_{CEO}

U_{CEO} 是指当基极开路时,集电极-发射极间能承受的持续电压。开路阻断电压值反映了GTR的最大耐压能力。在通用变频器中,用于380 V交流电网时,大多使用1 200 V电压等级的GTR模块。

2. 集电极最大持续电流 I_{CM}

I_{CM} 是指当基极正向偏置时集电极能流入的最大电流。

开路阻断电压 U_{CEO} 和集电极最大持续电流 I_{CM} 体现了GTR的容量。比如说1 200 V/300 A的GTR,是指基极开路时,集电极-发射极间耐压 U_{CEO} 为1 200 V,集电极最大持续电流为300 A。通用变频器中采用30～400 A的GTR模块,其电流值的大小依变频器的容量而定。

3. 电流增益 h_{FE}

h_{FE} 有时也称电流放大倍数或电流传输比。其定义为集电极电流与基极电流的比

值为

$$h_{FE}=\frac{I_C}{I_B}$$

即在变频器中,GTR 都是当作开关器件使用。因此,h_{FE} 是一个重要参数,它的值越大,管子的驱动电路功率越小,这是线路设计者所期望的。目前,达林顿型 GTR 的 h_{FE} 值的范围为 50～20 000 。

4. 开关频率

由于 GTR 在变频器及其他很多应用场合都是作为开关器件工作的。因此,它的开关频率是所有用户关心的重要参数。但是在 GTR 的使用说明中,并不直接给出开关频率这个参数,而是给出开通时间 T_{ON}、存储时间 t_s 和下降时间 t_f。通过这几个时间值,可以估算出 GTR 的最高工作频率。图 2-6 所示为 GTR 的典型开关过程,整个工作过程按照前述的定义分为开通过程、导通状态、关断过程和阻断状态四个不同阶段。图中开通时间 T_{ON} 对应着 GTR 由截止到饱和的开通过程;关断时间 T_{OFF} 对应着 GTR 由饱和到截止的关断过程。在开通与关断状态的转换过程中,GTR 的工作点应尽量避开或尽快通过其伏安特性的线性工作区,以减小功耗。

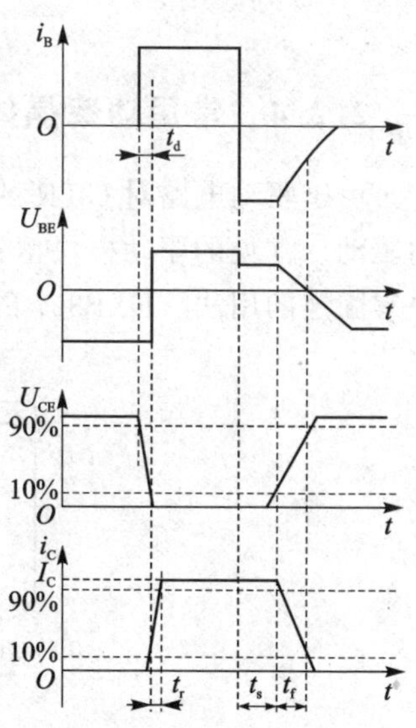

图 2-6　GTR 的开关过程

开通时间 T_{ON} 包括延迟时间 t_d 和上升时间 t_r;关断时间 T_{OFF} 包括存储时间 t_s 和下降时间 t_f。对这些开关时间的定义如下:

① 延迟时间 t_d:从输入基极电流正跳变瞬时开始,到集电极电流 i_C 上升到最大(稳态)值 I_C 的 10%所需时间称为延迟时间。

② 上升时间 t_r:集电极电流 i_C 由稳态值的 10%上升到 90%所需的时间称为上升时间。

③ 存储时间 t_s:从撤销正向驱动信号到集电极电流 i_C 下降,再到其最大(稳态)值 I_C 的 90%所需时间称为存储时间。

④ 下降时间 t_f:集电极电流 i_C 由其最大值 I_C 的 90%下降到 10%所需的时间称为下降时间。

⑤ 集电极电压上升率 dv/dt:它是动态过程中的一个重要参数。当基极开路时,集-射极间承受过高的电压上升率 dv/dt 将会迫使 GTR 进入放大区运行,有可能因瞬时电流过大而产生二次击穿导致 GTR 损坏。为了抑制过高的 dv/dt 对 GTR 的危害,一般在集-射极间并联一个 RC 缓冲网络。

2.2.3　功率晶体管的选择方法

GTR 的选择方法有两种:

① 开路阻断电压 U_{CEO} 选择方法：U_{CEO} 通常按电源线电压 U_L 的峰值($\sqrt{2}U_L$)的2倍来选择,即

$$U_{CEO} \geqslant 2\sqrt{2}U_L$$

② 集电极最大持续电流 I_{CM} 选择方法：I_{CM} 按额定电流 I_N 峰值($\sqrt{2}I_N$)的2倍进行选择,即

$$I_{CM} \geqslant 2\sqrt{2}I_N$$

2.2.4 常用功率晶体管的驱动电路模块

由于驱动电路对GTR的使用至关重要,因此市场上有专门的集成模块用于GTR的驱动。常见的驱动模块型号有EXB356,EXB357和EXB359。EXB35N系列驱动模块有固定的用法。EXB357的外形如图2-7所示,它的引脚为单列直插结构。

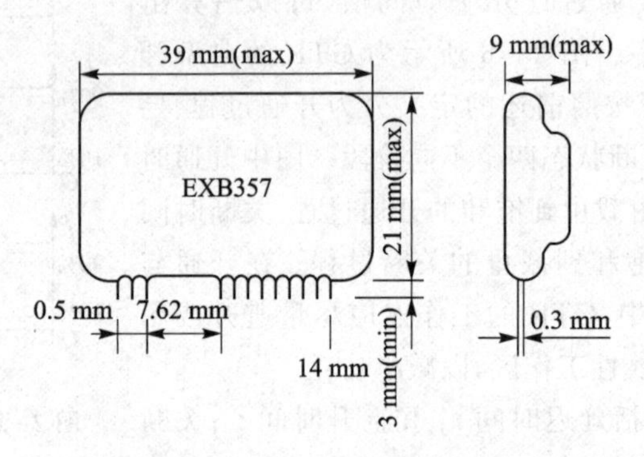

图2-7 EXB357驱动模块外形图

2.3 功率场效应晶体管的结构、工作特点及测试

2.3.1 功率场效应晶体管的结构

功率(电力)场效应晶体管(MOSFET)是由场效应晶体管组成的模块,也有漏极D、源极S和控制极G三个极,是单极性(只有一种载流子)功率晶体管。MOSFET分为P沟道和N沟道两种,其图形符号如图2-8所示。图中右边并联一个反向连续的续流二极管。

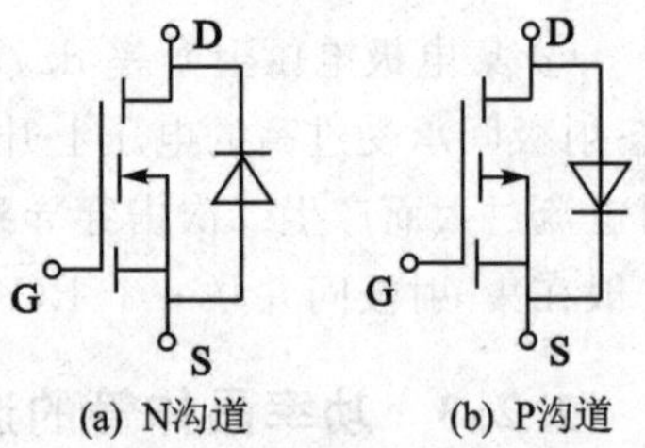

图2-8 MOSFET图形符号

2.3.2 功率场效应晶体管的工作特点

功率场效应晶体管与场效应晶体管类同,属于电压控制型(u_{GS} 控制 i_D)器件。其优点是：

① 控制方便,驱动电路简单：MOSFET在稳定状

态下工作时，栅极无电流通过。只有在开关过程中才有电流，因此所需驱动功率小。

② 自关断能力强，因而开关频率高(≤20 MHz)。用作变频器件会使变频器的载波频率也较高，电动机基本无电磁噪声。

③ 输入阻抗极高，可以用 TTL 器件或 CMOS 器件直接驱动。图 2-9 所示为几种常见的驱动电路(图 2-8(b)中变压器为脉冲变压器)。

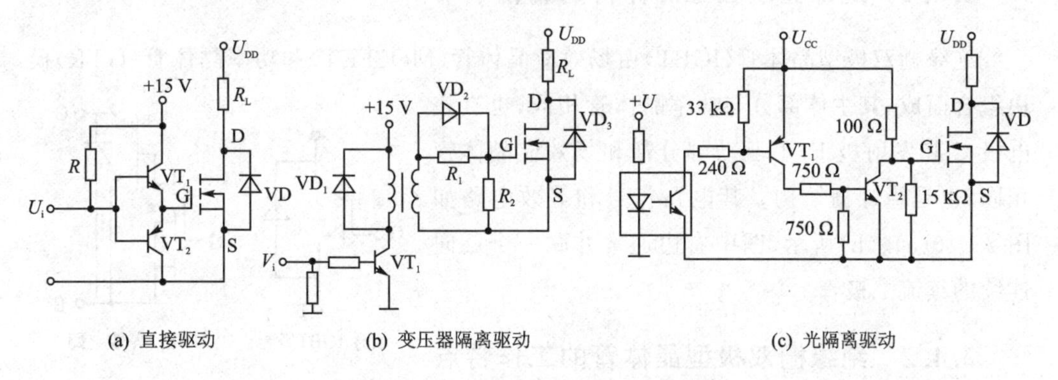

图 2-9 MOSFET 的驱动电路

注 意：

① 由于 MOSFET 输入阻抗极高，易产生静电，在存放和运输中应有防静电装置。

② 其栅极不能开路工作。

③ 对于电感性负载，在启动和停止时，可能产生过电压或过电流而损坏管子，应有适当的保护措施。

2.3.3 功率场效应晶体管的测试

先用 R×1 kΩ 挡测任意两脚 1,2 之间的正、反向电阻值，如果有两次或两次以上都很小，则为坏管子。

用 R×100 Ω 挡测任意两引脚之间的电阻值，若某两引脚之间的电阻为几百欧(姆)，则 1,2 引脚或为漏极 D，或为源极 S，另一引脚为栅极 G。再用 R×10 kΩ 挡测漏极 D 与源极 S 之间的正、反向电阻值，分别为几十千欧和 5×100 kΩ～∞。在测量 5×100 kΩ～∞(反向电阻)时，红表笔不动，黑表笔先移开所接引脚，与 G 脚触碰一下，然后黑表笔回接原引脚，此时会出现两种可能：

① 阻值变为 0，则此管为 N 沟道型，且"红"为源极 S，"黑"为漏极 D；

② 阻值仍较大，黑表笔不动，红表笔先移开所接引脚，与 G 脚触碰一下，然后红表笔回接原引脚，阻值变为 0，则此管为 P 沟道型，且"红"为漏极 D，"黑"为源极 S。

2.4 绝缘栅双极型晶体管的结构与工作特点

2.4.1 绝缘栅双极型晶体管的结构

绝缘栅双极型晶体管(IGBT)由场效应晶体管(MOSFET)和功率晶体管(GTR)模块组合而成,其主体部分与功率晶体管相同,也有集电极C和发射极E,但驱动部分却和场效应晶体管相同,也是绝缘栅结构。其电路符号和等效电路如图2-10(a)、(b)所示,图中右边通常并联一个反向连续的续流二极管。

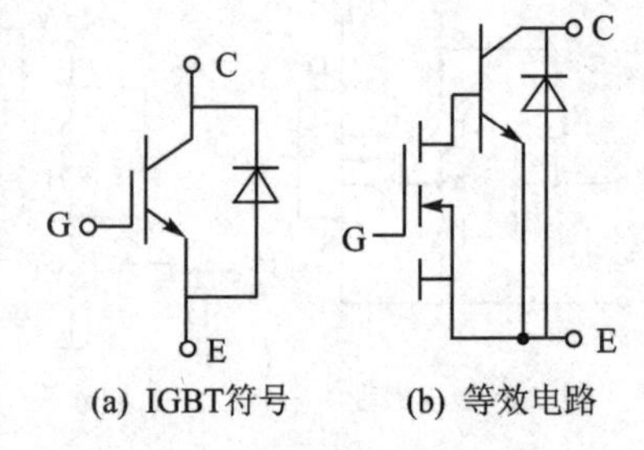

图2-10 IGBT符号及等效电路

2.4.2 绝缘栅双极型晶体管的工作特点

与场效应晶体管类同,IGBT属于电压控制型(u_{GE}控制i_C)器件,兼有场效应晶体管(MOSFET)和功率晶体管(GTR)的特点。广泛应用于变频器中。其优点是:

① 输入阻抗高(MOSFET的特点),导通压降低(GTR的特点)。因而开关波形好,开关速度快(开关频率高≤20 kHz,比GTR高一个数量级),用作变频器件会使变频器的载波频率也较高(≤10 kHz)。

② 电流波形比较平滑,电动机基本无电磁噪声,电动机的转矩增大。

③ 驱动电路简单,已经集成化。

适用于功率场效应晶体管(MOSFET)的IGBT场合,均可应用。多采用变压器隔离或光隔离驱动电路,如EXB系列的驱动模块,如图2-11所示。EXB系列的驱动模块有高速型和标准型,两者的外形和尺寸基本相同,内部结构稍有不同,但引脚和接线一样,如表2-1所列。

表2-1 EXB系列驱动模块的管脚接线说明

引脚号	接线说明	引脚号	接线说明
1	连接用于反向偏置电源的滤波电容	7,8	空
2	驱动模块工作电源+20 V	9	电源地,0 V
3	输出驱动信号	10,11	空
4	外接电容,防止过电流保护误动作	12,13	空
5	过电流保护输出端	14	驱动信号输入(-)
6	集电极电压监视端	15	驱动信号输入(+)

④ 通态电压低，能承受高电压（可达 1 200 V）、大电流（可达 1 500 A）等。用作变频器件会使变频器的容量达 250 kW 以上，但比 GTR 略小。

⑤ 能耗小。

⑥ 增强了对常见故障（过电流、过电压、瞬间断电等）的自处理能力，故障率大为减少。在瞬间断电时，驱动电源的电压衰减较慢，整个管子不易因进入放大区而损坏。

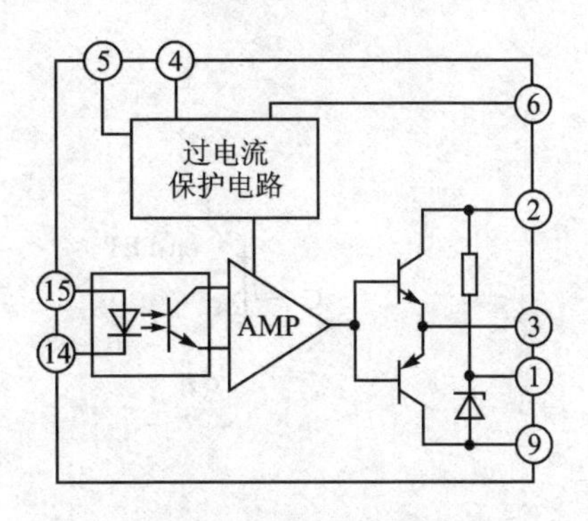

图 2-11　EXB 系列驱动模块

2.5　集成门极换流晶闸管的结构与工作特点

2.5.1　集成门极换流晶闸管的结构

集成门极换流晶闸管（IGCT）将门极驱动电路与门极换流晶闸管（GCT）集成于一体，而门极换流晶闸管（GCT）是在可关断晶闸管（GTO）的基础上开发出来的一种新的电力半导体器件。

2.5.2　集成门极换流晶闸管的工作特点

IGCT 集 GTO 和 IGBT 的优点于一身，是理想的中压（6～10 kV）、大功率（兆瓦级）开关器件。IGCT 在不串联和不并联使用的情况下，二电平逆变器功率容量达 0.5～3 MV·A，三电平逆变器功率容量达 1～6 MV·A；若反向二极管不与 IGCT 集成在一起，二电平逆变器功率容量更可扩充到 4.5 MV·A，三电平逆变器功率容量更可扩充到 9 MV·A。用集成门极换流晶闸管构成的变频器已经系列化，IGCT 实际应用最高性能参数为 4.5 kV/4 kA，最高研制水平为 6 kV/4 kA。

2.6　MOS 控制晶闸管的结构与工作特点

2.6.1　MOS 控制晶闸管的结构

MOS 控制晶闸管（MCT）是将 MOSFET 与晶闸管复合而得到的器件，其等效电路和电路符号如图 2-12 所示。其结构原理如下：MCT 器件由数以万计的 MCT 单元组成，每个单元的组成一个 PNPN 晶闸管（可等效为 PNP 和 NPN 晶体管各一个），还有控制 MCT 导通和截止的 MOSFET 各一个，分别称为 on-FET 和 off-FET。

当给栅极加正脉冲电压时，N 沟道的 on-FET 导通，其漏极电流为 PNP 管子提供

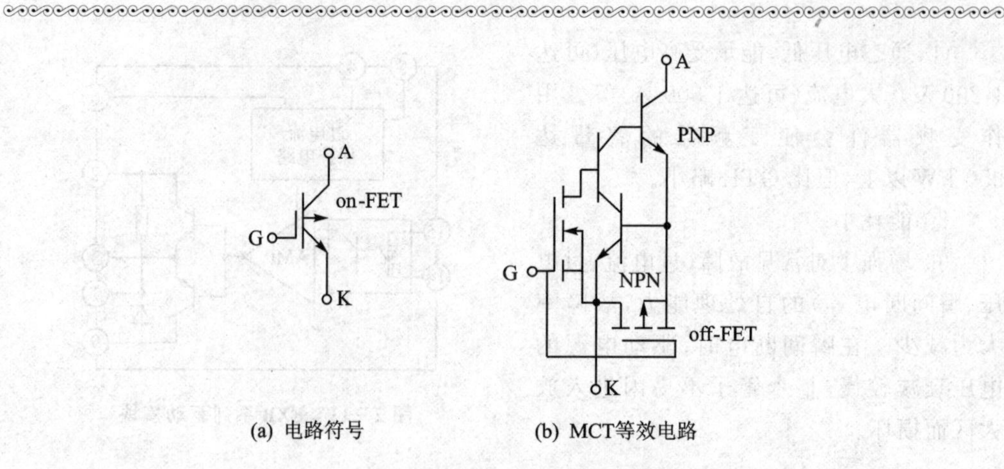

(a) 电路符号　(b) MCT等效电路

图 2-12 MCT 的等效电路和电路符号

了基极电流,使其导通;PNP 管子的集电极电流又为 NPN 晶体管提供了基极电流,使其导通。这样形成正反馈,MCT 导通。

当给栅极加负脉冲电压时,P 沟道的 off-FET 导通,使 PNP 管子的集电极电流大部分经 off-FET 流向阴极,而不注入 NPN 晶体管的基极,使 NPN 晶体管的集电极电流减少,因而 PNP 管子的基极电流减少,从而又使得 NPN 晶体管的基极电流减少,形成正反馈,导致 MCT 迅速关断。

2.6.2 MOS 控制晶闸管的工作特点

① MCT 具有高电压、大电流、高电流密度、低导通压降等特点。通态压降只有 IGBT 或 GTR 的 1/3 左右,硅片的单位面积连续电流密度在各种器件中是最高的。

② MCT 可以承受极高的电流变化率 $\mathrm{d}i/\mathrm{d}t$ 和电压变化率 $\mathrm{d}u/\mathrm{d}t$,这就使保护电路简单化。

③ MCT 的开关速度高,损耗小。

2.7 电力半导体器件的应用特点

表 2-2 所列为常用电力半导体器件的应用特点。

表 2-2 常用电力半导体器件的应用特点

名　称	文字符号	控制方式	最高电压、电流及开关频率
晶闸管	TH(SCR)	电　流	最高电压 1 000～4 000 V 最大电流 1 000～3 000 A 最高频率 1～10 kHz

续表 2-2

名　称	文字符号	控制方式	最高电压、电流及开关频率
功率晶体管	GTR	电　流	最高电压 450～1 400 V 最大电流 30～800 A 最高频率 10～50 kHz
电力场效应管	MOSFET	电　压	最高电压 50～1 000 V 最大电流 100～200 A 最高频率 500 kHz～200 MHz
绝缘栅双极晶体管	IGBT	电　压	最高电压 1 800～3 300 V 最大电流 800～1 200 A 最高频率 10～50 kHz
集成门极换流晶闸管	IGCT	电　压	最高电压 4 500～6 000 V 最大电流 4 000～6 000 A 最高频率 20～50 kHz
MOS控制晶闸管	MCT	电　压	最高电压 450～3 300 V 最大电流 400～1 200 A 最高频率 100 kHz～1 MHz

2.8　智能电力模块的结构与工作特点

1. 智能电力模块的结构和工作特点

智能电力模块(IPM)是将用于逆变的半导体器件(目前，多用 IGBT)和其配套的驱动电路、保护电路、检测电路以及某些接口电路集成在一起的电路模块，是电力集成电路 PIC 的一种。智能电力模块中含过电流、短路、欠压和过热等保护电路。这些保护电路起作用时，输出故障信号，并处于关断状态，其基本结构如图 2-13 所示。其中包括用于电动机制动的功率控制电路和三相逆变器各桥臂的驱动电路和各种保护电路。

2. 智能电力模块驱动电路的选择及其注意事项

智能电力模块选择时要注意比较和权衡两个电流值：最大饱和电流 I_C 和过流保护的动作电流，应根据负载的具体工况适当选择，做到既能可靠保护，又不会误动作。最大饱和电流 I_C 为

$$I_C = \frac{P f_{OL} \sqrt{2} R}{\eta f_{PF} \sqrt{3} U_{AC}}$$

式中：P 为电动机的功率(W)；f_{OL} 为变频器最大过载因数；R 为电流脉动因数；η 为变频器的效率；f_{PF} 为功率因数；U_{AC} 为交流线电压(V)。

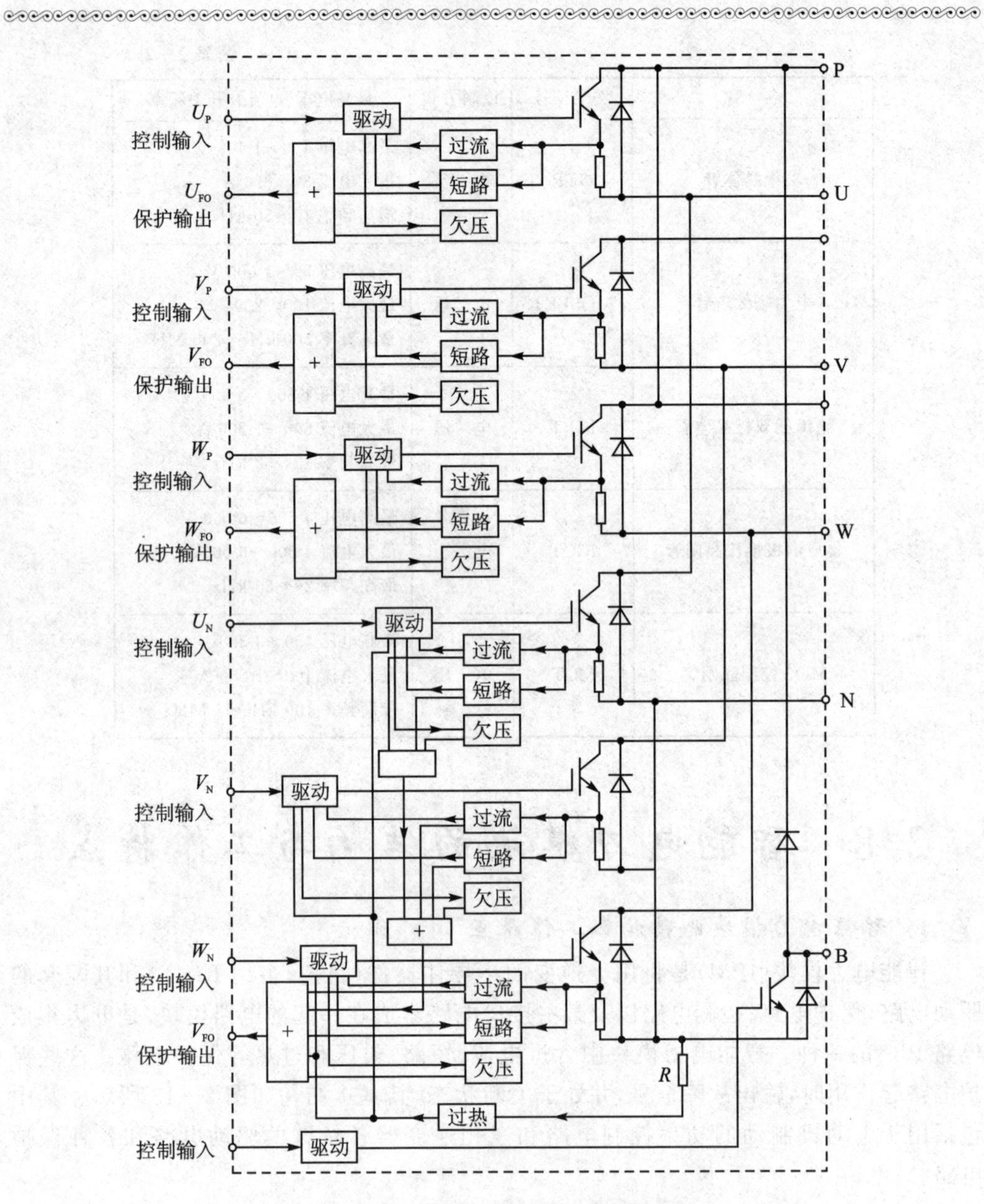

图 2-13 智能模块内部的基本结构

习题 2

2.1 为什么说电力电子器件的发展是变频器发展的基础?

2.2 画出图 2-14 所示半波整流电路的负载电阻 R_d 上的电压波形?

2.3 晶闸管的导通条件是什么?截止条件是什么 ?

2.4 GTR(BJT)的工作特点及选择方法是什么?

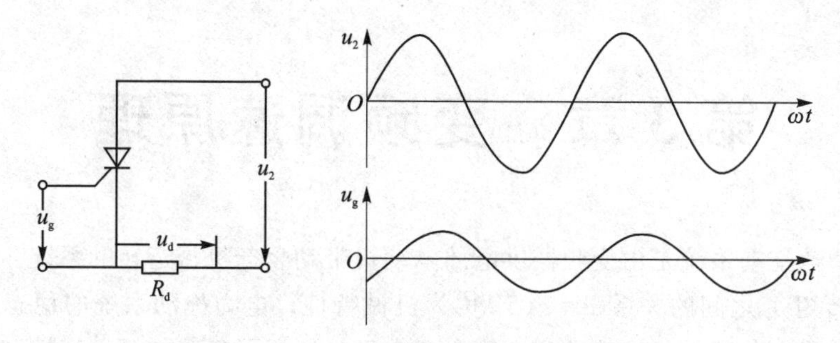

图 2-14 晶闸管半波整流电路及其波形

2.5 画出 GTR 的理想基极驱动电流波形,并加以说明。

2.6 说明 IGBT 的结构与工作特点,IGBT 的栅极驱动电路有什么特点?

2.7 IGBT 属于( )控制型元件;电力晶体管 GTR 属于( )控制型元件。

A. 频率 B. 电压 C. 电阻 D. 电流

2.8 IGCT 的工作特点是什么?

2.9 MCT 的工作特点是什么?

2.10 IPM 的工作特点是什么?

2.11 表 2-3 给出 1 200 V 等级不同的电流容量 IGBT 管的栅电阻推荐值。试说明,为什么随着电流容量的增大,栅电阻(R_G)值相应减少?

表 2-3 1 200 V 时的 IGBT 管在不同电流容量下的栅电阻

电流容量/A	25	50	75	100	150	200
栅电阻/Ω	50	25	15	12	8.2	5

第3章　变频调速原理

变频调速拖动系统是由变频器供电的电动机带动生产机械运转的系统。用于描述转速 n 和转矩 T 之间的关系 $n=f(T)$ 称为机械特性。电力拖动系统的稳态工作情况取决于电动机和负载的机械特性。在第1章中已经温习了负载的机械特性和电动机的机械特性，下面讨论变频调速的基本原理。

3.1　变频调速的基本原理

3.1.1　变频调速系统的控制方式

1. 交流异步电动机变频调速原理

由三相异步电动机的转速公式(1-9)可知，调节三相交流电的频率，也就调节了同步转速和异步电动机转子的转速。这就是三相交流异步电动机变频调速的原理。换句话说，只要平滑地调节三相交流电的频率，就能实现异步电动机的无级调速，就有可能使三相异步电动机的调速性能赶超直流电动机。变频调速的最大特点是：电动机从高速到低速，其转差率始终保持最小的数值，因此变频调速时，异步电动机的功率因数都很高。可见，变频调速是一种理想的调速方式。但它需要由特殊的变频装置供电，以实现电压和频率的协调控制。

2. 变频调速系统的控制方式

三相异步电动机的电磁关系同变压器类似，定子绕组相当于变压器的原绕组，转子绕组相当于变压器的副绕组。当定子绕组接上三相交流电压时，在定子绕组中就有三相电流通过，定子三相电流会产生旋转磁场，其磁感应线通过定子和转子铁芯而闭合，旋转磁场不仅在转子每相绕组中要感应出电动势 E_2，而且在定子每相绕组中也要感应出电动势 E_1。设定子和转子每相绕组的匝数分别为 N_1 和 N_2，定子每相绕组感应电势 E_1 的幅值为

$$E_1=4.44K_{N_1}f_1N_1\Phi_m \tag{3-1}$$

式中：f_1 为电网的频率；K_{N_1} 为定子绕组系数；Φ_m 为通过每相绕组的磁通最大值，在数值上等于旋转磁场的每极磁通 Φ，即 $\Phi_m=\Phi$。

在异步电动机调速时，一个重要的因素是希望保持每极磁通 Φ 为额定值。为什么呢？因为在式(3-1)中，K_{N_1} 和 N_1 是不变的，而 E_1、f_1 和 Φ_m 是可变的。

如果不是保持每极磁通 Φ 为额定值，而是欲保持每相绕组感应电势 E_1 不变，f_1 和 Φ 之间有什么关系呢？如果 f_1 变大，大于电动机的额定频率(又称“基频”)f_{1N}(下

标 1 为"定子",N 为"额定"),定子内阻抗变大,定子电流变小,导致气隙磁通最大值 Φ_m 变小,小于额定气隙磁通 Φ_{m0}。这样,电动机铁芯的效能没有得到充分利用,而且磁通减小也会使电动机的输出转矩下降。如果 f_1 变小,小于电动机的额定频率 f_{1N},定子内阻抗变小,定子电流变大,导致气隙磁通最大值 Φ_m 变大,大于额定气隙磁通 Φ_{m0}。这样,电动机铁芯产生过饱和,这就意味着励磁电流会过大,导致绕组过分发热,造成系统的功率因数下降,电动机的效率也随之下降,严重时会使定子绕组过热而烧坏。因此,要实现交流电动机的变频调速,应保持气隙磁通 Φ_m 不变。由此,变频就有两种情况:

(1) 在基频以下调速

图 3-1 所示为交流电动机基频以下调速的机械特性。由式(3-1)可知,保持气隙磁通最大值 Φ_m 不变,让频率 f_1 从基频 f_{1N} 往下调时,必须同时降低 E_1,使 E_1/f_1(简称"压频比")保持不变,为常量,但定子绕组的感应电势不容易控制。于是,人们设想的是,可否依据公式

$$U_1 \approx E_1 + \Delta U \qquad (3-2)$$

考虑如何用定子绕组的电压与频率之比 U_1/f_1 代替E_1/f_1,使 E_1/f_1(简称"压频比")保持不变呢?

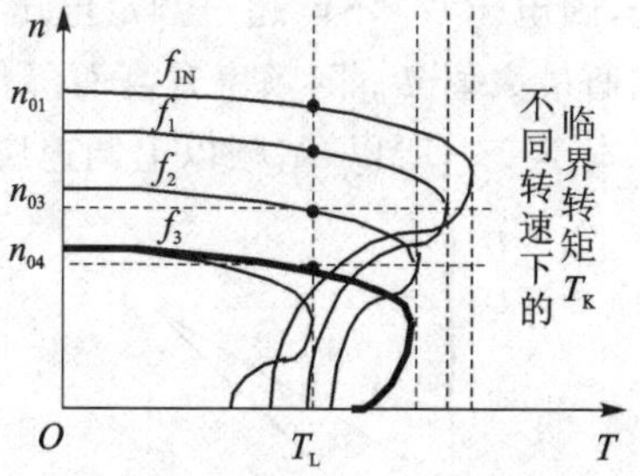

图 3-1　交流电动机基频以下调速的机械特性($f_{1N}>f_1>f_2>f_3$)

在额定频率以下、低频以上时,对于定子绕组,有关系式

$$\Delta U \approx I_1 \cdot Z \approx I_1 \cdot X_L = I_1 \cdot 2\pi f L$$

式中:I_1 为定子电流;Z 为定子阻抗;X_L 为定子感抗。

于是有关系式

$$U_1/f_1 \approx E_1/f_1 + \Delta U/f_1 \approx E_1/f_1 + I_1 \cdot 2\pi L \qquad (3-3)$$

因此,保持气隙磁通 Φ_m 不变,就意味着定子励磁电流 I_1 不变,可见,$\Delta U/f_1$ 是个常量。这样,随着频率的下降,U_1/f_1 总比 E_1/f_1 多一个常量 $\Delta U/f_1$。因此,可通过控制

$$U_1/f_1 = \text{常量} \qquad (3-4)$$

的方式来控制 E_1/f_1 不变,达到调频调速的目的(其恒压比控制特性如图 3-2 中直线 OA 所示)。

保持气隙磁通 Φ_m 不变,就意味着定子励磁电流不变,也就意味着电动机的转矩不变,所以在基频以下调速时,电动机调速机械特性(见图 3-1)具有恒转矩特性。表明电动机在不同的转速下都具有额定电流,都能在温升允许的条件下长期运行。

注意: 频率下降后,电动机的临界转矩 T_S 下降,电磁转矩下降带负载的能力也会下降。低频时,转矩急剧下降;并且,在频率太低时,定子绕组的感抗分量会减少很多,但电阻分量不变,这时

$$\Delta U \approx I_1 R_1$$

式中:R_1 为定子绕组的电阻分量,是一个恒量,于是定子绕组的电压损失 ΔU 几乎不变,由

$$U_1/f_1 \approx E_1/f_1 + \Delta U/f_1$$

可知,随着频率的下降,$\Delta U/f_1$ 越来越大;如果要维持转矩不致下降太多,就需保持 E_1/f_1 为常量,就必须随着 $\Delta U/f_1$ 的增大,让 U_1/f_1 也增大同样的数量。这就是所谓的“**低频补偿**”,即在低频时,应适当提高U_1/f_1 的值,以补偿 ΔU 所占比例增大的影响。补偿后电动机的低频机械特性如图 3-1 中粗线所示,其对应的恒压比补偿控制特性如图 3-2 中直线 BA 所示。

(2) 在基频以上调速

由式(3-1)可知,让频率 f_1 从基频 f_{1N} 往上调时,不可能继续保持 E_1/f_1 的值不变,因电压 U_1 不能超过额定电压 U_{1N}。这时只能保持电压 U_1 不变,其结果是:使气隙磁通最大值 Φ_m 随频率升高而降低,电动机的同步转速升高,最大转矩减少,输出功率基本不变。所以,基频以上调速属于弱磁恒功率调速,其机械特性如图 3-3 所示。

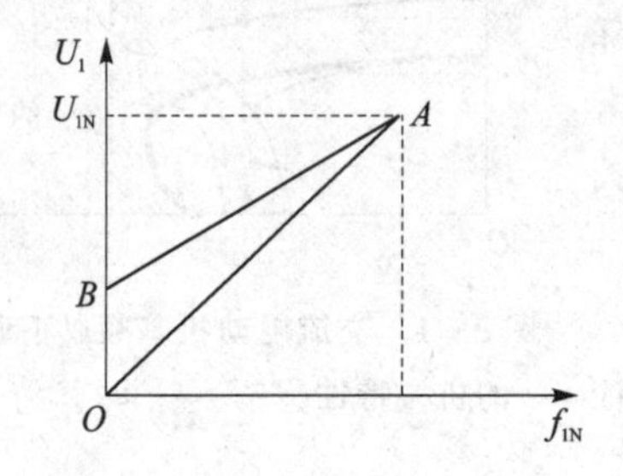

图 3-2 交流电动机变频调速的恒压频比控制特性

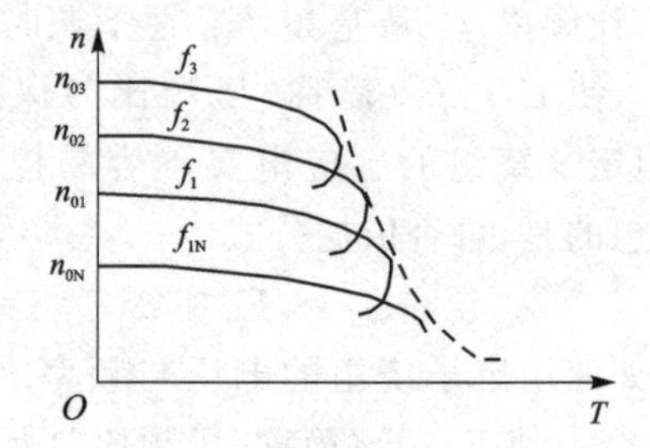

图 3-3 交流电动机基频以上调速的机械特性($f_{1N}<f_1<f_2<f_3$)

3.1.2 PWM 控制技术

怎样得到三相电压和频率可调的交流电呢?目前,采用较普遍的变频调速电路是恒幅 PWM 型间接变频电路,由二极管整流器、滤波电容和逆变器组成,如图 3-4 所示。三相交流电经过二极管整流器整流后,得到直流电压,然后送入逆变器,再通过调节逆变器的脉冲宽度和开关频率,实现调压调频,输出三相电压和频率可调的交流电,供给负载,如交流电动机。

1. PWM 型间接变频电路工作原理

先以单相逆变电路的主电路(见图 3-5)为例,其输出到负载上的电压波形如图 3-6 所示。PWM 控制方式是通过改变两组电力晶体管(VT_1,VT_2 为一组和 VT_3,VT_4 为另一组)交替导通的时间,从而改变逆变器输出脉冲波形的频率。

三相逆变电路的每一相工作过程都和单相逆变电路的主电路相同,用 T 记为周期,只要将 U,V,W 各相(VT_1,VT_4 为 U 相;VT_3,VT_6 为 V 相;VT_5,VT_2 为 W 相)之间互隔 $T/3$ 产生差别即可,即 V 相比 U 相滞后 $T/3$,W 相又比 V 相滞后 T/3,如图 3-7 所示。请读者注意,所谓“滞后”是将“原图”的纵轴沿时间轴右移,即让该波形晚发生。

从三相逆变电路的输出电压波形(见图3-7(b))可以知道：先分析 u_U-t 曲线图，它的横轴上方表示 VT_1 的导通与截止的情况，它的横轴的下方表示 VT_4 的导通与截止的情况，VT_1 和 VT_4 为一组；以此类推，再分别分析 u_V-t 曲线图和 u_W-t 曲线图，所以，各相的导电顺序如表3-1所列。

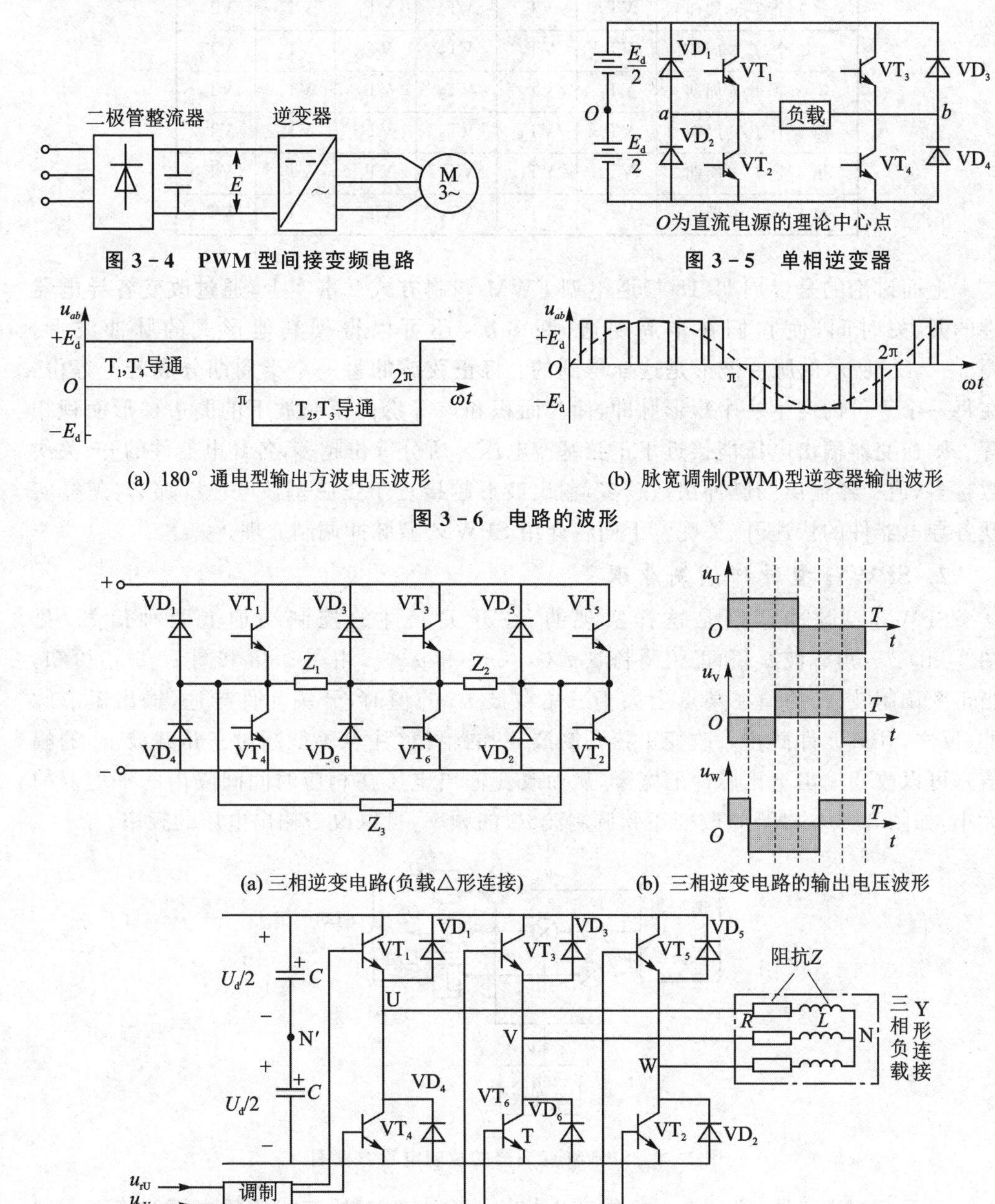

图3-4 PWM型间接变频电路

图3-5 单相逆变器

(a) 180°通电型输出方波电压波形

(b) 脉宽调制(PWM)型逆变器输出波形

图3-6 电路的波形

(a) 三相逆变电路(负载△形连接)

(b) 三相逆变电路的输出电压波形

(c) 三相逆变电路(负载Y形连接)

图3-7 三相逆变电路及其电压波形

表3-1 三相逆变电路的各相的导电顺序

时间顺序	导通器件及相序			截止器件及相序		
	U相	V相	W相	U相	V相	W相
第1个 $T/6$ 周期	VT_1	VT_6	VT_5	VT_4	VT_3	VT_2
第2个 $T/6$ 周期	VT_1	VT_6	VT_2	VT_4	VT_3	VT_5
第3个 $T/6$ 周期	VT_1	VT_3	VT_2	VT_4	VT_6	VT_5
第4个 $T/6$ 周期	VT_4	VT_3	VT_2	VT_1	VT_6	VT_5
第5个 $T/6$ 周期	VT_4	VT_3	VT_5	VT_1	VT_6	VT_2
第6个 $T/6$ 周期	VT_4	VT_6	VT_5	VT_1	VT_3	VT_2

上面讨论的是半周期(180°)通电型PWM调制方式。事实上,通过改变各导电器件的开、关时间,使它们在半周期通、断多次,还可以得到其他形式的脉冲波形。图3-7(b)所示的脉冲波形是这样得到的:将正弦波的每一个半周期分成若干等份,在每一个等份内产生一个矩形脉冲,使其面积和该等份内正弦波下的曲边梯形面积相等。则逆变器输出电压能接近于正弦基波电压。所分等份越多,各导电器件的开、关次数越多,逆变器输出的脉冲次数越多,输出波形越接近于正弦基波电压。那么,怎样实现各导电器件的快速开、关呢?下面将介绍SPWM型脉冲调制原理。

2. SPWM型脉冲调制原理

SPWM型脉冲调制是这样实现的,在开关元件的控制端加上两种信号(见图3-8):三角载波 u_c 和正弦调制波 u_r(u_{ra}、r_{rb} 和 u_{rc})。由图3-8和图3-9(a)可知,当正弦调制波 u_r 的值在某点上大于三角载波 u_c 的值时,开关元件导通,输出矩形脉冲;反之,开关元件截止。改变正弦调制波 u_r 的幅值(注意不能超过三角载波 u_c 的幅值),可以改变输出电压脉冲的宽窄,从而改变输出电压在相应时间间隔内的平均值的大小,如图3-9(e)所示;改变正弦调制波 u_r 的频率,可以改变输出电压的频率。

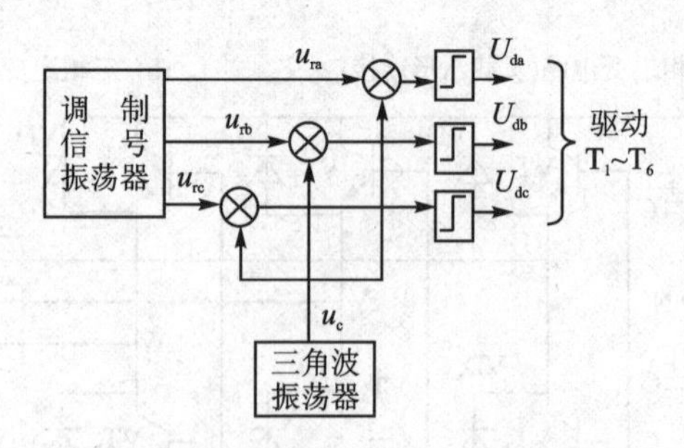

图3-8 SPWM变频器的控制电路方框图

对于三相逆变器,必须有一个能产生相位上互差120°的三相变频变幅的正弦调制波发生器,载频三角波可以共享。逆变器输出三相频率和幅值都可以调节的脉冲波。

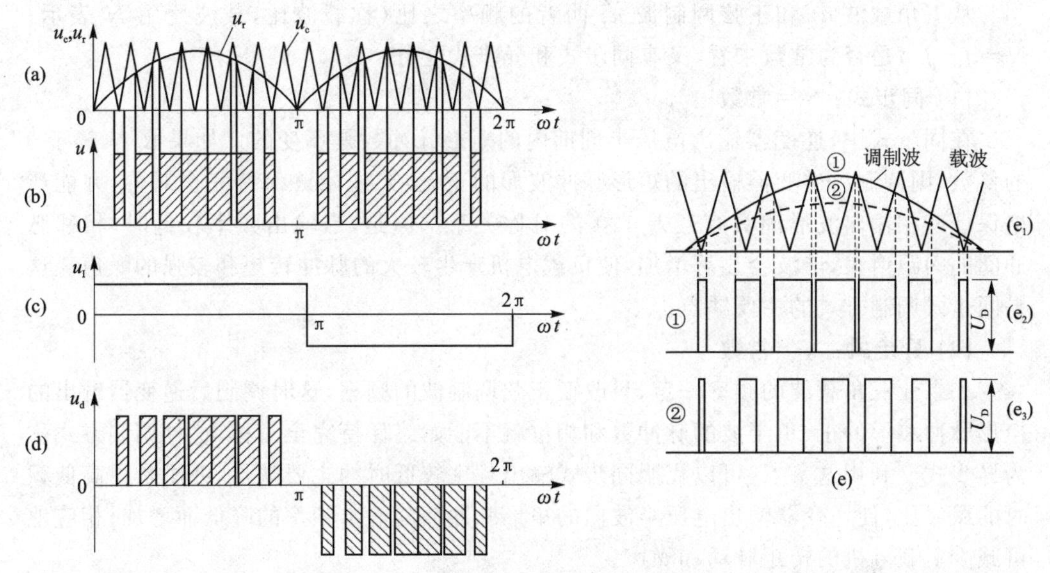

(a) 三角载波 u_c 和正弦调制波 u_r；（b）开关元件导通时，输出矩形脉冲；（c）在每半周加一倒向信号；（d）输出的单极性脉冲；（e）调制波幅值下降，输出的脉冲幅值不变，但宽度变窄

图 3-9 单极性调制

3. PWM 调制的分类

从调制后的脉冲极性来看，有单极性和双极性之分。采用单极性调制时，在每半个周期内，每相只有一个开关器件反复通与断。例如，A 相的 VT_1 反复通与断。因而三角载波 u_c、正弦调制波 u_r 和逆变器输出的脉冲波三者都是同一方向。显然，采用单极性调制时，必须在每半周加一倒向信号，如图 3-9(c)所示。采用双极性调制时，如图 3-7(a)所示的逆变器同一个桥臂的上、下两个开关器件交替通、断，处于互补的工作方式。例如，A 相的 VT_1 和 VT_4 反复通、断。采用双极性调制时，无须在每半周加一倒向信号，如图 3-10 所示。

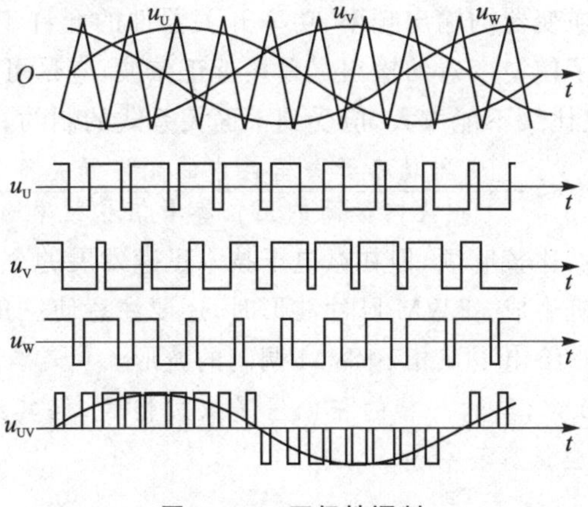

图 3-10 双极性调制

从三角载波 u_c 和正弦调制波 u_r 两者的频率之比(称载波比,载波比用 N 表示,$N=f_t/f_r$)是否为常数来看,又有同步式和异步式之分。

(1) 同步式:N=常数

在同步式中,逆变器输出电压半周期内的矩形脉冲数是不变的。如果取 N 等于3的倍数,则调制后逆变器输出的矩形脉冲波形的正、负半波始终保持完全对称,并能严格保证三相输出波形间具有互差120°的对称关系。但是,当输出频率较低时,相邻脉冲间的间距增大,谐波会显著增加,使负载电机产生较大的脉冲转矩和较强的噪声。这是同步式调制方式的主要缺点。

(2) 异步式:$N\neq$常数

如果让三角载波的频率一定,只改变正弦调制波的频率,这时调制后逆变器输出的矩形脉冲波形的正、负半波的脉冲数和相位就不能始终保持完全对称,这种调制方式称为异步式。利用这一点,可以克服同步式输出频率较低时的主要缺点,办法是提高低频时的载波比,使逆变器输出电压半波内的矩形脉冲数随输出频率的降低而增加,相应地可减少负载电机的转矩脉动和噪声。

有一利必有一弊。异步式调制在改善低频工作的同时,又会失去同步式调制的优点,即很难保证逆变器输出的三相矩形脉冲波形及其相位间的对称关系,因而引起电动机工作的不平稳。为了扬长避短,可将两种调制方式结合起来,成为分段同步的调制方式。调制频率与载波比如表3-2所列。

表3-2 分段同步调制的频段和载波比

逆变器的频率/Hz	载波比	开关频率/Hz
32~62	18	576~1 116
16~31	36	576~1 116
8~15	72	576~1 080
4~7.5	144	576~1 080

载波比的选定与逆变器的输出频率、功率开关器件的允许工作频率以及所用的控制手段都有关系。为了使逆变器的输出尽量接近正弦波,应尽可能地增大载波比;但从逆变器本身来看,载波比又不能太大,应受到下面关系式的制约,即

$$N\leqslant\frac{\text{逆变器功率开关器件中的允许开关频率}}{\text{频段内最高的正弦参考信号频率}}\tag{3-5}$$

分段同步调制虽然比较麻烦,但在微电子技术迅速发展的今天,这种调制方式是容易实现的。当利用微机生成SPWM脉冲波形时,还要注意使三角载波的周期大于微机的采样周期。图3-10给出了三相SPWM调制的波形。

注意:在图3-10中,虽然三相的相电压是双极性的,但其线电压(如 $u_{UV}=u_U-u_V$)是单极性的,读者应认真看一看。

3.2　通用变频器简介

3.2.1　通用变频器基本结构

通用变频器由以下五个部分组成(见图 3－11)：整流和逆变单元、驱动控制单元、中央处理单元、保护与报警单元、参数设定和监视单元。图的上方是主电路,包含电源、整流滤波和逆变单元。主电路输出给电动机。

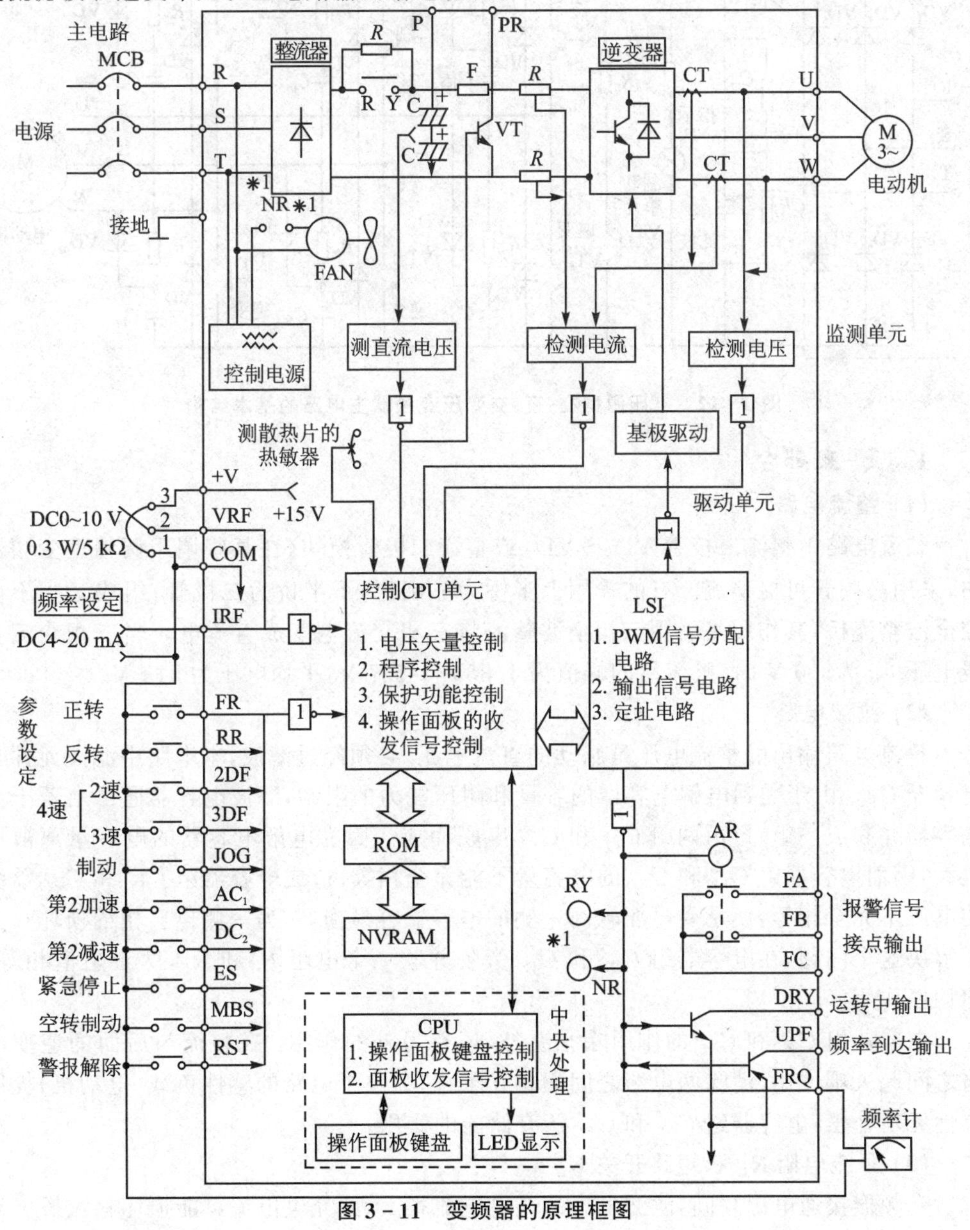

图 3－11　变频器的原理框图

3.2.2 变频器的主电路

变频器的主电路由整流电路、中间直流电路(滤波电路、限流电路、制动单元等)和逆变器三部分组成。电压源型交-直-交变频器主电路的基本结构如图3-12所示。除此之外,还有一些外置硬配件电路。

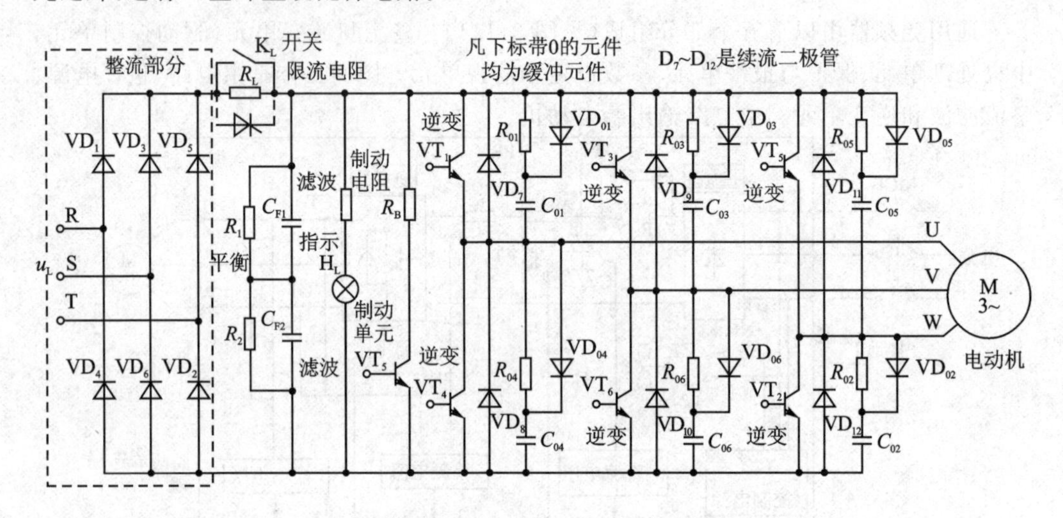

图3-12 电压源型交-直-交变压变频器主电路的基本结构

1. 交-直部分

(1) 整流电路

整流电路由整流二极管 VD_1～VD_6 或整流二极管模块(在某些调压调频型变频器中,采用晶闸管可控整流。有的采用上半桥为晶闸管,下半桥为二极管)组成三相不可控全波整流桥,其作用是采用三相全波整流将三相交流电变成直流电。当三相交流电线电压 u_L 为380 V时,整流后的峰值为 $1.35u_L$=537 V,平均电压为513 V。

(2) 滤波电路

整流电路输出的整流电压是脉动的直流电压,必须经过滤波,本电路中滤波元件是电容器 C_F。由于受到电解电容器的容量和耐压能力的限制,滤波电容器通常由若干个电容器并联成一组,再由两组 C_{F1} 和 C_{F2} 串联而成。因为电解电容器的电容量离散性较大,因而电容器组 C_{F1} 和 C_{F2} 的电容量不能完全相等;造成电容器组 C_{F1} 和 C_{F2} 承受的电压不完全相等,使承受电压较高一侧的电容器容易损坏,另一侧也会相继损坏。为了解决这个问题,在电容器组 C_{F1} 和 C_{F2} 旁各并联一个电阻 R_1 和 R_2,两者阻值相等,起均压作用。

电容器组 C_{F1} 和 C_{F2} 的作用除滤波外,还有另外的作用:在整流与后面的逆变电路之间起去耦作用,消除两电路之间的相互干扰;为整个电路的感性负载(电动机)提供容性无功补偿;电容器组 C_{F1} 和 C_{F2} 还有储能的作用。

(3) 限流电阻 R_L 和短路开关 K_L

变频器接通电源瞬间,滤波电容的充电电流很大,此充电电流可能损坏整流桥。当电路中串入限流电阻 R_L 后，就限制了电容的充电电流，对整流桥起保护作用。但当电容器组 C_{F1} 和 C_{F2} 充电到一定程度时，限流电阻 R_L 就起反作用了，会妨害电容器组 C_{F1} 和 C_{F2} 的进一步充电。为此，在 R_L 旁并联一个短路开关 K_L，当电容器组 C_{F1} 和 C_{F2} 充电到一定程度时，让 K_L 接通，将 R_L 短路。在有些变频器中 K_L 用晶闸管替代（见图 3-12 中用虚线连接表示）。

(4) 电源指示灯 H_L

电源指示灯 H_L 除用于指示电源是否接通以外，还可以指示当变频器切断电源后，电容器组 C_{F1} 和 C_{F2} 上的电荷是否已经释放完毕，起提示保护作用。因为电容器组 C_{F1} 和 C_{F2} 电容量大，电压高，切断电源时，逆变电路已停止工作，电容器组 C_{F1} 和 C_{F2} 没有快速放电的回路，其放电时间长，可达数分钟。为保障人身安全，在维修变频器时，必须等电源指示灯 H_L 完全熄灭后，方可工作。

2. 直-交部分

(1) 三相逆变桥电路

三相逆变桥电路由逆变管 $VT_1 \sim VT_6$ 构成三相逆变桥电路。其功能是把整流滤波后的直流电“逆变”成频率、幅值都可以调节的交流电。除晶闸管以外，其他的电力电子器件一般都可以使用。中小型变频器常用三组 IGBT（见第 2 章），大容量采用多组 IGBT 并联。

(2) 续流电路

续流电路由续流二极管 $VD_7 \sim VD_{12}$ 构成。其主要功能是：一是为电动机的感性无功电流返回直流电源提供“通道”；二是当频率下降，随之同步转速也下降时，电动机处于回馈制动状态，再生电流将通过续流二极管 $VD_7 \sim VD_{12}$ 返回直流电源；三是在逆变过程中，同一桥臂的两个逆变管以很高的频率交替“导通”和“截止”，在交替“导通”和“截止”的换相过程中，也需要续流二极管 $VD_7 \sim VD_{12}$ 提供通道。

(3) 缓冲电路

不同型号的变频器，其缓冲电路的结构也不尽相同。图 3-12 所示是比较典型的一种，由 $C_{01} \sim C_{06}$，$R_{01} \sim R_{06}$ 和 $VD_{01} \sim VD_{06}$ 组成。

逆变管 $VT_1 \sim VT_6$ 每次由“导通”状态切换到“截止”状态的瞬间，极间电压（比如 GTR 的集电极和发射极之间）由近似 0 V 上升到直流电压值 U_D，如此高的电压变化率会导致逆变管的损坏。$C_{01} \sim C_{06}$ 的功能是降低 $VT_1 \sim VT_6$ 在每次关断时的电压变化率；但由此又产生了新的问题：当逆变管 $VT_1 \sim VT_6$ 每次由“截止”状态切换到“导通”状态瞬间，$C_{01} \sim C_{06}$ 上所充的电压将向 $VT_1 \sim VT_6$ 放电，此放电电流的初始值是很大的，并且叠加到负载电流上，导致 $VT_1 \sim VT_6$ 的损坏。所以，电路中增加了限流电阻 $R_{01} \sim R_{06}$。而 $R_{01} \sim R_{06}$ 的接入，又会在 $VT_1 \sim VT_6$ 关断过程中，影响 $C_{01} \sim C_{06}$ 降低 $VT_1 \sim VT_6$ 电压变化率的效果。为此，电路中又接入了二极管 $VD_{01} \sim VD_{06}$，使 $VT_1 \sim VT_6$ 在关断过程中，$R_{01} \sim R_{06}$ 不起作用；而在 $VT_1 \sim VT_6$ 接通过程中，又迫使 $C_{01} \sim C_{06}$ 的放电电流流经 $R_{01} \sim R_{06}$，以达到限流的目的。

(4) 制动电阻和制动单元

电动机在工作频率下降的过程中,其转子的转速会超过此时的同步转速,处于再生(回馈)制动状态,拖动系统的动能要反馈到直流电路中,但直流电路的能量无法回馈给交流电网,只能由电容器组 C_{F1} 和 C_{F2} 吸收,使直流电压 U_D 不断上升(称为"泵升电压"),升高到一定程度,就会对变流器件造成损害。为此,在电容器组 C_{F1} 和 C_{F2} 旁并联一个由制动电阻 R_B 和制动单元(用功率开关,如大功率晶体管 GTR 及其驱动电路组成)相串联的电路。当再生电能经逆变器的续流二极管反馈到直流电路时,将使电容器的电压升高,触发导通与制动电阻 R_B 相串联的功率开关 VT_B,让电容放电电流流过制动电阻 R_B,再生电能就会在电阻上消耗。放电电流的大小由功率开关 T_B 控制。此方法适用于小容量系统,这是方法之一。还有另一方法,在整流电路中设置反并联逆变桥,使再生能量回馈给交流电网。该方法适用于大容量系统。

3. 变频器主回路的外置硬配件

变频器主回路还有一些外置硬配件,如图 7-3 所示。

(1) 断路器

断路器对变频器的主回路起"隔离"和"短路保护"作用,以防止当变频器的整流回路、逆变回路的功率器件发生故障时,可能会引起的输入电源的相间短路。断路器也可以用熔断器代替,有三相和单相之分。

(2) 主接触器

变频器一般不允许通过主接触器频繁控制电机的启动与停止(主接触器的通断时间应控制在 30 min 以上),通常主回路可以不加主接触器。电机的运行与停止应通过变频器的控制信号进行控制。

但在以下控制场合需要安装主接触器:

① 对于大型变频器的控制,从系统安全的角度考虑,必须先加入变频器控制电源,测试与诊断变频器内部状态后,才能确定是否加入主电源,故需要安装主接触器。

② 带有外接制动电阻的变频器一般启动/制动频繁,电阻容易发热,为此,制动电阻单元上通常装有温度检测器件,当温度超过一定值时应立即通过主接触器直接切断输入电源。

③ 当变频器发生故障需要保存故障状态的场合。故障时可以通过主接触器切断主电源,并保留控制电源,故障状态将被继续保留,以便其他控制装置(如 PLC)处理故障。

④ 其他需要对变频器的主电源进行控制的场合。

(3) 交流电抗器

交流电抗器用于抑制整流电路产生的高次谐波,改善变频器对电网的影响,提高变频器的功率因数。遇到以下情况时需要配置交流电抗器,如远程通断控制等。

① 对用电设备的谐波要求很高的电网环境。

② 变频器选择了回馈制动单元时,当一个控制系统上使用了多台变频器,且部分(或全部)变频器采用了回馈制动方式。为了防止回馈制动所产生的电流流入其他变频

器引起过电流,需要在每台变频器上选用交流电抗器。

③ 提供变频器电源的变压器容量在变频器容量的10倍以上或电源上安装功率因数补偿电容等可能存在较大浪涌电流的场合。

(4) 进线与电机侧滤波器

前面已讨论过整流电路中的滤波电路,除此之外,主回路的进线与电机侧还设有滤波器,用于消除线路的电磁干扰。电磁干扰通常包括空中传播的噪声(无线干扰)、电源进线与电机线上高频成分产生的电磁感应噪声(磁干扰)、分布电容产生的静电噪声和电路传播噪声(接地干扰)等。

为降低变频器电磁干扰,可采取各种措施:如在变频器外部,可以在电源进线、变频器输出(电枢连接线)上安装滤波器;保持动力线与控制线之间的距离在300 mm以上;采用屏蔽电缆(屏蔽线不能直接连接地端);进行符合要求的接地系统(传感器电源不能接地)设计等措施。在变频器内部,可以通过降低变频器的PWM载波频率和增加电磁干扰滤波器(EMC滤波器)等措施。

三菱FR-700系列变频器内部已经安装有内置式EMC滤波器,在使用时,EMC滤波器选择开关置“ON”。

注意:变频器的输入滤波器可以选用三菱公司推荐的产品,由于高次谐波的影响,一般市售的LC,RC型滤波器可能会产生过热与损坏,甚至可能危及变频器,因此,不但不可以在变频器上使用,而且也不可以在接有变频器的主电源上使用,确实无法避免时,应在变频器的输入回路增加交流电抗器。

(5) 直流电抗器

直流电抗器用来抑制直流母线上的高次谐波与浪涌电流,以减小整流、逆变功率管的冲击电流,提高变频器的功率因数。

注意:变频器在按照规定安装直流电抗器后,对输入电源容量的要求可以相应减少20%～30%。

(6) 外接制动单元与外接电阻

对于需要电动机频繁启动/制动或是在变频器制动能力不足的场合,为了加快制动速度和降低变频器发热量,应选配制动电阻。

变频器选配外置式制动电阻时,制动电阻上须安装温度检测器件,并在主回路上安装主接触器,当制动电阻温度超过一定值时应立即通过主接触器直接切断输入电源。

3.2.3 变频器的其他单元电路

1. 变频器中央处理单元

变频器中央处理单元又称主板电路。CPU供电电源电路、晶振电路、复位电路、操作显示面板的按键操作电路、显示电路(工作状态和参数值的显示电路)和外存储器电路构成了变频器CPU主板电路(CPU工作的基本电路)。

(1) 供电电源电路

CPU的供电电源为直流5 V,由变频器的开关电源电路供给,具有较好的稳定度。

但本电路是由开关电源出来的直流电流再经稳压电路处理，再进入CPU供电引脚的。CPU本身对供电的要求也较为苛刻，要求供电在+5(1±5%)V以内，偏高或偏低都会造成工作失常。为避免数字与模拟信号的相互串扰，往往将两种电路的供电电源独立引入。CPU内部数字电路供电端一般标注为V_{DD}(正供电端)、V_{SS}(负供电端)；模拟电路的供电端一般标注为V_{CC}(正供电端)、GND(负供电端)，因而CPU的供电引脚多达十几个，如有数字供电的电源正、负端，模拟电路供电的电源正、负端(标注为AV_{CC}，AV_{SS}，加"A"字表明为模拟供电电源引入端)。

(2) 复位电路

复位是CPU的初始化操作，清除内部程序计数器、指令寄存器内容，以便为CPU转入正常工作做好准备。复位也是一个上电条件的确认。早期的变频器产品还具有手动复位功能，除对系统进行初始化以外，当程序运行出错或操作错误使程序运行被"卡死"，即程序进入死循环时，为解除此种状态，必须实施复位操作，以重新启动程序运行。

复位电压通过某引脚送入，有如下两种工作方式：

① 上电自动复位，分两种：上电瞬间为低电平，经μs级延时后，上升为+5 V高电平，该引脚记为$\overline{\text{RES}}$(或$\overline{\text{RESET}}$)；

② 用高电平复位信号，上电瞬间为高电平，经μs级延时后，下降为0 V低电平，该引脚记为RES(或RETST)。

CPU的稳压供电和复位脉冲的提供均由集成电路芯片IC分两路提供。第一路提供+5 V供电电源，第二路由内部延时电路提供一个延时的5 V电压信号。有的还增加了手动复位电路，在变频器运行过程中，若因某种原因出现故障锁定或"程序死机"现象时，可按动一次开关按键，实施人工强制复位。

(3) 晶振电路

CPU本身为一个同步时序电路，晶振电路用于产生CPU工作所需的时钟脉冲。在CPU晶振引脚内部，有一个高增益放大器与外接晶振元件一起构成了振荡器电路，产生振荡信号，再经分频后作为时钟信号。晶振引脚一般标注为XTAL1(X1)，XTAL2(X2)，外接晶振元件和两只小容量瓷片电容。晶振可选用4 MHz，6 MHz，12 MHz，16 MHz，20 MHz振荡频率，随CPU工作速度的不同而选择不同，以采用16 MHz的为多。两只小容量瓷片电容的取值一般为30 pF或22 pF。

(4) CPU的外存储器电路

CPU的外接存储器(如L56R 245W芯片)也是集成电路IC元件，传输读写选通信号、串行数据信号和时钟脉冲信号。

CPU内部已设置只读存储器ROM，用来存放CPU工作需要的系统程序，出厂时已固化在ROM中。CPU内部还有另一类存储器，即随机存储器RAM。RAM用于运行中的数据暂存、数据的写入和读出。以上两类存储器又可称为"内存"。外部存储器为EEPROM，用于存入用户控制程序，如控制参数的更改与储存，一般为8脚贴片封装，5 V单电源供电。

(5) 操作显示面板电路和按键信号输入电路

变频器主板上还有操作显示面板电路和按键信号输入电路。按键电路接成矩阵电路,读取按键信号一般采用循环扫描方式,以判断是哪个按键被按下。按键电路,除供用户用作参数修改和设置外,还可实现与控制端子一样的功能,即用于变频器的启、停操作和故障复位操作等。

(6) 显示电路

LED1,LED2,LED3 是三只七段数码显示器,为共阳极接线方式,采用动态扫描的方法进行显示。此外,还有一只圆点型发光二极管,供显示小数点。CPU 的内部驱动电路输出脉冲式工作电流,对显示器的发光实施段控和位控。数码显示器直接由 CPU 引脚驱动,无外置驱动电路。

仅有变频器 CPU 主板电路是不够的,还需要软件控制程序。变频器的程序容量较大,一般长达数千行。微控制器的控制功能集中于两个点上,一是对输出 PWM 波的控制;一是对逆变模块的状态检测和保护,这一任务是配合外电路共同完成的。

2. 驱动控制单元

在 3.1.2 小节中已讨论过逆变电路,逆变电路的每一个开关元件的控制端上必须加上驱动信号才能工作,即逆变电路离不开驱动控制单元。

驱动电路是将主控电路中 CPU 产生的六个 PWM 信号,经光电隔离和放大后为逆变电路的换流器件(逆变模块)提供驱动信号。

对驱动电路的各种要求,因换流器件的不同而异。市场上已有一些与各种换流器件配套的专用驱动模块供各类变频器直接采用。但是,大部分的变频器仍采用单独的驱动电路。为维修方便,这里介绍较典型的驱动电路,如图 3-13 所示。

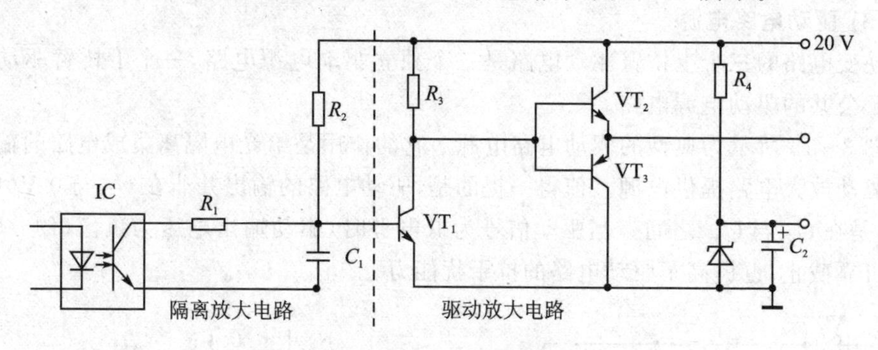

图 3-13　驱动电路图

驱动电路由隔离放大电路、驱动放大电路和驱动电路电源组成。

(1) 隔离放大电路

驱动电路中的隔离放大电路,顾名思义为对 PWM 信号起到隔离和放大的作用。为了保护变频器主控电路中的 CPU,当 CPU 送出 PWM 信号后,首先通过光耦合管集成电路,将驱动电路和 CPU 光电隔离。这样驱动电路发生故障或损坏,不至于伤及 CPU,即对 CPU 起到了保护作用。

根据信号相位的需要,隔离电路可分为反相隔离电路或同相隔离电路,如图 3-14所示。隔离电路中的光电隔离集成块容易损坏,损坏后主控电路 CPU 产生的驱动信号就被阻断,自然,这一路驱动电路中就没有驱动信号的输出。

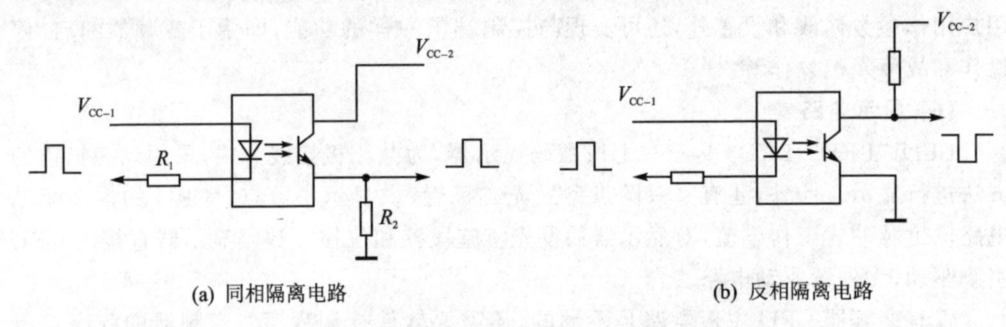

图 3-14 隔离电路的原理图

(2) 驱动放大电路

驱动放大电路是将光电隔离后的信号进行功率放大,使之具有一定的驱动能力。这种电路通常采用双管互补放大的电路形式。对于驱动功率大的变频器,采用两级驱动放大。同时,为了将驱动信号幅值控制在安全范围内,有些驱动电路的输出端串联两个极性相反连接的稳压二极管。

驱动放大电路中,容易损坏的元件就是三极管,若损坏,则输出信号保持低电平,相对应的换流元件处于截止状态,无法起到换流作用。如果输出信号保持高电平,相对应的换流元件就处于导通状态,当同桥臂的另一个换流元件也处于导通状态时,这一桥臂就处于短路状态,就会烧毁这一桥臂的逆变模块。

(3) 驱动电路电源

逆变电路的三个上桥臂驱动电路是三个独立驱动电源电路,三个下桥臂驱动电路是一个公共的驱动电源电路。

图 3-15 所示为典型的驱动电路电源。它的作用是给光电隔离集成电路的输出部分和驱动放大电路提供电源。值得一提的是,驱动电路的输出并非在 U_P 与 0 V(地)之间,而是在 U_P 与 U_W 之间。当驱动信号为低电平时,驱动输出电压为负值(约 $-U_W$),保证可靠截止,也提高了驱动电路的抗干扰能力。

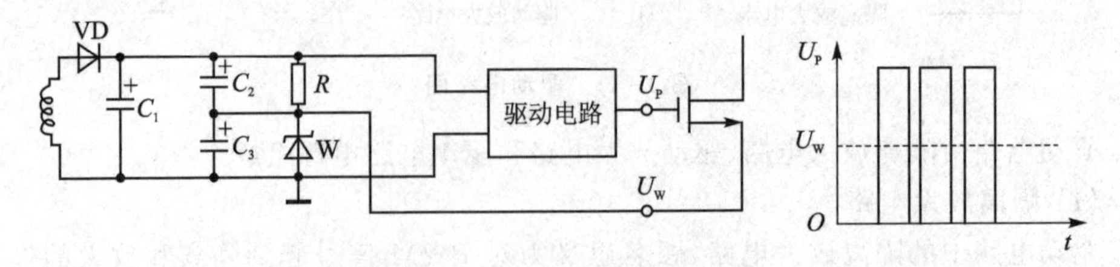

图 3-15 驱动电路电源图

3. 保护与报警单元电路

变频器是强电及弱电的结合体,其电路精密、复杂、内容繁多。为了保证变频调速系统的正常运行，设置了保护与报警单元电路，包含检测、报警（面板显示、声光报警等）。保护电路检测主电路的电压、电流等。当发生过载或过电压等异常时，为了防止逆变器和异步电动机损坏，须使逆变器停止工作或抑制电压、电流值。

(1) 保护功能概述

变频器的保护电路，大体可分为逆变器保护和异步电动机保护两种。保护功能如下：

1）逆变器保护

① 过电流保护：有逆变电流负载侧短路；负载的GD^2（惯性）过大；逆变器负载接地的过电流；电动机堵转产生的过电流等情况。

通过电流检测，一旦检测到电流达到异常值（超过容许值）的瞬时，停止逆变器运转。

② 冷却风机温度异常：冷却风机装置中的风机异常时，装置内温度将上升，因此采用风机热继电器或器件散热片温度传感器，检测出温度异常后停止逆变电器工作。

③ 再生过电压保护：电动机快速减速时，由于电磁感应，产生的再生功率使直流电路电压升高，有时超过容许值，所采取的保护称为再生过电压保护。

④ 瞬时停电保护：对于毫秒级内的瞬时断电，控制电路应正常工作。但停电时间达数十毫秒以上时，会造成控制电路误动作，这时需要瞬时停电保护，使逆变器停止运转。

⑤ 为了保证人身安全，还需要装设接地线漏电保护断路器。

2）异步电动机保护

① 过载保护：过载检测装置与逆变器保护共用，但考虑低速运转的过热时，在异步电动机内埋入温度检测器，或者利用装在逆变器内的电子热保护来检出过热。动作过频时，应考虑减轻电动机的负荷，增加电动机及逆变器的容量等。

② 超速保护：逆变器的输出频率或者异步电动机的速度超过规定值时，停止逆变器工作。

3）其他保护

① 防止失速过电流：加速时，如果异步电动机跟踪迟缓，则过电流保护电路动作，运转就不能继续进行（失速）。所以，在负载电流减小之前要进行控制，抑制频率上升或使频率下降。对于恒速运转中的过电流，有时也进行同样的控制。

② 防止失速再生过电压：减速时产生的再生能量使主电路直流电压上升，为防止再生过电压电路保护动作，在直流电压下降之前要进行控制，抑制频率下降，防止电动机停转（失速）。

(2) 保护装置的物理量检测

保护装置的物理量检测会用到一些测量仪器、仪表，不少读者已经比较熟悉，其原理就不再赘述了。这里就其中的霍尔传感器作一简述。

1）霍尔传感器的原理及应用简述

物理学中讲过，当一块通有电流的金属或半导体薄片垂直地放在磁场中时，薄片的两端就会产生电位差，这种现象就称为霍尔效应。两端具有的电位差值称为霍尔电势U，其表达式为

$$U = KIB/d$$

式中:K 为霍尔系数;I 为薄片中通过的电流;B 为外加磁场(洛伦兹力 Lorrentz)的磁感应强度;d 是薄片的厚度。由此可见,霍尔效应的灵敏度高低与外加磁场的磁感应强度成正比的关系。

用霍尔器件检测由电流感生的磁场,即可测出产生这个磁场的电流的量值。由此就可以构成霍尔电流、电压传感器。因为霍尔器件的输出电压与加在它上面的磁感应强度以及流过其中的工作电流的乘积成比例,是一个具有乘法器功能的器件,并且可与各种逻辑电路直接接口,还可以直接驱动各种性质的负载;因为霍尔器件的应用原理简单,信号处理方便,器件本身又具有一系列的独特优点,所以在变频器中发挥了非常重要的作用。

在变频器中,霍尔电流传感器的主要作用是保护昂贵的大功率晶体管。由于霍尔电流传感器的响应时间小于 1 μs,因此,出现过载短路时,在晶体管未达到极限温度之前即可切断电源,使晶体管得到可靠的保护。

霍尔电流传感器按其工作模式可分为直接测量式和零磁通式。在变频器中由于需要精准地控制及计算,因此选用了零磁通方式。将霍尔器件的输出电压进行放大,再经电流放大后,让这个电流通过补偿线圈,并令补偿线圈产生的磁场和被测电流产生的磁场方向相反,若满足条件 $I_o N_1 = I_s N_2$,则磁芯中的磁通为 0,这时下式成立,即

$$I_o = I_s (N_2 / N_1)$$

式中:I_o 为被测电流,即磁芯中初级绕组中的电流;N_1 为初级绕组的匝数;I_s 为补偿绕组中的电流;N_2 为补偿绕组的匝数。由上式可知,达到磁平衡时,即可使 I_s 及匝数比 N_2/N_1 的乘积等于 I_o。

霍尔电流传感器的特点是可以实现电流的“无电位”检测,即测量电路不必接入被测电路即可实现电流检测,它们靠磁场进行耦合。因此,检测电路的输入、输出电路是完全电隔离的。检测过程中,检测电路与被检电路互不影响。

2) 电流检测的方法

通过电阻降压取样、采用互感器法取样和霍尔传感器取样都是检测电流的方法。互感器法取样是将变频器的输出导线穿过电流互感器,利用输出电流与电流互感器的感应电压成正比关系。主回路与检测保护电路之间是隔离的,可把互感器上产生的感应电压直接进行放大。霍尔传感器取样具有精度高、线性好、频带宽、响应快、过载能力强和不损失测量电路能量等优点。

为电路安全起见,一定要把取样电路与放大电路通过“光耦隔离电路”隔离。

3) 电压检测的方法

电压信号检测的结果可以用于变频器输出转矩和电压的控制以及过压、欠压保护信号。可用电阻分压(适用于低压系统)、线性光耦(具有很高的线性度和灵敏度,可精确地传送电压信号)、电压互感器(适用于高压系统中检测交流电压)或霍尔传感器等方法(具有反应速度快和精度高的特点,但成本昂贵)检测电压信号。

4) 转速检测方法

测速发电机工作可靠、价格低廉,但存在非线性和死区的问题,且精度较差。

光电编码器：光电编码器与传动轴连接，每转一周便发出一定数量的脉冲，用微处理器对脉冲的频率或周期进行测量，即可求得电机转速。光电编码器可以达到很高的精度，且不受外部的影响，可用于高精度控制。

采用光电脉冲编码器检测转速，通常有 3 种方法：

① M 法：M 法也称测频法，适用于较高转速；

② T 法：T 法也称测周期法；

③ M/T 法：该法结合了 M 法和 T 法各自的特点，是转速检测较为理想的手段，可在宽的转速范围内实现高精度的测量，但其硬件和数据处理的软件相对复杂。

5）温度检测方法

功率稍大的风冷式变频器中的散热系统一般都是由多个散热器组成，并配备轴流风机，在每一块散热器上各安装一个热敏元件进行温度检测，发过热报警信号。

6）电源缺相和接地故障检测方法

电源缺相和接地故障检测常用的方法是通过套在主回路（输入或输出）上的电流互感线圈检测三相电流平衡程度来实现的。

7）熔断器熔断检测电路

熔断器检测是从熔丝两端取电压信号，当熔丝因过流快烧断时，两端电压变高，光耦导通发出故障信号，经两个施密特反相器驱动后送至 CPU。

变频器中常用的检测器件包括取样电阻、电流互感器、霍尔传感器、线性光耦、测速发电机、光电编码器等，以及电流、电压、转速、过热、电源缺相、接地故障、熔断器熔断等多种信号的检测与故障保护电路。变频器中的信号检测与保护涉及检测技术、数字电路、计算机技术、电力电子技术、热力学等多个学科。

3.2.4　其他相关电路

1. 开关电源电路

开关电源电路向操作面板、主控板、驱动电路及风机等电路提供低压电源。作为例子，图 3-16 给出了富士 GⅡ型开关电源电路组成的结构图。

直流高压 P 端加到高频脉冲变压器初级端，开关调整管串接脉冲变压器另一个初级端后，再接到直流高压 N 端。开关管周期性地导通、截止，使初级直流电压转换成矩形波。由脉冲变压器耦合到次级，经整流、滤波后输出整流电压，此电压再与开关电源的输出电压的采样电压比较，以控制脉冲调宽电路，改变脉冲宽度，使输出电压稳定。

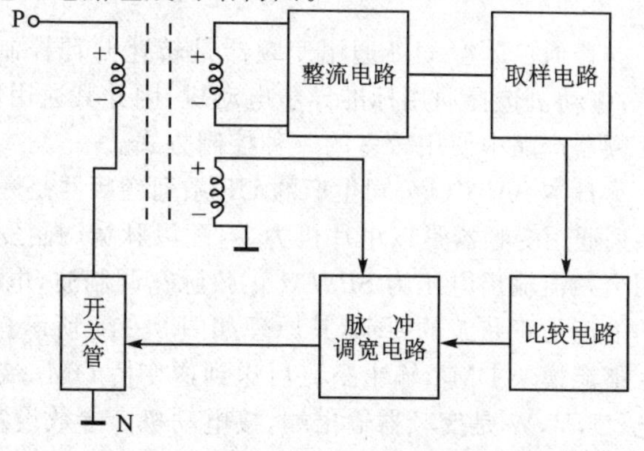

图 3-16　富士 GⅡ型开关电源电路结构图

2. 直流电压输出电路

脉冲变压器的次级线圈接上整流二极管和滤波电容,就组成了各路的直流电压输出电路。需要注意的是,开关电路中的脉冲开关信号频率较高,要求整流二极管的工作频率也较高,所以二极管应选用高频二极管,滤波电容的容量可比工频整流电路中的滤波电容的容量小一些。

3. 通信接口电路

当变频器由可编程控制器(PLC)或上位计算机、人机界面等进行控制时,必须通过通信接口相互传递信号。变频器通信时,通常采用两线制的RS-485接口。两线分别用于传递和接收信号。变频器在接收到信号后和传递信号之前,这两种信号都经过缓冲器集成电路(如西门子变频器的缓冲电路选用缓冲器75176B),以保证良好的通信效果。变频器通信接口通常用9针D形网络连接头,连接变频器主控板的9针D形网络插座,经信号缓冲电路后,接到CPU相应的引脚上。其中,D脚的驱动器输入端接CPU的TXD1串口发送引脚;R脚的接收器输出端接CPU的RXD1串口接收引脚;A脚、B脚为接收器输入、驱动器输出端;DE脚、DR脚为驱动器和接收器允许信号端,驱动器和接收器的工作状态受此二引脚电平信号的控制。

由于采用通信接口控制方式,故通信距离最远可达1 000 m。

信号的抗干扰电路除通信介质采用屏蔽双绞线抗干扰外,还可以在变频器主控板采用电容吸收法和电感抑制法。

4. 外部控制电路

变频器外部控制电路主要是指:频率设定电压输入,频率设定电流输入,正转、反转,点动及停止运行控制,多挡转速控制。频率设定电压(电流)输入信号通过变频器内的A/D转换电路进入CPU,其他一些控制通过变频器内输入电路的光耦隔离传递到CPU中。

3.3 U/f控制型通用变频器

3.3.1 普通控制型U/f通用变频器

普通控制型U/f通用变频器是转速开环控制,无需速度传感器,控制电路比较简单;电动机选择通用标准异步电动机,因此其通用性比较强,性价比比较高,是目前通用变频器产品中使用较多的一种控制方式。

日本SANCO公司生产的UF系列变频器是一种典型的普通型U/f通用变频器,此系列通用变频器是以单片机为主,配以脉宽调制发生器组成的SPWM控制系统。该通用变频器输出电压为SPWM正弦脉宽调制波,电流近似为正弦波,达到了电动机输入的电流为正弦波的要求,其原理如图3-17所示。图中,R,S,T接三相380 V电源,送入整流模块DM_1,输出整流后送到逆变桥QM_1,QM_2,QM_3,经逆变为频率可调的交流电;U,V,W是变频器输出端,接电动机。参数设定信号和外部信号由操作面板和外部输入端送至控制电路,用来控制逆变桥的驱动电路,使逆变桥输出的电压和频率满足用户的需要。

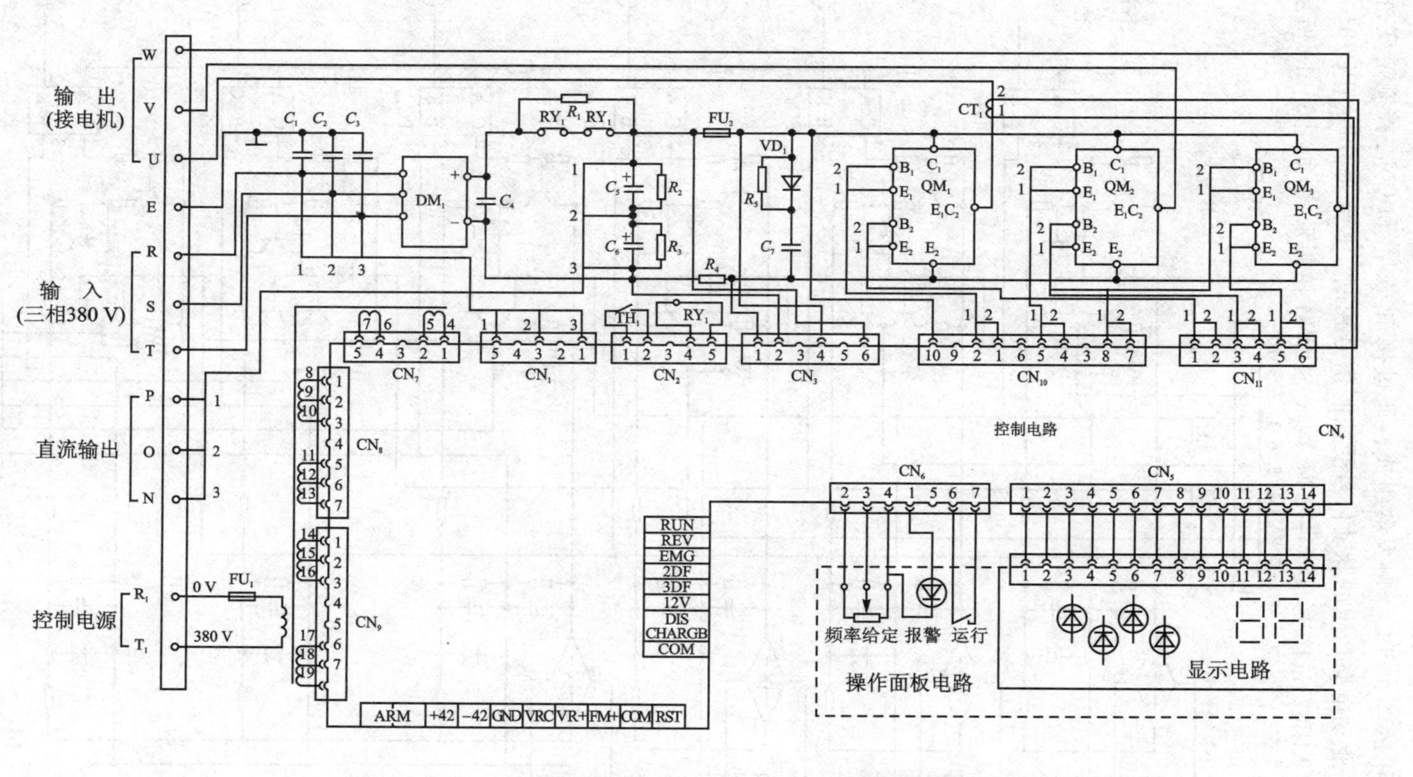

图3-17　日本SANCO公司的VF系列5.5～11 kW变频器原理框图

SANCO公司的VF系列5.5～11 kV变频器的GTR驱动电路如图3-18所示。其驱动电路由PC_{101}～PC_{106}触发器组成。通过接口CN_{10}和CN_{11}控制逆变桥QM_1，QM_2，QM_3。驱动电路产生的脉动信号受控制信号控制。控制部分以μPD7810G单片机为主，配以MB63H110形成脉冲序列，构成SPWM控制系统，如图3-19所示。

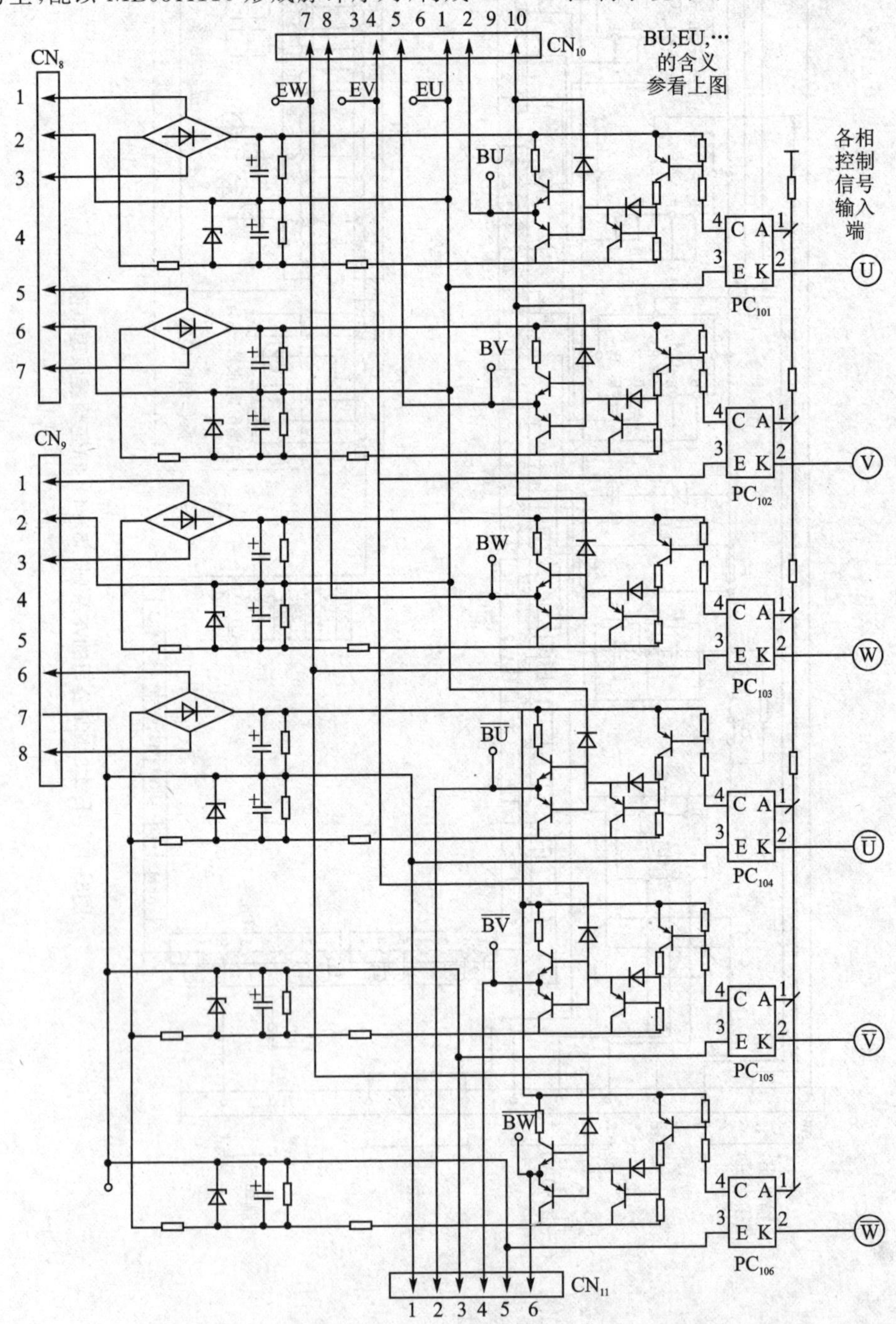

图3-18 SANCO公司的VF系列5.5～11 kW变频器GTR驱动电路

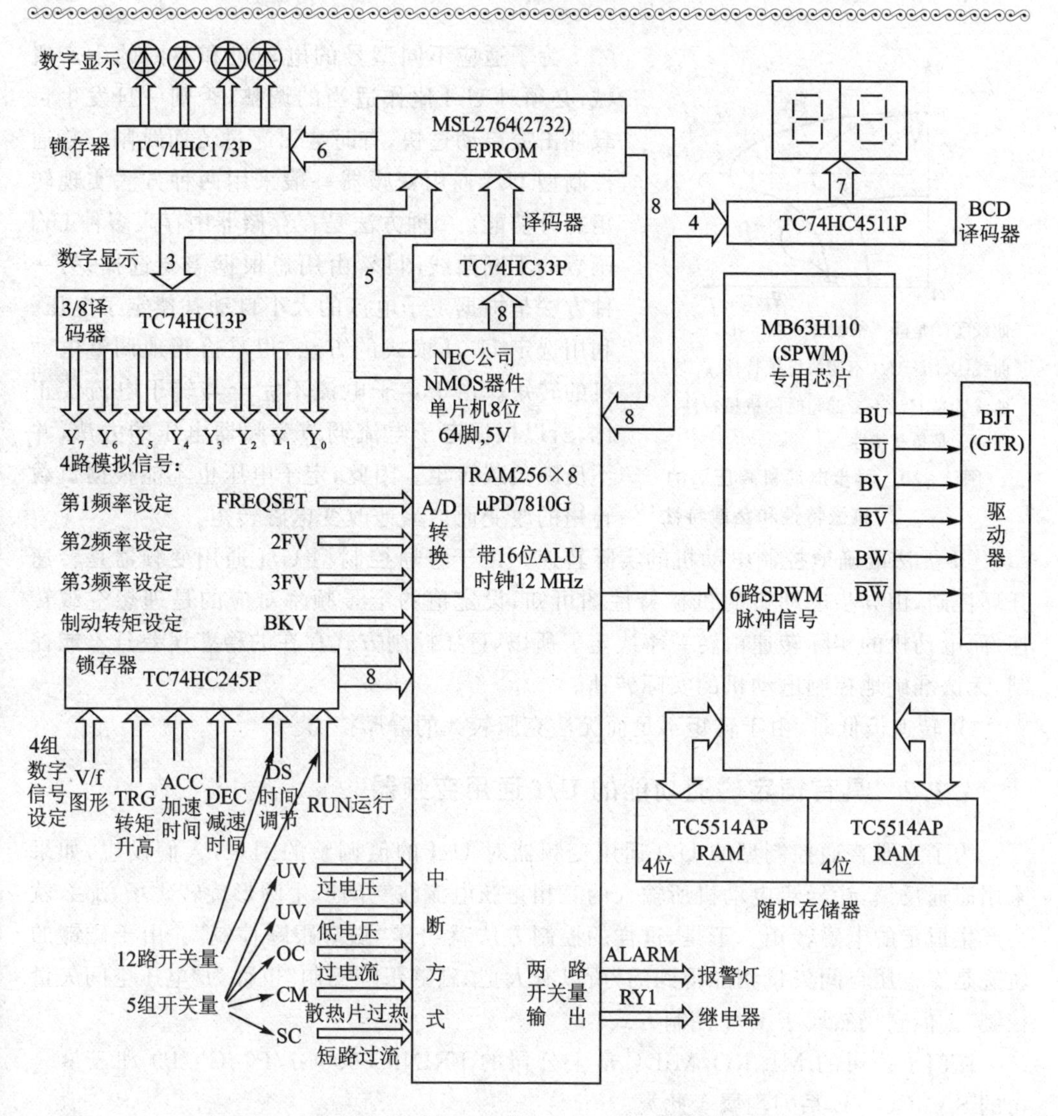

图3-19　SANCO-VF系列5.5～11 kW变频器控制电路

普通控制型U/f通用变频器有以下几点缺点：

① 不能恰当地调整电动机转矩，不能补偿以适应转矩的变化。

前面已经讨论过，为了保证 E/f 不变，必须维持磁通 Φ_m 不变。普通控制型的U/f通用变频器的SPWM控制注重的是如何使逆变器的输出电压尽量接近正弦波，较少考虑变频器如何针对不同类型的电动机的特性，对U/f的值进行调整，以保证 E/f 不变的问题。因此，也不能保证维持磁通 Φ_m 不变。这样，定子电阻压降随负载变化，当负载较重时压降大，U/f的值可能补偿不足，这致使电动机的机械特性和负载特性没有稳定的运行交点，如图3-20所示。负载较轻时可能产生过补偿，磁路过饱和。这两种情况都可能引起变频器的过流跳闸。

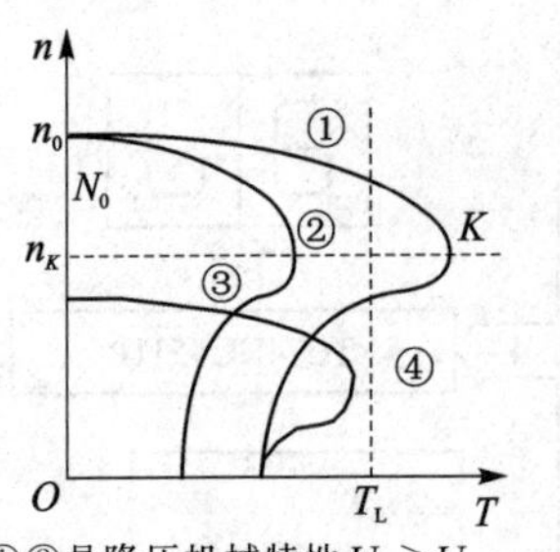

曲线①②是降压机械特性 $U_1>U_2$；

曲线①③是 U/f 不变的机械特性 $f_1>f_2$；

曲线③是 U/f 不变低频时的机械特性；

曲线④是负载特性。

图 3-20 异步电动机降压后的机械特性和负载特性

为了适应不同型号的电动机和不同的生产机械，必须对 U/f 比作适当的调整，否则一旦发生负载冲击或启动过快，有时会引起过流而跳闸。普通控制型 U/f 通用变频器一般采用两种方法实现转矩提升功能：一种方法是在存储器中存入多种 U/f 函数的不同曲线图形，由用户根据需要选择；另一种方法是根据定子电流的大小自动补偿定子电压。利用选定 U-f 模式的方法，很难恰当地调整电动机的转矩。由于定子电流不完全与转子电流成正比，所以根据定子电流调节变频器电压的方法，并不反映负载转矩。因此，定子电压也不能根据负载转矩的改变而恰当地改变电磁转矩。

② 无法准确地控制电动机的实际转速。由于普通控制型 U/f 通用变频器是转速开环控制，由异步电动机的机械特性图可知，设定值的定子频率对应的是理想空载转速，而电动机的实际转速由转差率决定。所以，U/f 控制方式存在的稳态误差且不能控制，无法准确地控制电动机的实际转速。

③ 转速极低时，由于转矩不足而无法克服较大的静摩擦力。

3.3.2 具有恒定磁通功能的 U/f 通用变频器

为了克服普通控制型的 U/f 通用变频器对 U/f 的值调整的困难，人们设想，如果采用磁通反馈，让异步电动机所输入的三相正弦电流在空间产生圆形旋转磁场，那么就会产生恒定的电磁转矩。于是，这样的控制方法就叫作“磁链跟踪控制”。由于磁链的轨迹是靠电压空间矢量相加得到的，所以有人把“磁链跟踪控制”也称为“电压空间矢量控制”。但它仍然属于 U/f 控制方式。

西门子公司的 MICRO/MIDI、富士公司的 FRINIC5000G7/P7、G9/P9 和三星公司的 SANCO-L 系列均属于此类。

富士公司的 FRINIC5000G7/P7 的控制电路原理方框图如图 3-21 所示。其控制原理和通用型 U/f 控制变频器基本相同，但增加了磁通控制，以维持磁通的恒定。图中表示，由速度设定电位器输出与速度成正比的电压，经过 A/D 转换成数字信号，和由磁通检测器检测到的电动机的实际磁通信号一起输入到磁通控制器，进行比较后，去控制 PWM 驱动电路，从而控制逆变桥，使输出到电动机上的三相脉冲电流的大小、相位和频率发生变化，以保持磁通的恒定。采用这种控制方式，可以使电动机在极低的速度下，让电动机的转矩过载能力达到或超过 150%，频率设定范围达到 1：30。电动机的静态机械特性的硬度高于在工频电网运行的自然机械特性的硬度。在动态性能要求不高的情况下，这种变频器甚至可以替代某些闭环控制，实现闭环控制的开环控制化。这种具有恒定磁通的变频器，由于有转矩限定器，其限流功能比较好，一般不会出现过流跳闸现象，因此有人把这种变频器称为“无跳闸变频器”。

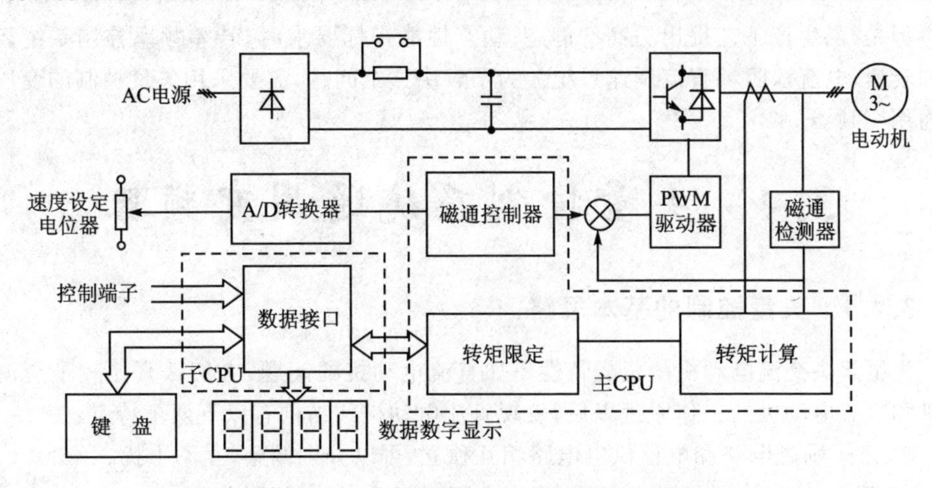

图 3-21 FRINC5000G7/P7 控制原理结构图

当生产工艺需要较高的静态、动态性能指标时，可以采用转速闭环控制的转差频率控制系统。

3.3.3 转速闭环控制的转差频率控制系统

由电力拖动课程可知，从异步电动机的等效电路得出，异步电动机稳态运行时所产生的电磁转矩为

$$T=\frac{mp}{4\pi}\left(\frac{E_1}{f_1}\right)^2\left[\frac{f_S r'_2}{r'^2_2+(2\pi f_S L'_2)^2}\right] \tag{3-6}$$

式中：m 为定子相数；p 为定子极对数；E_1 为定子感应电动势；r'_2为转子电阻折算到定子侧的等效电阻；L_1 为转子电抗折算到定子侧的等效电感；f_S 为转差频率，$f_S=sf$；f_1 为定子电压频率。

由式(3-6)可知，当转差频率 f_S 较小时，如果 E_1/f_1 为常数，则电动机的转矩基本上与转差频率 f_S 成正比，即在进行 E_1/f_1 控制的基础上，只要对电动机的转差频率 f_S 进行控制，就可以达到控制电动机输出转矩的目的。这就是转差频率控制的基本出发点。

转差频率 f_S 是施加于电动机的交流电压频率 f_1(变频器的输出频率)与以电动机实际转速 n_N作为同步转速所对应的电源频率 f_N 的差频率，即 $f_1=f_S+f_N$。在电动机转子上安装测速发电机等测速检测器装置，转速检测器可以测出 f_N，并根据希望得到的转矩对应于转差频率设定值 f_{S0}，去调节变频器的输出频率 f_1，就可以得到电动机具有所需的输出转矩，这就是转差频率控制的基本控制原理。

控制电动机的转差频率还可以达到控制和限制电动机转子电流的目的，从而起到保护电动机的作用。

为了控制转差频率，虽然需要检测电动机的转速，但系统的加减速特性比开环的U/f 控制获得了提高，过电流的限制效果也更好。

但是,当生产工艺提出更高的静态、动态性能指标要求时,转差频率控制系统还是不如转速-电流双闭环直流调速系统。为了解决这个问题,需要采用矢量控制的变压变频通用变频器。

3.4 矢量控制系统通用变频器

3.4.1 矢量控制的基本思路

为了解决交流电动机的机械特性不如直流电动机的问题,人们认真比较了交流电动机和直流电动机的工作原理以后,发现直流电动机的结构有以下两个特点:

① 定子励磁电路和电枢供电电路相互独立,可以分别调整,互不干扰。

② 两个磁场(主磁场和电枢磁场)在空间互相垂直,互不影响。

矢量控制的基本思想是:仿照直流电动机的调速特点,使异步交流电动机的转速也能通过控制两个互相独立的直流磁场进行调节。

这个思想的提出,是在人们研究了三相异步电动机的数学模型,并和直流电动机比较后,发现经过数学上的处理(坐标变换),可以像控制直流电动机那样去控制交流电动机。人们发现:给异步电动机的定子绕组通入三相平衡的正弦电流,可以产生旋转磁场;在空间位置上互相垂直的两相绕组,通入两相相位差为90°平衡的正弦电流,也会产生旋转磁场;直流电动机能够转动,是因为其定子绕组与转子导体分别通入直流电流后,产生的两个互相垂直磁场相互作用的结果。尽管电枢在转动,但整流子的电刷位置不动,才保证了电枢磁场在空间位置上与定子绕组磁场互相垂直。如果以直流电动机的转子为参照物,那么,定子所产生的磁场就是旋转磁动势,如图3-22所示。

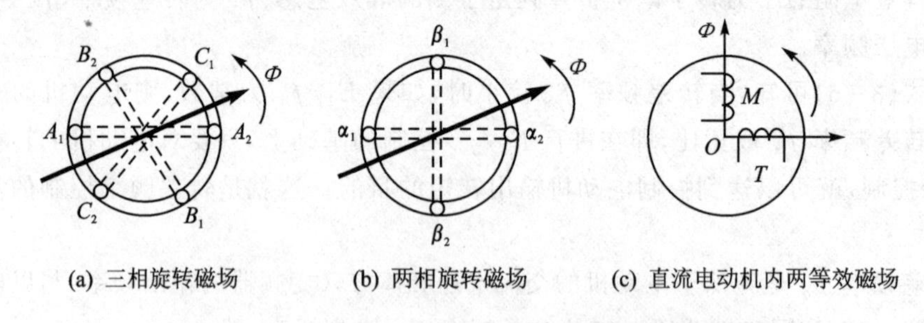

(a) 三相旋转磁场 (b) 两相旋转磁场 (c) 直流电动机内两等效磁场

图3-22 三相异步电动机与直流电动机的等效磁场

由此可见,以产生同样的旋转磁动势为准则,三相交流电绕组、两相交流电绕组和两组直流绕组可以彼此等效。换句话说,三相交流电磁场可以分解并等效为两相互相垂直的交流电磁场。这两相交流电磁场和两组直流绕组磁场等效,两者仅相差一个相位角 Φ,彼此关系如图3-23所示。

这样,从整体上来看,A,B,C三相输入(i_A,i_B,i_C),转速 ω 输出,是一台异步电动机;从内部看,经过3/2坐标变换和VR(同步矢量旋转)坐标变换(指同步矢量旋转 φ 角,φ 为等效两相交流磁场与直流电动机磁场两者的磁通轴的瞬时夹角),变成一台由

i_{m1} 和 i_{t1} 输入、ω 输出的直流电动机。

既然，异步电动机经过坐标变换可以等效成直流电动机，那么，模仿直流电动机的控制方式，求得直流电动机的控制量，经过相应的坐标反变换，就可以控制异步电动机。由于进行坐标变换的是电流（代表磁动势）的空间矢量，所以通过坐标变换实现的控制系统称为矢量变换控制系统（transvector control system），或称矢量控制系统，所设想的结构如图 3－24 所示。

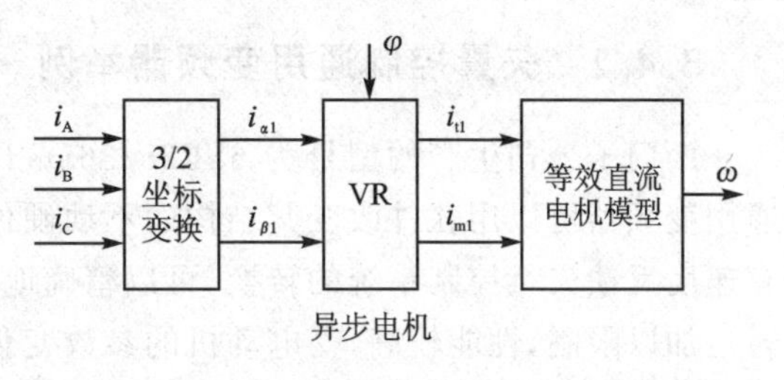

图 3－23　异步电动机的坐标变换结构图

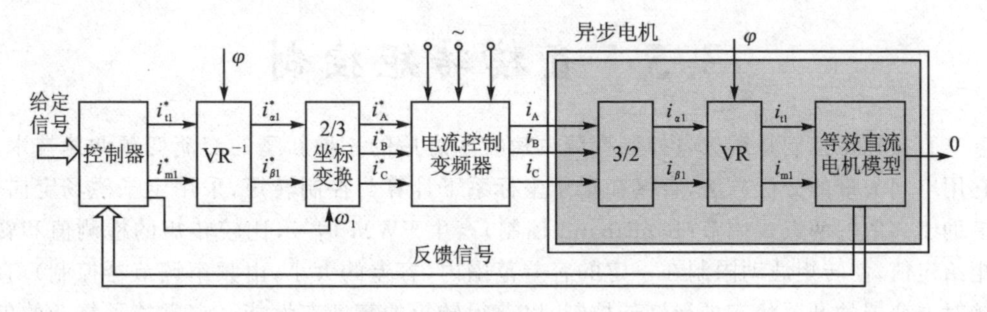

图 3－24　矢量控制系统的结构图

图中表示，将给定的信号和反馈信号经过控制器综合，产生励磁电流的给定信号 i^*_{m1} 和电枢电流的给定信号 i^*_{t1}，经过反旋转变换 VR^{-1} 得到 $i^*_{\alpha1}$ 和 $i^*_{\beta1}$，再经过 2/3 坐标变换，得到 i^*_A、i^*_B 和 i^*_C。把这三个电流控制信号和由控制器直接得到的频率控制信号 ω_1 加到带电流控制器的变频器上，就可以输出异步电动机调速所需的三相变频电流，实现了用模仿直流电动机的控制方法（改变给定信号，使励磁电流的给定信号 i_{m1} 即转矩分量得到调整）去控制交流异步电动机，使异步电动机的调速性能达到直流电动机的控制效果。图中的反馈信号，通常是转速反馈，目的是使异步电动机的转速和给定转速尽量地保持一致。因此，这种交流调速系统的机械特性是很硬的，并且具有很高的动态响应能力。

但是，转速反馈中用到的速度传感器需要在变频器外部另装测速装置。这个装置是整个传动系统中最不可靠的环节，安装也很麻烦。由于矢量控制技术的核心是等效变换，而转速反馈并不是等效变换的必要条件。进一步的研究表明，在了解电动机参数的前提下，通过检测电动机的端电压、电流，也能算出转子磁通及其角速度，实现矢量控制。因而许多新系列的变频器设置了“无速度反馈矢量控制”功能。“无速度反馈矢量控制”系统也能得到很硬的机械特性，但由于运算环节相对较多，故动态响应能力不及“有速度反馈矢量控制系统”。在一些动态响应能力要求不高的场合，建议采用“无速度反馈矢量控制系统”。

3.4.2 矢量控制通用变频器举例

西门子公司生产的型号为6SE35/36(GTR)和6SE36/37(GTO)的两款矢量控制通用变频器可以用软件改变其结构而不动硬件电路,实现无速度反馈矢量控制系统和有速度反馈矢量控制系统的转换,可以精确地设定和调节电动机的转矩,还可以对最大转矩加以限制,性能较高,受电动机的参数变化影响较小。在1∶10的调速范围内,常采用无速度反馈方式。主要性能指标是:速度精度小于0.5%,转速上升时间小于100 ms;在额定功率10%的范围内,采用带电流反馈的闭环控制;若调速范围较大(>1∶100),在极低的转速下,也要求具有高动态性能和高速度精度,则采用有速度反馈矢量控制方式。主要性能是:转矩上升时间大约为15 ms,转速上升时间小于60 ms 。

3.5 直接转矩控制

直接转矩控制是继矢量控制变频调速技术之后的一种新型的交流变频调速技术。它用空间矢量的分析方法,直接在定子坐标系下计算与控制转矩,采用定子磁场定向;借助于离散的两点式调节(band band 控制)产生 PWM 信号,比较转矩的检测值和转矩给定值,使转矩波动限制在一定的容差范围内(容差的大小,由频率调节器控制),直接对逆变器的开关状态进行最佳控制,以获得转矩的高动态性能。它省掉了复杂的矢量变换与电动机数学模型的简化处理。该系统的转矩响应迅速,限制在一拍以内,而且无超调。直接转矩控制是一种具有高的静态和动态性能的交流调速方法。其控制思想新颖,控制结构简单,控制手段直接,信号处理的物理概念明确。

3.5.1 PWM 逆变器输出电压的矢量表示

下面进一步讨论直接转矩控制方式。在前面讨论三相逆变电路时,已经说明,三相六个电力晶体管是交替导通的(VT_1,VT_4 一组为U相;VT_3,VT_6 一组为V相;VT_5,VT_2 一组为W相),三相之间互隔 $T/3$ 个周期。并且约定:位于三相桥臂上侧的 VT_1,VT_3,VT_5 电力晶体管的导通状态为$S_i=1(i=\text{U,V,W})$,电动机的相电压等于$E/2$;位于三相桥臂下侧 VT_2,VT_4,VT_6 的电力晶体管的导通状态为 $\overline{S}_i=1$,即 $S_i=0(i=\text{U,V,W})$,电动机的相电压等于$-E/2$,并且是每隔 $T/6$ 个周期电力晶体管的导通状态就有一次变化,并记载于表3-1中。由表3-1可知,这6个开关状态依次是:$\boldsymbol{U}_5(1,0,1)$,$\boldsymbol{U}_4(1,0,0)$,$\boldsymbol{U}_6(1,1,0)$,$\boldsymbol{U}_2(0,1,0)$,$\boldsymbol{U}_3(0,1,1)$,$\boldsymbol{U}_1(0,0,1)$。按每隔 $T/6$ 周期逆时针作一空间电压矢量,如图3-25所示。加上零矢量 $\boldsymbol{U}_0(0,0,0)$,$\boldsymbol{U}_7(1,1,1)$表示三相桥臂上侧(或下侧)电力晶体管同时导通(或关断),使电动机三相绕组处于短路状态,一共只有8种。这代表 PWM 逆变器的6个开关元件的8个开关状态。

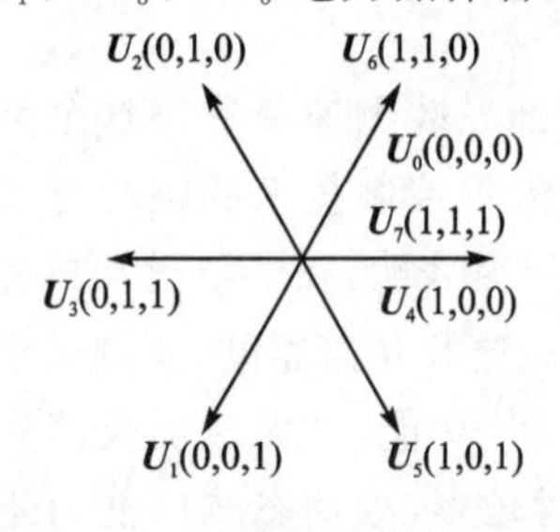

图3-25 逆变器的电压矢量

以 $\boldsymbol{U}_4(1,0,0)$为基准，并将此空间电压矢量(为简便起见，不用粗体字或箭头表示矢量)记作式(3-7)，即

$$\left.\begin{aligned}&\boldsymbol{U}_4(1,0,0)=E/2\\&\boldsymbol{U}_6(1,1,0)=E/2\angle\pi/3\\&\boldsymbol{U}_2(0,1,0)=E/2\angle 2\pi/3\\&\boldsymbol{U}_3(0,1,1)=E/2\angle\pi=-E/2\\&\boldsymbol{U}_1(0,0,1)=E/2\angle 4\pi/3\\&\boldsymbol{U}_5(1,0,1)=E/2\angle 5\pi/3\\&\boldsymbol{U}_0(0,0,0)=0\\&\boldsymbol{U}_7(1,1,1)=0\end{aligned}\right\}\tag{3-7}$$

显然，前6个空间电压矢量的幅度都是 $E/2$，其端点构成一个正六边形；最后两个 $\boldsymbol{U}_0$，$\boldsymbol{U}_7$ 为零矢量，如图3-25所示。

将空间平面按电压矢量分为6个扇区，在每个扇区的边沿各有一个电压矢量，记作 $\boldsymbol{U}_1$ 和 $\boldsymbol{U}_2$。在每个控制周期选择3种开关状态，并由此实现PWM控制。

3.5.2　磁通轨迹控制

由电磁感应的知识可知，在不计定子电阻时，定子磁链与定子电压之间有关系式

$$u=N\frac{\Delta\Phi}{\Delta t}=\frac{\Delta\psi}{\Delta t}\tag{3-8}$$

式中：u 为定子电压；$\Delta\Phi$ 为磁通增量；N 为定子绕组匝数。故有

$$\Delta\psi=u\Delta t\tag{3-9}$$

1. 六边形轨迹控制

由式(3-7)可知，如果在60°间隔内，只改变逆变器的一支桥臂上、下电子器件的通断状态，则磁链轨迹为六边形。设磁链每转过60°的时间为 T，并且在 t 时刻的磁链为 ψ_n，如图3-26所示。此时选择电压矢量 $\boldsymbol{U}_1$，经过时间 t_1，磁链轨迹由 D 点到达六边形的顶点 A，由 ψ_n 变为 ψ_{n+1}；但磁链在到达 A 点后需要停留一段时间 t_0，即选择零矢量 $\boldsymbol{U}_0$ 或 $\boldsymbol{U}_7$。停留时间 t_0 应满足

$$\psi_{n+1}=\psi_n+\boldsymbol{U}_1t_1+\boldsymbol{U}_0t_0,\quad t_0+t=T\tag{3-10}$$

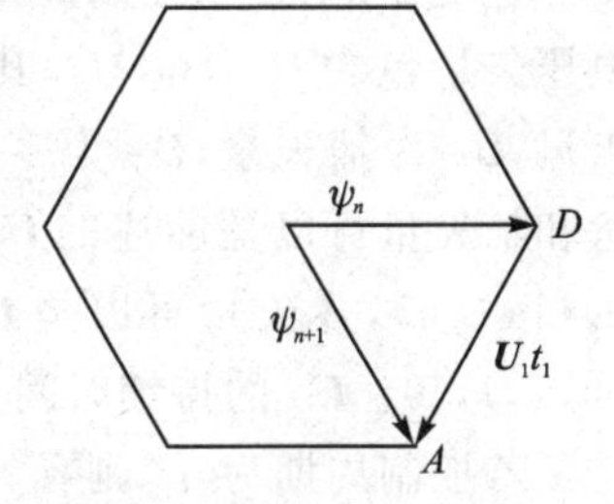

图3-26　六边形磁通轨迹控制的原理图

显然，按上述方法控制，电动机在一个周期内仅仅切换6次开关状态，电动机的电流波形将会出现较大的尖峰。从改善电动机电流波形的要求和提高电力电子器件的使用效率考虑，可以适当提高开关频率。其具体做法是将开关持续时间 t_0 和 t_1 分成若干段，如图3-26所示。当磁链轨迹在由 D 点移动到 A 点的过程中，交替时选择电压矢量 $\boldsymbol{U}_1$ 和 $\boldsymbol{U}_0$(也可以选 $\boldsymbol{U}_7$，选择 $\boldsymbol{U}_7$ 还是 $\boldsymbol{U}_0$，要看从 $\boldsymbol{U}_1$ 状态变到 $\boldsymbol{U}_0$ 状态，或从 $\boldsymbol{U}_1$ 状态变到 $\boldsymbol{U}_7$ 状态，哪一种情况下，开关的电力电子器件个数少)，持续时间分别为

$t_{0K}(K=1,2,\cdots,K)$和$t_{1P}(P=1,2,\cdots,P)$,只要$\boldsymbol{U}_1$和$\boldsymbol{U}_0$(或$\boldsymbol{U}_7$)的总持续时间分别为$t_0=t_{01}+t_{02}+\cdots+t_{0K}$和$t_1=t_{11}+t_{12}+\cdots+t_{1P}$,则磁链的控制效果并未发生变化,即磁链沿着六边形前进,但是电流的波形轨迹将得到改善。

如果按图3-25选择空间电压矢量,使磁链的轨迹在圆周上,这就是磁链圆轨迹控制。在这里需要解决以下两个问题,即如何选择电压矢量和如何正确选择开关状态的持续时间。

逆变器每一次开关动作都将产生微小的磁链变化。假定逆变器的开关状态为$U_i(S_U,S_V,S_W)$,开关的持续时间为Δt,则电动机经过Δt时间,由电压矢量$\boldsymbol{U}_i(S_U,S_V,S_W)$所产生的磁链增量$\Delta\boldsymbol{\psi}$可以由式(3-9)计算。

由此可见,磁链增量的方向为电压矢量的方向,磁链轨迹沿着$\boldsymbol{U}_i$的方向前进了Δ-的距离。

如果$\boldsymbol{\psi}_n$和$\boldsymbol{\psi}_{n+1}$表示第n次和第$n+1$次控制周期结束时的磁通,则$\boldsymbol{\psi}_{n+1}$为$\boldsymbol{\psi}_n$和$\Delta\boldsymbol{\psi}$的矢量和,即

$$\boldsymbol{\psi}_{n+1}=\boldsymbol{\psi}_n+\Delta\boldsymbol{\psi} \tag{3-11}$$

若$\boldsymbol{U}_i$为零矢量,则磁链的增量为零,磁链的轨迹未发生移动。

在逆变器基波频率的一个周期内,若分割K个控制周期,每个控制周期的时间间隔为

$$T=\frac{2\pi}{K\omega} \tag{3-12}$$

式中:ω为基波角频率;K为一个周期的分割数。

2. 圆形轨迹控制

为了实现磁链圆形轨迹控制,一个控制周期磁通轨迹移动距离应等于圆形磁链轨迹移动的距离,原理如图3-27所示。

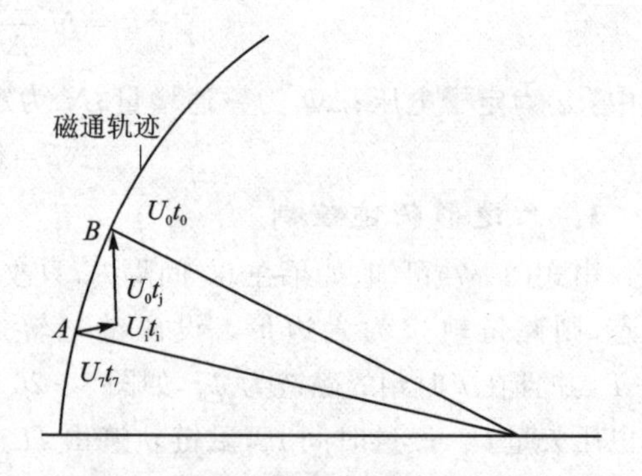

图3-27 圆形磁通轨迹控制的原理图

逆变器的K个控制周期内,选择的电压矢量包含$\boldsymbol{U}_Z,\boldsymbol{U}_F,\boldsymbol{U}_0$,其中$\boldsymbol{U}_Z$为主矢量,$\boldsymbol{U}_F$为辅矢量,$\boldsymbol{U}_0$为零矢量。主矢量和辅矢量可以是前述的$\boldsymbol{U}_1(0,0,1)\sim\boldsymbol{U}_6(1,1,0)$,零矢量可以是$\boldsymbol{U}_0(0,0,0)$,$\boldsymbol{U}_7(1,1,1)$。$\boldsymbol{U}_Z$的持续时间为$t_1$,$\boldsymbol{U}_F$的持续时间为$t_2$,$\boldsymbol{U}_0$的持续时间为$t_0$。

若控制周期为T,则有

$$T=t_1+t_2+t_0 \tag{3-13}$$

由近似公式(3-8)和式(3-10),得

$$\boldsymbol{U}^*T=\boldsymbol{U}_Zt_1+\boldsymbol{U}_Ft_2+\boldsymbol{U}_0t_0=\boldsymbol{U}_Zt_1+\boldsymbol{U}_Ft_2 \tag{3-14}$$

式中:$\boldsymbol{U}^*$为正弦电压设定值;

$\boldsymbol{U}^*T$为在第K个控制周期内磁链设定值的增量;

$\boldsymbol{U}_Zt_1$为电压矢量$\boldsymbol{U}_Z$,在其持续时间所产生的磁链增量;

$\boldsymbol{U}_{\mathrm{F}} t_2$ 为电压矢量 $\boldsymbol{U}_{\mathrm{F}}$，在其持续时间所产生的磁链增量。

$\boldsymbol{U}_{\mathrm{Z}} t_1$ 和 $\boldsymbol{U}_{\mathrm{F}} t_2$ 的矢量和为 $\boldsymbol{U}^* T$。

可以推证

$$\left.\begin{aligned} t_1 &= \alpha \frac{\sin \gamma}{\sin 60^\circ} T \\ t_2 &= \alpha \frac{\sin(60^\circ - \gamma)}{\sin 60^\circ} T \\ t_0 &= T - t_1 - t_2 \end{aligned}\right\} \tag{3-15}$$

式中：$\alpha = \boldsymbol{U}^* / E$ 为调制比，它反映逆变器的电压利用系数；

γ 为电压参考矢量 $\boldsymbol{U}^*$ 与 $\boldsymbol{U}_{\mathrm{Z}}$ 之间的夹角。

3.5.3　直接转矩控制系统的实际结构

直接转矩控制交流调速系统框图如图 3-28 所示。电动机的定子电流、母线电压分别由电压检测单元、电流检测单元测出后，经坐标变换器变换到模型所用的 d，q 坐标系下，计算出模型磁通和转矩。它与转速信号 n 一起作为电动机模型的参数，同给定的磁通、转速、转矩值等输入量比较后送入各自的调节器，经过两点式调节，输出相应的磁通和转矩开关量。这个量作为开关信号选择单元的输入，以选择适当开关状态来完成直接转矩控制。

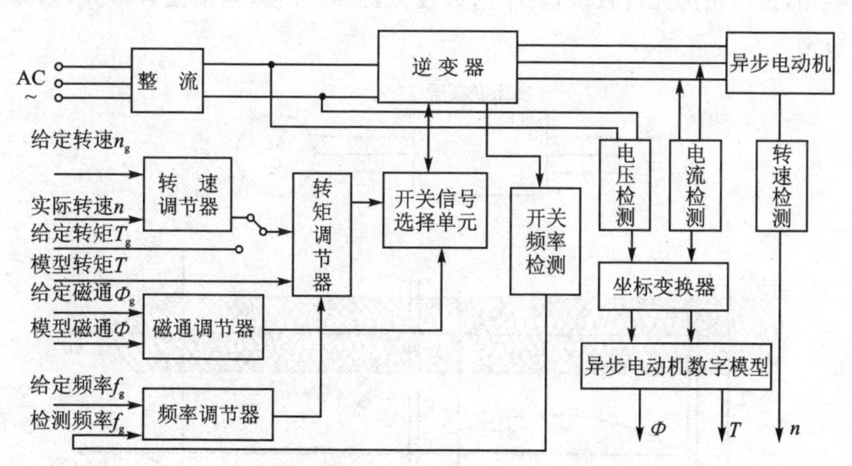

图 3-28　直接转矩控制交流调速系统框图

3.6　高、中、低压变频器概述

3.6.1　高、中、低压变频器概述

变频器按供电电压分类：

① 国际惯例：1 kV 以下为低压，1 ～10 kV 为中压，大于等于 10 kV 为高压。

② 我国多数厂家习惯：0.2～0.6 kV为低压，0.6～2 kV为中压，3～10 kV为高压。

③ 我国在工业民用建筑等方面常用的电压等级：低压220 V，380 V两种为中压；3 kV，6 kV两种为中压，10 kV及以上为高压。

④ 在煤炭、石油、矿业等方面常用的电压等级：220 V，380 V，550 V，690(660) V四种为低压；850 V，1 140 V，1 700 V三种为中压。

可见在不同领域，变频器有不同的供电电压等级，如有的行业分得更细：220 V，400 V，460 V，690 V四种为低压；1 140 V，2 300 V，3 300 V，4 160 V，6 300 V五种为中压；大于等于10 kV为高压。

相应的供电电压的变频器称为低压变频器、中压变频器和高压变频器。从用途来讲，三者适用对象不同。从拓扑结构看，三者之间差别很大。

3.6.2　高压变频器

图3-29所示为高压变频器(又称交-交变频器)，高压变频器直接将交流电网频率的高电压加到高压变频器上，其电压输出波形由多路(详见后述)输出交流电压波叠加的包络所构成，因而其输出频率为交流电源频率的1/2～1/3，且可调，输出电压也可调，通过高压变频器内部电路的整流、逆变模块驱动高压电动机。变频器按电网电压过零自然换相，但所用的元件较多，功率因数较低，需要补偿，且谐波含量大，因而对电源有一定污染。

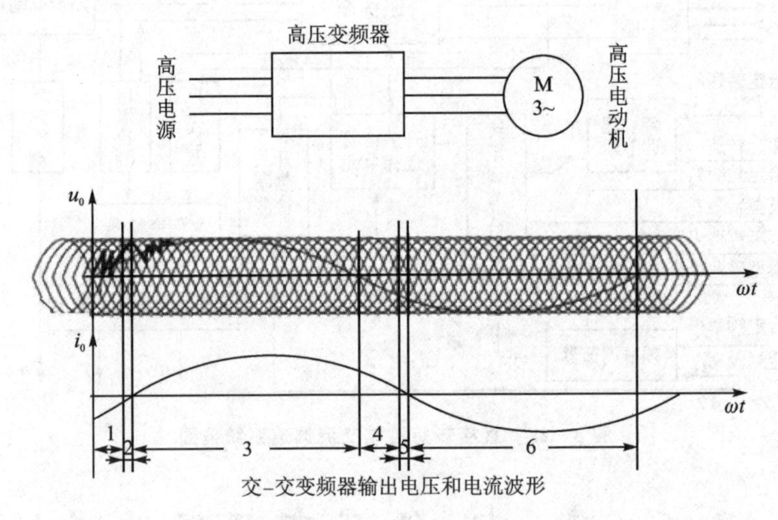

图3-29　高-高型变频器的交-交供电方式和输出电压及电流波形

此外，高压变频器还具有如下特点：

① 高可靠性：交-交方式变频器的电路结构简单，直接高压输入，直接高压输出，无须输入/输出变压器，降低了装置的损耗，故比一般变频器的效率更高，提高了可靠性，但要解决开关器件的串联均压等技术问题。

② 具有完善、简易的通用功能参数设定功能(频率给定、运行方式设定、控制方式、自动调度等)。

③ 调速范围宽:可以从零转速到工频转速的范围内进行平滑调节。在大电机上能实现小电流的软启动,启动时间和启动方式可以根据现场工况进行调整。频率是根据电机在低频下的压频比系数进行调整并完成电压和频率的输出,在低转速下,电机不仅发热量低,而且输入电压低,可降低电机绝缘老化速度。

鉴于以上特点,交-交变频器特别适合大容量的低速传动,在轧钢、水泥、牵引等方面,通过调速控制可大幅度减小能力损耗,故在节能方面有着广阔的应用前景。

1. 电 路

用两组电压极性相反、电流方向互逆的相控整流器构成反并联变换器,如图3-30所示,就是三套三相桥式反并联的可逆整流装置。如果对反并联变换器的触发角连续进行交变的相位调制,可使反并联变换器的输出端产生一个连续变化的平均电压,它直接将较高频率的输入电压变换为频率可变的输出电压,称为交-交变频器。

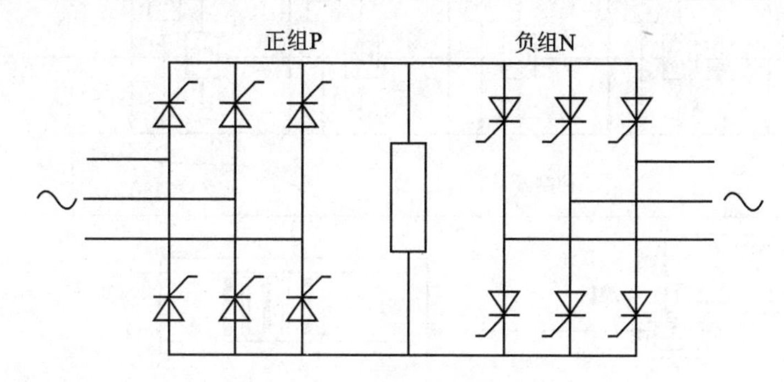

图3-30 高压变频器电路结构

按照电机学的基本原理,电机的转速满足如下关系式:

$$n=(1-s)60f/p \tag{3-16}$$

式中:p 为电机极对数;f 为电机运行频率;s 为转差率。

从式中看出,电机的同步转速 n 正比于电机的运行频率($n_0=60f/p$),由于转差率 s 一般情况下比较小(0~0.05),电机的实际转速 n 约等于电机的同步转速 n。所以调节了电机的供电频率 f,就能改变电机的实际转速。电机的转差率 s 和负载有关,负载越大则滑差增加,所以电机的实际转速还会随负载的增加而略有下降。

高压变频器是一种串联叠加型高压变频器,即采用多台单相三电平逆变器串联连接,输出可变频变压的高压交流电。变频器本身由变压器柜、功率柜、控制柜三部分组成,如图3-31所示。三相高压电经高压开关柜进入,经输入降压、移相给功率单元柜内的功率单元供电,功率单元分为3组,一组为一相,每相的功率单元的输出首尾相串。主控制柜中的控制单元通过光纤对功率柜中的每一功率单元进行整流、逆变控制与检测,这样就能根据实际需要通过操作界面进行频率的给定,控制单元将控制信息发送到功率单元后进行相应的整流、逆变调整,输出满足负荷需求的电压等级。

移相变压器是单元串联型多电平高压大功率变频器中的关键部件之一。用低压电力电子元件做高压变频器通常有两种方法：一种方法是用低压元件直接串联；另一种方法是用独立的功率单元串联，称为单元串联型多电平高压大功率变频器。后者因为比前者有更多的优点而成为高压大功率变频器的主流。

移相变压器在该变频器中起到两个关键作用：一是电气隔离作用，使各个变频功率单元相互独立从而实现电压叠加串联；二是移相接法可以有效地消除35次以下的谐波(理论上可以消除 $6n-1$ 次以下的谐波，n 为单元级数)。

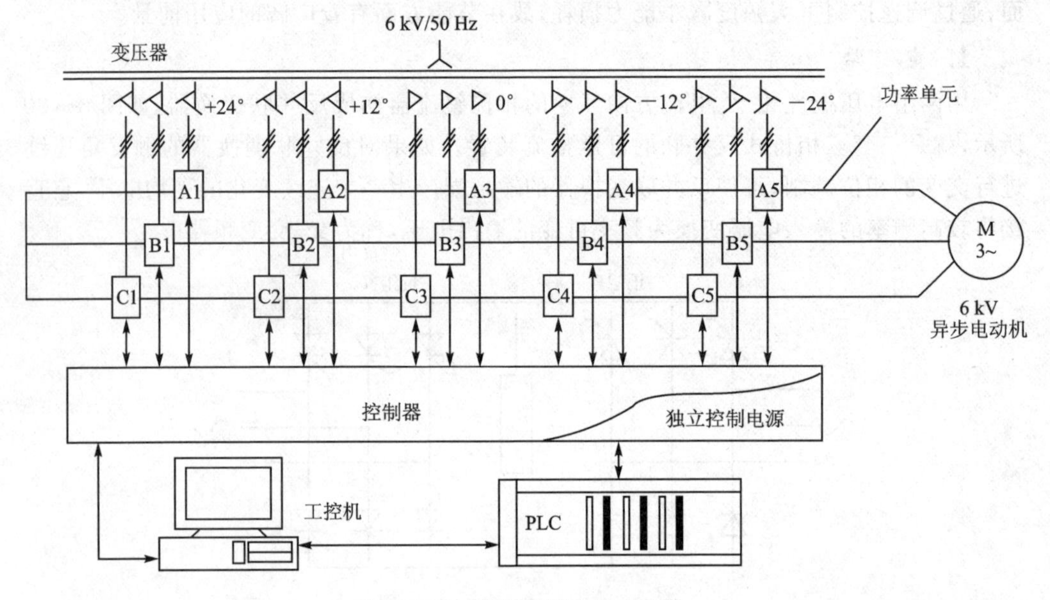

图 3-31 高压变频器组成部分

2. 功率柜

(1) 功率柜的构成

功率柜内部由18个相同的单元模块构成，每相由6个额定电压为577 V的功率单元串联而成，输出相电压最高可达3 464 V，线电压达6 000 V左右。改变每相功率单元的串联个数或功率单元的输出电压等级，就可以实现不同电压等级的高压输出。每个功率单元分别由输入变压器的一组副边供电，功率单元之间及变压器二次绕组之间相互绝缘。二次绕组采用延边三角形接法，实现多重化，以达到降低输入谐波电流的目的。6 kV电压等级的变频器给18个功率单元供电，18个二次绕组每3个一组，分为6个不同的相位组且互差10°电角度，可形成36脉冲的整流电路结构，这样输入的电流波形接近正弦波，这种等值裂相供电方式使总的谐波电流失真大为减少，变频器输入的功率因数可达到0.95以上。功率柜不需要附加电源滤波器或功率因数补偿装置，也不会与现有的补偿电容装置发生谐振，对同一电网上运行的电气设备没有任何干扰。

(2) 功率单元的构成

功率单元是一种单相桥式变换器,由输入切分变压器的副边绕组供电。经整流、滤波后由4个IGBT以PWM方法进行控制,产生设定的频率波形。变频器中所有的功率单元电路的拓扑结构相同并实行模块化的设计,其控制通过光纤发送。来自主控制器的控制光信号,经光/电转换,送到控制信号处理器,由控制电路处理器接收到相应的指令后,发出相应的IGBT的驱动信号,驱动电路接到相应的驱动信号后,发出相应的驱动电压并送到IGBT控制极,操控IGBT关断和开通,输出相应波形。功率单元中的状态信息将被收集送到应答信号电路中进行处理,集中后经电/光转换器变换,以光信号向主控制器发送。

所有的功率模块均为智能化设计,具有强大的自诊断指导能力,一旦有故障发生,功率模块将故障信息迅速返回到主控单元中,主控单元及时将主要功率元件IGBT关断,保护主电路;同时在中文人机界面上精确定位显示故障位置、类别。另外,在设计时已将一定功率范围内的单元模块进行了标准化考虑,以此保证单元模块在结构、功能上的一致性。当模块出现故障,同时报警器报警后,可在几分钟内更换同等功能的备用模块,以减少停机时间。

3. 控制柜

控制柜的核心为双DSP的CPU单元,使指令能在纳秒级完成。这样CPU单元可以很快地根据操作命令、给定信号及其他输入信号,计算出控制信息及状态信息,快速地完成对功率单元的监控。

3.6.3　三电平或五电平逆变器

在高电压、大容量、交-直-交电压源型变频调速系统中,为了减少开关损耗和每个开关承受的电压,进而改善输出电压波形,以减少转矩脉动,人们提出了三电平或五电平逆变器。

三电平逆变器结构原理如图3-32所示。有结构相同的三相,以U相为例加以说明。

图中:C_1,C_2 两个容量相等的分压电容,耐压为 $E/2$;VD_1,VD_2 为钳位二极管;VT_1,VT_2,VT_3,VT_4 为电力开关元件,其开关状态及相应的输出电压值如表3-3所列。VT_1 和 VT_2 相当于两电平逆变器的 VT_1,而 VT_3 和 VT_4 相当于两电平逆变器的 VT_2。

从表3-3可以看出,三电平逆变器每相的输出电压共有三电平输出:$E/2$,0,$-E/2$。线电压则共有五电平输出:E,$E/2$,0,$-E/2$,$-E$,电平的增加使输出电压波形接近于正弦波,如图3-33所示。

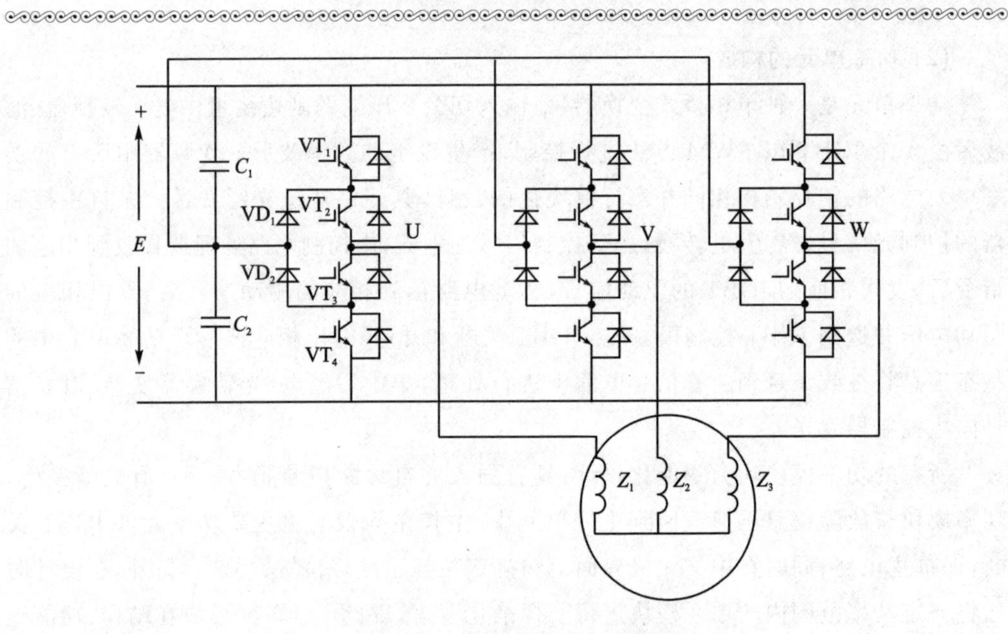

图 3-32 三相二极管钳位三电平逆变器主电路

表 3-3 三相二极管钳位三电平逆变器的开关状态

元件开关状态(1表示导通,0表示截止)						输出电压					
$VT_{上1}$	$VT_{上2}$	$VT_{下3}$	$VT_{下4}$	VD_1	VD_2	U_{U0}	U_{V0}	U_{W0}	U_{UV}	U_{VW}	U_{WU}
1	1	0	0	0	0	$E/2$	$E/2$	$E/2$	E	E	E
0	1	0	0	1	0	0	0	0	0	0	0
0	0	1	0	0	1	0	0	0	0	0	0
0	0	1	1	0	0	$-E/2$	$-E/2$	$-E/2$	$-E$	$-E$	$-E$

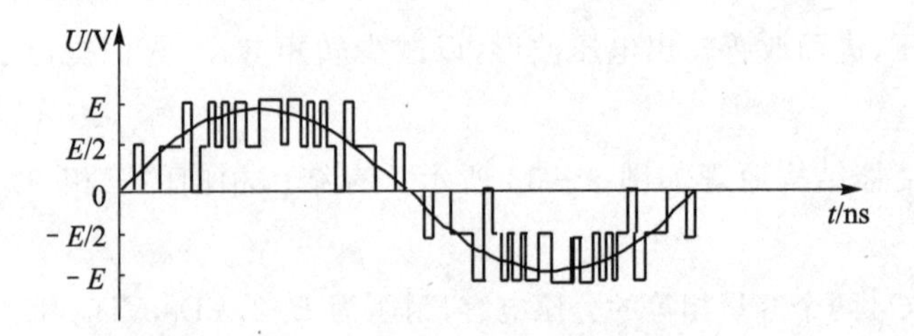

图 3-33 三电平逆变器输出线电压波形

图 3-34 所示为 NPCH 桥五电平变频器 A 相的拓扑结构。每相由 2 个三电平桥臂以 H 桥方式连接组成。其中 VT_{a11},VT_{a12},VT_{a13},VT_{a14},VT_{a21},VT_{a22},VT_{a23},VT_{a24} 为功率开关器件,且每个开关器件均反并联于续流二极管,每个桥臂均有 2 个箝位二极管,直流侧电压为 $2E$,变频器单相输出电压为 U_{AN}。

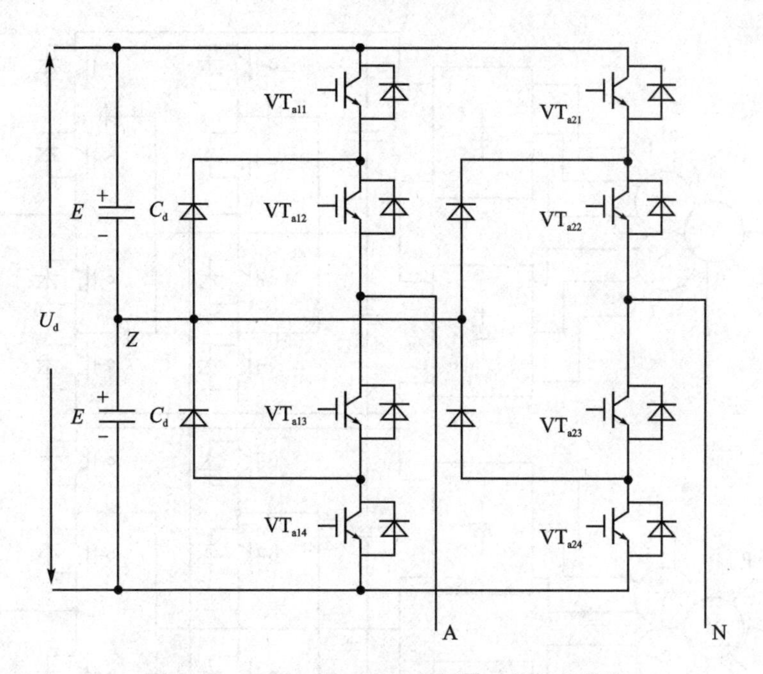

图3-34 NPCH桥五电平变频器A相拓扑结构

NPCH桥五电平变频器与NPC三电平变频器相比,其相电压有5个电压等级,减小了输出电压的和谐波畸变率(THD)。由于没有开关器件的串联,所以消除了功率开关器件的动态和静态均压问题。采用三次谐波注入的正弦脉宽调制方式时,各相输出电压的有效值为

$$U_i=\sqrt{2}\times\frac{MU_d}{2}=\frac{\sqrt{2}}{2}MU_d \tag{3-17}$$

式中:U_i 为单相输出电压基波有效值;U_d 为直流侧电压;M 为调制系数。

当直流侧电压 $U_d=5$ kV时,输出线电压有效值为

$$\begin{aligned}U_d&=\sqrt{3}U_i=\sqrt{3}\times\sqrt{2}\times1.08\times\frac{5}{2}\text{ kV}\\&=6.6\text{ kV}\end{aligned} \tag{3-18}$$

当输出电流有效值为1.75 kA时,NPCH桥五电平变频器输出功率可达到20 MW。

图3-35所示为基于IGCT的20 MW NPCH桥电平变频器拓扑结构。变频器各相包括两个完全相同的6脉波二极管整流器,分别由移相变压器二次侧两个三相对称绕组供电,从而减小进线电流的谐波畸变率。

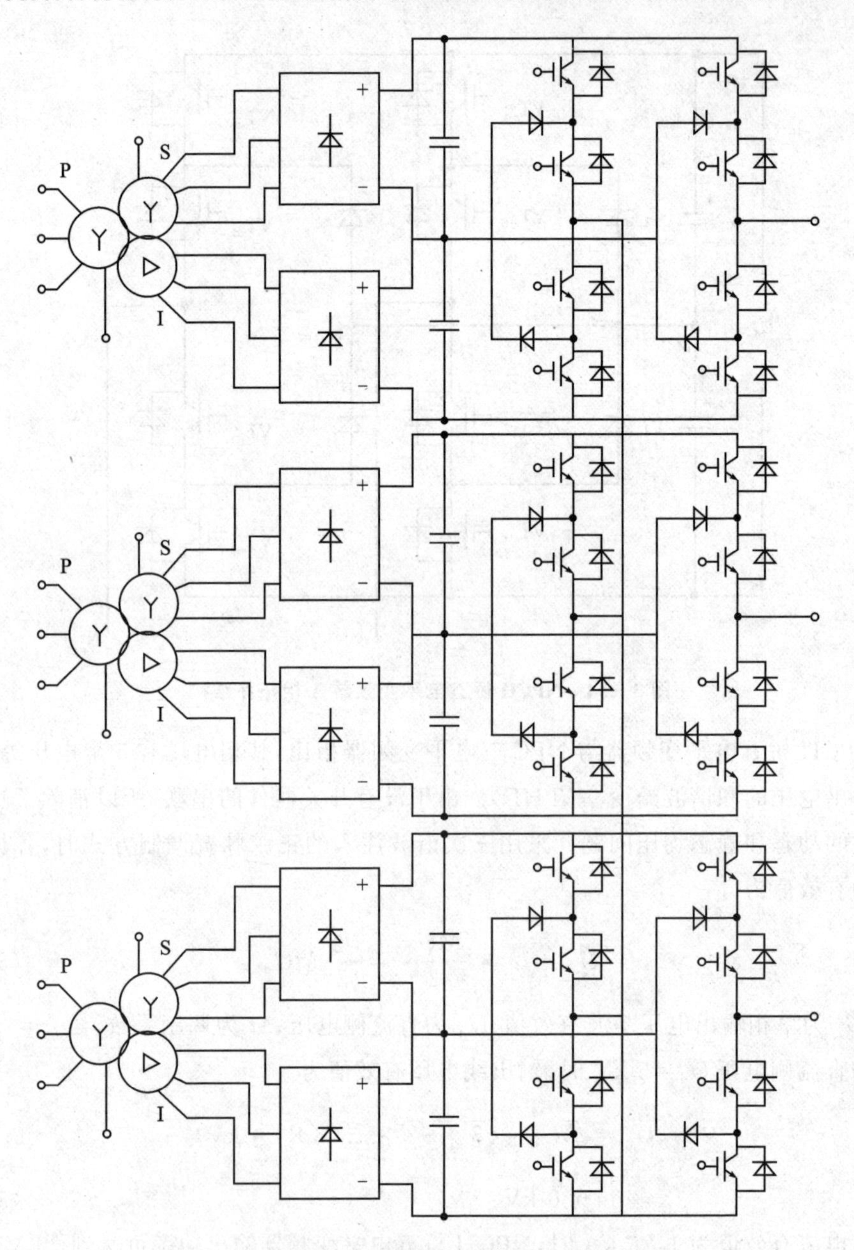

图3-35 20 MW NPCH桥五电平变频器拓扑结构

3.7 我国变频调速技术的发展状况

交流变频调速以其优异的调速启动、制动性能,高效率、高功率因数和节电效果,适用范围广泛是国内外公认的最有发展前途的调速方式。

我国60%的发电量由电动机消耗,电机交流变频调速越来越多地替代直流调速,可节约15%～20%或更多电能，进而可改善工艺流程，提高产品质量，推动技术进步并降低环境污染。

3.7.1 我国变频调速技术的发展过程

我国电气传动产业始于1954年，第一批电气传动相关专业的学生从各院校毕业入职，建立了我国第一个机械工业部直属的电气传动成套公司，就是天津电气传动设计研究所的前身。

20世纪80年代时，天津电气传动设计研究所和西安电力电子技术研究所研制了出电压型与电流型变频器产品。期间，高等院校如清华大学、陕西机械学院（现为西安理工大学）、上海交通大学等，也参与了研发变频器的工作，为后期国产变频器品牌的崛起培养了不少人才。

在生产制造方面，当时国内几大电机厂也在相继引进国外技术，大连电机厂，于1984年引进日本东芝VT130G1系列变频调速装置的整条生产线和技术组装，开始生产交流变频器，是最早通过国家鉴定的变频器生产厂家之一。

20世纪80年代中期到90年代末，大批国外品牌，如富士、三菱、安川、东芝、松下等日系品牌，丹佛斯、ABB、西门子、伦茨、罗克韦尔等欧美系品牌相继进入我国，在纺织、供水、冶金、油气等行业推行变频器通用产品，占据了国内变频器市场。在此期间，不少研究所、院校、生产厂家等参与了研发国产变频器的工作，艰难探索国产变频器的生存发展的道路。

我国电气传动与变频调速技术的发展简史如表3-4所列。直到20世纪90年代初，国内用户才开始开始尝试使用变频器。

20世纪80年代至90年代期间，国内变频器市场呈现以下几个特点：

① 被国外品牌所垄断，日系品牌占绝对主流。

② 还未细分为现在的低压变频器和中高压变频器。

③ 进口产品价格昂贵。

表3-4 我国电气传动与变频调速技术的发展简史

技术特征	应用年代
带电机扩大机的发电机-电动机机组传动	20世纪50年代初期—70年代中期
汞弧整流器供电的直流调速传动	20世纪50年代后期—60年代后期
磁放大器励磁的发电机-电动机机组传动	20世纪60年代初期—70年代中期
晶闸管变流器励磁的发电机-电动机机组	20世纪60年代后期—70年代后期
晶闸管变流器供电的直流调速传动	20世纪70年代初期—现在
饱和磁放大器供电的交流调速传动	20世纪60年代初期—60年代后期
静止串级调速交流调速传动	20世纪70年代中期—现在
循环变流器供电的交流变频调速传动	20世纪80年代后期—现在
电压或电流型6脉冲逆变器供电的交流变频调速传动	20世纪80年代初期—现在
BJT(IGBT)PWM逆变器供电的交流变频调速传动	20世纪90年代初期—现在

今天,电气传动作为机电行业重要的拖动方式,广泛运用于社会生产、生活的各个方面,得到国家和企业的高度重视。国内变频器市场由早期受外资主导,到逐步以国产变频器替代已大势所趋。近年来,国内品牌产品质量逐步提高,故障率逐渐减少,相比进口品牌,在性价比上表现出明显的优势。

国内许多合资公司已能生产出国际先进水平的变频调速产品并能进行应用软件开发,为国内外重大工程项目提供一流的电气传动控制系统。根据国内变频器市场相关数据,2021年欧美品牌低压变频器占比为44.6%,日韩占比为13.1%,中国本土品牌占比为42.3%,相较于2017年的38.7%上升了3.6百分点。

现在我国已有200家左右的公司、工厂和研究所从事变频调速的技术研发工作。形成国产变频器十大名牌:

① 汇川:2003年成立,矢量控制产品做到广泛商用化;拥有收放卷控制技术和先进的PID算法、某些行业专用的一体化控制系统,如电梯一体化控制器。

② 英威腾:2002年成立,其研发团队融合了"普传系"和"华为系"人才。

③ 森兰:1998年成立,集变频技术的研发及系列产品的设计、开发、制造和销售于一体的高科技企业。产品主要应用于中、高端市场。

④ 南海华腾:2006年成立,拥有与国际最领先技术水准同步的矢量控制技术和转矩控制技术,在国内首先实现开环转矩控制(无编码器反馈)技术。

⑤ 欧瑞:前身是1992年成立的烟台惠丰电子有限公司,较早致力于国产变频器研发,也是国内最具规模的集研发、生产和销售变频器和软启动器于一体的专业厂家。

⑥ 正弦:2003年成立,产品主要用于拉丝机和起重类;

⑦ 普传:1995年成立,产品主要应用于三相异步交流电机的变频调速和节能。

⑧ 安邦信:1998年成立,是国内少数同时生产高、中、低压变频器的企业。

⑨ 伟创:2005成立,国家认定的高新技术企业、深圳市双软企业,年产能逾数亿元的国家高新技术企业。产品涵盖变频调速器、伺服驱动系统及光伏逆变器等。

⑩ 艾克特:2013成立,拥有完全自主知识产权,专注于工业自动化产品的研发、生产和销售,定位服务于工业设备制造商。

3.7.2 国内主要的产品状况

目前国内主要的产品状况如下:

(1) 晶闸管变流器和开关断器件(DJT,IGBT,VDMOS)斩波器供电的直流调速设备

随着交流调速技术的发展,该类产品市场虽在缩减,但由于我国改造旧设备的任务仍较多,我国自行开发的控制器多为模拟控制,而近年来主要多采用进口数字控制器配国产功率装置。

(2) IGBT(绝缘栅双极型晶体管)或BJT PWM逆变器供电的交流变频调速设备

IGBT(绝缘栅双极型晶体管)或BJT PWM逆变器供电的交流变频调速设备是能源变换与传输的核心器件,俗称电力电子装置的"CPU",是变频器的核心零部件。

这类设备的市场很大,虽然其总容量市场占比不大,但台数多,增长快,应用范围从单机到全生产线,从简单的 U/f 控制到高性能的矢量控制。约有 50 家工厂和公司生产,其中合资企业占很大比重。从行业供需情况来看,2021 年我国 IGBT 产量为 2 580 万只,同比增长 27.7%;需求量为 13 200 万只,同比增长 20%。产需的不平衡是由于上游原材料供需缺口明显所致。

(3) 负载换流式电流型晶闸管逆变器供电的交流变频调速设备

这类产品在抽水蓄水能电站的机组起动,大容量风机、泵、压缩机和轧机传动方面需求很大。这类产品国内只有少数科研单位有能力制造,目前容量最大可做到 12 MW。其功率装置国内配套,自行开发的控制装置只有模拟式的,数字装置需要进口,但开发应用软件需自己开发。

(4) 交-交变频器供电的交流变频调速设备

交-交变频器直接将电网的交流电变换为电压和频率都可调的交流电,其电路构成简单,效率高,经济性好。低速大容量时变频器输出最高频率一般只能达到电源频率的 1/3~1/2,适用于低频大容量的调速系统。轧机和矿井卷扬传动对该类产品的需求很大,台数不多,功率大。此类产品主要靠进口,国内也只有少数科研单位有能力制造。目前最大容量可达 7 000~8 000 kW。其功率电路有部分国产,数字控制装置主要靠进口(包括开发应用软件)。

3.8 变频技术的发展方向

交流变频调速技术是强、弱电混合,机电一体的综合性技术,既要完成巨大的电能转换(整流、逆变),又要处理信息的收集、变换和传输,因此它的共性技术必定分成功率和控制两大部分。前者要解决与高电压、大电流有关的技术问题,后者要解决控制模块的硬、软件开发问题。

变频调速技术经历半个世纪的广泛应用与研究,正向着专门化、一体化、智能化和更加环保的方向发展。

其主要发展方向有如下几项。

首先,就制造变频器的电力电子器件方面,其基片已从 Si(硅)变换为 SiC(碳化硅),这样电力电子新元件就具有耐高压、低功耗、耐高温诸多优点;可以制造出体积更小、容量更大的驱动装置。

其次,在变频调速技术方面,有如下重要进展:

1. 专门化

由于变频调速技术涉及的行业非常多,厂商往往会根据特殊行业的一些特定要求(特殊设备、特定岗位的操作习惯,特定环境的安装以及有限空间的合理使用)和特点(如多台自动化设备兼容),开发出适应这些行业的专用机型(如空调、电梯、风机、水泵、起重及张力控制方面的专用变频器)。这样不仅可以降低成本,还可以实现更精准有效地控制,逐渐形成横向拓展与纵向升级换代交织的产品发展模式。现已形成专门化机型与通用机型并存,多功能与简易产品并存的态势。

值得注意的是:变频调速模块化的产品设计,更体现了专门化1个性化的特点。模块化的产品有统一的信息接口,不同的模块化系统可以并行开发,有利于提高生产效率,降低成本。例如,PowerFlex750系列变频器采用了一块主板,上面备有插槽,可以供用户根据具体要求插接不同的可选件(如I/O接口板、总线接口板、编码器反馈板等)。这种设计思路使得PowerFlex750在一个公用的平台上,通过灵活配置多种可选件,就能够提供多种参数和功能的组合,解决了不同需求之间的差异化问题。但是,专门化个性机型的开发需要谨慎,应避免出现大量重复、相似的产品,这样既浪费资源和精力,又会影响变频技术主导产品的应用,发展和培育。

2. 智能化

利用各种控制策略实现高水平智能控制,包括:①电动机和机械模型的控制策略,有矢量控制、磁场控制、直接转矩控制等;②基于现代理论的控制,有滑模变结构技术、模型参考自适应技术、采用微分几何理论的非线性解耦、鲁棒观察器,在某种指标意义下的最优控制技术和逆奈奎斯特阵列设计方法等;③基于智能控制思想的控制,有模糊控制、神经网络、专家系统和各种各样的自优化、自诊断技术等。

数字化及网络化的发展推动了变频技术的智能化水平的提升。以32位高速微处理器为基础的数字控制模块有足够的能力实现各种控制算法,Windows操作系统的引入使得软件设计更便捷。图形编程的控制技术也有很大的发展。

如今,市场上高档的变频装置几乎全面实现了数字化控制。元件的高性能和小型化使变频装置实现了高精度控制。变频器不仅能完成节能调速、转矩控制、位置控制等电机驱动功能,也能够对驱动设备实施振动、电流、速度、温度等多维度在线监测,可呈现明显的工作状态,方便实现自动故障诊断、故障预警等功能。

用户了解这些信息后,可根据需要适时更换组件(以前是定期更换),甚至可以自行进行部件转换,并且能够轻松精准地实现基于工况的预测性维护功能,或对其进行全面优化,从而缩短故障停机时间,降低维护成本。利用互联网遥控监视,可以实现多台变频器按工艺程序联动,以形成优化的变频器系统综合管理控制系统。

3. 环境保护

节能、环境保护和“绿色”产品是人类健康的追求。

(1) 节　能

事实上,变频调速技术本身就有明显的节能效果。泵类、风机类负载采取变频调速技术之后,节电率可以达到25%~65%,这是因为泵类、风机负载的耗电功率大约和转速的三次方成比例,转速又与实际流量成一定比例。所以,在用户平均流量相对较小时,采取变频调速降低机器转速,可以较明显地达到节能效果。例如,国产的PI9000系列变频器,能实现98%的能量利用率,大大减少了能量的无效损耗。

(2) 开发清洁的电能变频器

所谓清洁电能变流器是指变流器的功率因数为1,网侧和负载侧有尽可能低的谐波分量,无功损耗较小,促使电网的有功功率增加,减少对电网的公害和电动机的转矩脉动。对中小容量变流器,提高开关频率的PWM控制是有效的。对大容量变流器,在常规的开关频率下，可改变电路结构和控制方式，以实现清洁电能的变换。

事实上，变频技术控制的电机振荡小，噪声低。要求变频器在抗干扰和抑制高次谐波方面符合EMC国际标准的主要方法如下：在变频器输入侧增加交流电抗器或有源功率因数校正电路，以改善输入电流波形，从而降低电网谐波；逆变桥采取电流过零的开关技术；开关电源取半谐振方式，可在30～50 MHz时使噪声降低15～20 dB。

在使用变频节能装置之后，基于变频器的软启动功能（即使电机的启动电流升速平稳，最大值也不会超过额定电流值，故起动机制动性能好），也极大地降低了对供电容量和对电网的冲击，延长了阀门和设备的使用寿命。

4. 集成化

变频器是工业自动化产品家族中不可或缺的一员，随着各行各业对自动化应用的系统化与集成化程度要求越来越高，用户对行业的整体解决方案的需求日益凸显，促使变频调速系统朝着集成化方向发展。所谓集成化，就是将变频器相关功能部件，如参数辨识系统、PLC控制器、PID调节器和通信单元等有效地集成在一起，组成高可靠性、多功能的一体化产品。集成化的变频器产品拥有更强大的能力，可满足工业4.0需求，并能无缝衔接数字化系统。除此以外，变频器与电动机一体化的趋势使变频器成为电动机的一部分，总体积更小，控制更简便。

集成化也为缩小装置尺寸提供了条件。紧凑型变流器要求功率和控制元件具有高的集成度，其中包括智能化的功率模块、紧凑型的光耦合器、高频率的开关电源，以及采用新型电工材料制造的小体积变压器、电抗器和电容器。功率器件冷却方式的改变（如水冷、蒸发冷却和热管）对缩小装置的尺寸也很有效。

5. 模拟器与计算机辅助设计(CAD)技术

电机模拟器、负载模拟器以及各种CAD软件的引入为变频器的设计和测试提供了强有力的支持。

主要的研究开发项目如下：

① 数字控制的大功率交-交变频器供电的传动设备。

② 大功率负载换流电流型逆变器供电的传动设备在抽水蓄能电站、大型风机和泵上的推广应用。

③ 电压型GTO逆变器在铁路机车上的推广应用。

④ 扩大电压型IGBQ、IGCT逆变器供电的传动设备的功能，以改善其性能，如四象限运行，带有电机参数自测量与自设定和电机参数变化的自动补偿以及无传感器的矢量控制、直接转矩控制等。

⑤ 风机和泵用高压电动机的节能调速研究。众所周知，风机和泵改用调速传动后能有效节约电能。特别是高压电动机，因其容量大，故节能效果更显著。研究经济合理的高压电动机调速方法是当今的重大课题。

习题3

3.1　变频器进行有源逆变的基本条件是什么?

3.2　变频调速时为什么要维持恒磁通的控制?恒磁通控制的条件是什么?

3.3　什么是U/f控制?变频器在变频时为什么还要变压?

3.4　下列变频调速控制方式中,(　　)控制比较简单,多用于通用变频器,在风机、泵类机械的节能运转及生产流水线的工作台传动等无动态指标要求的场合。

A. 矢量控制　　B. 转差频率　　C. U/f　　D. 直接转矩

3.5　说明三相异步电动机低频起动的优越性。

3.6　什么是恒U/f控制方式下低频时的转矩提升?电压补偿过分会出现什么情况?为什么变频器总是给出多条U/f控制曲线供用户选择?

3.7　交-直-交变频器的主电路包括哪些组成部分?简述各个部分的作用。并结合教材图3.12说明:

(1) 电阻R_L和短路开关K_L(或晶闸管S_L)的作用是什么?

(2) 电容C_{F1}和C_{F2}为什么要串联使用?C_{F1}和C_{F2}串联后的主要功能是什么?

(3) 为什么每个开关器件旁边反并联一个二极管($VD_1 \sim VD_{12}$)?

(4) 电阻R_{01}和二极管VD_{01}的作用是什么?

(5) 说明制动单元电路的原理。

3.8　什么是"DC制动"?

3.9　什么是"再生制动"?如何解决再生能量的回馈问题?

3.10　SPWM控制的原理是什么?为什么变频器多采用SPWM控制?

3.11　简述单极性SPWM调制和双极性SPWM调制的特点。

3.12　什么叫电压空间矢量控制?采用电压空间矢量控制的PWM逆变器有什么长处?

3.13　转差频率控制的基本原理是什么?转差频率控制与U/f控制相比,有什么优点?

3.14　试述异步电动机矢量控制的基本思路。矢量控制经过哪几种变换?

3.15　矢量控制有什么优越性?使用矢量控制时的反馈信号是什么?

3.16　试述异步电动机直接转矩控制的基本思路。

3.17　高压变频为什么不采用双电平控制方式?简述三电平逆变器的工作原理。

3.18　我国变频调速技术的发展概况如何?并简述变频技术的发展方向?

3.19　变频器的保护功能有哪些?

3.20　三相逆变桥的结构如图3.7(a)、(c)所示,请简述其工作过程。为什么低压变频器逆变开关器件不用可控硅(SCR)和门极可关断晶闸管GTO,而使用其他的电力电子器件(如可用绝缘栅双极型晶体管(IGBT))?

3.21　根据示意图3-36简答变频器的U/f控制原理,并说明U/f控制策略的优缺点。

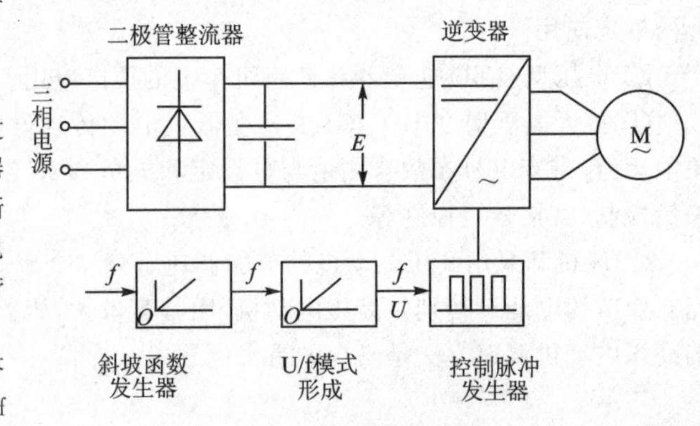

图3-36　PWM型间接变频电路

第4章 变频器的选择

电力拖动变频调速系统变频器的选择是一个比较复杂的问题，它和第5章“变频调速拖动系统的构建”是相连带的问题，是本书的重点章节。其预备知识：一是在第1章讨论过的异步电动机的机械特性及其拖动系统运行状况的分析；二是变频器的额定值和性能指标。

4.1 变频器的额定值和性能指标

1. 输入侧的额定值

电压、频率和相数：380 V/50 Hz，三相，用于国内领域；230 V/50 Hz/60 Hz，三相，用于进口领域；200～230 V/50 Hz，单相，用于家电领域。

2. 输出侧的额定值

输出电压的最大值 U_m；输出电流的最大值 I_m；

输出功率(容量)S_m($S_m=\sqrt{3}U_mI_m$)即视在功率，单位为kV·A。工矿企业中习惯用“容量”一词。下文均同。

配用电动机功率 P_N(对于连续工作负载)；超载能力，如150%，60 s。

3. 变频器的性能指标

① 频率指标：频率范围(最低为0.1～1 Hz，最高为120～650 Hz)；频率精度；频率分辨率(分为模拟频率设定分辨率，数字频率设定分辨率)。

② 在0.5 Hz时能输出的启动转矩：比较优良的变频器在0.5 Hz时能输出200%高启动转矩，在22 kW以下、30 kW以上时能输出180 %的高启动转矩。

③ 速度调节范围：控制精度可达±0.005 %。

④ 转矩控制精度：可达±3 %。

⑤ 低转速时的转速脉动：高质量的变频器在1 Hz时只有1.5 r/min的转速脉动。

⑥ 噪声及谐波干扰：用IGBT和IPM制成的变频器，由于调制频率高，噪声很小，一般情况下，连人耳都听不见，但高次谐波始终存在。

⑦ 发热量：越小越好。

几点说明：

(1) 通用变频器的容量

变频器的容量用所配用的电动机功率(kW)、输出功率容量(kV·A)、额定输出电流(A)表示。其中最重要的是额定电流，是指变频器连续运行时输出的最大交流电流的有效值。输出容量决定于额定输出电流与额定输出电压下的三相视在输出功率。日本产的通用变频器的额定输入电压是200 V/50 Hz,220 V/60 Hz或400 V/50 Hz与440 V/60 Hz切换式。200 V与220 V,400 V与440 V共用不再细分,并允许在一定范围内波动(但德国西门子公司的变频器,对电源电压规定得很严格),因此,输出容量一般用作衡量变频器容量的一种辅助手段。

日本的各变频器生产厂家在1993年达成了一个行业协议:变频器的型号规格中均标以所适用的电动机最大功率数(kW)为准。例如,富士公司的FRN30G11S-4,表示产品型号为FRENIC5000,标准适配电动机容量为30 kW,系列名称为G11S,电源电压为400 V。

变频器所适用的电机功率(kW)是以标准的2极或4极电机为对象,在变频器的输出额定电流以内可以传动的电机功率。6极以上的电机和变极电机,由于功率因数的降低,其额定电流比标准电机大。所以变频器的容量应相应扩大,使变频器的电流不超出其允许值。

GB12668—1990中规定输出容量为视在功率$S_N=\sqrt{3}U_N I_N$,以kV·A为单位;并规定应在下列数据中选取:2 kV·A, 4 kV·A, 6 kV·A, 10 kV·A, 15 kV·A, 35 kV·A, 50 kV·A, 60 kV·A, 100 kV·A, 150 kV·A, 200 kV·A, 230 kV·A, 270 kV·A, 330 kV·A, 420 kV·A, 470 kV·A, 500 kV·A。GB 12668—1990的附录A中还推荐了380 V,160 kW及以下单台电动机与变频器间容量的匹配关系参考值,如表4-1所列。

表4-1 380 V,160 kW以下单台电动机与变频器间容量匹配关系的参考

被控交流电动机容量/(kV·A)	变频器输出容量/(kV·A)	被控交流电动机容量/(kV·A)	变频器输出容量/(kV·A)
0.4,0.75	2	22,30	50
1.5,2.2	4	37	60
3.7	6	45,55	100
5.5	19	75,90	150
7.5	15	110,132	200
11,15	25	160	230
18.5	35	—	—

对照国外产品选型手册,可以看出,表4-1中推荐的千伏安数是有富裕的。这主要是由于要给逆变器所用的大功率开关器件的容量留有较大的裕量,是结合我国目前大功率开关器件的实际情况考虑的。

(2) 关于输出频率的调节范围

输出频率的调节范围同样因通用变频器型号的不同而不同,较常见的有0.5~400 Hz。400 Hz以上属中频。如果是BJT逆变器,由于其开关频率一般均为1~1.5 kHz,故输出频率400 Hz时,每半个周波中的PWM脉冲数最多已降为2个。因此,在接近

400 Hz 时，输出电压波已近似为方波。如果是 IGBT 逆变器，由于其开关频率可达 10～15 kHz，比 BJT 的开关频率几乎增大 10 倍，所以，400 Hz 也可以获得良好的正弦 SPWM 波。

(3) 瞬时过载能力

根据主回路半导体器件的过载能力，通用变频器的电流瞬时过载能力常常设计成 150％额定电流、1 min，或设计成 120％额定电流、1 min。与标准异步电动机（过载能力通常为 200％左右）相比较，变频器的过载能力较小。

(4) 输出电压不对称度

这一参数在变频器产品资料中较少见，但测算和掌握这一参数对变频器的良好运行是有意义的。GB12668—1990 第 4.3.4 条中规定：正常使用条件下，在整个输出频率范围内及各相负载对称情况下，输出电压的不对称度应不超过 5％。这里三相电压不对称度这个概念，与电源电压不平衡率不同。GB12668—1990 第 5.9 条中规定了输出电压不对称度试验与计算方法；在规定的电源及负载条件下，测量逆变器三相输出线电压，并按图 4－1 用作图法计算不对称度。图中，UV，VW，WU 为所测得的三相线电压值，O 点和 P 点是以 WU 为公共边所作的两个等边三角形的顶点。

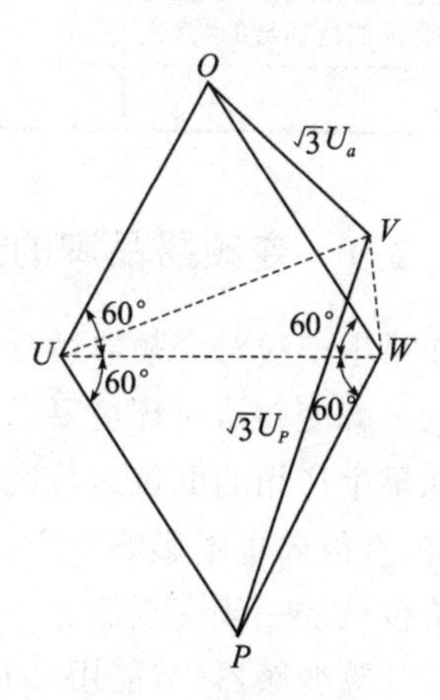

图 4－1　电压不对称度作图计算法

电压不对称度以 K 表示，即

$$K=\left|\frac{OV}{PV}\right|=\frac{U_a}{U_P}$$

式中：$\sqrt{3}U_a=|OV|$ 为输出线电压的负序分量（V）；$\sqrt{3}U_P=|PV|$ 为输出线电压的正序分量（V）。

在各相负载对称的情况下，逆变器输出线电压产生不对称的主要原因，除了逆变器各相大功率开关器件的管压降及导线压降有极微小的差异之外，主要是由于三相电压 PWM 波半个周期中的脉冲个数、占空比及分布不同引起的。BJT 逆变器，由于开关频率低，每半个周期中脉冲个数已很少，脉冲个数、占空比及分布的不同，自然会造成各相输出电压的不对称。IGBT，MOSFET 逆变器，由于开关频率较高，每半个周期中脉冲个数较多，脉冲个数、占空比及分布的差异对输出电压的影响不大。从这个角度讲，IGBT 逆变器比 BJT 逆变器优越。

4.2　变频器的选择

电力拖动变频调速系统的变频器选择是一个比较复杂的问题，是一个有多个步骤的实验过程。主要考虑以下几个方面，如表 4－2 所列。

表4-2 变频器的选择

根据负载要求选择	根据工作环境选择	根据对变频器特性的要求选择	根据需要选择附件
负载类型	温　度	容　量	制动电阻及单元
负载要求的调速范围	相对湿度	最大瞬间电流	线路电抗器
负载转矩的变动范围	抗震性	输出频率	EMC滤波器
负载机械特性的要求	抗干扰	输出电压	通信附件
负载要求的变频器的类型		加/减速时间	
		电压/频率比	

4.2.1 变频器品牌的选择

如果生产线对变频器运行质量要求高,应采用性能好的、价格高的名牌变频器。但要注意名牌变频器对环境要求高(怕湿、怕尘)。

如果生产用的电机运行比较平稳,负载轻,电源电压稳定,不用急停车,变频器工作环境好,有故障也不影响生产,定期保修、包换新机,维修服务部又近,为节省开支,不妨考虑价位低的一般变频器。

在计算变频器(节能用)的投资回收期时,应该把变频器寿命成本及维修成本算进去。不同品牌变频器的使用寿命差别很大,有的几年才需维修,有的刚过保修期就要频繁维修。性能差的变频器一损坏就无维修价值。变频器有故障一般都是模块烧坏,而模块维修费几乎和整机价格接近。所以在选购变频器时品牌及维修是要重点考虑的问题。

变频器价格差别很大,就是同一个牌子也有各个型号,其价格差别也很大,其中硬件的差别是一个主要的原因,如有的3.7 kW变频器用的是25 A模块,有的只用15 A模块;有的11 kW用75 A模块,有的只用50 A模块(都是通用型变频器的比较)。

关于模块的容量问题:按理论计算,3.7 kW的变频器用15 A的模块就够了(控制性能好的变频器模块可用小一点的容量),问题是余量太小,当变频器有点过载就很容易损坏模块(变频器未能及时保护),而且通常损坏严重,驱动板、整流模块都坏掉。所以有可能同一个牌子的变频器在一个厂很少坏,但在另一个厂却坏很多,就因为后者变频器负载比较重。安培数小,电容量也相应减少,主板、驱动板电路简单,保护功能少,变频器容易坏。前者可购买运行平稳、负载轻、简单调速的电机;后者电机因负载重、速度变化快、经常急刹车,建议购置品牌机器。

4.2.2 变频器控制方式的选择

根据变频器控制方式可将通用变频器分为4种类型:① 普通功能型U/f制变频器;② 具有转矩控制功能的高功能型U/f控制变频器;③ 矢量控制高性能型变频器;④ 直接转矩控制型变频器,该变频器目前正处于推广阶段。

变频器类型的选择，要根据负载的要求进行。

① 风机、泵类负载，其转矩 T_L 正比于转速 n 的平方，低速下负载转矩较小，对过载能力和转速精度要求不高，通常可以选择价格便宜的第①种普通功能型。

② 恒转矩类负载，例如挤压机、搅拌机、传送带、厂内运输电车、起重机的平移机构、起重机的提升机构和提升机等，其选用有两种情况：

● 仍采用第①种普通功能型变频器。为了实现恒转矩调速，常采用加大电动机和变频器容量的办法，以提高低速转矩，避免低频补偿的困难。

● 采用第②种具有转矩控制功能的高功能型变频器，对实现恒转矩负载的恒速运行是比较理想的。因为这种变频器低速转矩大，静态机械特性硬度大，不怕冲击负载，具有挖土机特性。从目前看，这种变频器的性能价格比还是令人满意的。

恒转矩负载下的传动电动机，如果采用通用标准电动机，则应考虑低速下的强迫通风冷却。新设备投产，可以考虑选用专为变频调速设计的变频专用电动机。这种电动机加强了绝缘等级并考虑了低速强迫通风。

③ 轧钢、造纸、塑料薄膜加工线这一类对动态性能要求较高，如要求高精度、快响应的生产机械，采用第③种矢量控制高性能型通用变频器是一种很好的方案。

4.2.3 变频器滤波方式的选择

电压型与电流型变频器，两者都由整流器和逆变器两部分组成。两者的区别在于中间直流环节采用的滤波器不同：电压源型采用电容器；电流源型采用电感器。

变频器的负载是异步电动机，属感性负载。由于GTO，SCR或IGCT等电力电子开关器件无法储能，中间直流环节与电动机之间除了传递有功功率外，还存在无功功率的交换。无功能量只能靠储能元件（电容或电感）缓冲。

这样就造成两类变频器在性能上相当大的差异，主要表现为以下几个方面：

(1) 输出波形不同

电压源型输出的电压波形为矩形波，电流波形近似正弦波；电流源型变频器输出的电流波形为矩形波，电压波形近似于正弦波。

(2) 调速时的动态响应不同

电流型变频器的直流电压 U_d 可以迅速改变大小和方向，所以由它供电的调速系统动态响应比较快。而电压型变频器，由于滤波电容的充放电过程需要时间，输出直流电压 U_d 的变化相对缓慢，故其动态响应也慢。

(3) 回路构成上的特点

电压型有反馈二极管，直流电源并联大容量电容（低阻抗电压源）；电流型无反馈二极管，直流电源串联大电感（高阻抗电流源）。

(4) 使用范围

基于以上原因，电压型变频器适用于不可逆调速系统且无须经常加减速的场合，并适用于多电机传动。该变频器不能四象限运行，当负载电动机需要制动时，制动时需另行安装制动单元电路。功率较大时，输出还需要增设正弦波滤波器。

电流型变频器则适用于要求快速制动及可逆运行的场合。其优点是具有四象限运行能力,能很方便地实现电机的制动功能。缺点是需要对逆变桥进行强迫换流,装置结构复杂,调整较为困难。另外,由于电网侧采用可控硅移相整流,故输入电流谐波较大,容量大时对电网会有一定的影响。

4.2.4 变频器容量的选择

变频器的容量要与电动机的功率优化匹配,但不能仅由电动机的功率来确定变频器的容量。变频器的额定输出电流也是选择变频器的容量时,必须要考虑的一个重要因素。除此之外,还要考虑电动机的启动、加减速、电动机的数目以及负载的情况。

1. 一台电动机时变频器容量的选择

一般先计算负载的需用功率,则电动机的功率一定要大于负载的需用功率,由此确定电动机的功率;再由电动机的功率,确定变频器的功率。分几种情况讨论如下:

(1) 连续恒载运转的场合

所需的变频器容量(kV·A)需同时满足下列的三个计算式

$$P_{CN} \geqslant \frac{kP_M}{\eta \cos \varphi} \tag{4-1}$$

$$P_{CN} \geqslant k \cdot \sqrt{3} U_M I_M \cdot 10^{-3} \tag{4-2}$$

$$I_{CN} \geqslant kI_M \tag{4-3}$$

式中:P_M 为负载所要求的电动机的轴输出功率;

η 为电动机的效率(通常约0.85);

$\cos \varphi$ 为电动机的功率因数(通常约0.75);

U_M 为电动机的电压(V);

I_M 为电动机按工频电源时的电流(A);

k 为电流波形的修正系数(PWM方式时取1.05~1.10);

P_{CN} 为变频器的额定容量(kV·A);

I_{CN} 为变频器的额定电流(A)。

此三个变频器容量的计算公式适用于单台变频器为单台电动机连续运行的情况。以上三个等式是统一的,选择变频器时应同时满足三个等式的关系,尤其是“变频器电流”这样一个较关键的量。如果电动机实际运行中的最大电流小于电动机的额定电流,那么选定变频器时,变频器的容量可以适当减少,如图4-2所示。对于恒转矩负载,所选变频器的容量不应小于电动机的功率的80%;对于恒功率负载,所选变频器的容量不应小于电动机的功率的65%。

还可以用估算法,即

$$I_N \geqslant (1.05 \sim 1.1) I_{max} \tag{4-4}$$

式中:I_{max} 是电动机实际运行的最大电流或电动机铭牌所示的额定电流。

(2) 考虑加减速时的校核

变频器的最大输出转矩是由变频器的最大输出电流决定的,图4-3(a)反映了转

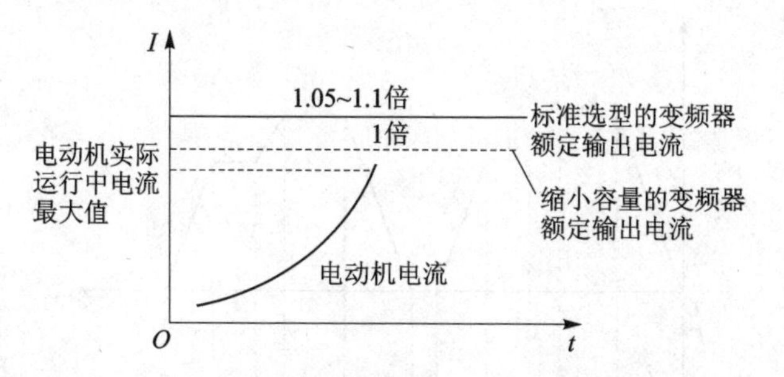

图 4-2　变频器容量按电动机实际最大电流选择曲线

矩与频率的关系，图(b)反映了电流与频率的关系。一般情况下，对于短时间的加减速而言，变频器允许达到额定输出电流的 130%～150%（视变频器功率容量确定）。这一参数通常在各型号变频器产品参数表的“过载能力”“过载容量”或“过电流承受量”一栏中给出。因此，短时加减速时的输出转矩也可以增大。由于电流的脉动原因，应将要求的变频器过载电流提高 10%后再进行选定，即将要求变频器功率容量提高一级，如图 4-3 所示。反之，如只需要较小的加减速输出转矩时，也可降低变频器功率容量。由于电流的脉动原因，应将要求的变频器最大输出电流降低 10%后再进行选定。

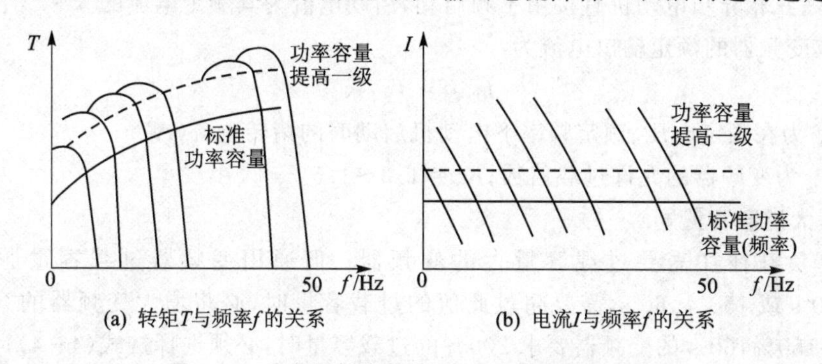

图 4-3　变频器输出转矩/电流与频率关系曲线

(3) 频繁加减速运行时的校核

假设电动机运行时的特性曲线如图 4-4 所示，若频繁加减速运行，可根据加速、恒速、减速等各种运行状态下的电流值进行选定（不含停止状态，如 t_6），即

$$I_{CN}=k_0(I_1t_1+I_2t_2+\cdots+I_5t_5)/(t_1+t_2+\cdots+t_5) \tag{4-5}$$

式中：I_{CN} 为变频器额定输出电流（A）；

I_1、I_2,…,I_5 为各运行状态下的平均电流（A）；

t_1,t_2…,t_5 为各运行状态下的时间（s）；

k_0 为安全系数（运行频繁时 k_0 取 1.2，其他时为 1.1）。

(4) 电流变化不规则场合的校核

在运行中，如果电动机的电流不规则变化，不容易获得运行特性曲线。此时，应使电动机在输出最大转矩时的电流限制在变频器的额定输出电流之内。

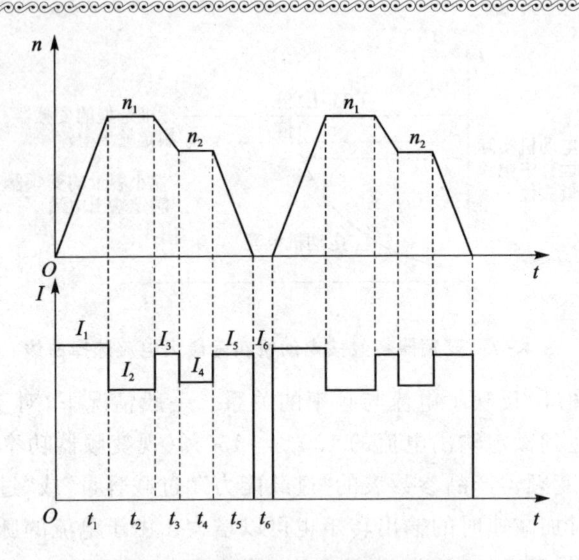

图4-4 电动机运行时的特性曲线

(5) 电动机直接启动时所需变频器功率容量的选定和校核

通常,三相异步电动机直接用工频启动,启动电流为其额定电流的5~7倍,直接启动时选取变频器的额定输出电流为

$$I_{\mathrm{INV}} \geqslant I_{\mathrm{K}}/K_{\mathrm{g}} \tag{4-6}$$

式中:I_{K} 为在额定电压、额定频率下电动机启动时的堵转电流(A);

K_{g} 为变频器的允许过载倍数;$K_{\mathrm{g}}=1.3 \sim 1.5$。

(6) 大过载容量

某些负载往往需要过载容量大的变频器。但通用变频器过载容量通常多为125%,60 s或150%,60 s,需要超过此值的过载容量时,必将增大变频器的容量。例如,对于150%,60 s的变频器要求200%的过载容量时,必须选择按式(4-4)计算出的额定电流的1.33倍的变频器容量。

(7) 大惯性负载启动时变频器容量的计算

大惯性负载启动时变频器容量的计算公式为

$$P_{\mathrm{CN}} \geqslant \frac{k n_{\mathrm{M}}}{9\,550 \eta \cos \varphi}\left(T_{\mathrm{L}}+\frac{G D^{2} n_{\mathrm{M}}}{375 t_{\mathrm{A}}}\right) \tag{4-7}$$

式中:GD^2 是换算到电动机轴上的总的飞轮矩,单位为 $\mathrm{N \cdot m^2}$;

T_{L} 为负载转矩,单位为 N·m;

η 为电动机的效率(通常约0.85);

$\cos\varphi$ 为电动机的功率因数(通常约0.75);

t_{A} 为电动机加速时间(s),据负载要求确定;

k 为电流波形的修正系数(PWM方式时取1.05~1.10);

P_{CN} 为变频器的额定容量,单位为 kV·A;

n_{M} 为电动机额定转速,单位为 r/min。

此类变频器容量的计算公式适用于大惯量负载的情况，例如起重机的平移机构、离心式分离机、离心式铸造机等，负载折算到电动机轴上的等效 GD^2 比电动机转子的 GD^2 大得多。

也可以按照下面的公式选择变频器

$$I_{CN} \geqslant K_3 \frac{\lambda_M I_M}{\lambda_{SI}} \tag{4-8}$$

式中：λ_M 为电动机转矩过载倍数，可以从产品样本查到；

K_3 为电流转矩系数(一般为 1.15)；

I_{CN} 为变频器的额定电流，单位为 A；

λ_{SI} 为变频器电流短时过载倍数。

(8) 轻载电动机

电动机的实际负载比电动机的额定输出功率小时，可选择与实际负载相称的变频器容量。但对于通用变频器，即使实际负载小，如果选择的变频器容量比按电动机额定功率选择的变频器容量小，其效果并不理想。

(9) 启动转矩和低速区转矩

电动机使用通用变频器启动时，与用工频电源启动时相比，其启动转矩多数变小，仅根据负载的启动转矩特性情况确定的变频器容量，有时不能使电动机顺利启动。另外，在低速运转区的转矩通常比额定转矩小。因此，用选定的变频器和电动机不能满足负载所要求的启动转矩和低速转矩时，变频器的容量和电动机的功率还需要再加大，为最初选定容量的 1.4 倍以上。

2. 并联运行时变频器功率容量的选择

一台变频器供电给多台电动机并联运行(即成组传动)时，上述关于变频器容量的选择原则仍适用，但应考虑以下几点：

① 可根据各电动机的电流总值来选择变频器：在电动机总功率相等的情况下，由多台小功率电动机并联，要比由台数少但功率较大的电动机并联效率低。两者电流总值并不相等，因此可根据各电动机的电流总值来选择变频器，而不是根据功率总值来选择。

② 有多台电动机依次进行直接启动，到最后一台电动机启动时，其启动条件最不利。在确定软启动、软停止时，一定要按启动最慢的那台电动机进行确定。

③ 如有(N_1+N_2)台同样的电动机并联，其中一部分电动机(N_2 台)同时直接启动时，可按下式进行计算

$$I_{INV} \geqslant [N_2 I_K + (N_1 + N_2) I_N]/K_g \tag{4-9}$$

式中：(N_1+N_2)为电动机的总台数；

N_2 为直接启动时电动机的台数；

I_K 为电动机直接启动时的堵转电流(A)；

I_N 为电动机额定电流(A)；

K_g 为变频器允许过载倍数，为 1.3～1.5；

I_{INV} 为变频器额定输出电流(A)。

④ 并联追加投入启动：用1台变频器使多台电动机并联运转时，如果一小部分电动机开始启动后再追加启动其他电动机时，此时变频器的电压频率已经上升，变频器的额定输出电流可按下式算出

$$I_{INV} \geqslant \sum_{i=1}^{N_1} KI_m + \sum_{i=1}^{N_2} I_{mS} \tag{4-10}$$

式中：I_{INV} 为变频器额定输出电流(A)；

N_1 为先启动的电动机台数；

N_2 为追加投入启动的电动机台数；

I_m 为先启动的电动机的额定电流(A)；

I_{mS} 为追加启动电动机的启动电流(A)。

⑤ 并联运行且不同时启动时变频器功率容量的计算：一台变频器为多台并联电动机供电且各电动机不同时，在启动的情况下，计算变频器容量。

当变频器短时过载能力为150%，1 min时，如果电动机加速总时间在1 min以内，则

$$1.5P_{CN} \geqslant \frac{kP_M}{\eta \cos\varphi}[n_T + n_s(K_s - 1)] = P_{CN1}\left[1 + \frac{n_s}{n_T}(K_s - 1)\right]$$

即

$$\left.\begin{aligned} P_{CN} &\geqslant \frac{2}{3} \times \frac{kP_M}{\eta \cos\varphi}[n_T + n_s(K_s - 1)] = \frac{2}{3}P_{CN1}\left[1 + \frac{n_s}{n_T}(K_s - 1)\right] \\ I_{CN} &\geqslant \frac{2}{3}n_T I_M\left[1 + \frac{n_s}{n_T}(K_s - 1)\right] \end{aligned}\right\} \tag{4-11}$$

当电动机加速总时间在1 min以上，则

$$\left.\begin{aligned} P_{CN} &\geqslant \frac{kP_M}{\eta \cos\varphi}[n_T + n_s(K_s - 1)] = P_{CN1}\left[1 + \frac{n_s}{n_T}(K_s - 1)\right] \\ I_{CN} &\geqslant n_T I_M\left[1 + \frac{n_s}{n_T}(K_s - 1)\right] \end{aligned}\right\} \tag{4-12}$$

式中：P_M 为负载所要求的电动机的轴输出功率；

n_T 为并联电动机的台数；

n_s 为同时启动的台数；

η 为电动机的效率(通常约0.85)；

$\cos\varphi$ 为电动机的功率因数(通常约0.75)；

P_{CN1} 为连续容量(kV·A)，$P_{CN1} = kP_M n_T / \eta \cos\varphi$；

K_s 为电动机启动电流与电动机额定电流的比值；

I_M 为电动机的额定电流(A)；

k 为电流波形的修正系数(PWM 方式时取 1.05～1.10)；

P_{CN} 为变频器的额定容量(kV・A)；

I_{CN} 为变频器的额定电流(A)。

用此类变频器容量的计算公式选择逆变器容量，无论电动机加速时间在 1 min 以内或以上，都应同时满足容量计算式和电流计算式。

3. 变频器与离心泵配合使用时容量的选择

对于控制离心泵的变频器，可用下列公式确定变频器容量

$$P_{CN} = K_1(P_1 - K_2 Q\Delta H) \tag{4-13}$$

式中：P_{CN} 为变频器测算容量(kV・A)；

K_1 为考虑电机和泵调速后，效率变化系数，一般取 1.1～1.2；

P_1 为节流运行时电机实测功率(kW)；

K_2 为换算系数，取 0.278；

ΔH 为泵出口压力与干线压力之差(MPa)；

Q 为泵的实测流量(m^3/h)。

或者

$$P_{CN} = K_1 P_1(1 - \Delta H/H) \tag{4-14}$$

式中：P_{CN} 为变频器测算容量(kV・A)；

K_1 为考虑电机和泵调速后的效率变化系数，一般取 1.1～1.2；

P_1 为节流运行时电动机实测功率(kW)；

ΔH 为泵出口压力与干线压力之差(MPa)；

H 为泵出口压力(MPa)。

对于往复泵，由于它的多余能量消耗在打回流上，其输出压力不变，所以可用下列公式确定变频器功率容量

$$P_{CN} = K_1(P_1 - K_2 \Delta Q H) \tag{4-15}$$

或者

$$P_{CN} = K_1 P_1(1 - \Delta Q/Q) \tag{4-16}$$

式中：P_{CN} 为变频器的测算容量(kV・A)；

K_1 为考虑电机和泵调速后效率变化系数，一般取 1.1～1.2；

P_1 为节流运行时电动机实测功率(kW)；

ΔQ 为泵打回流时的回流量(m^3/h)；

Q 为泵的实测排量(m^3/h)；

K_2 为换算系数，取 0.278；

H 为泵出口压力(MPa)。

按式(4－13)～式(4－16)计算出变频器容量后，若计算值在变频器两容量之间时，应向大一级容量选择，以确保变频器的安全运行。

【例】 已知6SH－6型泵的测试结果为:配套电机55 kW,额定电流103 A,泵扬程89 m,额定流量$Q_{额}=168\ m^3/h$, $P_1=51.1\ kW$, $Q=164.0\ m^3/h$, $\Delta H=0.58\ MPa$, $K_2=0.278$。求适用变频器的容量。

将上述参数代入式(4－15),得

$$P_{CN}=K_1(P_1-K_2Q\Delta H)=$$
$$1.1\times(51.1\ kW-0.278\times164\ m^3/h\times0.58\ MPa)=27.624\ kW$$

因此,变频器应选容量为27.624 kW。考虑到变频器的可选容量(参见表4－1),可选用30 kV·A的变频器。

附 有关离心泵公式的推导:

液体经过离心泵所获得的有效功率可按下式计算

$$P_{CN}=KQ\gamma H'$$

式中:P_{CN}为功率;Q为流量;γ为液体体积密度;H'为扬程;K为单位换算系数。根据水力学静压力方程式:$H=H'\cdot\gamma$(H为泵压),故

$$P_{CN}=KQH$$

当功率采用kW为单位,流量采用m^3/h为单位,泵压采用MPa为单位,系数$K=0.278$时

$$P_{CN}=0.278QH$$

如加入泵的效率因素,则离心泵的轴功率为

$$P_e=0.278QH/\eta$$

4.3 电网与变频器的切换

把用工频电网转动中的电动机切换到变频器转动时,一旦断开工频电网,必须等电动机完全停止以后,再切换到变频器侧启动。但从电网切换到变频器时,对于无论如何也不能即刻停止的设备,需要选择具有这样的控制装置的机种,即电动机在没有完全停止就能切换到变频器侧。一般是先切断电网后,再使自由运转中的电动机与变频器同步,然后再使变频器输出功率。

4.4 瞬时停电再启动

发生瞬时停电使变频器停止工作,但恢复通电后不能马上再开始工作,需要等电动机全停止,然后再启动。这是因为再开机时的频率不适当,会引起过电压、过电流保护动作,造成故障而停止。但是对于生产流水线等机械,这样做会影响生产和产品质量。这时,要选择具有能在再次来电时自行恢复工作功能的变频器。

4.5 变频器的外围设备及其选择

在选定了变频器之后，下一步的工作就是根据需要选择与变频器配合工作的各种周边设备。正确选择变频器周边设备主要是为了达到以下几个目的：

① 保证变频器驱动系统能够正常工作；

② 提供对变频器和电动机的保护；

③ 减少对其他设备的影响。

外围设备通常是选购配件，分常规配件和专用配件，如图 4-5 所示。图中 1,2,3,4,9 和 10 是常规配件；5,6,7,8 和 L 是专用配件。

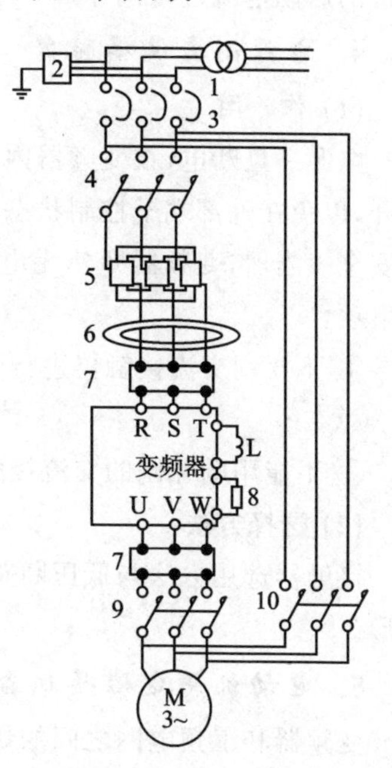

1—电源变压器；　2—避雷器；

3—电源侧断路器；　4—电磁接触器；

5—电源侧交流电抗器；

6—无线电噪声滤波器；

7—电源滤波器；　8—制动电阻；

9—电动机侧电磁接触器；

10—工频电网切换用接触器；

L—用于改善功率因数的直流电抗器

图 4-5　变频器的外围设备

4.5.1 常规配件的选择

1. 电源变压器

(1) 作　用

将供电电网的高压电源转换为变频器所需要的电压等级(200 V 或 400 V)。

(2) 电源变压器的容量确定方法

一般来说，变压器的容量可以为变频器容量的 1.5 倍左右。在进行变频器容量的具体计算时可以参考下式

$$\text{变压器容量} = \frac{\text{变频器的输出功率}}{\text{变频器输入功率因数} \times \text{变频器效率}} \tag{4-17}$$

式中：变频器输出功率即为被驱动电动机的总容量，单位为 kW；变频器的输入功率因数在有交流电抗器时取 0.8～0.85，没有输入交流电抗器时取 0.6～0.8；变频器的效率一般取 0.9～0.95。

2. 避雷器

避雷器的作用是吸收由电源侵入的感应雷击浪涌电压，保护与电源相连接的全部机器(30 kW 以上使用)。

3. 电源侧断路器

(1) 作　用

电源侧断路器用于变频器、电动机与电源回路的通断，并且在出现过流或短路事故时能自动切断变频器与电源的联系，以防事故扩大。

(2) 选择方法

如果没有工频电源切换电路，由于在变频调速系统中，电动机的启动电流可控制在较小范围内，因此电源侧断路器的额定电流可按变频器的额定电流来选用。如果有工频电源切换电路，当变频器停止工作时，电源直接接电动机，所以电源侧断路器应按电动机的启动电流进行选择。

4. 电源侧交流接触器

(1) 作　用

电源一旦断电，在变频器内部保护功能起作用时，通过接触器自动将变频器与电源脱开，以免在外部端子控制状态下重新供电使变频器自行工作，以保护设备的安全及人身安全。当然，变频器即使无电源侧的交流接触器(MC)也可使用。使用时请注意以下事项：

① 不要用交流接触器进行频繁地启动或停止(变频器输入回路的开闭寿命大约为10万次)。

② 不能用电源侧的交流接触器停止变频器。

(2) 选择方法

接触器选用方法与低压断路器相同，但接触器一般不会有同时控制多台变频器的情形。

5. 电动机侧电磁接触器和工频电网切换用接触器

变频器和工频电网之间的切换运行是互锁的，这可以防止变频器的输出端接到工频电网上。一旦出现变频器输出端误接到工频电网的情况，将损坏变频器。具体的选择方法如下：

① 对于具有内置工频电源切换功能的通用变频器，要选择变频器生产厂家提供或推荐的接触器型号。

② 对于变频器用户自己设计的工频电源切换电路，按照接触器常规选择原则选择。输出侧电磁接触器使用时应注意：在变频器运转中请勿将输出侧电磁接触器开启(OFF→ON)。在变频器运转中开启电磁接触器，将有很大的冲击电流流过，有时会因过电流而停机。

6. 热继电器

通用变频器都具有内部电子热敏保护功能，不需要热继电器保护电动机。但在10 Hz以下或60 Hz以上连续运行时或一台变频器驱动多台电动机时，应考虑使用热继电器。

使用时注意：如果导线过长(10 m或更长)，继电器会过早跳开，此情况下应在输出侧串入滤波器或者利用电流传感器。50 Hz过热继电器的设定值为电动机额定电流的1.0倍，60 Hz过热继电器的设定值为电动机额定电流的1.1倍。

4.5.2 专用配件的选择

1. 电抗器

(1) 交流电抗器的名称、安装位置和作用

交流电抗器的名称、安装位置和作用如表4-3所列。

表4-3 交流电抗器的名称、安装位置和作用一览

名 称	安装位置	作 用
输入交流电抗器	电网电源和变频器输入端之间	1. 实现变频器和电源的匹配，限制因电网电压突变和操作过电压所引起的冲击电流，保护变频器 2. 改善功率因数 3. 减少高次(5,7,11,13次)谐波的不良影响
输出交流电抗器	变频器输出端和电动机之间	1. 降低电动机噪声，通常电动机的噪声为70～80 dB，接入电抗器可以将噪声降低5 dB左右，降低输出高次谐波的不良影响 2. 限制与电动机相连的电缆的容性充电电流，即补偿连接长导线的充电电流，使电动机在引线较长时也能正常工作 3. 限制电动机绕组上的电压上升率在540 V/μs以内

(2) 交流电抗器的选用条件

在选择交流电抗器的容量时，一般按下式进行

$$L=\frac{(2\%\sim 5\%)U}{2\pi fI} \tag{4-18}$$

式中：U为额定电压，单位V；

I为额定电流，单位A；

f为最大频率，单位Hz。

(3) 常用直流电抗器和交流电抗器的规格

常用直流电抗器和交流电抗器的规格如表4-4和表4-5所列。

表4-4 常用直流电抗器的规格、安装位置和作用

项 目	参数及作用						
电动机功率/kW	30	37～55	75～90	110～132	160～200	220	280
允许电流/A	75	150	220	280	370	560	740
电感量/mH	600	300	200	140	110	70	55
直流电抗器	安装在变频器的整流环节与逆变环节之间。对于大容量变频器，有时也采用在变频器的整流电路和平滑电容之间接入直流电抗器代替输入电抗器		改善功率因数，最高可达0.95限制逆变侧短路电流，使逆变系统运行更稳定。不少厂家为55 kW以上的变频器随机附送直流电抗器				

表4-5 常用交流电抗器的规格

项 目	参 数										
电动机容量/(kV·A)	30	37	45	55	75	90	110	132	160	200	220
允许电流/A	60	75	90	110	150	170	210	250	300	380	415
电感量/mH	0.32	0.26	0.21	0.18	0.13	0.11	0.09	0.08	0.06	0.05	0.05

注意：小功率变频器(小于95 kW)安装交流电抗器，对于提高功率因数的效果比较明显。大功率变频器安装交流电抗器，尽管对提高功率因数的效果不明显，但对改善变频器运行质量和滤波都有好处。

2. 滤波器

(1) 滤波器作用

无源滤波器允许特定频率(如50 Hz或60 Hz)的信号通过，阻止干扰信号沿电源线传输并进行阻抗变换，使干扰信号不能通过地线传播而被反射回干扰源，因此在变频器输入输出端都应安装滤波器。在输入端，几个电容与一个扼流圈结合起来便构成一个简单且效果不错的滤波器。为使滤波器能够有效地发挥功效，在安装输入端滤波器时，尽量靠近变频器安装，并与变频器共作为基板。若两者距离超过变频器使用说明书规定标准，应用扁平导线进行连接。

在变频器输出端串联安装滤波器，能解决电动机过热和噪声问题，而采用输出滤波器就没有必要在变频器和电动机之间使用屏蔽电缆线来防止电磁辐射。这样做不仅降低了系统成本，减少安装费用，而且能很好地抑制变频器对外产生的干扰，这是使用滤波器的主要优点。滤波器是否选用，应视变频器使用情况而定。也就是说，电源滤波器和无线电噪声滤波器可以在交流调速控制系统投入使用后再选购。

(2) 选购和使用滤波器时的注意事项

① 滤波器在工作期间要耗电发热，除了要满足额定容量要求外，还要求适合在一定环境温度下工作。

② 额定电压必须满足接入线路额定电压的要求，滤波器接入后，电路的电压损耗一般要求不大于线路额定电压的2%。

③ 在变频器输出端串联安装一个滤波器，滤波器的输入侧接变频器输出侧；滤波器的输出侧接电动机，不能接错，否则会烧毁变频器。

④ 无论在变频器输入端或输出端安装滤波器都要考虑阻抗匹配，比如，可以在滤波器的输入端并联一个电阻。

3. 制动电阻

(1) 制动电阻的作用

当电动机制动运行时，储存在电动机中的动能经过PWM变频器回馈到直流侧，从而引起滤波电容电压升高；当电容电压超过设定值后，就经制动电阻消耗回馈的能量。

(2) 制动电阻的选用

小容量通用变频器自带有制动电阻,大容量变频器的制动电阻通常由用户根据负载的性质和大小、负载周期等因素进行选配。制动电阻的阻值大小将决定制动电流的大小,制动电阻的功率将影响制动的速度。制动电阻的功率均按短时工作制进行标定的,选择时应加以注意。当电机以四象限运行时,要考虑各种工况下制动能量的需求,校核最严重的情况,并据此确定制动电阻。

制动电阻的粗略算法讨论如下:

考虑到再生电流经三相全波整流后的平均值约等于其峰值,而所需附加制动转矩(指电动机需要附加的制动转矩)中可扣除电动机本身的制动转矩($0.2T_{MN}$,T_{MN}为电动机的额定转矩)。所以可粗略认为:如果通过制动电阻的放电电流等于电动机的额定电流,所需的附加制动转矩基本可得到满足。有关资料表明:当放电电流等于电动机额定电流的一半时,就可以得到与电动机的额定转矩相等的制动转矩。因此,制动电阻的粗略算法为

$$R_B = \frac{2U_D}{I_e} \sim \frac{U_D}{I_e} \tag{4-19}$$

式中:I_e为电动机额定电流;

U_D为直流回路电压(V)。

在我国,直流回路的电压可计算为

$$U_D = 380\ \text{V} \times \sqrt{2} \times 1.1 = 591\ \text{V} \approx 600\ \text{V}$$

使用时,可以根据具体情况适当调整制动电阻的大小。

① 制动电阻的耗用功率P_{B0}:当制动电阻R_B在直流电压为U_D的电路中工作时,其耗用功率为

$$P_{B0} = \frac{U_D^2}{R_B} \tag{4-20}$$

② 制动电阻容量的确定:由于拖动系统的制动时间通常很短,在短时间内,电阻的温升不足以达到稳定温升。因此,确定制动电阻容量时,在保证电阻的温升不超过其允许值(即额定温升)的前提下,可尽量减小功率容量

$$P_B = \frac{P_{B0}}{\gamma_B} = \frac{U_D^2}{\gamma_B R_B} \tag{4-21}$$

式中:γ_B为制动电阻容量的修正系数。

③ 修正系数的确定:

● 不反复制动的场合　这种场合制动次数较少,一次制动以后,在较长时间不再制动,如鼓风机等。对于这类负载,修正系数的大小取决于每次制动所需要的时间。如每次制动时间小于10 s,可取$\gamma_B=7$;如每次制动时间超过100 s,则取$\gamma_B=1$;如每次制动时间在两者之间,即10 s$<t_B<$100 s,则γ_B大致可按比例算出,如图4-6(a)所示。

● 反复制动的场合　许多生产机械需要反复制动,如起重机、龙门刨床等。对于这类负载,修正系数的大小取决于每次制动时间t_B与每两次制动之间的时间间隔t_C

之比(t_B/t_C),通常称为制动占空比。由于在实际使用中,制动占空比常常不是恒定的,所以只能取一个平均数。其方法如下:

当 $t_B/t_C \leqslant 0.01$ 时,取 $\gamma_B=5$;

当 $t_B/t_C \geqslant 0.15$ 时,取 $\gamma_B=1$;

当 $0.01< t_B/t_C <0.15$ 时,则 γ_B 大致可按比例算出,如图 4-6(b)所示。

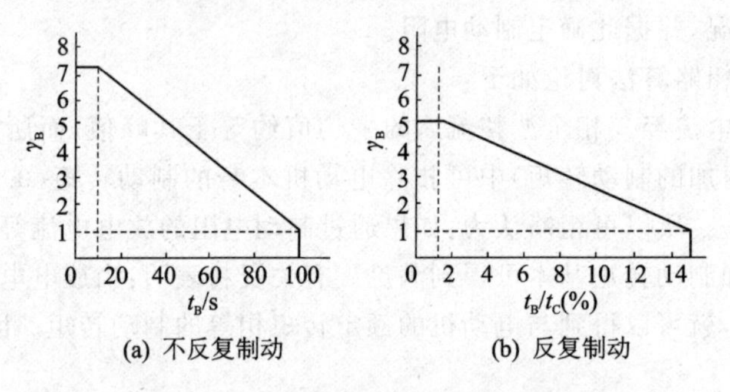

图 4-6　制动电阻的容量修正系数

表 4-6 所列为常用制动电阻的阻值和功率。

表 4-6　常用制动电阻的阻值与容量　　(电压:380 V)

电动机功率/kW	电阻值/Ω	电阻功率/kW	电动机功率/kW	电阻值/Ω	电阻功率/kW
0.40	1 000	0.14	37	20.0	8
0.75	750	0.18	45	16.0	12
1.50	350	0.40	55	13.6	12
2.20	250	0.55	75	10.0	20
3.70	150	0.90	90	10.0	20
5.50	110	1.30	110	7.0	27
7.50	75	1.80	132	7.0	27
11.0	60	2.50	160	5.0	33
15.0	50	4.00	200	4.0	40
18.5	40	4.00	220	3.5	45
22.0	30	5.00	280	2.7	64
30.0	24	8.00	315	2.7	64

注:表中的电阻容量是断续工作计算的结果,对于频繁制动或长时间在再生制动状态下运行的机械,须注意加大容量。

习题 4

4.1　变频器的额定数据和性能指标有哪些?

4.2　变频器的选择主要考虑哪些方面?

4.3　变频器所带负载的主要类型有哪些?各负载类型的机械特性及功率特性是怎样的?

4.4　如何计算变频器带动一台电动机时的容量？

4.5　90 kW 的电动机带动恒转矩负载，应选多大功率的变频器？如果考虑过载运行（125 %，1min），又应选多大功率的变频器？

4.6　某 110 kW 的电动机，其额定电流为 212A，选择变频器。

4.7　某风机用 160 kW 的电动机，其额定电流为 289A，实测稳定运行电流在 112～148A 范围，启动时间无特殊要求，要求最低功率不得小于电动机的额定功率的 0.65，选择变频器。

4.8　某轧钢机飞剪机构，飞剪电动机 160 kW 的电动机，其额定电流为 296 A。在空刃位置时要求低速运行以提高定尺精度，进入剪切位置则要求快速加速到线速度与钢材速度同步，转矩过载能力为（$\lambda=2.8$），选择变频器。

4.9　一台电动机的运行曲线如图 4-4 所示，其中，$t_1=5$ min，$t_2=10$ min，$t_3=2$ min，$t_4=20$ min，$t_5=15$ min，$t_6=5$ min；$I_1=60$ A，$I_2=30$ A，$I_3=40$ A，$I_4=35$ A，$I_5=60$ A，$I_6=0$，变频器输出电压 400 V，选择变频器。

4.10　已知某离心泵的测试结果为：节流运行后实测功率为 P_1 为 31.1 kW，实测流量 Q 为 104.0 m^3/h，ΔH 为 0.35 MPa。求适用变频器的容量。

4.11　变频器有哪些外围常规配件？哪些外围专用配件？

4.12　主电路电源输入侧连接断路器有什么作用？断路器如何选择？

4.13　主电路中接入交流电抗器有什么作用？如何选择？

4.14　制动电阻与制动单元各有什么作用？制动电阻如何选择？

4.15　什么时候需要使用热继电器？

4.16　在变频器输出端安装滤波器，应注意什么？

4.17　变频器与断路器、接触器配合时应注意什么问题？

4.18　起重机械属于恒转矩类负载，速度升高对转矩和功率有何影响？

4.19　某变频器的容量为 60 kV·A，其所带电动机的功率为 45 kW，试分别从变频器的容量和从电动机的功率选择变压器的容量，比较后，选择一个数据。

4.20　为了避免机械系统发生谐振，变频器采用设置（　　）的方法。

A. 基本频率　　B. 上限频率　　C. 下限频率　　D. 回避频率

第5章 变频调速拖动系统的构建

5.1 变频调速拖动系统的组成

普通变频调速拖动系统的组成如图5-1所示。系统主要由电源、变频器、电动机及负载;辅助环节由测量反馈(含传感器)及控制电路等组成。根据图中要求,构建变频调速系统的主要任务是根据控制对象(负载)特性来选择,即

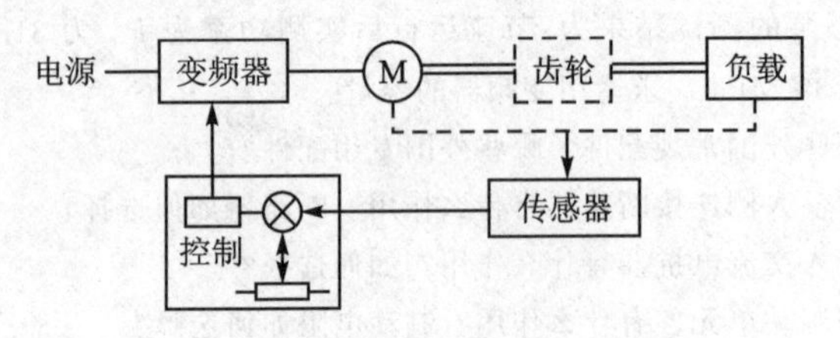

图5-1 变频调速拖动系统原理图

① 选择电动机的类型、功率、磁极对数等;

② 选择变频器的类型、容量、型号等;

③ 决定电动机与负载之间的传动比;

④ 选定变频器外围所需要的配件。

本章首先介绍构建变频调速拖动系统的基本要求,然后根据系统性能和负载特性讲述构建变频调速拖动系统的方法。

5.2 构建变频调速拖动系统的基本要求

构建变频调速拖动系统的基本要求有两个方面:

① 在负载的机械特性方面的要求。

② 在运行可靠性方面的要求。

5.2.1 在机械特性方面的要求

在机械特性方面的要求有以下几个方面:

1. 对调速范围的要求

任何调速装置的首要任务,就是必须满足负载对调速范围的要求。负载调速范围α的定义是

$$\alpha_L = \frac{n_{L,max}}{n_{L,min}} \tag{5-1}$$

式中：$n_{L,max}$ 为负载的最高转速；

$n_{L,min}$ 为负载的最低转速。

就变频器的频率调节范围而言，绝大多数系统应小于 1 Hz 或者在 200～400 Hz 范围，可以说，能够满足所有负载的调速要求。

2. 对机械特性“硬度”的要求

异步电动机的自然机械特性属于“硬特性”，频率改变后，其机械特性的稳定运行部分基本上是互相平行的。因此，在大多数情况下，只需采用 U/f 控制方式，变频调速系统的机械特性就已经能够满足要求了。

但是，对于某些精度要求较高的机械，则有必要采用无反馈矢量控制方式或有反馈矢量控制方式，以保证在变频调速后得到足够硬的机械特性。

除此以外，某些负载根据节能的要求须配置低频减“U/f 比”功能等。

所以，负载对机械特性“硬度"的要求对于选择变频器的类型具有十分重要的意义。

3. 对升、降速过程及动态响应的要求

一般来说，变频器在升、降速的时间和方式等方面，都有着相当完善的功能，足以满足大多数负载对升、降速过程的要求。但也有必须注意的方面：

(1) 负载对启动转矩的要求

有的负载由于静态的摩擦阻力特别大，而要求具有足够大的启动转矩。例如：印染机械及浆纱机械在穿布或穿纱过程中具有足够大的启动转矩；又如起重机械的提升机构在开始上升时要有足够大的启动转矩，以克服重物的重力转矩等。

(2) 负载对制动过程的要求

对于制动过程，需要考虑的问题有：

① 根据负载对制动时间的要求，考虑是否需要制动电阻，以及需要多大的制动电阻。

② 对于可能在较长时间内，电动机处于再生制动状态的负载（如起重机）来说，还应考虑是否采用电能反馈方式的问题。

4. 负载对动态响应的要求

在大多数情况下，变频调速开环系统的动态响应能力是能够满足要求的。但对于某些对动态响应要求很高的负载，则应考虑采用具有转速反馈环节的矢量控制方式。

5.2.2　在运行可靠性方面的要求

1. 对于过载能力的要求

电动机在决定其功率时，主要考虑的是发热问题，只要电动机的温升不超过其额定温升，短时间的过载是允许的。在长期变化负载、断续负载以及短时间负载中，这种情况是常见的。必须注意的是：这里所说的短时间，是相对于电动机的发热过程而言的。

对于功率容量较小的电动机来说,可能是几分钟;而对于功率容量较大的电动机,则可能是几十分钟,甚至几个小时。

变频器也有过载能力,但允许的过载时间只有1 min。这仅仅对电动机的启动过程才有意义,而相对于电动机允许的"短时间过载"而言,变频器实际上是没有过载能力的。在这种情况下,必须考虑加大变频器功率容量的问题。

2. 对机械振动和寿命的要求

在机械振动和寿命方面,需要考虑:

① 避免机械谐振的问题;

② 高速(超过额定转速)时,机械的振动以及各部分轴承的磨损问题等。

5.3 变频调速时电动机的有效转矩线

5.3.1 有效转矩线的概念

电动机在某一频率下允许连续运行的最大转矩,称为有效转矩。

注意: 电动机在某一频率下工作时,对应的机械特性曲线只有一条,而有效转矩只有一个点。将所有频率下的有效转矩点连接起来,即得到电动机在变频调速范围内的有效转矩线。

例如,异步电动机在无补偿(U/f=常数)时的有效转矩线如图5-2所示。

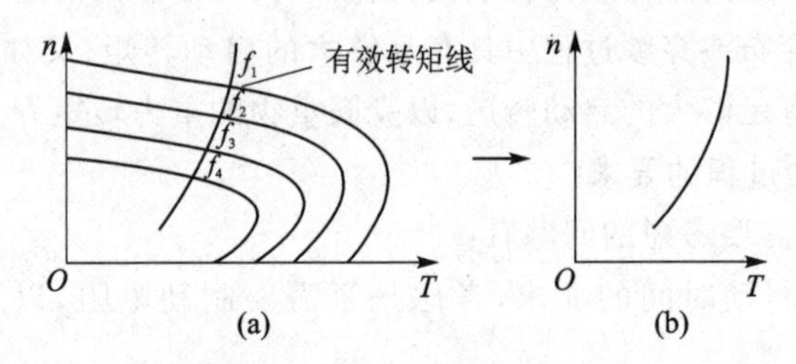

图5-2 异步电动机在U/f=常数时的有效转矩线

注意: 有效转矩线是电动机允许工作范围的曲线,而不是电动机在某一时刻工作状态的特性曲线。因此,不能在有效转矩线上决定工作点。

显然,要使拖动系统在全调速过程中都能正常运行,必须使有效转矩线把负载的机械特性曲线包围在内。如果负载的机械特性曲线超越了电动机的有效转矩线,则超越的部分将不能正常工作。

5.3.2 $f_X \leqslant f_N$ 时的有效转矩线

前面已经讲述了改善机械特性、提高低频有效转矩的方法。如果单纯从能否带得动负载的角度看,则不管是适当补偿电压(U/f控制方式)还是采用矢量控制方式,都希望能够在全频率范围内得到恒转矩的有效转矩线,如图5-3中的曲线③所示(曲线①

是 U/f 控制方式下未经补偿时的有效转矩线)。但是,一般情况下,电动机的散热主要靠自身的风扇和内部的通风。在低频运行时,电动机的散热效果将因转速下降而变差。长时间在额定转矩下运行,会导致电动机因过热而损坏。所以,能够长时间运行的实际有效转矩下降,如图 5-3 中的曲线②所示。如果能够充分改善散热条件,如外加强迫通风,或采用专用电动机等;或者对于某些不会引起电动机发热的情形,如在拖动短时负载、低速运行时间不长的负载(如龙门刨床)时,电动机有效转矩线可以是恒转矩的。

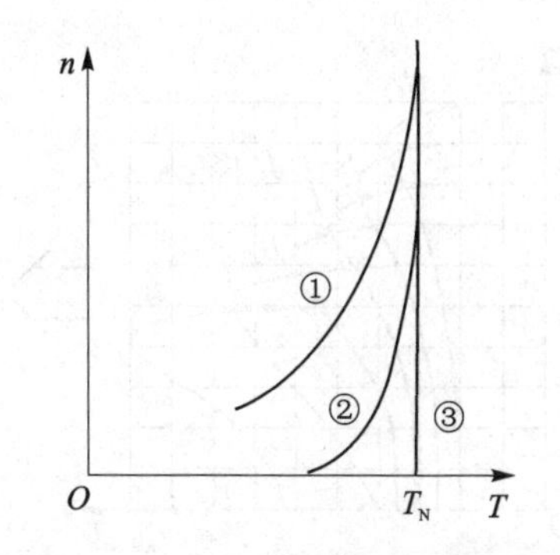

图 5-3　$f_X \leqslant f_N$ 时的有效转矩线

除此以外,在 U/f 控制方式下,如果将最低频时的转矩补偿到与额定转矩相等的程度,则在轻载或空载时,将出现磁路严重饱和、励磁电流严重畸变的问题。所以,转矩补偿的程度是受限制的。因此,即使在具有外部强迫通风的条件下,其有效转矩线通常也只能是图 5-3 中的曲线②。

5.3.3　$f_X > f_N$ 时的有效转矩线

1. 异步电动机在 $f_X > f_N$ 时的特点

① 当 $f_X > f_N$ 时,$U_X = U_N$,因此,随着 f 的上升,主磁通 Φ_m 将减小。

② 电动机的额定电流是由电动机的允许温升决定的,所以,不管在多大的频率下工作,电动机的允许工作电流是不变的。

2. 当 $f_X > f_N$ 时的有效转矩线

① 功率不变的有效转矩线:如上所述,频率越高,临界转矩也越小。其机械特性曲线簇如图 5-4(a)所示。从能量的角度看,当 $f_X > f_N$ 时,因为 $U_{1X} = U_{1N} \approx$ 电网电压,故电动机的输入功率近似等于电网输入功率,也基本不变。所以,在额定频率以上的有效转矩线具有恒功率的特点,即有效转矩的大小与转速成反比,由式(1-11)可知

$$T_X = \frac{9\ 550\ P_N}{n_N} \propto \frac{1}{n_N} \tag{5-2}$$

因此,电动机的有效转矩线如图 5-4(b)中曲线①所示。

② 过载能力不变的有效转矩线:事实上,当频率增大时,E_1 略有增加。此外,定子的漏电抗也有所增加,所以,电动机的最大转矩将随着 f_X 的增大而更加减小。如果根据过载不变的原则来确定有效转矩,所得到的有效转矩线如图 5-4(b)中的曲线②所示。但由于大部分机械的高速运行主要用于精加工,对过载能力的要求较低。所以,一般来说,在额定频率以上时,可以认为变频调速是具有恒功率特点的。

③ 全频率范围内的有效转矩线:综上所述,可以给出多数变频器在全频率范围内的有效转矩线,如图 5-5 所示。

注意: 此图中的 σ 为转矩 T 的相对值,实际上是由后面的式(5-3)定义的负载率 σ。

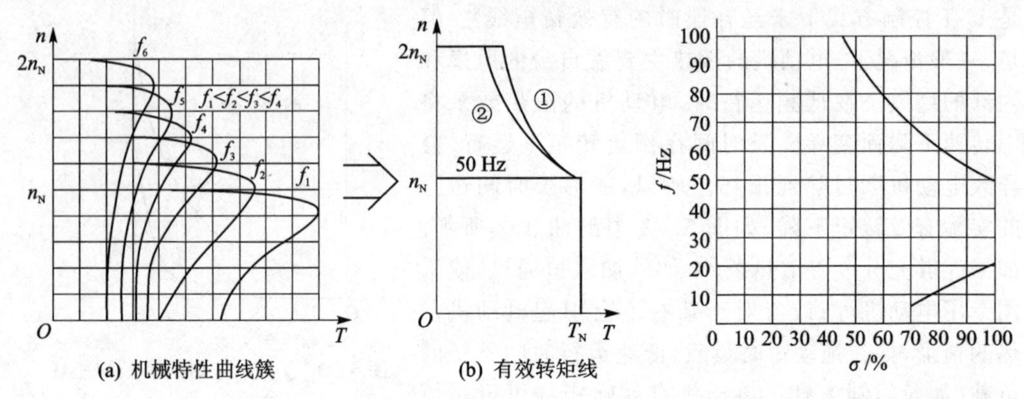

(a) 机械特性曲线簇　　(b) 有效转矩线

图 5-4　$f_X > f_N$ 时的机械特性和有效转矩线　　图 5-5　全频率范围内的有效转矩线

5.4 恒转矩负载变频调速系统的构建

挤压机、搅拌机、带式传送机、桥式起重机的平移机构和提升类负载等都是恒转矩负载。其特点在第1章中已经讨论过，即负载的阻转矩近似为恒量；负载功率与转速成正比。对恒转矩负载来说，在构建变频调速系统时，必须注意工作频率范围、调速范围和负载转矩的变化范围能否满足要求，还要注意电动机和变频器的选择。

5.4.1 工作频率范围的选择

1. 最低工作频率

变频调速系统中允许的最低工作频率除了决定变频器本身的性能及控制方式外，还和电动机的负荷率及散热条件有关，如表5-1所列。

表 5-1　各种控制模式的最低工作频率

控制模式	最低工作频率/Hz	允许负载率/%	
		无外部通风	有外部通风
有反馈矢量控制	0.1	≤75	100
有反馈矢量控制	5	≤80	100
U/f 控制	1	≤50	≤55

这里，负载率的定义是：电动机轴上的负载转矩 T'_L（负载折算到电动机轴上的转矩）与电动机额定转矩 T_N 的比值，用 σ 表示，即

$$\sigma = \frac{T'_L}{T_N} \tag{5-3}$$

2. 最高工作频率

如上所述，当工作频率高于额定频率时，其有效转矩线具有恒功率的特点。这实际

上也说明了在 $f_X > f_N(K_f > 1)$时，变频调速系统的负载率σ为

$$\sigma = \frac{T'_L}{T_N} = \frac{n_N}{n_X} = \frac{f_N}{f_X} = \frac{1}{K_f}$$

式中：$K_f = \frac{f_{max}}{f_N}$是取 $f_X = f_{max}$ 得到的。也就是说，允许的负载率是和最高工作频率的大小成反比。

5.4.2 调速范围与传动比

1. 调速范围和负载率的关系

如上所述，变频调速系统的最高工作频率和最低工作频率都和负载率有关，所以，调速范围也就和负载率有关。假设某变频器在外部无强迫通风的状态下提供的有效转矩线如图5-5所示。由图可知，在拖动恒转矩负载时，允许的频率范围和负载率之间的关系如表5-2所列。表5-2说明负载率越低，允许的调速范围越大。

2. 负载率与传动比的关系

对于恒转矩负载，尽管负载转矩是不变的，但负载转矩折算到电动机轴上的值却是和传动比有关。传动比λ越大，则负载转矩的折算值越小，电动机轴上的负载率也就越小。根据传动机构的这一特点，可提供一个扩大转速范围的途径。

表5-2 不同负载率时的转速范围

负载率/%	最高频率/Hz	最低频率/Hz	调速范围(倍)
100	50	20	2.5
90	56	15	3.7
80	62	11	5.6
70	70	6	11.6
60	78	6	13.0

3. 调速范围与传动比的关系

由表5-2可知：

① 电动机轴上的负载率为100%时，允许的调速范围比较小，仅为2.5。

② 随着负载率的降低，调速范围也越来越大。因此，在负载转矩不变的前提下，传动比λ越大，则电动机轴上的负荷率越小，调速范围(频率调节范围)越大。

所以，如果当调速范围不能满足负载要求时，可以考虑通过适当增大传动比来减小电动机轴上的负载率，增大调速范围。

4. 传动比的选择举例

【例】 某恒转矩负载，要求最高转速为720 r/min，最低转速为80 r/min(调速范围为9)，满载时负载侧的转矩为140 N·m，原选电动机的数据为11 kW，1 440 r/min，原有传动装置的传动比为$\lambda=2$。问能否满足要求？若不能，如采用变频调速，用户要

求不增加额外的装置(如转速反馈装置及风扇等),但允许适当改变传送带轮的直径,在一定的范围内调整传动比λ,问传送带轮的直径怎样改变?

解 ① 计算负荷率:电动机的额定转矩T_N为

$$T_N = \frac{9\ 550 \times 11}{1\ 440}\ \mathrm{N \cdot m} = 72.95\ \mathrm{N \cdot m}$$

因原传动比$\lambda = 2$,故负载转矩的折算值为

$$T'_L = \frac{140}{2}\ \mathrm{N \cdot m} = 70\ \mathrm{N \cdot m}$$

电动机的负荷率

$$\sigma = \frac{T'_L}{T_N} = \frac{70\ \mathrm{N \cdot m}}{72.95\ \mathrm{N \cdot m}} = 0.96$$

② 核实允许的变频范围:由图5-5可知,当负荷率为0.96时,允许频率范围是19~52 Hz,调频范围为

$$\alpha_1 = \frac{52\ \mathrm{Hz}}{19\ \mathrm{Hz}} = 2.74 \ll \alpha(=9)$$

显然,与负载要求的调速范围相去甚远。

③ 选择传动比:由图5-5可知,如果负荷率为70%的话,则允许调频范围为6~70 Hz,调频范围为

$$\alpha_1 = \frac{70\ \mathrm{Hz}}{6\ \mathrm{Hz}} = 11.7 > \alpha(=9)$$

电动机轴上的负载转矩应限制在

$$T'_L \leqslant 72.95 \times 70\%\ \mathrm{N \cdot m} = 51\ \mathrm{N \cdot m}$$

确定传动比为

$$\lambda' \geqslant \frac{140\ \mathrm{N \cdot m}}{51\ \mathrm{N \cdot m}} = 2.745$$

所以,选$\lambda' = 2.75$。

④ 校核:电动机的转速范围

$$n_{max} = 720 \times 2.75\ \mathrm{r/min} = 1\ 980\ \mathrm{r/min}$$

$$n_{min} = 80 \times 2.75\ \mathrm{r/min} = 220\ \mathrm{r/min}$$

工作频率范围

$$s = \frac{1\ 500 - 1\ 440}{1\ 500} = 0.04$$

$$f_{max} = \frac{p \cdot n_{max}}{60(1-s)} = \frac{2 \times 1\ 980}{60(1-0.04)}\ \mathrm{Hz} = 68.75\ \mathrm{Hz} < 70\ \mathrm{Hz}$$

$$f_{min} = \frac{p \cdot n_{min}}{60(1-s)} = \frac{2 \times 220}{60(1-0.04)}\ \mathrm{Hz} = 7.64\ \mathrm{Hz} > 6\ \mathrm{Hz}$$

式中,p为电动机的磁极对数。可见,增大了传动比后,工作频率在允许范围内。

5.4.3　电动机和变频器的选择

1. 电动机的选择

(1) 可供选择的方法

在上例中，如果对于如何实现变频调速不做任何限制，则可以采取的方法有以下几种：

① 原有电动机不变，增大传动比，如上例所述。

② 原有电动机不变，增加外部通风，并采用带转速反馈的矢量控制方式。

③ 选择同容量的变频调速专用电动机，并采用带转速反馈的矢量控制方式。

④ 采用普通电动机，不增加外部通风和传动比，也不采用带转速反馈的矢量控制方式，而是增大电动机容量。增大后的容量可按下式求出

$$P'_N = P_N \cdot \frac{\lambda'}{\lambda} = 11 \times \frac{2.75}{2}\,\text{kW} = 15\ \text{kW}$$

(2) 选择原则

在实际中，一般有以下几种情况：

① 如果属于旧设备改造，则应尽量不改变原有电动机。

② 如果是设计新设备，则应尽量考虑选用变频调速专用电动机，以增加运行的稳定性和可靠性。

③ 如果在增大传动比以后，电动机的工作频率过高，则可考虑采取增大电动机容量的方法。

(3) 电动机最高工作频率的确定

电动机最高工作频率以多大为宜，需要根据具体情况来决定。

① 磁极对数 $p \geqslant 2$ 的普通电动机：如上述，当 $f_X > 2f_N$ 时，电动机的有效转矩与频率成反比，将减小很多，其值为

$$T_X < \frac{T_N}{2}$$

这对于拖动恒转矩负载来说，并无实际意义。一般来说，在拖动恒转矩负载时，实际工作频率的范围是

$$f_X \leqslant 1.5 f_N$$

② $p=1$ 的普通电动机：由于在额定频率以上运行时，电动机转速超过3 000 r/min。这时，需要考虑轴承和传动机构的磨损及振动等问题，通常以

$$f_X \leqslant 1.2 f_N$$

为宜。

2. 变频器的选择

(1) 容量的选择

容量的选择已在第4章中讲述，不复赘述。

(2) 变频器的类型及控制方式的选择

在选择变频器类型时,需要考虑的因素有:

① 调速范围如上述,在调速范围不大的情况下,可考虑选择较为简易的只有U/f控制方式的变频器或无转速反馈的矢量控制方式。当调速范围很大时,应考虑采用带转速反馈的矢量控制方式。

② 负载转矩的变动范围:对于转矩变动范围不大的负载,也可优先考虑选择较为简易的只有U/f控制方式的变频器。但对于转矩变动范围较大的负载,由于所选的U/f线不能同时满足重载与轻载时的要求,故不宜采用U/f控制方式。

③ 如果负载对机械特性的要求不很高,则可考虑选择较为简易的只有U/f控制方式的变频器。而在要求较高的场合,则必须采用矢量控制方式。如果负载对动态响应性能也有较高要求的话,还应考虑采用有反馈的矢量控制方式。

5.5 恒功率负载变频系统的构建

恒功率负载的特点已在第1章中讨论过,主要是:

① 在不同的转速下,负载的功率基本恒定;

② 负载转矩的大小与转速成反比。

5.5.1 恒功率负载系统构建的主要问题

恒功率负载在构建变频调速系统时,必须注意的主要问题是如何减小拖动系统的容量。负载的恒功率性质是相对于一定的速度变化范围而言的。当速度很低时,受机械强度的限制,转矩 T_L 不可能无限增大,而转变为恒转矩性质。负载的恒功率区和恒转矩区对传动方案的选择有很大的影响。无论是直流电动机还是异步电动机,在恒磁通调速时,最大允许输出转矩不变,属于恒转矩调速;而在弱磁调速时,最大允许输出转矩与转速成反比,属于恒功率调速。如果电动机的恒转矩调速和恒功率调速的范围与负载的恒转矩和恒功率范围相一致,即所谓"匹配",那么电动机的容量和通用变频器的容量均最小。

这是因为,如果把频率范围限制在 $f_X \leqslant f_N$ 以内,电动机工作在恒转矩区。考虑到传动过程中最大转速的需要,由式(1-8)可知,所需电动机功率容量为

$$P_N = \frac{T_{L,max} \cdot n_{L,max}}{9\ 550}$$

而恒功率负载实际所需功率为

$$P_L = \frac{T_{L,max} \cdot n_{L,min}}{9\ 550}$$

两者之比为

$$P_L = \frac{P_N}{P_L} \geqslant \frac{n_{L,max}}{n_{L,min}} = \beta$$

式中，β 既为电动机容量与恒功率负载所需功率之比，又为负载的调速范围。

由此可见，所选电动机容量比恒功率负载所需功率大了 β 倍，这是很浪费的。

如何减小电动机容量而使电动机带动恒功率负载正常运行呢？基本对策是利用电动机的恒功率区来带动恒功率负载，让电动机工作在额定频率以上的区域（$f_X > f_N$），使电动机在 $f_X > f_N$ 时的有效转矩线和电动机的机械特性比较吻合。

但是，如果负载要求的恒功率范围很宽。要维持低速下的恒功率关系，对变频调速系统而言，电动机和变频器的容量不得不很大，造成调速系统的成本加大。在满足生产工艺要求的前提下，尽量采用一种妥当的方案，适当缩小恒功率范围，以减小电动机和变频器的容量，降低系统成本。

利用异步电动机变频调速驱动恒功率负载时，通常在某个转速以下采用恒转矩调速方式，而在高于该转速时才采用恒功率调速方式。

(1) 实　例

某卷取机的转速范围为 53～318 r/min，电动机的额定转速为 960 r/min，传动比 $\lambda = 3$。卷取机的机械特性如图 5-6(a)中的曲线①所示。

图中，横坐标是负载转矩 T_L 及其折算值 T_L'，纵坐标是频率 f_X、负载转速 n_L 及其折算值 n_L'。这里，转速的折算值 n_L'，实际上就是电动机的主轴转速 n。这是为了在计算时便于比较，负载的转矩和转速都折算到电动机主轴上的值。现计算如下：

① 最高转速时的负载功率：因为

$$T_L' = T_{L,min}' = 10\ \text{N}\cdot\text{m}$$

$$n_L' = n_{L,max}' = 960\ \text{r/min}$$

所以

$$P_L = 10 \times 960/9\,550\ \text{kW} \approx 1\ \text{kW}$$

② 最低转速时的负载功率：因为

$$T_L' = T_{L,min}' = 60\ \text{N}\cdot\text{m}$$

$$n_L' = n_{L,min}' = 153\ \text{r/min}$$

所以

$$P_L = 60 \times 153/9\,550\ \text{kW} \approx 1\ \text{kW}$$

③ 如果把频率范围限制在 $f_X \leqslant f_N$ 以内，电动机可工作在恒转矩区。电动机的额定转矩必须能够带动负载的最大转矩，则所需电动机最大转矩为

$$T_N \geqslant T_{L,max}' = 60\ \text{N}\cdot\text{m}$$

同时，电动机的额定转速又必须满足负载的最高转速

$$n_N \geqslant n_{L,max} = 960\ \text{r/min}$$

所以电动机的容量应满足

$$P_L = 60 \times 960/9\,550\ \text{kW} \approx 6\ \text{kW}$$

因此，依据表 4-1，应选电动机的额定功率为 7.5 kW。可见，所选电动机的容量比负载所需功率增大了 7.5 倍。

(2) 减小容量的对策

频率范围扩展至 $f_X \leqslant 2f_N$ 时,以 $f_N \leqslant f_X \leqslant 2f_N$ 为例,因为电动机的最高转速比原来增大了一倍,则传动比 λ 也必增大一倍,为 $\lambda'=6$。图 5-6(b)画出了传动比增大后的机械特性曲线。其计算结果如下:

① 电动机的额定转矩:因为 $\lambda'=2\lambda$,所以负载转矩的折算值减小了一半,即

$$T_N \geqslant T'_{L,man}=30\ \text{N}\cdot\text{m}$$

② 电动机的额定转速:960 r/min。

③ 电动机的功率

$$P_N=\frac{30\times 960}{9\ 550}\approx 3\ \text{kW}$$

因此,依据表 4-1,取 $P_N=3.7$ kW。返回上式,令 $P_N=3.7$ kW 时,可知在额定转速时,电动机的转矩为 37 N·m(见图 5-6(b))。可见,所需电动机的功率减小了一半。

为什么呢?由题设条件可知,电动机的同步转速为 1 000 r/min,磁极对数 $p=3$,频率为 50 Hz;现在,传动比 $\lambda'=6$,电动机的转速范围是 53×6～318×6 r/min,即 318～1 908 r/min,对应的频率范围是 15.9～95.4 Hz。可见,电动机一部分工作在恒转矩区,频率在 15.9～50 Hz;另一部分工作在恒功率区,频率在 50～95.4 Hz,功率保持在 3.7 kW。

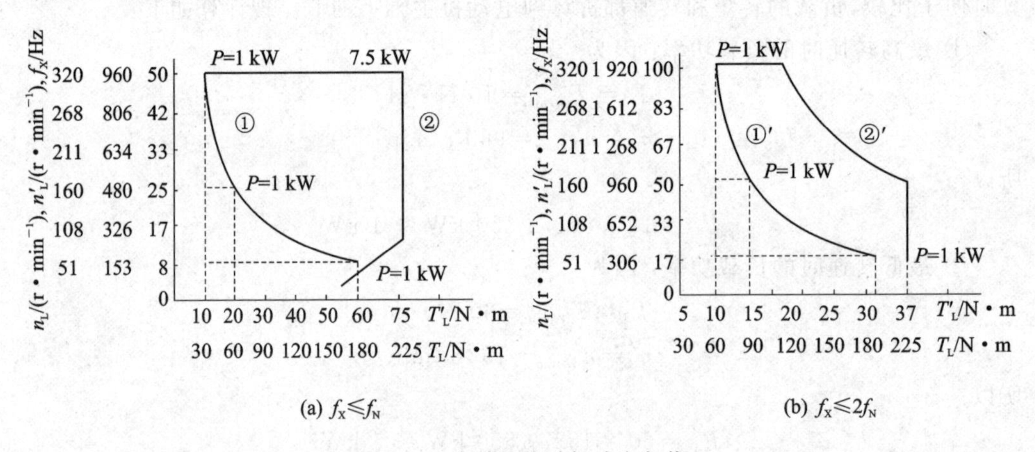

图 5-6 电动机拖动恒功率负载

由于电动机的工作频率过高,会增加轴承及传动机构的磨损,故对于卷取机一类的必须连续调速的机械来说,拖动系统的容量已经不大可能进一步减小了。

(3) $f_X \leqslant 2f_N$ 时两挡传动比时的系统容量

有些机械对转速的调整,只在停机时进行,而在工作过程中并不调速,如车床等金属切削机床的调速。对于这类负载,可考虑将传动比分为两挡,如图 5-7 所示。

① 低速挡:当电动机的工作频率从 f_{min} 变化到 f_{max} 时,负载转速从 $n_{L,min}$ 变化到 $n_{L,mid}$($n_{L,mid}$ 是高速挡与低速挡之间的分界转速)。

② 高速挡:当电动机的工作频率从 f_{mid} 变化到 $f_{max}=2f_N$ 时,负载转速从 $n_{L,mid}$

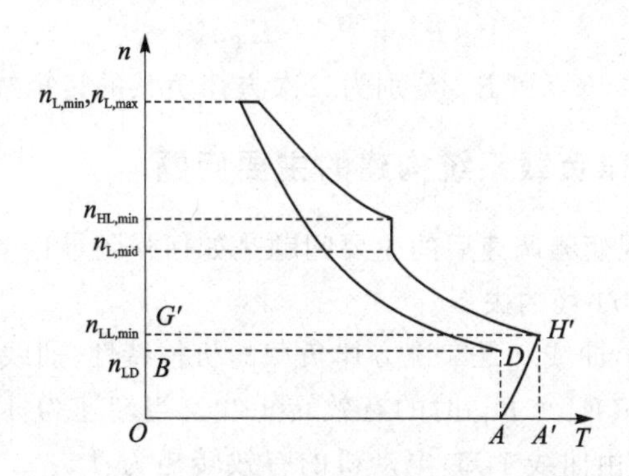

图 5-7　$f_X \leqslant 2f_N$ 时两挡传动比带恒功率负载

变化到 $n_{L,max}$。

若计算准确，可使电动机的有效转矩线与负载的机械特性曲线十分贴近，则所需电动机功率容量也与负载所需功率接近，如图 5-7 中之面积 $OA'H'G'$。

5.5.2　电动机和变频器的选择

(1) 电动机容量和类别的选择

如前所述，电动机的容量大小与传动比密切相关，所以在进行计算时，必须和传动机构的传动比、调速系统的最高工作频率等因素一起，进行综合考虑。总的原则是：在最高工作频率不超过两倍额定频率的前提下，通过适当调整传动机构的传动比，尽量减小电动机的容量。

对于卷取机械，由于对机械特性的要求不高，采用普通电动机就可满足要求；对于机床类负载，非但对机械特性的要求较高，且调速范围也往往很大，应考虑采用变频调速专用电动机。

(2) 变频器的容量和类别的选择

卷取机械是很少出现过载的，故变频器的容量只要与电动机相符即可。变频器也可选择通用型的，采用 U/f 控制方式已经足够。

但机床类负载则是长期变化负载，是允许电动机短时间过载的，故变频器的容量应加大一挡，并且应采用矢量控制方式。

5.6　二次方律负载变频调速系统的构建

在第 1 章已经知道二次方律负载的特点：负载的阻转矩与转速的二次方成正比，而负载的功率与转速的三次方成正比。

事实上，即使在空载的情况下，电动机的输出轴上也会有损耗转矩 T_0 和损耗功率 P_0，如摩擦转矩及其功率等。因此，严格地讲，其转矩表达式应为

$$T_L = T_0 + K_T n_L^2 \tag{5-4}$$

功率表达式应为

$$P_L = P_0 + K_P n_L^3 \tag{5-5}$$

式(5-4)和式(5-5)中,K_T 和 K_P 分别为二次方律负载的转矩常数和功率常数。

5.6.1 二次方律负载系统构建的主要问题

二次方律负载实现变频调速后的主要问题是如何得到最佳节能效果。

(1) 节能效果与U/f线的关系

如图5-8(a)所示,曲线0是二次方律负载的机械特性;曲线1是电动机在U/f控制方式下转矩补偿为0($K_U<K_f$)时的有效转矩线。当转速为 n_X($n_X<n_N$)时,由曲线0知,负载转矩为 T_{LX};由曲线1知,电动机的有效转矩为 T_{MX}。十分明显,即使转矩补偿为0,在低频运行时,电动机的转矩与负载转矩相比,仍有较大余量。这说明该拖动系统还有相当大的节能潜力。

为此,变频器设置了若干低频减U/f($K_U< K_f$)线,如图5-8(b)中的曲线01和02所示,与此对应的有效转矩线如图5-8(a)中的曲线01和02所示。

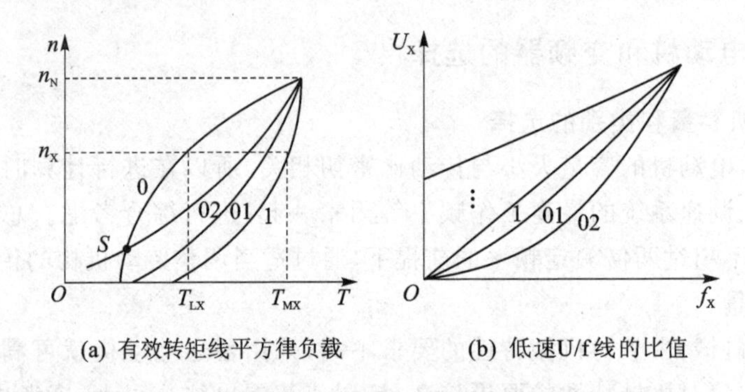

(a) 有效转矩线平方律负载　　(b) 低速U/f线的比值

图5-8 电动机的有效转矩线与低速U/f线的比值

但在选择低频减U/f线时,有时会发生难以启动的问题,如图5-8(a)中的曲线0和曲线02相交于 S 点。显然,在 S 点以下,拖动系统是不能启动的。对此,可采取的对策为通过U/f线的比值来选用曲线01;适当加大启动频率。

应该注意的是,几乎所有变频器在出厂时都把U/f线设定在具有一定补偿量的情况下(U/f线的比值大于1)。如果用户未经功能预置,直接接上水泵或风机运行时,节能效果就不明显了。个别情况下,甚至会出现低频运行时因励磁电流过大而跳闸的现象。

由于电动机有效转矩线的形状不可能与负载的机械特性完全吻合,所以,即使在低频减U/f线的比值的情况下运行,仍具有节能潜力。为此,有的变频器还设置了"自动节能"功能,以利于进一步挖掘节能潜力。

(2) 节能效果与变频器台数的关系

由于变频器的价格较贵,为了减少设备投资,不少单位常常采用由一台变频器控制多台泵的方案,即多台泵中只有一台泵进行变频调速,其余都在工频下运行。从控制效果来说,这是完全可行的。很显然,这是以牺牲节能效果为代价的。

5.6.2　二次方律负载系统电动机与变频器的选择

(1) 电动机的选择

绝大多数风机水泵在出厂时都已经配上了电动机，采用变频调速后没有必要另配。

(2) 变频器的选择

大多数生产变频器的工厂都提供了“风机、水泵用变频器”以备选用。它们的主要特点有：

① 风机和水泵一般不容易过载。所以，这类变频器的过载能力较低，为 120%/min(通用变频器为 150%/min)。因此，在进行功能预置时必须注意，由于负载的转矩与转速的平方成正比，当工作频率高于额定频率时，负载的转矩有可能大大超过额定转矩，使电动机过载。所以，其最高工作频率不得超过额定频率。

② 配置了进行多台控制的切换功能。在水泵的控制系统中，常常需要由 1 台变频器控制多台水泵的情形。为此，大多数变频器都配置了能够自动切换的功能。

③ 配置了一些其他专用于能耗控制的功能，如“睡眠”与“唤醒”功能、PID 调节功能等。

5.7　直线律负载变频系统的构建

5.7.1　直线律负载及其特性

轧钢机和辗压机等都是直线律类型负载。

(1) 转矩特点

负载阻转矩 T_L 与转速 n_L 成正比，即

$$T_L = K'_T n_L \tag{5-6}$$

其机械特性曲线如图 5-9(b)所示。

(2) 功率特点

将式(5-6)代入功率计算式中，可知负载的功率 P_L 与转速 n 的二次方成正比，即

$$P_L = K'_T n_L n_L / 9\ 550 = K'_P n_L^2$$

式中，K'_T和 K'_P是直线律负载的转矩常数和功率常数。其功率特性曲线如图 5-9(c)所示。

(3) 典型实例

碾压机如图 5-9(a) 所示。负载转矩的大小决定于

$$T_L = F \cdot r \tag{5-7}$$

式中：F 为碾压辊与工件间的摩擦阻力，单位为 N；

　　r 为碾压辊的半径，单位为 m。

在工件厚度相同的情况下，要使工件的线速度 v 加快，必须同时加大上下碾压辊间的压力(从而也加大了摩擦力 F)；即摩擦力与线速度 v 成正比，故负载的转矩与转速成正比。

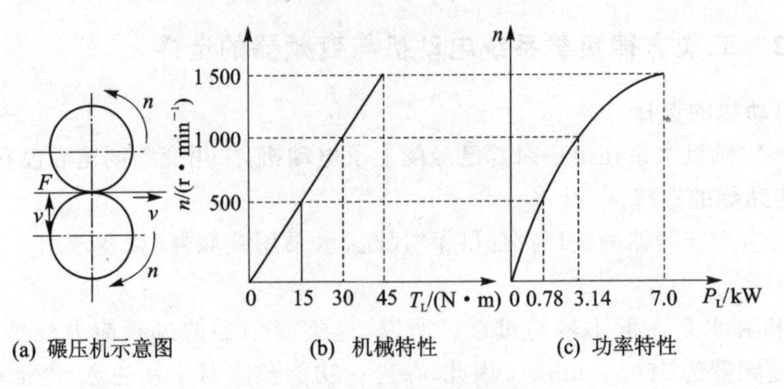

(a) 碾压机示意图　(b) 机械特性　(c) 功率特性

图 5-9　直线律负载及其特性

5.7.2　直线律负载系统变频器的选择

对于直线律负载系统,在考虑选择变频器时的基本要点与二次方律负载类同,故不赘述。

5.8　对混合特殊性负载变频器的选择

大部分金属切削机床是混合特殊性负载的典型例子。

5.8.1　混合特殊性负载及其特性

金属切削机床中的低速段,由于工件的最大加工半径和允许的最大切削力相同,故具有恒转矩性质;而在高速段,由于受到机械强度的限制,将保持切削功率不变,属于恒功率性质。以某龙门刨床为例,其切削速度小于 25 m/min 时,为恒转矩特性区;切削速度大于 25 m/min 时,为恒功率特性区。其机械特性如图 5-10(a)所示,而功率特性则如图 5-10(b)所示。

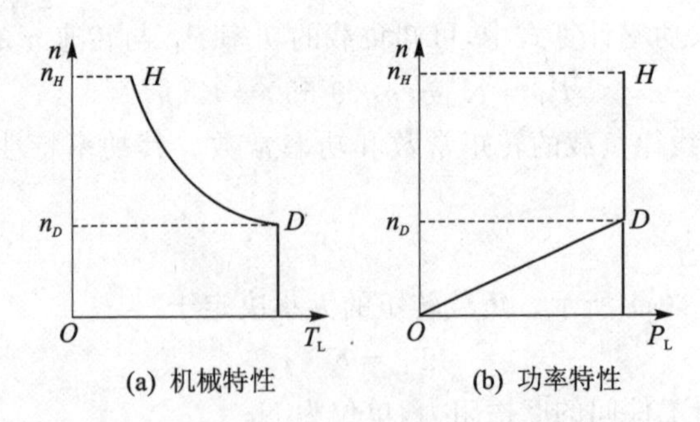

(a) 机械特性　(b) 功率特性

图 5-10　混合负载的机械特性和功能特性

5.8.2　对混合特殊性负载变频器的选择

金属切削机床除了在切削加工毛坯时,负载大小有较大变化外,其他切削加工过程中负载的变化通常是很小的。

就切削精度而言，选择 U/f 控制方式能够满足要求。但从节能角度看并不理想。

矢量变频器在无反馈矢量控制方式下，已经能够在 0.5 Hz 时稳定运行，完全可以满足要求；而且无反馈矢量控制方式能够克服 U/f 控制方式的缺点。

当机床对加工精度有特殊要求时，才考虑有反馈矢量控制方式。

目前，国内外已有众多生产厂家定型生产多个系列的变频器，使用时应根据实际需要选择满足使用要求的变频器。当然，价格和售后服务等其他因素也应考虑。

习题5

5.1 变频调速系统的组成部分有哪些？构建变频调速系统有哪两方面的基本要求？

5.2 试说明电动机的有效转矩线的概念，掌握它对变频调速有什么作用？

5.3 试简述恒转矩类负载，在构成变频调速系统时电动机和变频器的选择要点。

5.4 试简述恒功率类负载，在构成变频调速系统时电动机和变频器的选择要点。

5.5 某恒转矩负载，要求最高转速为 1 440 r/min，最低转速为 160 r/min（调速范围为 9），满负荷时负载侧的转矩为 70 N·m，原选电动机的数据为 11 kW，2 880 r/min，原有传动装置的传动比为 $\lambda=2$。问能否满足要求？若不能，如采用变频调速，用户要求不增加额外的装置（如转速反馈装置及风扇等），但允许适当改变传送带轮的直径，在一定的范围内调整传动比 λ，问传送带轮的直径怎样改变？

5.6 某卷取机的转速范围为 53～318 r/min，电动机的额定转速为 1 440 r/min，传动比 $\lambda=4.5$，卷取机的机械特性如图 5-11(a)中曲线所示。图中，横坐标是负载转矩 T_L 及其折算值 T'_L，纵坐标是负载转速 n_L 及其折算值 n'_L，以及频率 f_X。这里，转速的折算值 n'_L，实际上就是电动机的主轴转速 n_o。现欲构建变频调速系统，试计算所选电动机的容量。图 5-11(b)中曲线所示的是传动比增大后的机械特性。

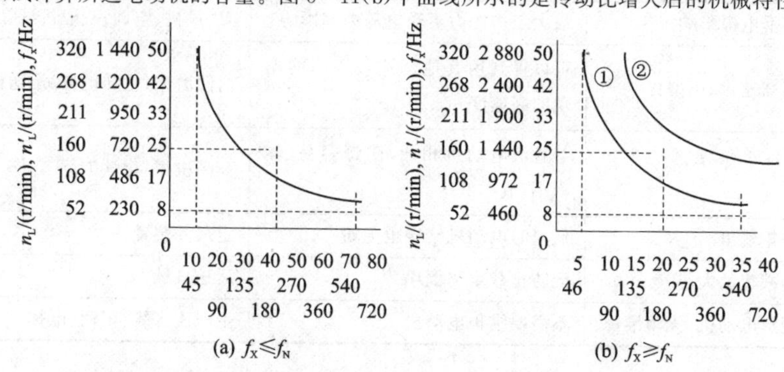

图 5-11 电动机拖动恒功率负载

5.7 试简述风机和水泵类负载，在构成变频调速系统时电动机和变频器的选择要点。

5.8 试简述混合特殊性类负载，在构成变频调速系统时变频器的选择要点。

5.9 把传输带电动机的（恒转矩负载）旧变频器用到了容量相同的鼓风机（二次方律负载）上，结果在启动时，频率上升到 5Hz 时因"过电流"而跳闸了，试分析其原因。

第6章　变频技术应用概述

6.1　变频技术的应用

变频技术的应用可分为两大类:一类是用于电气传动调速;另一类是用于各种静止电源。变频器最为典型的应用是电气传动调速,电机交流变频调速技术以其优异的调速和启动、制动性能,高效率、高功率因数,显著的节电效果,进而可以改善工艺流程,提高产品质量,改善工作环境,推动技术进步,以及广泛的适用范围等许多优点而被国内外公认为最有发展前途的调速方式。

表6-1所列为变频器传动的特点,表6-2所列为变频器在工业领域中的节电潜力,表6-3所列为变频器的应用效果。本章将列举一些变频调速典型事例加以说明。

表6-1　变频器传动的特点

变频器传动的特点	效　果	用　途
可以使标准电动机调速	可以使原有电动机调速	风机、水泵、空调、一般机械
可以连续调速	可以选择最佳调速	机床、搅拌机、压缩机、游梁式抽油机
启动电流小	电源设备容量可以小	压缩机
最高速度不受电源影响	最大工作能力不受电源频率影响	泵、风机、空调、一般机械
电动机可以高速化、小型化	可以得到用其他调速装置不能实现的高速度	内圆磨床、化纤机械、运送机械
防爆容易	与直流电动机相比,防爆容易、体积小、成本低	药品机械、化学工厂
低速时定转矩输出	低速时电动机堵转也无妨	定尺寸装置
可以调节加减速的大小	能防止载重物倒塌	运送机械
可以使用笼形电动机,无须维修	不需要维护电动机	生产流水线、车辆、电梯

表6-2　变频器在工业领域中的节电潜力

项目名称	需改造数量或千瓦数	节电百分比/%	年节电量$\times 10^8$/(kW·h)
轧机、提升机(变频器交流传动代替直流传动)	320万台	30	26
电力机车和内燃机车(变频交流代替直流)	120台电力机车	25	60
IGBT直流励磁电源(代替晶闸管)	300 MW	20	3.5

续表 6-2

项目名称	需改造数量或千瓦数	节电百分比/%	年节电量×10^8/(kW·h)
无轨电车(交流变频调速或直流斩波代替电阻调速)	5 000 辆	30	1.0
工矿电动机车(变频交流或直流斩波代替电阻调速)	5×10^5 台	30	20
风机、水泵(交流变频调速代替风门、阀门)	370 万台	30	51
高效节能荧光灯(逆变镇流器)	5 000 万台	20	30
中频感应加热电源(逆变电器)	100 万台	30	9
电解电源	400 kW	5	5.6
电焊机(IBGT 逆变电源)	20 万台	30	3.1
电镀电源	340 万台	30	21.6
搅拌机、抽油机、空压机、起重机等	20 GW	30	51.2
总　计			282

表 6-3　变频器的应用效果

应用效果	用　途	应用方法	以前的调速方式
节　能	鼓风机、泵、搅拌机、挤压机、精纺机	a. 调速运转 b. 采用工频电源恒速运转与采用变频器调速运转相结合	a. 采用工频电源恒速运转 b. 采用挡板、阀门控制 c. 机械式变速机 d. 液压联轴器
省力化 自动化	各种搬运机械	a. 多台电动机以比例速度运转 b. 联动运转,同步运转	a. 机械式变速减速机 b. 定子电压控制 c. 电磁滑差离合器控制
提高产量	机床、搬运机械、纤维机械、游梁式抽油机	a. 增速运转 b. 消除缓冲启动停止	a. 采用工频电源恒速运转 b. 定子电压控制 c. 带轮调速
提高设备的效率	金属加工机械	采用高频电动机进行高速运转	直流发电机-电动机
减少维修 (恶劣环境的对策)	纤维机械(主要为纺纱机)、机床的主轴传动、生产流水线、车辆传动	取代直流电动机	直流电动机
提高质量	机床、搅拌机、纤维机械、制茶机	选择无级的最佳速度运转	采用工频电源恒速运转
提高舒适性	空调机	采用压缩机调速运转,进行连续温度控制	采用工频电源的通、断控制

本章通过变频调速技术应用的典型实例,具体说明变频技术的应用。讨论实例时,不可避免地会有较大的篇幅涉及具体的细节,这可能会掩盖"变频技术应用"的主题。因此,请读者把注意力集中到考虑变频器的具体应用的问题上,如负载的类型;应用变频调速技术的目的,哪些地方要依据变频调速技术的需要加以改进;哪些地方要添置配件,如何选配,等等。具体系统具体分析,充分考虑各种可能出现的问题,甚至细节,找到解决的办法。总之,要使应用变频调速的系统,能够较好地运行。

6.2 起升机构的变频调速

起升机构作为一种垂直运输工具,是恒转矩设备。在运行中不但具有动能,而且具有重力势能;经常处在正反转、反复启动、制动过程中,速度变化大。为了提高运行效率和效能,节约电能,很有必要应用变频调速技术。

依据上面的思路,先看一看负载(起升机构)的特点。

6.2.1 起升机构的特点

起升机构是常见的设备,如起重机、箱式垂直升降电梯等,其示意图如图 6-1 所示。

1. 起升机构的转矩分析和负载特性

在起升机构中,主要有三种转矩:

① 电动机的转矩 T_M;

② 重力转矩 T_G;

③ 摩擦转矩 T_0:由于减速机构的传动比较大,最大可达 50,因此,减速机构的摩擦转矩(包括其他损失转矩)不可小视。摩擦转矩的特点是,其方向永远与运动方向相反。

其中,重力转矩 T_G 和摩擦转矩 T_0 有时同向有时反向,两者的代数和是负载转矩,属于恒转矩负载。只能在额定频率以下调速。

2. 起升机构中变频调速电动机的工作状态

起升机构中的电动机处于四象限运行的工作状态。

(1) 重物上升

重物上升,电动机正向转矩作用,$T_M=T_L$(负载转矩),$T_L=T_G+T_0$。若忽略 T_0,则 $T_L=T_G$,旋转方向与转矩方向相同,处于电动机状态,其机械特性在第一象限,工作点为 A 点,转速为 n_1,如图 6-2 中的曲线①所示。

当降低供电频率而减速时,在频率下降的瞬间,由于惯性,机械特性已切换至新的机械特性曲线②了,工作点由 A 点跳至 A' 点,进入第二象限,电动机的转速高于机械特性曲线②的同步转速,处于再生制动状态(发电机状态),其转矩变为反方向的制动转矩(为什么?想一想),使转速迅速下降,并回到第一象限,至 B 点时,又处于新的稳定运行状态。B 点便是频率降低后的新工作点,这时转速已降为 n_2。

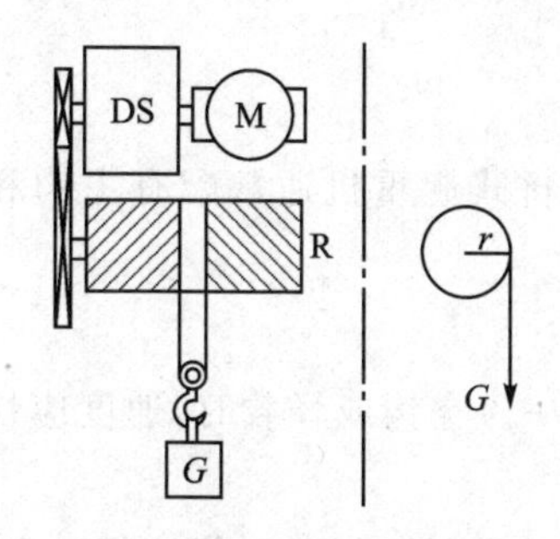

M—电动机；DS—减速机构；

G—重物重量；R—卷筒；r—卷筒半径

图6-1　工厂起升机构示意图

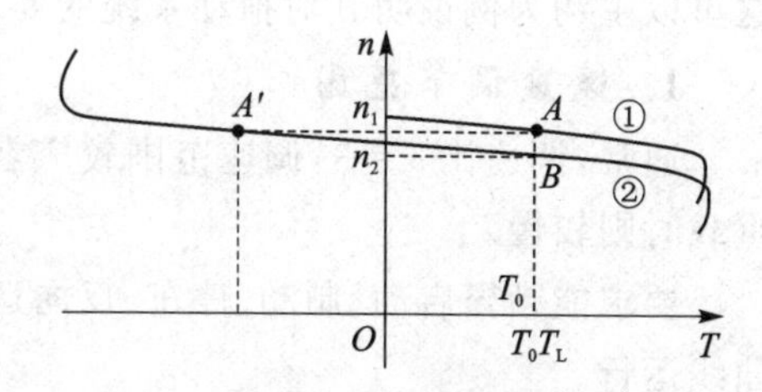

图6-2　重物上升时的工作点移动

(2) 空钩(包括轻载)下降

空钩(或轻载)时，摩擦转矩的存在，使重物自身不能下降，必须由电动机反向运行来实现。这时 $T_L=T_G+T_0$，电动机的转矩和转速都是负的，故机械特性曲线在第三象限，如图6-3中的曲线③所示，工作点为 C 点，转速为 n_3。当降低供电频率而减速时，由于惯性，机械特性已经切换至曲线④，工作点由 C 点跳变至 C' 点，进入第四象限，电动机处于反向的再生制动状态(发电机状态)，其转矩变为正方向，以减慢重物下降的速度，所以也是制动转矩。随着重物下降的速度减慢，又会进入第三象限，至 D 点处于稳定状态。D 点便是频率降低后的新工作点，这时转速为 n_4。

(3) 重载下降

重载时，重物因自身的重力而下降，$T_L=T_G-T_0$，电动机的旋转速度将超过同步转速而进入再生制动状态。电动机的旋转方向是反转(下降)的，但其转矩的方向却与旋转方向相反，是正方向的，其机械特性如图6-4的曲线⑤所示，工作点为 E 点，转速为 n_5。这时，电动机的作用是防止重物，由于重力加速度的原因而不断加速，达到使重物匀速下降的目的。在这种情况下，摩擦转矩将阻碍重物下降，故相同的重物在下降时构成的负载转矩比上升时的小。

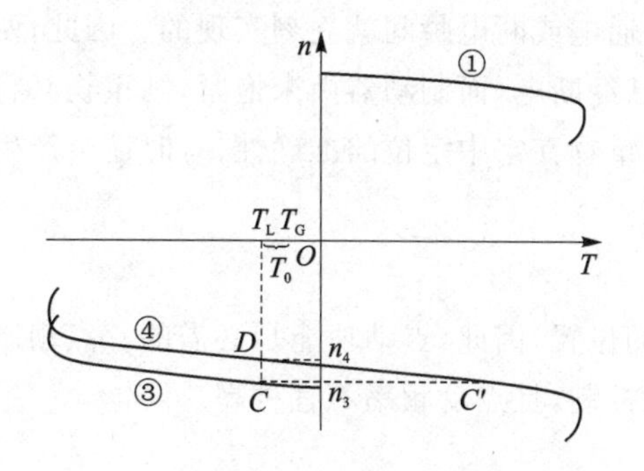

图6-3　空钩下降时的工作点移动

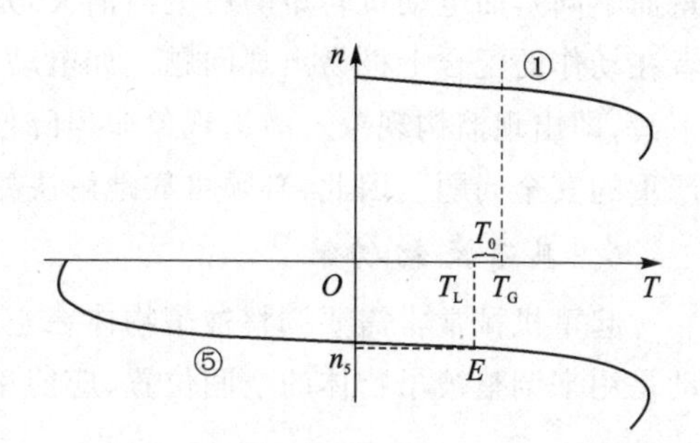

图6-4　重物下降时的工作点移动

6.2.2 起升机构对拖动系统的要求

起升机构的主要部件是吊钩,功率容量较大的桥式起重机通常配有主钩和副钩。这里以主钩为例说明其对拖动系统的要求。

1. 速度调节范围

通常,调速比 $\alpha=3$,调速范围较广者可达 $\alpha \geqslant 10$ 。空钩或轻载时,速度应快一些,重载时则较慢。

要求能频繁启动、制动、停车、反向运行,转速平稳,过渡时间短,能按照一定的速度曲线运行。

2. 上升时的预备级速度

吊钩从床面(地面或某一放置物体的平面)上升时,必须首先消除传动间隙,将钢丝绳拉紧。在原拖动系统中,其第一挡速度称为预备级。预备级的速度不宜过大,以免机械冲击过强。

3. 重力势能的处理

如上分析,起升机构的电动机有时处于再生制动状态,因此,必须妥善解决由重力势能产生的再生电能的处理问题。

4. 制动方法

起升机构中,如没有专门的制动装置,重物在空中是难以长时间停住的。为此,电动机轴上必须加装机械制动装置,常用的有电磁铁制动器和液压电磁制动器等。为了保证制动器的工作安全可靠,多数制动装置都采用常闭式的,即线圈断电时,制动器起作用,依靠弹簧的力量将轴抱住;线圈通电时,制动器松开。

5. 必须解决好溜钩问题

在重物开始升降或停住时,要求制动器和电动机的动作必须紧密配合。由于制动器从抱紧到松开以及从松开到抱紧的动作过程需要时间(约 0.6 s,视电动机的功率容量而不同),而电动机转矩的产生与消失,是在通电或断电瞬间就立刻实现的。因此,两者在动作的配合上极易出现问题。如电动机已经断电,而制动器尚未抱紧,则重物必将下滑,即出现溜钩现象。溜钩现象非但降低了重物在空中定位的准确性,有时还会产生严重的安全问题。因此,必须可靠地解决好。

6. 具有点动功能

起重机械常常需要调整被吊物体在空间的位置,因此,点动功能是必需的。点动制动是用来调整被吊物体的空间位置,应能单独控制,且点动频率不宜过高。

6.2.3 起升机构的变频调速改造

1. 变频调速方案

① 控制模式:一般地,为了保证在低速时能有足够大的转矩,最好采用带转速反

馈的矢量控制方式;但在定位要求不高的场合,也可以采用无反馈矢量控制。

② 启动方式:吊钩从“床面”上升时,需先消除传动间隙,将钢丝绳拉紧。同时为了保证在低速时能有足够大的转矩,应采用S型启动方式。在选用 u/f 控制曲线及设置参数时,应注意这一点。

③ 制动方法:采用再生制动、直流制动和电磁机械制动相结合的方法。

2. 电动机的选择

① 尽量采用原电动机,对于鼠笼转子异步电动机,可以直接配用变频器;对于绕线转子异步电动机,则应将转子绕组短接,并把电刷举起,如图6-5所示。

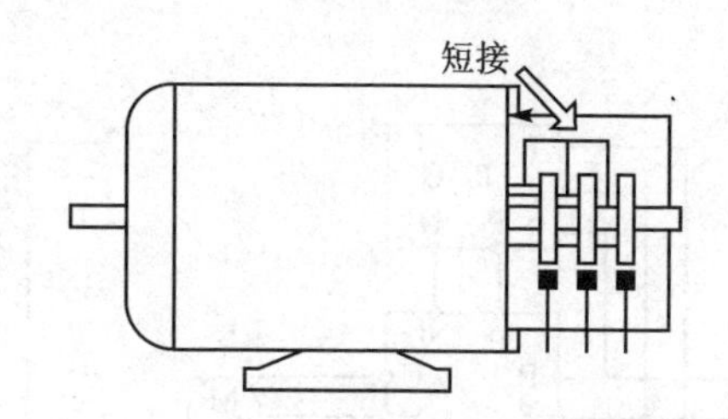

图6-5　绕线转子的短接

② 如果原电动机已经年久失修,需要更换,最好选用变频专用电动机,也可选通用电动机。注意应选YZ,YZR系列的异步电动机,其启动转矩接近于最大转矩,能确保重载启动。不要选Y系列的异步电动机,其启动转矩小于(低频下远小于)最大转矩,不能确保重载启动。

3. 变频器类型和功率容量的选择

① 变频器的选型:选择与“控制模式”对应的类型。

② 变频器功率容量的选择:方法见第4章。但在起重机械中,因为升、降速时电流较大,应求出对应于最大启动转矩和升、降速转矩的电动机电流。通常变频器的额定电流 I_N 应比按第4章中的方法所选数值大1.5～2倍。

此外,主钩与副钩电动机必须分别配用变频器,不能共用。

4. 制动电阻的选择

制动电阻的计算见第4章。这里提示几点:

① 位能的最大释放功率等于起重机构在最大重载的情况下以最高速度下降时电动机的功率,实际上就是电动机的额定功率。

② 制动单元的计算:制动单元的允许电流 I_{VB} 可按工作电流的两倍考虑,即

$$I_{VB} \geqslant \frac{2U_D}{R_B} \tag{6-1}$$

5. 起升机构电能的反馈

近年来,不少变频器生产厂家都推出了把直流电路中过高的泵升电压反馈给电源的新产品或新附件,其基本方式有以下两种,可供选择。

(1) 电源反馈选件

接法如图6-6所示,图中,接线端P和N分别是直流母线的“+”极和“-”极。当直流电压超过极限值时,电源反馈选件将把直流电压逆变成三相交流电反馈回电源去。这样,就把直流母线上过多的再生电能又送回给电源。

(2) 具有电源反馈功能的变频器

其“整流”部分的电路如图6-7所示,图中,$D_1 \sim D_6$是三相全波整流用的二极管,与普通的变频器相同;$T_1 \sim T_6$是三相逆变管,用于将过高的直流电压逆变成三相交变电压并反馈给电源。这种方式不仅节约了电能,并且还具有抑制谐波电流的功效。

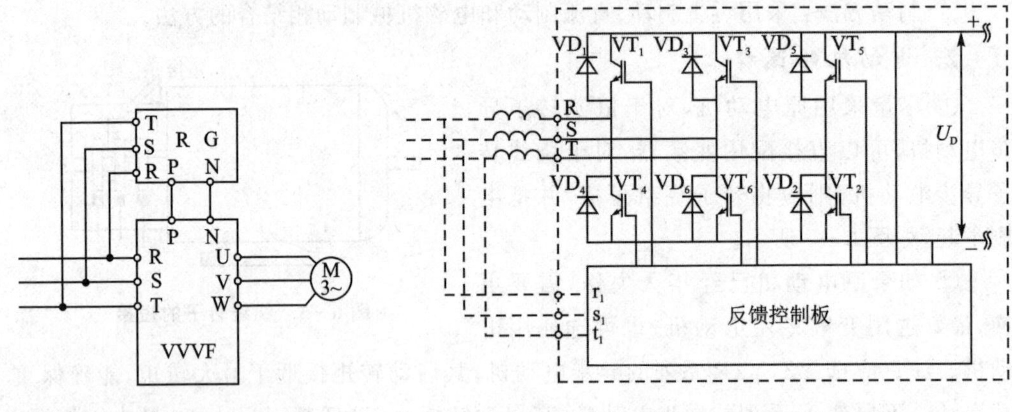

图6-6 电源反馈选件的接法

图6-7 具有电源反馈功能的变频器

6. 公用直流母线

在起重机械中,由于变频器的数量较多,可以采用公用直流母线的方式,即所有变频器的整流部分是公用的。由于各台变频器不可能同时处于再生制动状态,因此,可以互相补偿。公用直流母线方式与电源反馈相结合,结构简洁,并可使起重机械各台变频器的电压稳定,不受电源电压波动的影响。

7. 调速机构

虽然变频器调速是无级的,完全可以用外接电位器来进行调速,但多数用户希望变频调速时的基本操作方法能够和原未变频前的拖动系统的操作方法类同。因此,仍采用左、右各若干挡转速的控制方式,日本安川G7系列变频器就是这样处理的,如图6-8所示。

8. 控制电路

变频系统控制电路是必须考虑的。这里以日本安川G7系列变频器为例,讲述吊钩的变频调速控制电路,如图6-8所示。

控制电路的主要特点是采用了开关、接触器和PLC。

① 变频器的通电与否,由按钮开关SB_1和SB_2通过接触器KM_1进行控制。

② 电动机的正、反转及停止由PLC控制变频器的输入端子S_1和S_2来实现。

③ YB_1是制动电磁铁,由接触器KMB控制其是否通电;KMB的动作则根据在起升或停止过程中的需要来控制。

④ SA是操作手柄,正、反两个方向各有7挡转速。正转时接近开关SQF_1动作,反转时接近开关SQR_1动作。

⑤ SQF_2是吊钩上升时的限位开关,开关SB_3和SB_4是正、反两个方向的点动按钮。

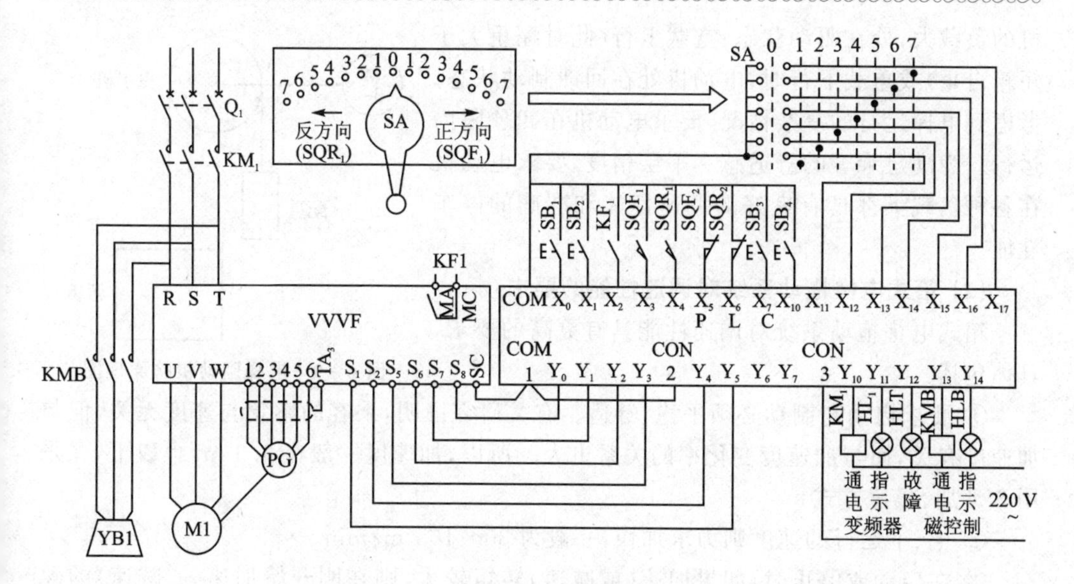

图6-8 吊钩的变频调速方案

⑥ PG是速度反馈用的旋转编码器,是有反馈矢量控制所必需的。

6.3 箱式电梯设备的变频调速

6.3.1 箱式电梯与起升机构的异同

1. 箱式电梯与起升机构的共同点

① 都是恒转矩负载;

② 都有频繁启动、制动,转速变化大,对动、静态性能要求高的特点,都有进行变频技术改造的必要性;

③ 都有电动机四象限运行,存在电能回馈的问题。

2. 箱式电梯与起升机构的不同点

(1) 箱式电梯有配重

图6-9所示为电梯驱动机构原理图。动力来自电动机,一般选11 kW或15 kW的异步电动机。曳引机的作用有三个:一是调速;二是驱动曳引钢丝绳;三是在电梯停车时实施制动。

为了加大载重能力,钢丝绳的一端是轿箱,另一端加装了配重装置,配重的重量随电梯载重的大小而变化。计算公式为

$$配重的重量=(载重量/2+轿箱自重)\times 45\%$$

式中:45%为平衡系数,一般要求平衡系数在45%~50%范围。

还有导向轮,用于防止配重和轿箱之间的碰撞。

这种驱动机构可使电梯的载重能力大为提高,在电梯重载上行或空载下行时,电动

机的负载大,处在驱动状态;空载上行(此时配重大于轿箱自重)或重载下行时,电动机处在回馈制动状态。考虑到电梯运行的复杂情况,要求电动机在四象限内运行。为满足乘客的舒适感和平层精度,要求电动机在各种负载下都具有良好的调速性能和准确的停车性能。

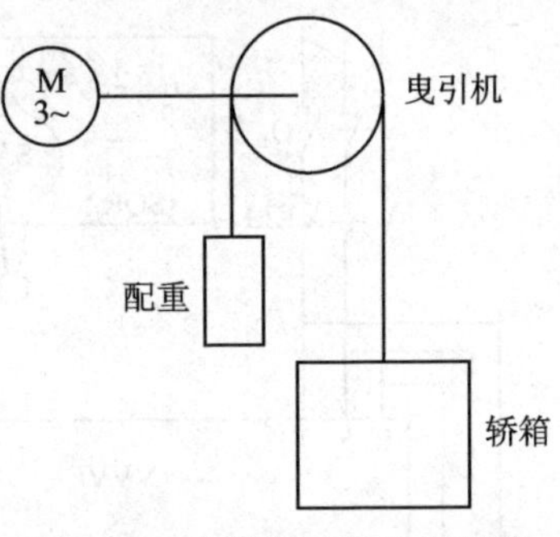

图 6-9 电梯驱动机构原理图

(2) 箱式电梯拖动系统对调速性能的要求

箱式电梯拖动系统对调速性能具有更高的要求,具体包括:

① 要求启动与制动必须平稳、舒适。有关研究证明,乘客的感觉与速度无关,但与加速度有关,而与加速度变化率的关系更大。所以,加速度一般在 0.9 m/s^2 以下,并采用S形加、减速方式。

② 上、下运行的速度则力求加快,一般为 30～105 m/min。

③ 在启动或停止时,如果加速(或减速)转矩较大,则在刚开始加速(或减速)的瞬间,总会有一点冲击的感觉。为了消除这种感觉,确保运行平稳,在某些电梯专用变频器中,还增加了"S形转矩控制模式"。在启动或停止时,转矩是逐渐增加或减小的,使乘客无冲击的感觉。

(3) 箱式电梯拖动系统对工作过程控制的要求

箱式电梯是载人的,情况复杂。开门、关门;上行、下行;加速、稳速、减速;呼梯;信息搜索与判断;平层;等等。因此对工作过程的控制有严格的要求。

6.3.2 箱式电梯的变频调速

过去,高速、超高速电梯采用的晶闸管直流调压供电方式,由于使用直流电动机,增加了维护换向器和电刷等麻烦,而且晶闸管相位控制在低速运行时功率因数较低。中、低速电梯所采用的速度控制方式主要是笼形变极电动机的晶闸管定子调压调速控制。这种方式很难实现转矩控制,且低速时由于使用在低效率区,能量损耗大,此外功率因数也很大。

现在,采用变频器可大幅度改善电梯系统的性能,克服这些缺点。

1. 变频调速方案

总体上与起升机构类同(参看 6.2.3 节)。

2. 变频调速系统

变频调速系统可选方案很多,图 6-10 所示为一种高速、超高速电梯变频调速系统。整流器采用晶闸管(实行可控整流)可逆 PWM 控制方式,起到了将负载端产生的再生功率送回电源的作用。对于中、低速电梯,其系统的整流器使用二极管,变频器使用晶闸管,但整流效果不如晶闸管,容易产生转矩波动,使电动机电流波形不太接近正弦波,会产生电动机噪声。从电梯的电动机侧看,包括绳索在内的机械系统具有 5～10 Hz 的固有振荡频率。如果电动机产生的转矩波动与该固有频率一致,就会产生谐振，影响乘坐的舒适性。

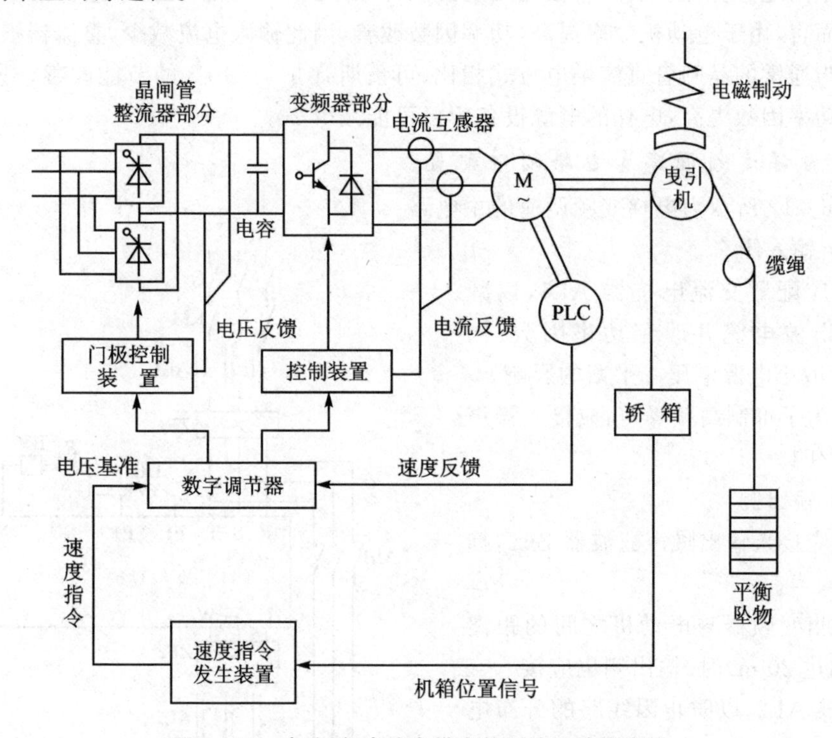

图 6-10 高速、超高速电梯变频调速系统构成图

与起升机构类同，该系统采用了转速反馈，抑制转矩波动；同时有电流反馈、电压反馈，提高了控制精度；还有位置反馈，适应电梯位置判断的需要。

变频器控制超高速电梯的运行特性如图 6-11 所示。从舒适性考虑，加、减速度的最大值通常限制在 0.9 m/s^2 以下。

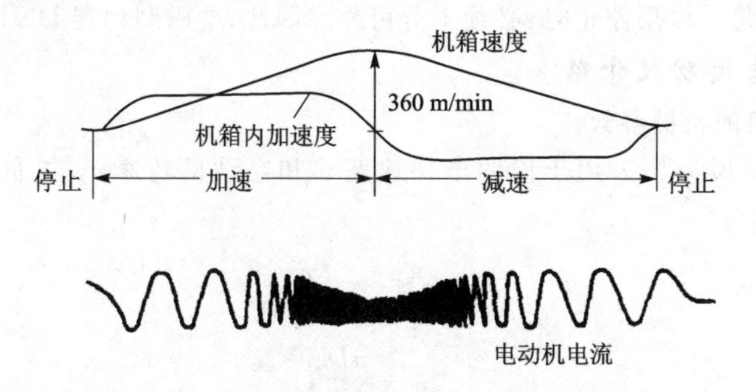

图 6-11 变频器控制超高速电梯的运行特性

由于必须使电梯从零速到最高速平滑地变化，变频器的输出频率应从几乎是零频率开始到额定频率为止平滑地变化。

对于中、低速电梯，变频方式与通常的定子电压控制相比较，耗电量减少 1/2 以上，且平均功率因数显著改善，电源设备容量也下降了 1/2 以上。

对于高速、超高速电梯(现在已发展到用低噪声的IGBT逆变器来进行矢量控制),就节能而言,由于电动机效率提高,功率因数改善,因此输入电流减少,整流器损耗相应减少。与通常的晶闸管直流供电方式相比,可预期有5%~10%的节能改善。另外,由于平均功率因数提高,电梯的电源设备容量可能减少20%~30%。

3. 电梯变频调速主电路附件配置

图6-12所示为电梯变频调速的主电路。

(1) 输入侧

① 应配置交流电抗器AL1,以减小高次谐波电流并改善功率因数;同时,还能减小电源电压不平衡的影响。

② 为了抑制高频噪声,应接入噪声滤波器ZF1。

(2) 输出侧

① 应接入输出噪声滤波器ZF2,抑制高频噪声。

② 当变频器与电动机之间的距离较长(超过20 m)时,输出侧也应接入交流电抗器AL2,以防止因线路的分布电容而引起过电流。

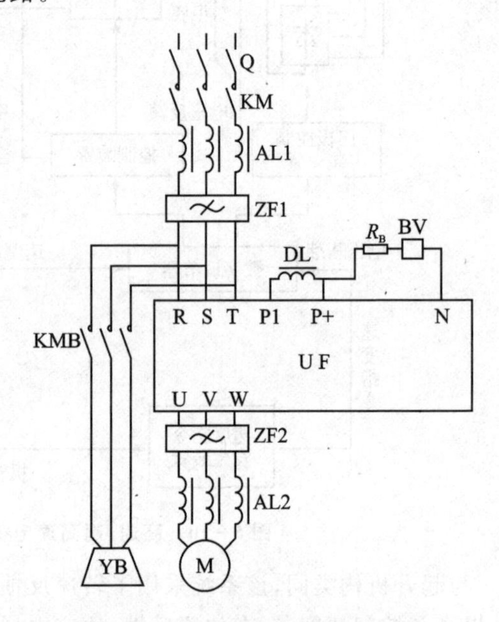

图6-12 电梯变频调速的主电路

(3) 制动装置

① 由于电梯在重载下降时,电动机处于再生状态。因此,外接制动电阻R_B与制动单元BV是必需的。

② 电梯在每一楼层停止时,必须十分可靠。因此,电磁制动器DL也是必需的。

4. 电梯专用功能介绍 *

(1) 牵引机的机械参数

牵引机的机械参数x用于说明电梯速度v和电动机转速n_M之间对应关系的参数,其计算公式为

$$v=\frac{n_M}{60}\times\frac{x}{1\,000} \tag{6-2}$$

$$x=\frac{\pi D}{\lambda Z} \tag{6-3}$$

式中:v为电梯的速度,m/s;

n_M为电动机的转速,r/min;

x为机械参数,即功能码(P1.07)中预置的数据码;

D为牵引机的直径,mm;

λ为传动比;

Z 为绕绳方式，由电梯配置决定。

（2）转矩补偿系数的调整

一方面，电梯的乘客人数是不定的，其负载转矩也就总在变动。另一方面，电梯在每次运行过程中，其负载又是不变的。

因此，电梯在每次关门后，可以根据称重的信号，对电动机的转矩进行调整（补偿），调整的框图如图 6－13 所示。用户主要预置两个参数：

① 转矩补偿系数是一个以额定转矩为基数的百分数，称为转矩偏置。

② 转矩增益是补偿量的放大倍数。

经过调整后的转矩补偿信号，与 ASR（自动转速调整器）的信号相叠加，得到变频器的转矩指令。

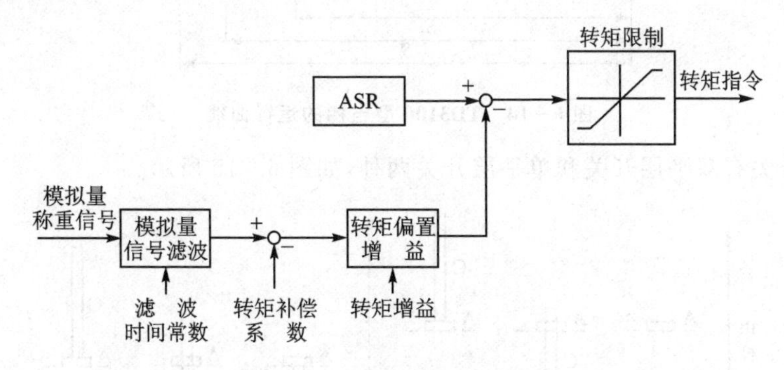

图 6－13　转矩补偿的调整框图

（3）距离控制功能

电梯的运行有以下特点：

① 每次运行的距离是随机的，因此，每次运行时，其运行曲线（包括最高转速升、降速时的 S 形曲线等）都应该随运行距离而变化。

② 运行距离又是分级的，每增加一个楼层，运行距离就增加一级。运行曲线没必要每增加一个楼层，就变化一次。一般来说，运行距离包含的楼层较少时，运行曲线的变化应频繁些；反之，运行距离包含的楼层较多时，运行曲线的变化不必太频繁；当运行距离包含的楼层超过一定数量时，运行曲线就没有必要再变化了。

比如，TD3100 型号的变频器给出了 6 种运行曲线，如图 6－14 所示。

6 条曲线的 S 形拐点的转速（$v_1 \sim v_6$）、最高转速（$v_{\max1} \sim v_{\max6}$）和运行距离（$S_1 \sim S_6$）都可以由用户根据具体情况进行预置。

除此以外，用户还应将总的楼层数和最大的楼层高度预置给变频器，以便变频器根据运行间隔包含的楼层来判断运行距离和选择运行曲线。

（4）平层的调整功能

平层，就是使电梯恰到好处地停稳在每一楼层的楼面。在每一楼层的楼面处，都有产生平层信号的平层感应器，也称为平层开关。另一方面，在电梯的底部，有一个隔磁板。隔磁板靠近平层开关，便得到平层信号。

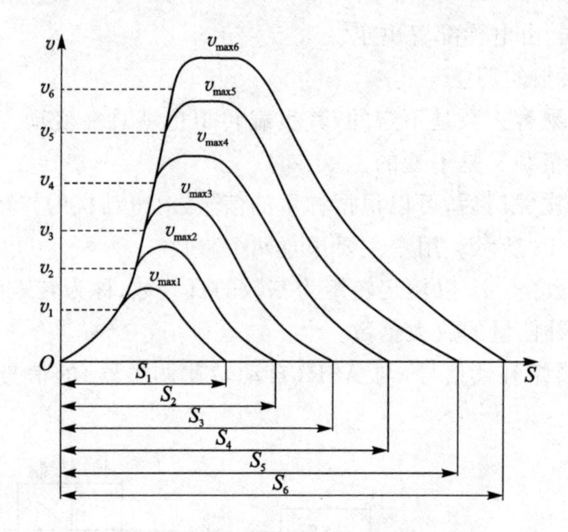

图 6-14 TD3100 型电梯的运行曲线

平层开关有双平层开关和单平层开关两种,如图 6-15 所示。

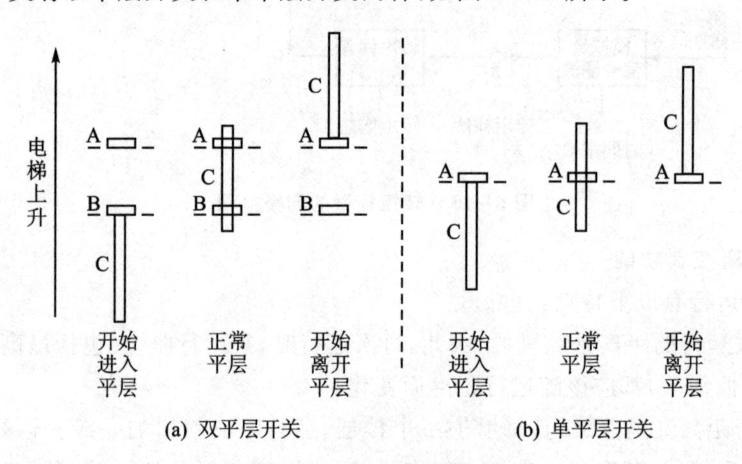

图 6-15 平层信号的产生

图 6-15(a)是双平层开关的情形,A 和 B 是两个平层开关,C 是隔磁板。当隔磁板同时接近 A、B 两个平层开关时,将产生平层信号。

图 6-15(b)是单平层开关的情形,隔磁板接近平层开关时,便产生平层信号。

为了提高平层效果,变频器设置了一个平层距离调整的功能,供用户酌情调整。

6.4 水泵、风机的变频调速

水泵、风机都是二次方率负载,其变频调速技术有共性。本节以水泵为例,讨论它们的变频调速问题。

变频调速以其优异的调速和启动、制动性能,高效率、高功率因数和显著的节电效果，在城市供水、污水处理的水泵驱动系统得到了广泛的应用。

6.4.1 水泵变频调速节能原理

图6-16是一个生活小区供水系统的基本模型。水泵将水池中的水抽出，并上扬至所需高度，以便向生活小区供水。

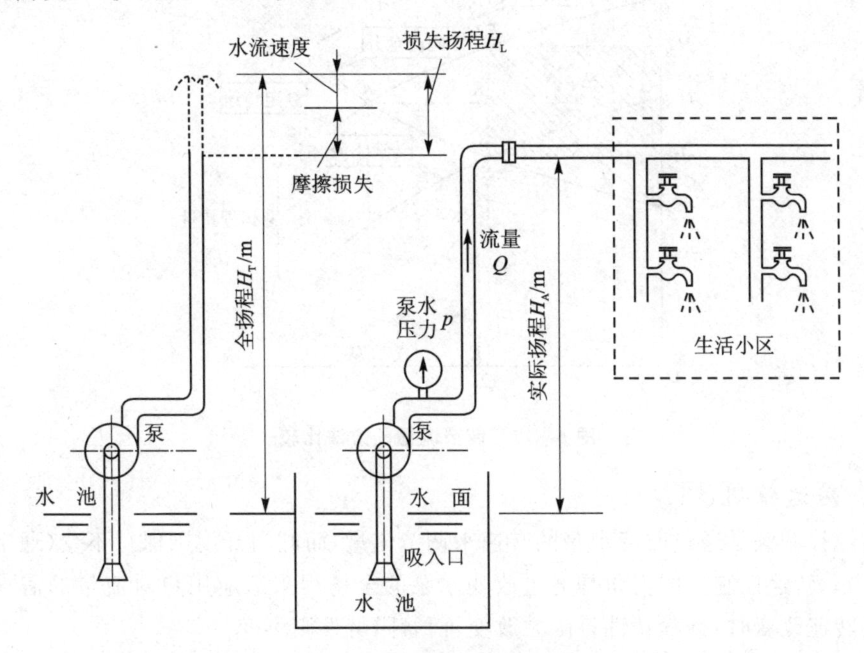

图6-16 水泵供水的基本模型

在供水系统中，最根本的控制对象是流量。因此，要讨论节能问题，必须从考察调节流量的方法入手。常见的方法有阀门控制法和转速控制法两种。在这里转速控制是通过变频技术实现的。

1. 阀门控制法

阀门控制法是通过关小或开大阀门来调节流量，而转速则保持不变(通常为额定转速)。

阀门控制法的实质是：水泵本身的供水能力不变，而是通过改变水路中的阻力大小来改变供水的能力(反映为供水流量)，以适应用户对流量的需求。这时，管阻特性将随阀门开度的改变而改变，但扬程特性则不变。所谓扬程 H，是指水泵的抽水能力，表示该水泵可以把水从水面上扬的高度。扬程特性则是指扬程 H 与水泵中水的流量 Q 的关系，如图6-17曲线①和④所示。可以看出，流量增大，扬程降低。管阻特性则是指在管道对水流的阻力与流量的关系。通常，在管阻一定情况下，扬程 H 与流量 Q 的关系是一族曲线，如图6-17中曲线②和③分别表示两个管道的管阻特性，可以看出，在管阻一定的情况下，流量加大，扬程升高。图6-17表明，如用户所需流量从 Q_A 减小到 Q_B，当通过关小阀门来实现时，管阻特性将由曲线②改变为曲线③，而扬程特性则保持为曲线①,故供水系统的工作点由 A 点移至 B 点,这时流量减小了,但扬程却从 H_{TA} 变为 H_{TB}。由图可知,供水功率 P_G 的节省与面积 $ODAG$ 和面积 $OEBF$ 之差成正比,即与面积 $EDAK$ 和面积 $GKBF$ 之差成正比。

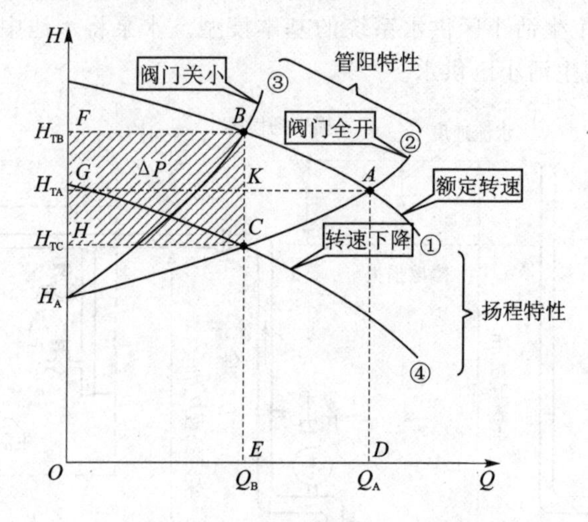

图 6-17 调节流量的方法比较

2. 转速控制法

转速控制法是通过改变水泵的转速来调节流量,而阀门开度则保持不变(通常为最大开度)。转速控制法的实质是通过改变水泵的全扬程来适应用户对流量的需求。当水泵的转速改变时,扬程特性将随之改变,而管阻特性则不变。

仍以图 6-17 中用户所需流量从 Q_A 减小为 Q_B 为例,当转速下降时,扬程特性下降为图 6-17 的曲线④,管阻特性则仍为曲线②,故工作点移至 C 点。可见在水量减小为 Q_B 的同时,所需扬程减少为 H_{TC}。供水功率 P_G 的减少量与面积 $ODAG$ 和面积 $OECH$ 之差成正比,即与面积 $EDAK$ 和面积 $HCKG$ 之和成正比。

当然,上面的讨论,以最低扬程必须能保证所有用户的需求为基础。

3. 几点结论

(1) 供水功率的比较

比较上述两种调节流量的方法,可以看出:在所需流量小于额定流量的情况下,转速控制时的所需扬程比阀门控制时小得多,所以转速控制方式所需的供水功率也比阀门控制方式小得多。这是变频调速供水系统具有节能效果的最基本的方面。

(2) 从水泵的工作效率看节能

工作效率的定义:水泵的供水功率 P_G 与水泵轴功率 P_P 之比,即为水泵的工作效率 η_P。用公式表示为

$$\eta_P = P_G / P_P \tag{6-4}$$

式中:水泵的轴功率 P_P 是指水泵轴上的输入功率(即电动机的输出功率)。而水泵的供水功率 P_G 是根据实际供水的扬程和流量算得的功率,是供水系统的输出功率。

因此，这里所说的水泵工作效率，实际上包含了水泵本身的效率和供水系统的效率。

根据有关资料介绍，水泵工作效率相对值 η^* 的近似计算公式为

$$\eta^* = C_1(Q^*/n^*) - C_2(Q^*/n^*)^2 \tag{6-5}$$

式中：η^*, Q^*, n^* 分别为效率、流量和转速的相对值（即实际值与额定值之比的百分数）；C_1, C_2 分别为常数，由制造厂家提供。C_1 与 C_2 之间有 $C_1 - C_2 = 1$ 的关系。式(6-5)表明，水泵的工作效率主要取决于流量与转速之比。

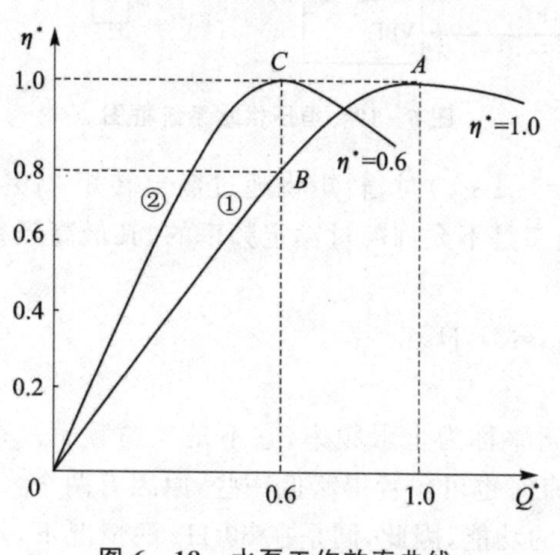

图 6-18　水泵工作效率曲线

由式(6-5)可知，当通过关小阀门来减小流量时，由于转速不变，$n^* \neq 1$，比值 $Q^*/n^* \neq$ 常数，其效率曲线如图 6-18 中的曲线①所示。当流量 $Q^* = 60\%$ 时，其效率将降至 B 点。可见，随着流量的减小，水泵工作效率的降低是十分显著的。

而在转速控制方式下，由于在阀门开度不变的情况下，流量 Q^* 和转速 n^* 是成正比的，比值 Q^*/n^* 不变。其效率曲线因转速而变化，在60%时的效率曲线如图 6-18 中的曲线②所示。当流量 $Q^* = 60\%$ 时，效率由 C 点决定，它和 $Q^* = 100\%$ 的效率（A 点）是相等的。也就是说，采用转速控制方式时，水泵的工作效率总是处于最佳状态。

所以，转速控制方式与阀门控制方式相比，水泵的工作效率要大得多。这是变频调速供水系统具有节能效果的第二个方面。

6.4.2　恒压供水变频调速系统的构成与工作过程

为了对辖区的所有用户保证用水，必须使用恒压供水系统。

1. 恒压供水系统框图

恒压供水系统框图如图 6-19 所示。由图可知，该系统有压力反馈回路，即通过两个控制信号：目标压力信号和反馈压力信号。用这两种信号实现 PID 调节功能。

① 目标信号 X_T 通过外接电位器 R_P 的滑动触点加在变频器的 VRF 端上，通常用百分数表示。目标信号也可以由变频器的键盘直接给定，而不必通过外接电路来给定。

② 反馈信号 X_F 是压力变送器 SP 反馈回来的信号，该信号是一个反映实际压力的信号。

2. 变频器的选型

一般情况下可直接选用“风机、水泵专用型”的变频器系列。但对于杂质或泥沙较多的场合，应根据水泵对过载能力的要求选用通用型变频器。如果是齿轮泵，它属于恒

转矩负载,应选用U/f控制方式的通用型变频器。大部分变频器都给出两条“负补偿”的U/f线。对于具有恒转矩特性的齿轮泵以及应用在特殊场合的水泵,则应以带得动为原则,根据具体工况进行设定。

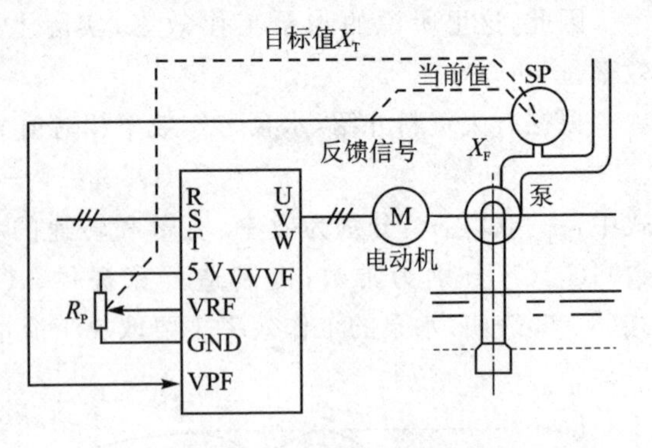

图6-19 恒压供水系统框图

3. 变频器的功能预置

(1) 最高频率

水泵属于二次方律负载,当转速超过其额定转速时,转矩将按二次方规律增加。例如,当转速超过额定转速10%($n=1.1\ n_N$)时,转矩将超过额定转矩21%,导致电动机严重过载。但是,变频器的工作频率是不允许超过额定频率的,其最高频率只能与额定频率相等,即

$$f_{max}=f_N=50\ \text{Hz}$$

(2) 上限频率

与生产机械所要求的最高转速相对的频率称为上限频率,它不是最高频率。一般来说,上限频率也以等于额定频率为宜,但有时也可预置得略低一些,原因有两个:

① 由于变频器内部往往具有转差补偿的功能,因此,同是在50 Hz的情况下,水泵在变频运行时的实际转速高于工频运行时的转速,从而增大了水泵和电动机的负载。

② 在50 Hz运行时,变频已失去用处。这是因为直接在工频50 Hz电源下运行,会损失变频器本身的功率。所以,将上限频率预置为49 Hz或49.5 Hz是适宜的。

(3) 下限频率

在供水系统中,转速过低会出现水泵的全扬程小于基本扬程(实际扬程),形成水泵“空转”的现象。所以,在多数情况下,下限频率应定为30~35 Hz。在其他场合,根据具体情况,也有定得更低的。

(4) 启动频率

水泵在启动前,其叶轮全部是静止的,启动时存在着一定的阻力,在从0 Hz开始启动的一段频率内,水泵实际上转不起来。因此,应适当预置启动频率,使其在启动瞬间有一点冲力。

(5) 加速与减速时间

一般来说,水泵不属于频繁启动与制动的负载,其加速时间与减速时间的长短并不涉及生产效率的问题。因此,加速时间与减速时间可以适当地预置得长一些。通常决定加速时间的原则是:在启动过程中,其最大启动电流接近或略大于电动机的额定电流;减速时间只需和加速时间相等即可。

(6) 暂停(睡眠与苏醒)功能

在生活供水系统中,夜间的用水量常常是很少的,即使水泵在下限频率下运行,供水压力仍可能超过目标值,这时可使主水泵暂停运行。

6.4.3 恒压供水系统的应用实例

1. 调节原理方框图

图6-20所示为变频恒压供水系统框图。其原理是由压力传感器测得供水管网的实际压力，输出的电压信号送入信号处理器，经A/D转换后，输入PLC，在PLC中由控制程序进行压力的比较，即给定压力和管网压力的比较，回送至信号处理器，经过D/A转换后，输出到变频器，对变频器的输出频率进行调节，进而控制水泵电动机的转速以达到恒压的目的。同时PLC根据压力差，输出控制信号，执行相关接触器的动作。

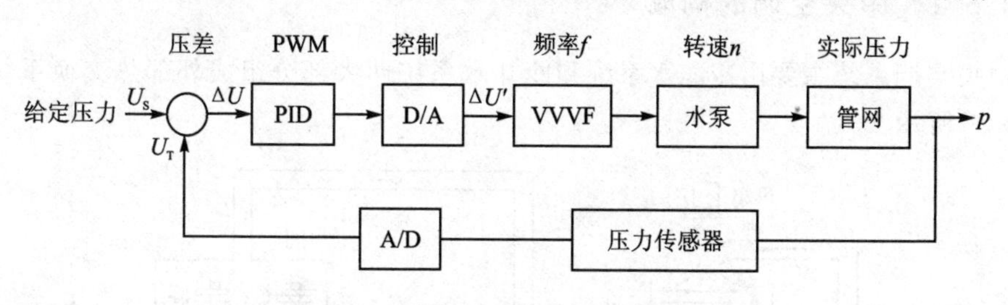

图6-20 变频恒压供水系统控制框图

2. 调节过程

调节过程的工作方式有“恒压”和“恒速”两种。

当工作方式拨钮拨至“恒压”时，通过控制水泵转速调压。由于单泵只能在15～50 Hz间调节，在调节范围内不能达到目的时，可以用增加或减少水泵工作数量的办法，加减泵按1→2→3→4循环顺序选择。

当工作方式拨钮拨至“恒速”时，系统不考虑给定压力值，而是将变频器VVVF的频率调整在0～50 Hz之间的一个固定值上（该值可由调试人员调整），水泵的转速也就不变，供水量也不会随着需要而变化。这种方式一般是在“恒压”状态出现问题时使用，以解决用户之急。若是固定值调得比较好，恒速方式与恒压方式的效果基本是一致的，它也可进行泵的切换使用，不需人工操作。

3. 主要技术参数

- 变频器输出容量：根据水泵电动机选择。
- 变频器输出频率：0.5～50 Hz。
- 频率变化精度：0.01 Hz。
- 频率上升时间：25.0 s。
- 频率下降时间：10.0 s。
- 变频恒压精度：±0.01 MPa。
- 极限恒压精度：±0.02 MPa。
- 生活供水恒压范围：0.1～1.0 MPa。
- 变频器过载能力：不低于120%。

6.5 中央空调的变频调速

对中央空调系统的变频调速改造,实际上就是对中央空调系统的水泵系统进行变频调速改造,与传统的空调是利用温度传感器控制空调的压缩机开机或关机来调节温度不同,变频调速改造是根据冷冻水泵和冷却水泵负载(温差)的变化随之调整电动机的转速,以达到节能的目的。

6.5.1 中央空调的构成

中央空调系统主要由冷冻水系统和冷却水系统两大部分组成外部热交换系统,如图 6-21 所示。

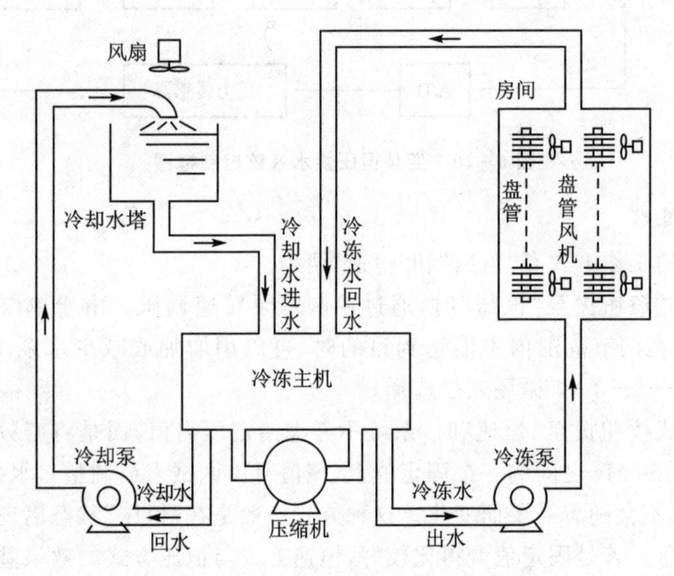

图 6-21 中央空调系统的构成

1. 冷冻主机

冷冻主机也叫制冷装置,是中央空调的"制冷源",通往各个房间的循环水由冷冻主机进行"内部热交换",降温为"冷冻水"。近年来,冷冻主机也有采用变频调速的,是由生产厂原配的,不必再改造。

2. 冷却水塔

冷冻主机在制冷过程中必然会释放热量,使机组发热。冷却水塔用于为冷冻主机提供"冷却水"。冷却水在盘旋流过冷冻主机后,带走冷冻主机所产生的热量,使冷冻主机降温。

3. 外部热交换系统

外部热交换系统由以下几个系统组成。

(1) 冷冻水循环系统

冷冻水循环系统由冷冻泵及冷冻水管道组成。从冷冻主机流出的冷冻水由冷冻泵加压送入冷冻水管道，通过各房间的盘管，带走房间内的热量，使房间内的温度下降。同时，房间内的热量被冷冻水吸收，使冷冻水的温度升高。温度升高了的循环水经冷冻主机后又变成冷冻水，如此循环不止。从冷冻主机流出（进入房间）的冷冻水简称为“出水”，流经所有的房间后回到冷冻主机的冷冻水简称为“回水”。无疑，回水的温度将高于出水的温度，形成温差。

(2) 冷却水循环系统

冷却泵、冷却水管道及冷却塔组成了冷却水循环系统。冷冻水回水和冷却主机进行热交换，冷却主机使冷冻水回水水温降低的同时，释放出大量的热量；该热量被冷却水吸收，使冷却水温度升高。冷却泵将升温的冷却水压入冷却塔，使之在冷却塔中与大气进行热交换，然后再将降了温的冷却水送回到冷却机组。如此不断循环，带走了冷冻主机释放的热量。

流进冷却主机的冷却水简称为“进水”，从冷却主机流回冷却塔的冷却水简称为“回水”。同样，回水的温度将高于进水的温度，形成温差。

4. 冷却风机

冷却风机有两种形式：

① 盘管风机：安装于所有需要降温的房间内，用于将由冷冻水盘管冷却了的空气吹入房间，加速房间内的热交换。

② 冷却塔风机：用于降低冷却塔中的水温，加速将冷却水“回水”带回的热量散发到大气中去。

可以看出，中央空调系统的工作过程是一个不断进行热交换的能量转换过程。在这里，冷冻水和冷却水循环系统是能量的主要传递者。因此，对冷冻水和冷却水循环系统的控制便是中央空调控制系统的重要组成部分。

6.5.2 对中央空调变频调速系统的基本考虑

中央空调变频调速系统的控制依据是：由于中央空调系统通常分为冷冻水和冷却水两个系统，可分别对两个水泵系统采用变频器进行节能改造。

1. 冷冻水循环系统的控制

冷冻水循环系统的控制策略是：温度（差）为主，压差为辅。冷冻水循环系统的控制框图如图 6－22 所示。由于冷冻水的出水温度是冷冻机组“冷冻”的结果，常常是比较稳定的。因此，单是回水温度的高低就足以反映房间内的温度。所以，冷冻泵的变频调速系统，可以简单地根据回水温度进行控制。

该方案在保证制冷末端设备冷冻水流量供给的情况下，确定一个冷冻泵变频器工作的最小工作频率，将其设定为下限频率并锁定，由温度控制器设定一个对应的温度。通过安装在冷冻水系统回水主管上的温度传感器检测冷冻水回水温度，再经由温度控制器根据冷冻水回水温度与设定温度的差，来控制变频器频率的增减，由此构成一个温

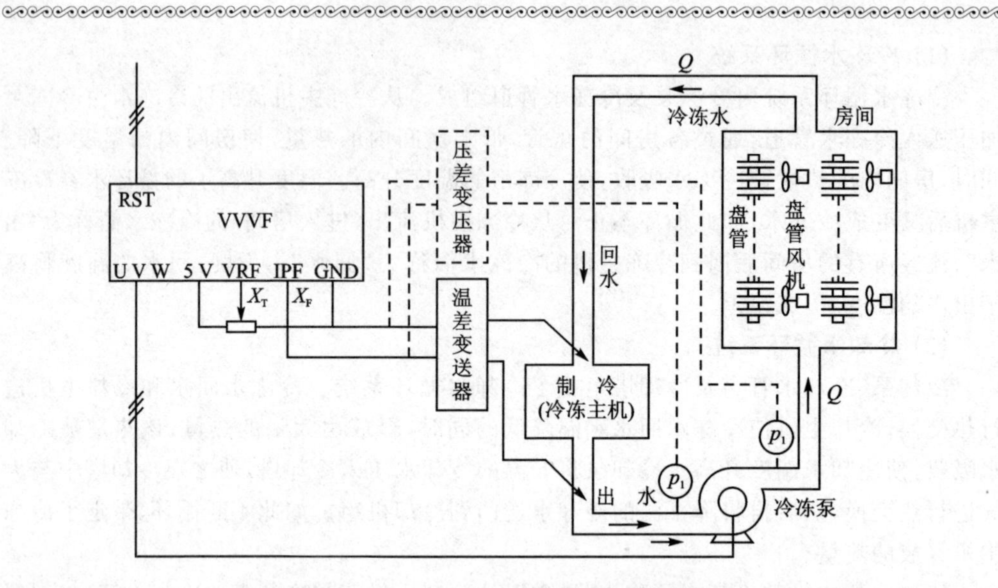

图 6-22 冷冻水循环系统的控制框图

度反馈控制系统。控制方式是:当冷冻回水温度大于设定温度时,频率无级上调。为了确保最高楼层具有足够的压力,再构建一个压差反馈控制系统。在回水管上接一个压力表,如果回水压力低于规定值,电动机的转速将不再下降。

综上所述,以温度(或温差)信号为反馈信号,进行恒温度(差)控制,而目标信号可以根据压差大小作适当调整。当压差偏高时,说明负荷较重,应适当提高目标信号,增加冷冻泵的平均转速,确保最高楼层具有足够的压力。

另外,针对以往改造的方案中,首次运行时温度交换不充分的缺陷,变频器控制系统可增加首次启动全速运行功能,通过设定变频器参数使冷冻水系统充分交换一段时间,然后再根据冷冻水回水温度对频率进行无级调速,并且变频器输出频率是通过检测回水温度信号及温度设定值经 PID 运算而得出的。

2. 冷却水循环系统的控制

冷却水循环系统的控制依据有两条:一是进水和回水间的温差;二是进水温度。详述如下:

最能反映冷冻主机的发热情况、体现冷却效果的是回水温度 t_B 与进水温度 t_A 之间的"温差 Δt",因为温差的大小反映了冷却水从冷冻主机带走的热量。所以把温差 Δt 作为控制的主要依据,如图 6-23所示,图中横坐标是进水温度 t_A。即温差大,说明主机产生的热量多,应提高冷却泵的转速,加快冷却水的循环;反之,温差小,说明主机产生的热量少,可以适当降低冷却泵的转速,减缓冷却水的循环。

一般规定,回水温度不得超过 37 ℃。回水温度太高,将影响冷冻主机的冷却效果。为了保护冷冻主机,当回水温度超过一定值后,整个空调系统必须进行保护性跳闸。

当进水温度低时,允许温差大,冷却水泵的平均转速可以大一些,冷冻主机的冷却效果好一些,但耗能多;当进水温度高时,允许温差小,冷却水泵的平均转速应该低一些,冷冻主机的冷却效果差一些，但耗能少。

实践表明，冷却水循环系统的控制应是温差 $\Delta t = t_B - t_A$ 与进水温度 t_A 的综合控制。即由进水温度 t_A 确定温差 $\Delta t = t_B - t_A \leqslant (37\ ℃ - t_A)$。

进水温度 t_A 低时，有利于冷冻主机的冷却，应主要着眼于节能效果，温差的目标值可比允许的最大温差 $(37\ ℃ - t_A)$ 适当地更低一点，5℃以下；而在进水温度 t_A 高时，不利于冷冻主机的冷却，为了保证冷却效果，温差的目标值应比允许的最大温差 $(37\ ℃ - t_A)$ 适当地稍低一点，3 ℃以下，但绝不能让回水温度超过 37 ℃。

这里介绍一个利用变频器内置的 PID 调节功能，兼顾节能效果和冷却效果，温差与进水温度的综合控制方案，如图 6-24 所示。

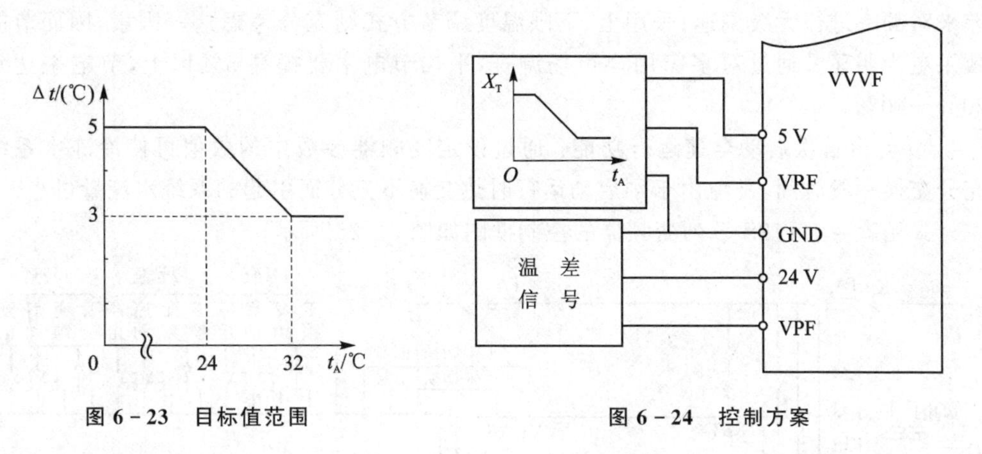

图 6-23　目标值范围　　图 6-24　控制方案

(1) 反馈信号

反馈信号是由温差控制器得到的与温差 Δt 成正比的电流或电压信号 X_T。

(2) 目标信号

目标信号是一个与进水温度有关的，并与目标温差成正比的值，如图 6-23 所示。其基本考虑是：如图中所示，当进水温度高于 32 ℃时，温差的目标值定为 3 ℃；当进水温度低于 24 ℃时，温差的目标值定为 5 ℃；当进水温度在 24～32 ℃变化时，温差的目标将按此曲线自动调速。

6.5.3　对中央空调变频调速系统的另一考虑

目前，保持冷冻水系统不动，单独对冷却水系统进行改造的方案最为常见，节电效果也较为显著。该方案同样在保证冷却塔有一定的冷却水流出的情况下，通过控制变频器的输出频率来调节冷却水流量。当中央空调冷却水出水温度低时，减少冷却水流量；当中央空调冷却水出水温度高时，加大冷却水流量。这样可确保中央空调机组正常工作的前提下达到节能增效的目的。

经多方实践与论证，冷却水系统闭环控制可采用同冷冻水系统类似的控制方式，即只检测冷却水回水温度组成的闭环系统进行调节。与冷却管进、出水温度差调节方式比较，这种控制方式的优点有：

① 只需在中央空调冷却管出水端安装一个温度传感器,简单可靠。

② 当冷却水出水温度高于温度上限设定值时,频率直接优先上调至上限频率。

③ 当冷却水出水温度低于温度下限设定值时,频率直接优先下调至下限频率。而采用冷却管进、出水温度差来调节很难达到这点。

④ 当冷却水出水温度介于温度下限设定值与温度上限设定值之间时,通过对冷却水出水温度及温度上、下限设定值进行PID调节,从而达到对频率的无级调速,闭环控制迅速准确。

⑤ 节能效果更为明显:当冷却水出水温度低于温度上限设定值时,采用冷却管进、出水温度差调节方式没有将出水温度低这一因素加入节能考虑范围,而仅仅由温度差来对频率进行无级调速;采用上、下限温度调节方式则充分考虑这一因素,因而节能效果更为明显。通过对多家用户市场调查,平均节电率要提高5%以上,节电率达到20%~40%。

⑥ 具有首次启动全速运行功能:通过设定变频器参数中的数值可使冷冻水系统充分交换一段时间,避免由于刚启动运行时热交换不充分而引起的系统水流量过小。

采用森兰BT12S系列变频器的控制框图如图6-25所示。

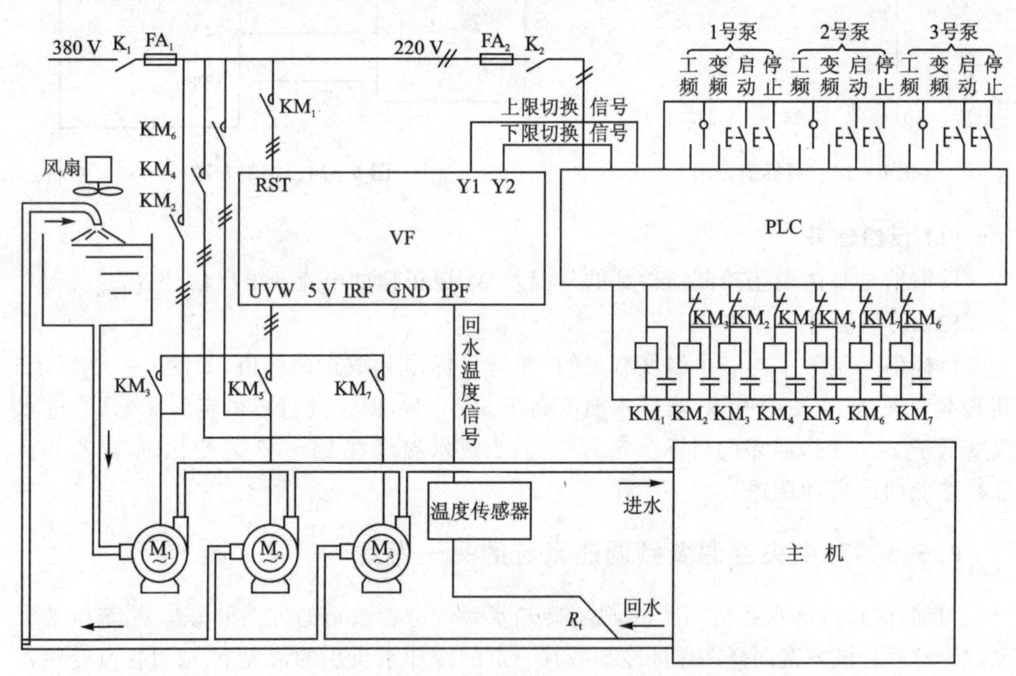

图6-25 采用森兰BT12S系列变频器的控制框图

(1) 3台冷却泵(主电路)具有和工频电源进行切换的功能

1号泵由KM_2和KM_3切换;

2号泵由KM_4和KM_5切换;

3号泵由KM_6和KM_7切换;

KM_1用于接通变频器的电源。

三台冷却泵的工作方式如下：

① 每次运行，最多只需两台泵，另一台为备用。

② 任一台泵都可以选定为主控泵。运行时，首先由 1 号泵作为主控泵，进行变频运行，如频率升高到上限值，而温差仍偏大时，则将 1 号泵切换为工频运行，变频器将与 2 号泵相接，使 2 号泵处于变频运行状态。当变频器的工作频率下降到下限值，而温差仍偏小时，令 1 号泵停机，2 号泵仍处于变频运行状态。

(2) 控制电路采用 PLC 进行控制

要点如下：

每台泵都可以选择"工频运行"方式和"变频运行"方式。当切换开关切换为"变频"位时，该泵将作为主控泵，实现上述控制；而当切换开关切换为"工频"位时，该泵可通过启动和停止按钮进行手动控制，使电动机在工频下运行。

(3) PID 调节

① 反馈信号：在回水管道处安装热电阻 R_t，检测回水温度并与设定值比较，检测值由温度传感器转换成与温度大小成正比的电流信号，作为变频器的反馈信号，接至反馈信号输入端 IPF。

② 目标信号：目标信号是根据实际测试而确定的一个温度设定值，可通过操作面板设置。

③ 目标信号和反馈信号进行比较后，送入变频器内的 PID 调节器用于控制变频器输出的频率。当冷却水出水温度高于温度上限设定值时，频率直接优先上调至上限频率；当冷却水出水温度低于温度下限设定值时，频率直接优先下调至下限频率。

6.6　机床的变频调速改造

金属切削机床的种类很多，主要有车床、铣床、磨床、钻床、刨床和镗床等。金属切削机床的基本运动是切削运动，即工件与刀具之间的相对运动。切削运动由主运动和进给运动组成。

在切削运动中，承受主要切削功率的运动称为主运动。在车床、磨床和刨床等机床中，主运动是工件的运动；而在铣床、镗床和钻床等机床中，主运动则是刀具的运动。

金属切削机床的主运动都要求调速，并且调速的范围往往较大。例如，CA6140 型普通机床的调速范围为 120：1，X62 型铣床的调速范围为 50：1 等。但金属切削机床主运动的调速，一般都在停机的情况下进行，在切削过程中是不能进行调速的。这为在进行变频调速时采用"多挡传动比"方案的可行性提供了基础。

6.6.1　变频器的选择

1. 变频器的容量

考虑到车床是混合性负载，在低速车削毛坯时，常常出现较大的过载现象，且过载时间有可能超过 1 min。因此，变频器的容量应比正常的配用电动机容量加大一挡。

例如,电动机容量是2.2 kW,则由第4章讲过的原则(如式(4-1)所示,或查表4-1)进行选择,按正常情况配用4 kV·A变频器,加大一挡,$S_N=6$ kV·A,再由式(4-2),取电压$U_N=380$ V,$k=1.1$,可选额定电流$I_N=9$ A。

2. 变频器控制方式的选择

① U/f控制方式:车床除了在车削毛坯时负荷大小有较大变化外,以后的车削过程中,负荷的变化通常是很小的。因此,就切削精度而言,选择U/f控制方式是能够满足要求的。但从节能的角度看U/f控制方式并不理想。因为在低速切削时,需要预置较大的U/f,则会出现在负载较轻的情况下,电动机的磁路常处于过饱和状态,励磁电流过大的问题。

② 无反馈矢量控制方式:新的系列变频器在无反馈矢量控制方式下,已经能够做到在0.5 Hz时稳定运行,所以完全可以满足普通车床主拖动系统的要求。由于无反馈矢量控制方式能够克服U/f控制方式的缺点,故是一种最佳选择。采用无反馈矢量控制方式,进行选择时需要注意其能够稳定运行的最低频率(部分变频器在无反馈矢量控制方式下的实际稳定运行的最低频率为5~6 Hz)。

③ 有反馈矢量控制:有反馈矢量控制方式虽然是运行性能最为完善的一种控制方式,但由于需要增加编码器等转速反馈环节,不但增加了费用,而且编码器的安装也比较麻烦。所以,除非该机床对加工精度有特殊需求,一般没有必要采用此种控制方式。

目前,国产变频器大多只有U/f控制功能。但在价格和售后服务等方面较有优势,可以作为首选对象。

6.6.2 变频器的频率给定

变频器的频率给定方式可以有多种,应根据具体情况进行选择。

1. 无级调速频率给定

可以直接通过变频器的面板进行调速,也可以通过外接电位器调速。

在进行无级调速时必须注意:当采用两挡传动比时,存在着一个电动机的有效转矩线小于负载机械特性的区域,如图6-26所示。图中曲线④为低速挡(传动比较大),曲线④′为高速挡(传动比较小),在④和④′之间这个区域(约为600~800 r/min)内,当负载较重时,有可能出现电动机带不动的情况。操作工应根据负载的具体情况,决定是否需要避开该转速段。

2. 分段调速频率给定

由于该车床原有的调速装置是由一个手柄旋转9个位置(包括0位)控制4个电磁离合器来进行调速的,为了照顾用户习惯,调节转速的操作方法不变,故采用电阻分压式给定方法,如图6-27所示。图中,各挡电阻值的大小应使各挡的转速与改造前相同。

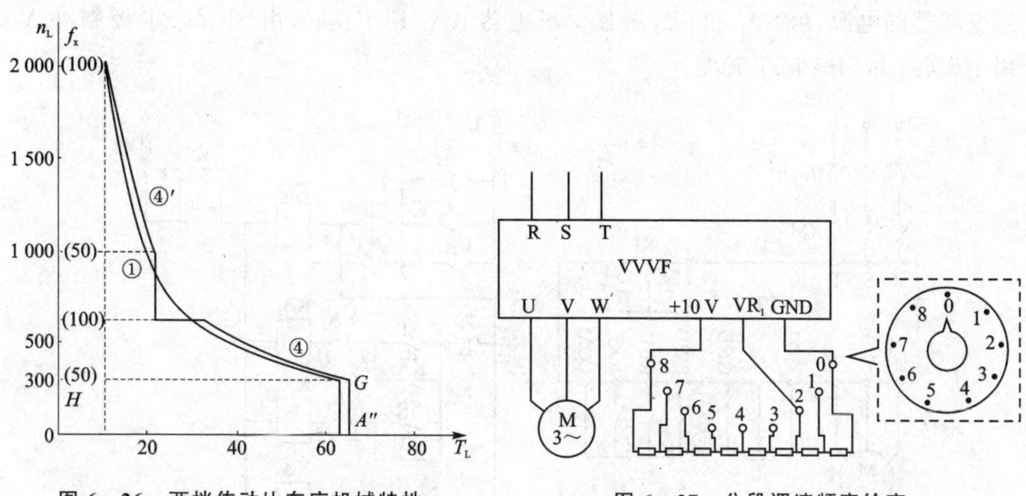

图 6-26　两挡传动比车床机械特性　　图 6-27　分段调速频率给定

3. 配合 PLC 的分段调速频率给定

如果车床还需要进行较为复杂的程序控制，可应用可编程序控制器(PLC)结合变频器的多挡转速功能来实现，如图 6-28 所示。图中，转速挡由按钮开关(或触摸开关)来选择。通过 PLC 控制变频器的外接输入端子 X_1，X_2，X_3 的不同组合，得到 8 挡转速。图中电动机的正转、反转和停止分别由按钮开关 SF，SR，ST 来进行控制。

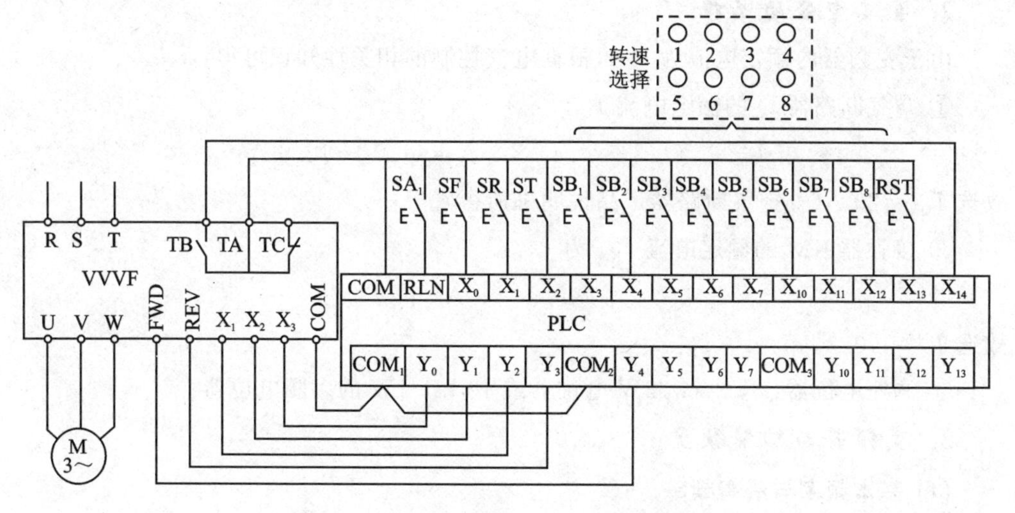

图 6-28　配合 PLC 的分段调速频率给定

6.6.3　变频调速系统的控制电路

1. 控制电路

以采用外接电位器调速为例，控制电路如图 6-29 所示。图中，接触器 KM 用于接通变频器的电源,由 SB_1 和 SB_2 控制。继电器 KA_1 用于正转,由 SF 和 ST 控制;KA_2 用于反转,由 SR 和 ST 控制。

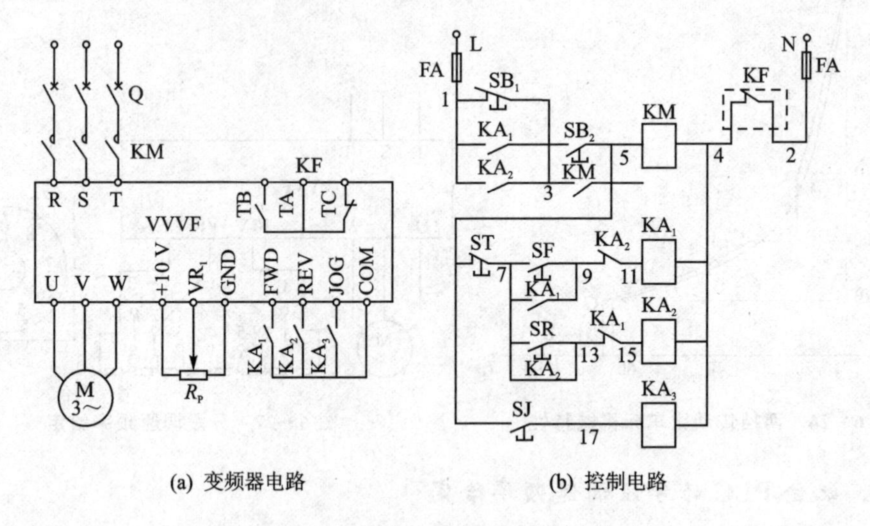

图 6-29 车床变频调速的控制电路

正转和反转只有在变频器接通电源后才能进行;变频器只有在正、反转都不工作时才会切断电源。由于车床需要有点动环节,故在电路中增加了点动控制按钮 SJ 和继电器 KA_3。

2. 主要电器的选择

由于变频器的额定电流为 9 A,根据电气控制的相关性知识可得:

① 空气断路器 Q 的额定电流 I_{QN}

$$I_{QN} \geqslant (1.3 \sim 1.4) \times 9\ \text{A} = 11.7 \sim 12.6\ \text{A}$$

故选 $I_{QN}=20$ A(查空气断路器产品说明书所得)。

② 接触器 KM 的额定电流 I_{KN} 为

$$I_{KN} \geqslant 9\ \text{A}$$

故选 $I_{KN}=10$ A。

③ 调速电位器:选 2 kΩ/2W 电位器或 10 kΩ/1W 的多圈电位器。

3. 变频器的功能预置

(1) 基本频率与最高频率

① 基本频率:在额定电压下,基本频率预置为 50 Hz。

② 最高频率:当给定信号达到最大时,对应的最高频率预置为 100 Hz。

(2) U/f 预置方法

使车床运行在最低速挡,按最大切削量或最大直径的工件情况,逐渐加大 U/f 直至能够正常切削,然后退刀,观察空载时是否因过电流而跳闸;如不跳闸,则预置完毕。

(3) 加、减速时间

考虑到车削螺纹的需要，将加、减速时间预置为 1 s。由于变频器容量已经加大了一挡，加速时不会跳闸。为了避免减速过程中跳闸，将减速时的直流电压预置为 680 V（过电压跳闸值通常大于 700 V）。经过试验，能够满足工作需要就行。

(4) 电动机的过载保护

由于所选变频器容量加大一挡，故必须准确预置电子热保护功能。在正常情况下，变频器的电流取用比为

$$\frac{I_{MN}}{I_N}\times 100\%=\frac{4.8}{9.0}\times 100\%=53\%$$

所以，将保护电流的百分数预置为 55%是适宜的。

(5) 点动频率

根据用户要求，将点动频率预置为 5 Hz 。

习题 6

6.1　说明电力拖动系统中应用变频器有哪些优点。

6.2　简述构建恒压供水变频调速系统时，变频器的选用和功能设置。

6.3　简述风机变频调速的构成，变频器的选用和功能设置。

6.4　简述变频电梯的系统构成，变频器的选用和功能设置。

6.5　简述机床的变频调速系统构成，变频器的选用和功能设置。

6.6　变频调速提升系统的直流回路内接入制动电阻 R_B。如教材图 3-12 的直流部分所示。已知提升电动机功率为 37 kW，电动机启、制动频繁，其额定电流 I_{ed} 为 70 A，直流电压上限值 U_{DH} 取 700 V，容量修正系数 α 取 0.8～1.0。试问：

(1) 制动电阻 R_B 的作用是什么？根据图 3-12，分析制动电阻 R_B 的能耗制动过程。

(2) 若取制动电阻的规格是：20 Ω，5 kW，不久就烧坏了。试根据已知运行参数，分析原因，重新确定制动电阻的正确阻值 R_B 及耗能容量 P_B。

6.7　有一变频器恒压供水系统，如图 6-30 所示。设水泵供电电压为 380 V，请分析下列问题：

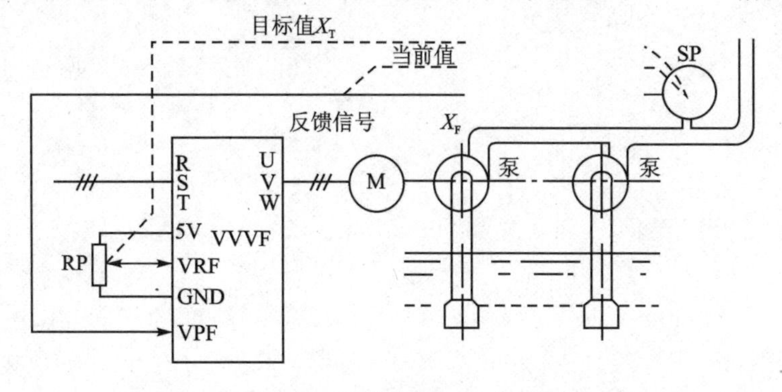

图 6-30　变频器恒压供水系统

(1) 若变频调速电机为22 kW,额定电流为43 A;试选择塑壳断路器、快速熔断器和输入接触器的规格与参数(塑壳断路器、快速熔断器与接触器的规格参数如表6-4所列)。

(2) 水泵是二次方律负载,在实行变频调速时,其上限频率与额定频率的关系如何?下限频率是怎样定的?

(3) 如果变频器运行后,供水系统流量计不能正常工作了,是什么原因?可采取哪些措施来解决?

(4) 若该变频器恒压供水系统使用四台水泵,试比较用一台变频器和用四台变频器的节能效果。

表6-4 塑壳断路器、快速熔断器与接触器的规格参数

类别	规格				
	16A	20 A	25 A	32 A	40 A
断路器	√	√	√	√	√
熔断器			√		
接触器	12	18	√	√	√
类别	规格				
	50A	63 A	80 A	100 A	125 A
断路器	√	√	√	√	√
熔断器		√	75	√	150
接触器	√	65	√	105	√

第 7 章　变频器的安装、维护与调试

变频器的安装、维护与调试是技术性很强的工作，要求有扎实的电工、电子及电气控制等方面的理论基础。另外，由于变频器种类繁多，制造厂家各有侧重，所以维护者要注意收集资料，总结所用变频器的运行规律和特点，从而更好地使用和维护变频器。本章从变频器安装、维护与调试应具备的基础知识、故障诊断、原因分析、维护保养、变频器的特殊异常状态及其对策等方面进行讨论。

7.1　三菱 FR－A－500 系列变频器

国内外已有众多生产厂家定型生产多个系列的变频器，基本使用方法和提供的基本功能大同小异。根据功率的大小，变频器的外形有盒式和柜式两种。

三菱变频器是日本三菱公司研发、生产的。其产品规格齐全，使用简单，调试容易，可靠性好。三菱变频器中使用最多的是 FR－500 和 FR－700 两大系列。现在对其产品型号作一简介。

三菱 FR－500 系列变频器的型号组成以及代表的意义如图 7－1 所示。

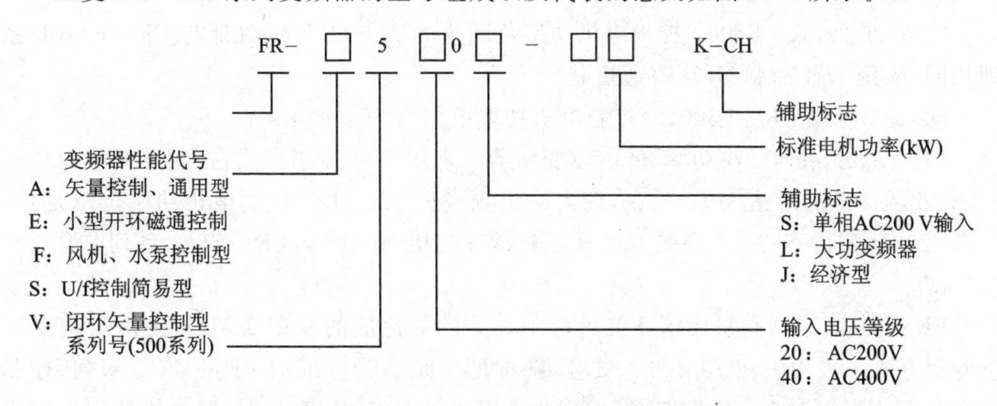

图 7－1　三菱 FR－500 系列变频器的型号组成以及代表的意义

例如：FR－E520S－2.2K－CH 为 FR－500 系列、开环磁通控制的小型变频器，输入电源为单相 AC200V，最大可以控制的电机功率为 2.2 kW；而 FR－A－540－5.5K－CH 为 FR－500 系列、矢量控制通用型变频器，输入电源为三相 AC400 V，最大可以控制的电机功率为 5.5 kW。

三菱变频器可控制的电机功率为 0.4～630 kW，但配套的电机功率等级与国内标准稍有不同，如无 1.1 kW 规格等，在选用时应注意。

FR－500 系列变频器根据性能分为 A500，E500，F500，S500，V500 五大类，不同系

列产品的特点如下：

FR－A500系列是一种高性能的通用变频器，统一用三相AC400 V供电，因此基本型号为标准型FR－A540，控制电机的功率范围为0.4～55 kW；此外还有大功率型FR－A540L，控制电机的功率范围为80～375 kW。FR－A540系列可以采用U/f控制、磁通控制与矢量控制方式，还具有闭环控制选择功能。控制通用感应电机时，有效调速范围可达1∶120，最大输出频率为400 Hz，可以适应各种负载的大范围无级调速。

FR－E500系列是一种高性价比的小功率通用变频器，在机床、纺织行业应用较广。系列产品中有使用单相电源的AC200系列(FR－E520S系列)，三相电源的AC200系列(FR－E520系列)，三相电源的AC400系列(FR－E540系列)三大类。

FR－E520S系列适应电机的功率范围为0.4～2.2 kW；FR－E520与FR－E540系列适应电机的功率范围为0.4～7.5 kW。

FR－E500系列采用U/f控制、开环磁通控制与开环矢量控制方式，控制通用感应电机时，有效调速范围可达1∶60，最大输出频率为400 Hz，适应各种负载的大范围无级调速。

FR－F500系列有效调速范围可达1∶10，最大输出频率为120 Hz。适应于轻载启动、无过载要求的风机、水泵类负载。基本型号为标准型FR－F540，统一用三相AC400 V供电。根据功能，可分为以下三类：

① 经济型FR－F500J：控制电机功率范围为0.4～15 kW；可以采用U/f控制，其外观、性能与FR－S500系列接近。

② 标准型FR－F500：控制电机功率范围为0.75～55 kW；性能与FR－F540L系列相同；采用U/f控制、开环磁通控制。

③ 大功率型FR－F500L：控制电机功率范围为75～400 kW。

FR－S500系列是小功率、低价位变频器。采用U/f控制方式，控制通用感应电机时，有效调速范围可达1∶10左右，最大输出频率为120 Hz。控制电机功率范围是：单相AC200V FR－S520系列是0.2～1.5 kW；三相AC400V FR－S540系列是0.4～3.7 kW。

FR－V500系列是采用闭环矢量控制方式的高性能的专用变频器，需配套使用三菱专用电机。采用三相AC400V供电，基本型号统一为标准型FR－V540系列，控制电机功率范围为1.5～55 kW。还有大功率型FR－V540L系列，控制电机功率范围为80～250 kW。控制三菱专用电机时，有效调速范围可达0～3 600 r/min，而1 500 r/min以下为恒转矩调速，1 500～3 600 r/min之间为恒功率调速，可用于位置、速度和转矩控制，可以作为数控机床的主轴驱动器或要求不高的伺服驱动器。

三菱FR－700系列变频器的型号组成以及代表的意义与FR－500系列相同。有：

① FR－A740和FR－A720高性能矢量变频器系列，采用开环或闭环矢量控制方式的高性能的专用变频器，功率范围为0.4～500 kW，轻载时可达630 kW。在无速度反馈，控制通用感应电机时，有效调速范围可达1∶200，最大输出频率为400 Hz，转速可达120 rad/s(20 Hz)，过载能力可达200％。若采用速度反馈和三菱专用电机，有效调

速范围可达1∶1 500,最大输出频率为400 Hz,转速可达300 rad/s(48 Hz)。采用闭环控制时,在“零速”时即可输出伺服锁定转矩,有效调速范围可达0～3 600 r/min,90～1 800 r/min以内为恒转矩调速,1 800～3 600 r/min之间为恒功率调速,其整体性能已接近交流主轴驱动器或伺服驱动器,可用于位置、转矩控制。

② 还有FR-D720,FR-D720S及FR-D740简易型变频器系列,FR-E720、FR-E720S及FR-E740经济型变频器系列,FR-F740和FR-F740S风机水泵型节能变频器系列。

FR-F740可以采用U/f控制、开环磁通控制方式,额定负载下的有效调速范围可达1∶20,最大输出频率为400 Hz,转速可达30 rad/s。适应于对启动转矩和过载有要求的场合。当过载120%时,功率范围是0.75～500 kW,轻载(110%)时可达630 kW。

现以三菱FR-E500系列盒式变频器为例,介绍变频器的外观、面板及接线端子。

变频器的内部结构相当复杂,除了由电力电子器件组成的主电路外,还有以微处理器为核心的运算电路、检测电路、保护电路、驱动电路、隔离电路及控制电路。对大多数用户来说,变频器是作为整体设备使用的,可以不必深究其内部电路的原理,但对变频器的基本结构有个了解还是非常必要的。

7.1.1　变频器的外形与结构

变频器的外形根据功率的大小有盒式和柜式两种。变频器的内部结构比较复杂,打开变频器的外壳盖,可直接观察到的外部结构如图7-2所示。

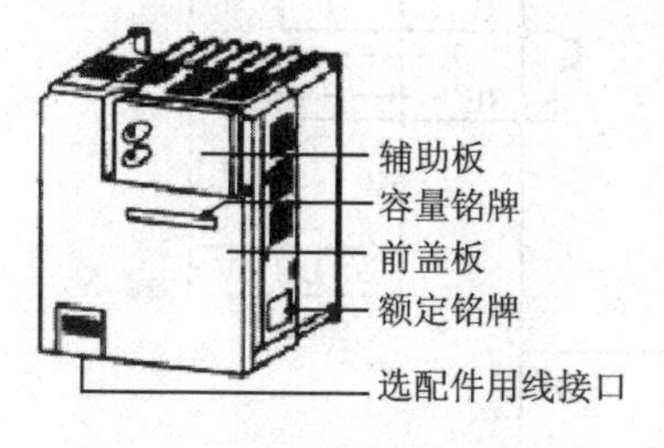

(a) 变频器前视图

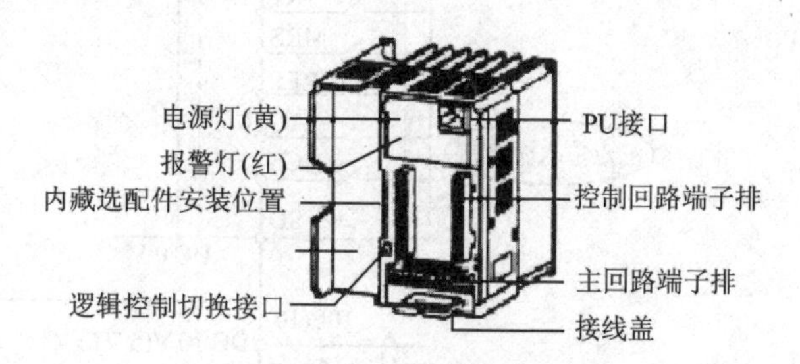

(b) 拆掉前盖板和辅助板后看到的变频器内部

图7-2　变频器的结构与外形

下面分别对变频器的结构与外形进行讲解。

1. 主电路接线端

三菱FR-E500系列变频器主电路的各接线端连接如图7-3所示。

① 输入端:其标志为L1,L2,L3,有的标志为R,S,T,接工频电源。输入端绝对不能接错,否则,逆变器会迅速烧坏。

② 输出端:其标志为U,V,W,接三相鼠笼型电动机。

③ 直流电抗器接线端:将直流电抗器接至“P(+)”与P_1之间可以改善功率因数。出厂时“P(+)”与P_1之间有一短路片相连,需接电抗器时应将短路片拆除。

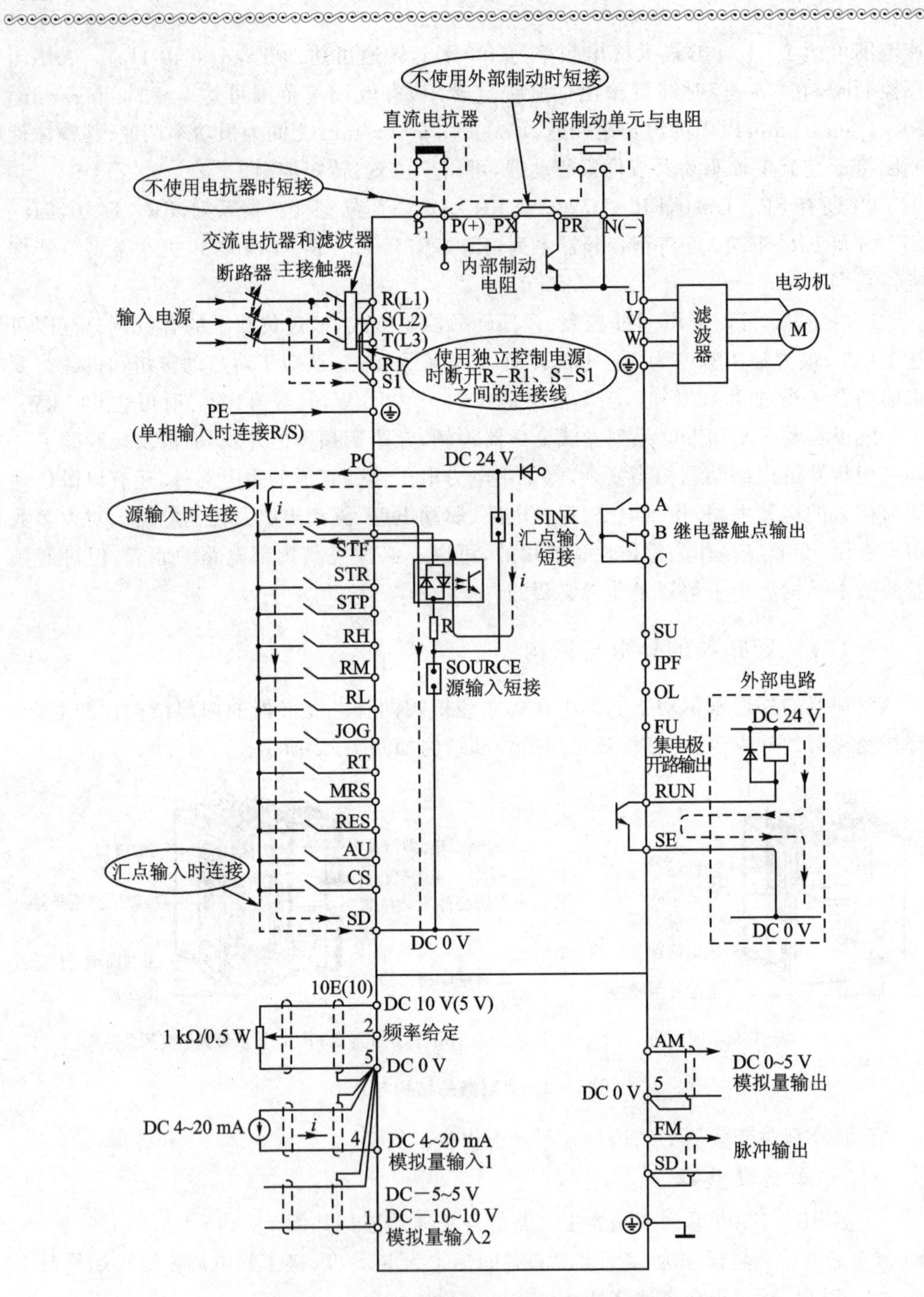

图 7-3 FR-F540/A540 变频器总连接图

④ 制动电阻和制动单元接线端：制动电阻器接至“P(+)”与 PR 之间，而“P(+)”与“N(−)”之间连接制动单元或高功率因数整流器。

2. 控制电路接线端

三菱 FR－E500 变频器控制电路接线端如图 7－4 所示。

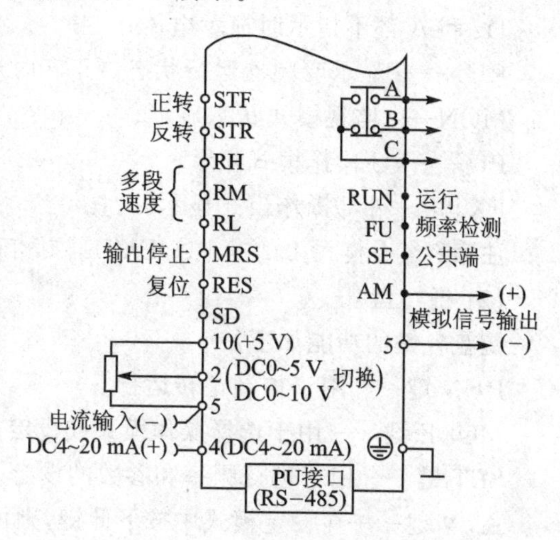

图 7－4　控制电路的接线

① 外接频率给定端：变频器为外接频率提供＋5 V 电源（正端为端子 10，负端为端子 5），信号输入端分别为端子 2（电压信号）、端子 4（电流信号）。

② 输入控制端：STF 为正转控制端；STR 为反转控制端；STOP 为停止端，也简记为 STP；RH，RM，RL 为多段速度选择端，通过组合三端状态实现多挡转速控制；MRS 为输出停止端；RES 为复位控制端。

③ 故障信号输出端：由端子 A，B，C 组成，为继电器输出，可接至 AC220V 电路中。

④ 运行状态信号输出端：FR－E500 系列变频器配置了一些可表示运行状态的晶体管信号输出端，只能接至 30 V 以下的直流电路中。运行状态信号有：

RUN——运行信号，变频器运行时有信号输出。

FU——频率检测信号，当变频器的输出频率在设定的频率范围内时，有信号输出。

⑤ 频率测量输出端：AM 为模拟量输出，接至 0～10 V 的电压表。

⑥ 通信 PU 接口：参数显示与操作单元。PU 接口用于连接操作面板 FR－PA02－02，FR－PU04 以及 RS－485 通信。

3. 操作面板及键盘控制

面板配置如图 7－5 所示。

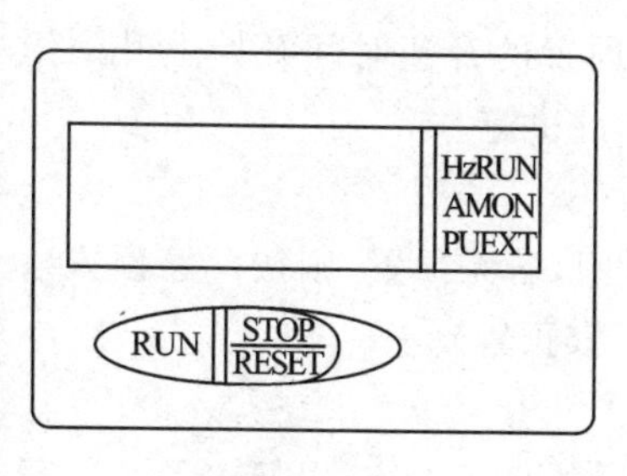

(a) 盖　板

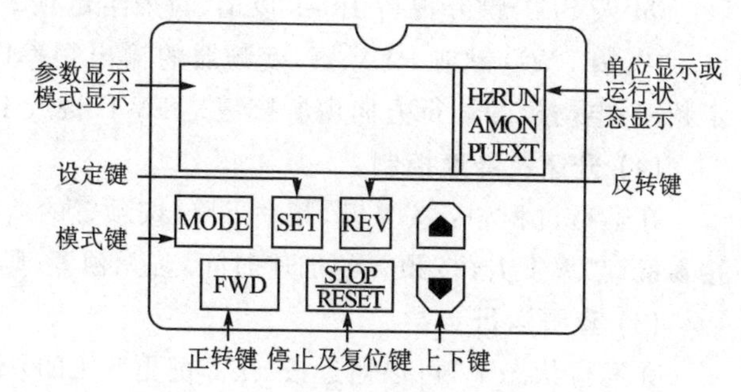

(b) FR－PA02－02面板

图 7－5　FR－PA02－02 操作面板

(1) 显示屏

FR－E500 系列变频器的 LED 显示屏可以显示给定频率、运行电流和电压等参数。显示屏旁有单位指示及状态指示如下：

Hz——显示频率。

A——显示运行电流。

Hz 和 A 都不指示时显示电压。

RUN——显示变频器运行状态。正转时灯亮,反转时灯闪亮。

MON——监视模式状态显示。

PU——PU 操作模式显示。

EXT——外部操作模式显示。

注意: 组合模式 1,2 时 PU,EXT 同时灯亮。

(2) 键　盘

键盘各键的功能如下:

RUN 键——用于控制正转运行。

MODE 键——用于选择操作模式或设定模式。

SET 键——用于进行频率和参数的设定。

▲/▼键——在设定模式中按下此键,则可连续设定参数。用于连续增加或降低运行频率。按下此键可改变频率。

FWD 键——用于给出正转指令。

REV 键——用于给出反转指令。

$\frac{\text{STOP}}{\text{RESET}}$键——用于使变频器停止运行,或者当变频器保护功能动作生效时,使输出停止时复位变频器。

(3) 键盘控制过程

接通电源后,LED 显示屏将显示“0.00”,开始运行控制。

① 按 MODE 键,切换到频率设定模式。

② 按▲键,使给定频率升至所需数值。

③ 按 SET 键并保持 1.5 s 以上,写入给定频率。

④ 按 FWD 键或 REV 键,变频器的输出频率即按预置的升速时间开始上升到给定频率,电动机的运行方向由所按键是 FWD 键或 REV 键决定。

(4) 升速及降速控制

在运行过程中:按▼键,频率下降(按预置的减速时间,若无预置,则按厂家预置);按▲键,频率上升(按预置的加速时间,若无预置,则按厂家预置)。

(5) 查看运行参数

在运行状态下,可以通过按 SET 键更改 LED 显示屏的显示内容,以便查看在运行过程中变频器的输出电流或电压。每次按 SET 键,显示内容依次是:频率、电流、电压、报警、频率。

(6) 停　止

按$\frac{\text{STOP}}{\text{RESET}}$键,输出频率按预置的减速时间下降至 0 Hz。

7.1.2　变频器的硬件和软件功能编码

1. 变频器的内置硬配件

FR－500/700系列变频器的内置硬配件包括I/O接口扩展模块与通信接口扩展模块两大类。前者用于变频器输入/输出信号的扩展，后者用于通信与网络控制。

(1) I/O接口扩展模块类

I/O接口扩展模块类有闭环控制模块、脉冲输入扩展模块、数字输入扩展模块和输出扩展模块等。

闭环控制模块：在具备闭环控制功能的变频器上，可利用此模块连接外部编码器信号，以检测实际速度或位置，实现闭环速度控制或简单位置控制。

脉冲输入扩展模块：采用该模块变频器可以接收脉冲串形式输入的速度（频率）指令。

数字输入扩展模块：采用该模块变频器可接收12位或16位二进制或BCD信号，作为数字式的频率给定输入、定位位置输入，或利用外部信号进行增益、偏移的数字式调整。在FR－V540系列变频器上，通过FR－5AX模块，还可以扩展为6点开关量输入与1点热电阻模拟量输入信号。

输出扩展模块：该模块可用于开关量/模拟量输出的扩展，可以在变额器原有的开关量输出点基础上增加6～7点开关量输出与1～2点模拟量输出。

开关量输出点为集电极开路输出，功能可以通过参数设定；模拟量输出可以将变频器内部的16位二进制数据（如输出频率、输出电流等）通过D/A转换，转换为0～20 mA模拟电流或DC0～10V模拟电压并输出，以连接外部显示仪表等。

表7－1所列为FR－500系列与FR－700系列常用的变频器内置硬配件基本型号。

表7－1　FR－500系列与FR－700系列常用的变频器内置硬配件基本型号

名　称	型　号		用　途
	FR－500系列	FR－700系列	
闭环控制模块	FR－A5AP	FR－A7AP	闭环控制速度位置反馈编码器接口
输入扩展模块	FR－A5AX(12位)	FR－A7AX(16位)	二进制输入接口，用于BCD或二进制频率输入
	FR－V540(16位)	—	16位二进制输入接口(BCD或二进制频率输入)6点开关量输入/1点热电阻输入
输出扩展模块	FR－A5AY(7点开关量/1点)	FR－A7AY(6点开关量/2点模拟量)	开关量为集电极开路输出；模拟量为16位D/A转换接口
继电器输出扩展模块	FR－A5AR	FR－A7AR	3点继电器输出接口
脉冲输入模块	FR－A5AP	—	接收脉冲输入指令

续表 7-1

名称	型号		用途
	FR-500 系列	FR-700 系列	
开关量脉冲输出扩展	FR-A5AY	—	3点集电极开路输出与可分频脉冲输出
计算机通信接口	FR-A5ANR	基本配置 RS-485 接口	连接个人计算机（RS-485 接口/1 点继电器输出）
PROFIBUS-DP 接口	FR-A5ANP(A)	FR-A7ANP	连接 PROFIBUS-DP 网络总线
Device Net 接口	FR-A5ND	FR-A5ND	连接 Device Net 网络总线
CC-Link 接口	FR-A5NK/ FR-E5NC	FR-A5NK/ FR-E5NF	连接 CC-Link 网络总线
ModBus Plus 接口	FR-A5NM	—	连接 ModBus Plus 网络总线
LONWORKS接口	—	FR-A7NL	连接 LONWORKS 网络总线

继电器输出扩展模块：模块用来进行开关量输出的扩展，它可以在变频器原有的开关量输出点的基础上增加 3 点继电器输出，输出点的功能可以通过参数设定。

开关量/模拟量输出扩展模块：模块可以增加 3 点集电极开路输出，此外，还可以将内部信号以脉冲的形式进行输出。

(2) 通信与网络控制接口扩展模块类

计算机通信接口：FR-500 系列变频器无计算机连接接口，利用本接口模块可以以 RS-485 标准接口连接计算机，进行变频器的操作、显示与控制；模块还带有 1 点继电器输出接口。

PROFIBUS-DP 接口、Device Net 接口、CC-Link 接口、ModBus Plus 接口：利用这些接口可将变频器以从站的形式连接到与接口相同名字的总线上，通过总线进行变频器的操作、显示与控制。

以上选件的基本型号如表 7-1 所列。每一变频器最多可以同时选择 3 块内置模块，但同类选件只能安装一块。

2. 变频器的软件功能编码

现代变频器可以设定的功能有数十种甚至上百种，为了区分这些功能，各变频器生产厂家都以一定的方式对各种功能进行了编码，这种表示各种功能的代码，称为功能码（或功能参数）。功能参数可分为基本功能参数和选用功能参数。不同变频器生产厂家对功能码的编制方法是不一样的。FR-E500 系列变频器的部分功能码如表 7-2 所列。

表7-2 三菱FR-E500系列变频器的结构

序 号	功能组名称	功能码范围
1	基本功能组	Pr.0～Pr.9
2	标准运行功能组	Pr.10～Pr.27,Pr.29～Pr.39
3	输出端子功能组	Pr.41～Pr.43
4	第二功能组	Pr.44～Pr.48
5	显示功能组	Pr.52,Pr.55～Pr.56
6	自动再启动功能	Pr.57～Pr.58
7	附加功能	Pr.59
8	运行选择功能组	Pr.60～Pr.75,Pr.77～Pr.79
9	通用磁通矢量控制组	Pr.80,Pr.82～Pr.84,Pr.90,Pr.96
10	通信功能组	Pr.117～Pr.124
11	PID控制组	Pr.128～Pr.134
12	附加功能组	Pr.145～Pr.146
13	电流检测组	Pr.150～Pr.153
14	子功能组	Pr.156,Pr.158
15	附加功能组	Pr.160,Pr.168～Pr.169
16	监视器初始化	Pr.171
17	用户功能组	Pr.173～Pr.176
18	端子安排功能组	Pr.180～Pr.183,Pr.190,Pr.191
19	多段速度运行组	Pr.232～Pr.239
20	子功能组	Pr.240,Pr.244～Pr.247
21	停止选择	Pr.250
22	附加功能组	Pr.251,Pr.342
23	校准功能组	Pr.901～Pr.905,Pr.990～Pr.991

变频器在运行前需要经过下面几个步骤：功能参数预置，运行方式的选择，给出启动信号。

7.1.3 功能预置的几个问题

变频器运行时需要设置基本功能参数和选用功能参数。这些参数是通过功能预置得到的，因此它是变频器运行的一个重要环节。

基本功能参数是指变频器运行所必须具有的参数，主要包括：转矩补偿、上下限频率、基本频率、加减速时间、电子热保护等。大多数的变频器在其功能码表中都列有基本功能一栏，其中就包括了这些基本参数。

选用功能参数是指根据选用的功能而需要预置的参数，如PID调节的功能参数等。如果不预置参数,则变频器参数自动按出厂时的设定选取。

功能参数的预置过程大致有下面几个步骤:

① 查功能码表,找出需要预置参数的功能码;

② 在参数设定模式(编程模式)下,读出该功能码中原有的数据;

③ 修改数据,送入新数据。

现在举几例说明:

1. 频率预置

(1) 频率给定信号的方式和电路

① 数字量给定的方式:数字量给定的方式有通过面板上的按键给定,或通过接口RS-232C,RS-485,或由其他机器,如PLC给定。

② 模拟量给定的方式:指由模拟量进行外接频率给定(见图7-4),比如通过外接电位器连接变频器的10,1,5(对应于5 V,VRF,GND)三端进行电压给定,也可以是电压信号U_G(0～5 V或0～10 V)直接送入10,1,5三端;还可以是电流信号I_G(4～20 mA)直接送入4,5两端。

基本频率给定是指在给定信号U_G(或I_G)从0增长到最大值过程中,给定频率f的范围从f_{min}线性增大到最大频率f_{max}。频率给定的起点(给定信号为"0"时对应频率f_{min})和终点(给定信号为最大值时对应频率f_{max})可以根据拖动系统的需要任意预置。变频器的起点、终点坐标预置,可通过Pr.902,Pr.903,Pr.904,Pr.905分别设置电压(电流)偏置和增益,如图7-6所示。

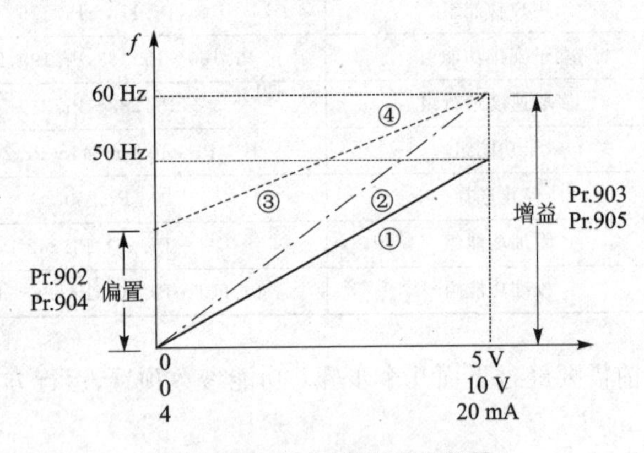

图7-6 起点、终点坐标预置

高速电机的基频参数要调好,因为变频器基频的出厂设置是50 Hz,如果用在基频是400 Hz的高速电机上,变频器会因为在低频时输出电压太高而造成电机电流太大,电机容易烧掉。

(2) 上、下限频率

与生产机械所要求的最高转速相对的频率称为上限频率,用f_H表示,并由上限频率参数Pr.1=0～120 Hz设定。上限频率与最高频率之间必有$f_H \leqslant f_{max}$。与生产机械所要求的最低转速相对的频率称为下限频率,用f_L表示,由下限频率参数Pr.2

设定。

注意：上、下限频率不是最大频率和最小频率。上限频率 f_H 是根据生产需要预置的最大运行频率，它并不和某个确定参数相对应。假如采用模拟量给定方式，给定信号为 0～5 V 的电压信号，给定频率对应为 0～50 Hz，而上限频率 f_H＝40 Hz，则表示给定电压大于 4 V 以后不论如何变化，变频器输出频率为最大频率 40 Hz，如图 7－7 所示。

(3) 回避频率(也称跳变频率)

任何机械都有一个固有的振荡频率，它取决于机械结构。其运动部件的固有振荡频率常常和运动部件与基座之间以及各运动部件之间的紧固情况有关。而机械在运行过程中的实际振荡频率则与运动的速度有关。在对机械进行无级调速的过程中，机械的实际振荡频率也不断变化。当机械的实际振荡频率和它的固有频率相等时，机械将发生谐振。这时，机械的振动将十分剧烈，可能导致机械损坏。

消除机械谐振的途径如下：

① 改变机械的固有振荡频率。

② 避开可能导致谐振的速度。

在变频器调速的情况下，设置回避频率 f 使拖动系统“回避”可能引起谐振的转速。

预置回避频率的方法是通过设置回避频率区域实现的，即设置回避频率区的上下限频率。设置时使用参数 Pr.31～Pr.36，范围为 0～400 Hz，最多可设置三个区域，如图 7－8 所示。

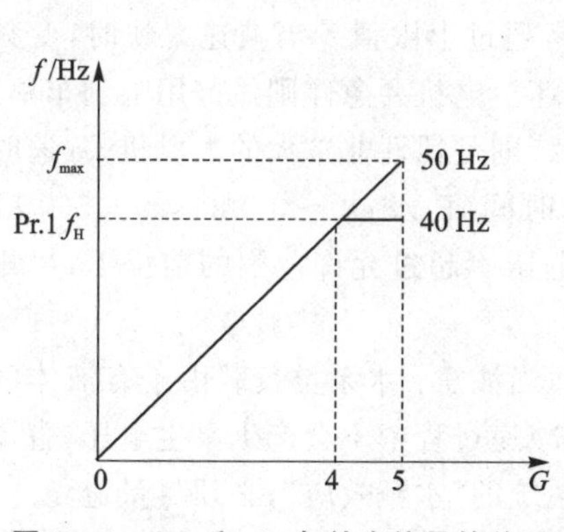

图 7－7　f_{max} 和 f_H 与给定信号的关系

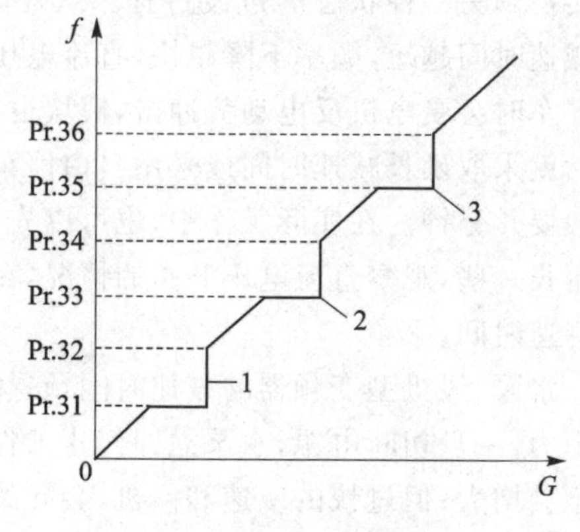

图 7－8　三个回避区

回避区的下限频率 f_L 是在频率上升过程中开始进入回避区的频率；回避区的上限频率 f_H 是在频率上升过程中退出回避区的频率。

2. 启动、升速、降速、制动功能的预置

(1) 启　动

① 启动频率：对于静摩擦系数较大的负载，为了易于启动，启动时需有一点冲击

力。为此,可根据需要预置启动频率 f_S(Pr. 13: f_S= 0～60 Hz),使电动机在该频率下“直接启动”,如图 7-9 所示。

② 启动前的直流制动：用于保证拖动系统从零速开始启动。因为变频调速系统总是从最低频率开始启动的,如果在开始启动时,电动机已经有一定转速,将会引起过电流或过电压。启动前的直流制动功能可以保证电动机在完全停转的状态下开始启动。

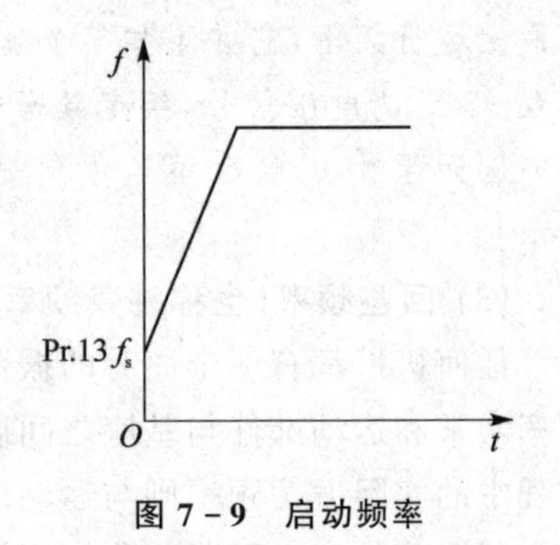

图 7-9　启动频率

(2) 加速、减速

① 加速时间：在生产机械的工作过程中,升速过程属于从一种状态转换到另一种状态的过渡过程,在这段时间内,通常不进行生产活动。因此,从提高生产力的角度出发,加速时间越短越好。但加速时间越短,频率上升越快,越容易“过流”。所以,预置加速时间(Pr. 7：t0～3 600 s/0～360 s)的基本原则,就是不过流,最好不少于 2 s(秒)或者根据负载的要求(如电梯,要考虑人体感觉)设置。性能好的变频器会自动延长加速时间,限制输出电流;性能差的变频器会因为电流大而减小寿命。

通常,可先将加速时间预置得长一些,观察拖动系统在启动过程中电流的大小,如启动电流较小,可逐渐缩短时间,直至启动电流接近最大允许值时为止。

② 减速时间：电动机在减速过程中,有时会处于再生制动状态,将电能反馈到直流电路,产生泵升电压,使直流电压升高。减速过程和升速过程一样,也属于从一种状态转换到另一种状态的过渡过程。从提高生产力的角度出发,减速时间应越短越好。但减速时间越短,频率下降越快,直流电压越容易超过上限值。当减速太快时,变频器在停车时会受电机反电动势冲击,模块也容易损坏。电机要急停则最好用上刹车单元,不然就采取延长减速时间或采用自由停车方式,特别是惯性非常大的大风机,减速时间一般要几分钟。在实际工作中,也可以先将减速时间(Pr. 8：t0～3 600 s/0～360 s)预置得长一些,观察直流电压升高的情况,在直流电压不超过允许范围的前提下,尽量缩短降速时间。

水泵、风机型变频器的减速时间预置时,应适当注意：水泵类负载由于有液体(水)的阻力,一旦切断电源,水泵立即停止工作,故在减速过程中不会产生泵生电压,直流电压不会增大;但过快的减速和停机,会导致管路系统的“水锤效应”,必须尽量避免。

所以直流电压不增大,也应预置一定的减速时间。风机的惯性较大,且风机在任何情况下都属于长期连续负载,因此,其减速时间应适当预置得长一些。

③ 加、减速方式(Pr. 29)有以下三种：

● 线性方式(Pr. 29：0)　频率与时间呈线性关系,如图 7-10 所示。多数负载可预置为线性方式。

● S 型 A(Pr. 29：1)　在开始阶段和结束阶段,加减速比较缓慢,如图 7-11 (a)所示。

● S型B(Pr. 29:2) 在两个频率 f_1,f_2 间提供一个S型升降速曲线,具有缓和加、减速时振动的作用,防止运行时负荷的倒塌,如图7-11(b)所示。

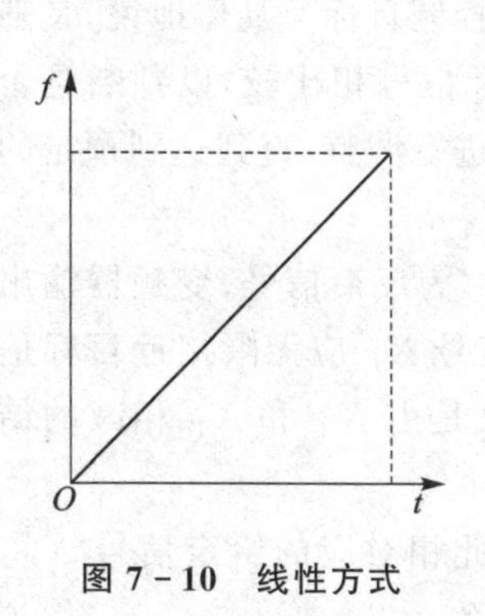

图7-10 线性方式

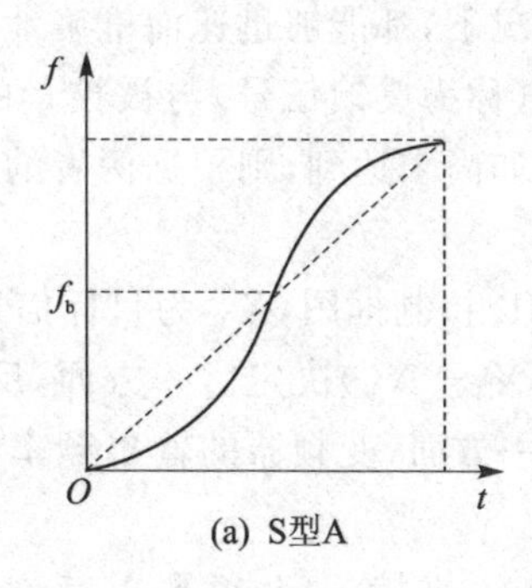

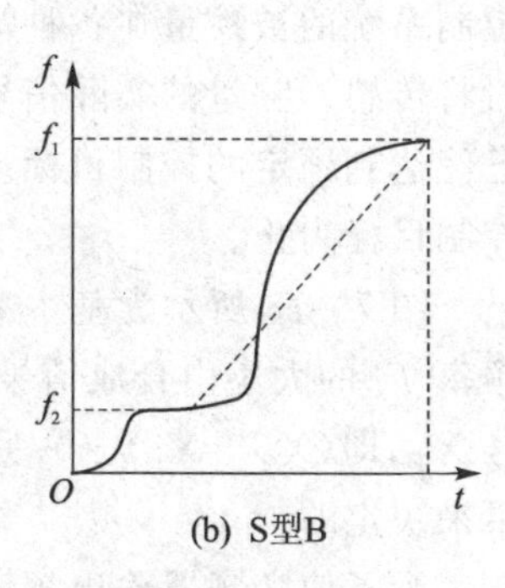

图7-11 非线性升速方式

(3) 直流制动

在大多数情况下,采用再生制动方式来使电动机停止工作;但对某些要求快速制动,而再生制动又容易引起过电压的场合,应加入直流制动方式。此外,有的负载虽然允许制动时间稍长一些,但因为惯性较大而停不住,停止后,有“爬行”现象。这对于某些机械来说是不允许的。因此,也有必要加入直流制动。

如图7-12所示,电动机采用直流制动时,需预置以下要素:

① 直流制动动作频率 f_{DB}(Pr. 10:f_{DB}=0~120 Hz):在大多数情况下,直流制动都是和再生制动配合使用的。首先用再生制动方式将电动机的转速降至较低转速,其对应的频率 f 即作为直流制动的动作频率 f_{DB},然后再加入直流制动,使电动机迅速停住。负载要求制动时间越短,则动作频率 f_{DB} 应越高。

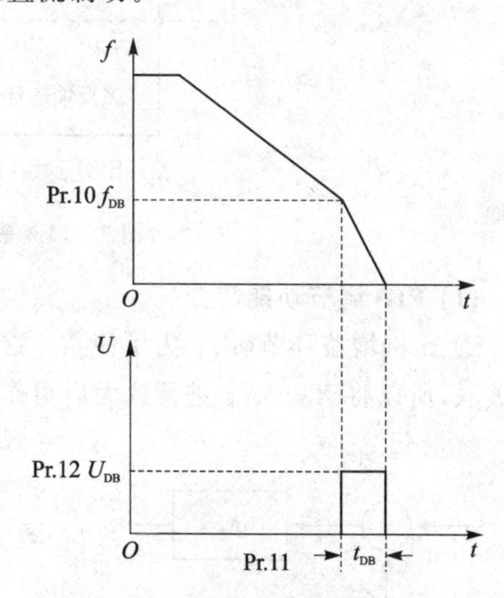

图7-12 设定直流制动的要素

② 直流制动电压 U_{DB}(Pr. 12:U_{DB}=0,增益为30%的电源电压):在定子绕组上施加直流电压的大小决定了直流制动的强度。负载惯性越大,U_{DB} 也应越大。

③ 直流制动时间 t_{DB}(Pr. 11:t_{DB}=0~10 s)即施加直流制动的时间长短。预置直流制动时间 t_{DB} 的主要依据是负载是否有“爬行”现象以及对克服“爬行”的要求,要求高的,t_{DB} 应当长一些。风机在停机状态下,有时会因自然风的对流而旋转,且旋转方向总是反转的。如遇这种情况,应预置启动前的直流制动功能,以保证电动机在零速下启动。

3. PID调节功能预置

PID控制是综合使用了比例、积分、微分等控制手段,构成一个闭环控制系统,能使控制系统的被控量在各种情况下,都能够迅速而准确地接近控制目标。具体地说,是随时将传感器测量的实际信号(称为反馈信号)与被控量的目标信号相比较,以判断是否已经达到预定的控制目标。如尚未达到,则根据两者的差值进行调整,直到达到预定的控制目标为止。

图7-13所示为基本PID控制框图,X_T为目标信号,X_F为反馈信号,变频器输出频率f_x的大小由合成信号(X_T-X_F)决定。一方面,反馈信号X_F应无限接近目标信号X_F,即$(X_T-X_F)\to 0$;另一方面,变频器的输出频率f_x又是由X_T和X_F相减的结果来决定的。

为了使变频器输出频率f_x维持一定,就要求有一个与此相对应的给定信号X_G,这个给定信号既需要有一定的值,又要与$X_T-X_F=0$相联系。

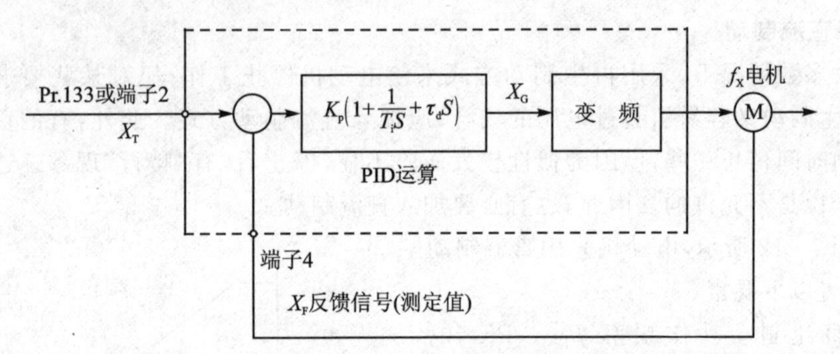

图7-13 基本PID控制框图

(1) PID调节功能简介

① 比例增益环节(P):为了使X_G这个给定信号既有一定的值,又与$X_T-X_F=0$相关联,所以将X_T-X_F进行放大后再作为频率给定信号,即

$$X_G=K_P(X_T-X_F)$$

式中,K_P为放大倍数,也称为比例增益。图7-14给出了比例放大前后各量间的关系。

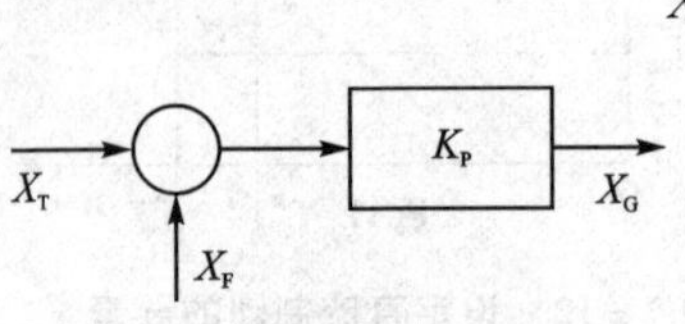

图7-14 比例放大前后各量间的关系

定义静差$\varepsilon=X_T-X_F$,当X_G保持一定的值,比例增益K_p越大,静差ε越小,如图7-15(a)所示。

为了使静差ε减小,就要使K_p增大。如果K_p太大,一旦X_T和X_F之间的差值变大,就会使$X_G=K_p(X_T-X_F)$突然增大或减小许多,很容易使变频器输出频率发生超调,又容易引起被控量的振荡,如图7-15(b)所示。

② 积分环节(I):积分环节能使给定信号X_G的变化与$K_p(X_T-X_F)$对时间的积

分成正比，既能防止振荡，也能有效地消除静差，如图7－15(c)所示。但积分时间太长，当目标信号急剧变化时，又会产生被控量难以迅速恢复的情况。

③ 微分环节(D)：微分环节可根据偏差的变化趋势，提前给出较大的调节动作，从而缩短调节时间，克服了因积分时间太长而使恢复滞后的缺点，如图7－15(d)所示。

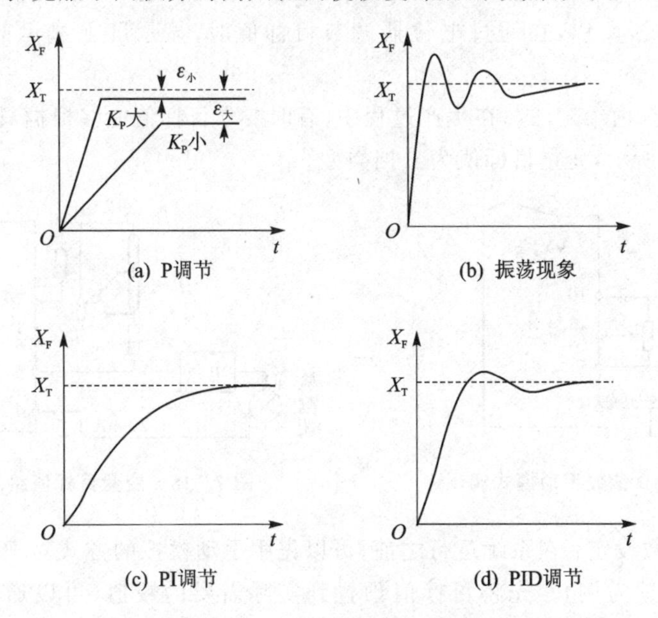

图7－15　PID的综合作用示意

(2) PID调节功能预置

① PID动作选择：在自动控制系统中，电动机的转速与被控量的变化趋势相反，称为负反馈，或正逻辑；反之为负逻辑。如空气压缩机在恒压控制时，压力越高要求电动机的转速越低，其逻辑关系为正逻辑。空调机制冷时温度越高，要求电动机转速越高，其逻辑关系为负逻辑。

PID动作选择(Pr.128)有三种功能：

"0"——PID功能无效。

"1"——PID正逻辑(负反馈、负作用)。

"2"——PID反逻辑(正反馈、正作用)。

反馈量的逻辑关系如图7－16所示。

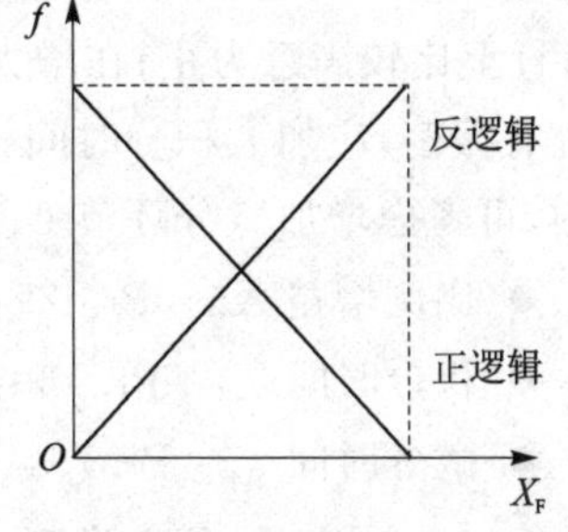

图7－16　反馈量的逻辑关系

Pr.128的功能码值根据具体情况进行预置。当预置变频器PID功能有效时，变频器完全按P，I，D调节规律运行。其工作特点是：

● 变频器的输出频率(f_X)只根据反馈信号(X_F)和目标信号(X_T)比较的结果进行调整，故频率的大小与被控量之间并无对应关系。

● 变频器加减速的过程将完全取决于PID数据所决定的动态响应过程，而原来预置的"加速时间"和"减速时间"将不再起作用。

● 变频器的输出频率(f_X)始终处于调整状态，因此，其显示的频率通常不稳定。

② 目标值的给定：

● 键盘给定法　由于目标信号是一个百分数，所以可由键盘直接给定。

● 电位器给定法　目标信号从变频器的频率给定端输入。由于变频器已经预置为PID运行方式，所以，在通过电位器调节目标值时，显示屏上显示的是百分数，如图7-17所示。

● 变量目标值给定法　在生产过程中，有时要求目标值能够根据具体情况进行调整，如图7-18所示，变量目标值为分挡类型。

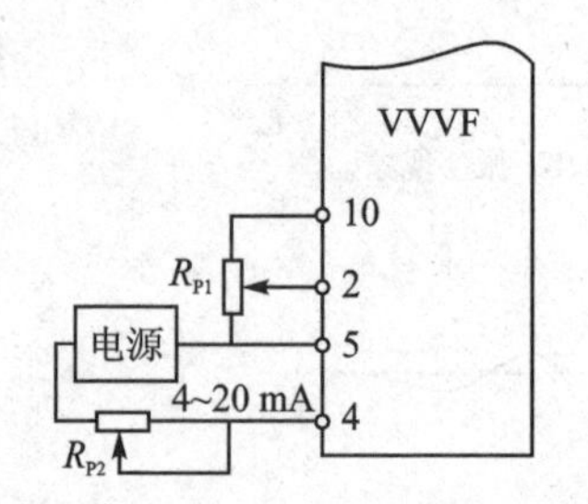

图7-17　PID参数手动模式调试

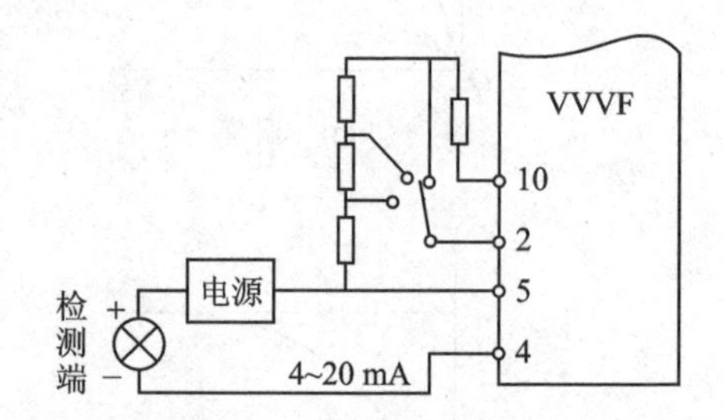

图7-18　变量目标值给定

③ PID参数设定：在系统运行之前，可以先用手动模拟的方式对PID功能进行初步调试(以负反馈为例)。先将目标值预置到实际需要的数值(可以通过图7-17中R_{P1}调节)；将一个可调的电流信号(图7-17中通过R_{P2}的电流)接至变频器的反馈信号输入端，缓慢地调节反馈信号。正常情况是：当反馈信号超过目标信号时，变频器的输出频率将不断上升，直至最高频率；反之，当反馈信号低于目标信号时，变频器的输出频率将不断下降，直至0 Hz。上升或下降的快慢，反映了积分时间的长短。

在许多要求不高的控制系统中，微分功能D可以不用。

当系统运行时，被控量上升或下降后难以恢复，说明反应太慢，应加大比例增益K_p，直至比较满意为止；在增大K_p后，虽然反应快了，但容易在目标值附近波动，说明系统有振荡，应加大积分时间，直至基本不振荡为止。在某些对反应速度要求较高的系统中，可考虑增加微分环节D。FR-E500变频器的PID参数设置及范围如下：

● 比例增益K_p　Pr.129：K_p=0.1%～1 000%，9999即无效；

● 积分时间T_I　Pr.130：T_I=0.1～3 600 s，9999即无效；

● 微分时间τ_d　Pr.134：τ_d=0.01～10.00 s，9999即无效。

4. 过电流保护功能预置

(1) 过电流保护

变频器中，过电流保护的对象主要指带有突变性质的或电流的峰值超过了变频器的允许值的情形。由于逆变器件的过载能力较差，所以变频器的过电流保护是非常重要的一环。

在实际的拖动系统中，大部分负载都是经常变动的。因此，不论是在工作过程中，还是在升、降速过程中(当负载的惯性较大,而升、降速时间又设定得比较短时),短时间的过电流总是不可避免的。

(2) 过电流的自处理

对变频器过电流的处理原则是尽量不跳闸,为此配置了防止跳闸的自处理功能(也称防止失速功能),即由用户根据电动机的额定电流和负载的具体情况设定一个电流设定值 I_{SET}。

当电流超过设定值 I_{SET} 时,变频器首先将工作频率适当降低,到电流低于设定值 i_{SET} 时,工作频率再逐渐恢复,如图 7-19 和图 7-20 所示。只有当冲击电流峰值太大或防止跳闸措施不能解决问题时,才迅速跳闸。这样处理后,实际上也自动地延长了升速(或降速)的时间。

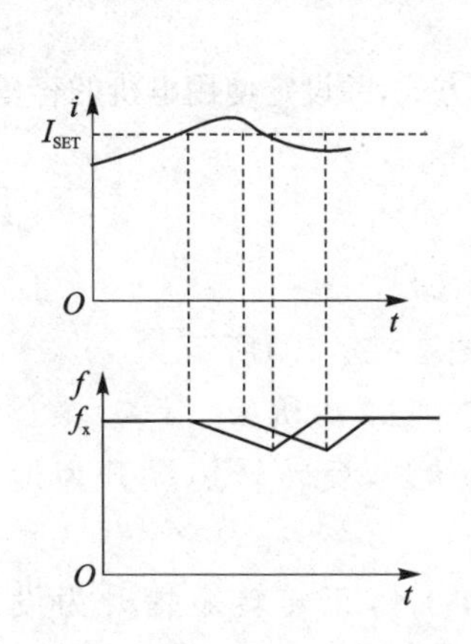

图 7-19　运行时过流的自处理

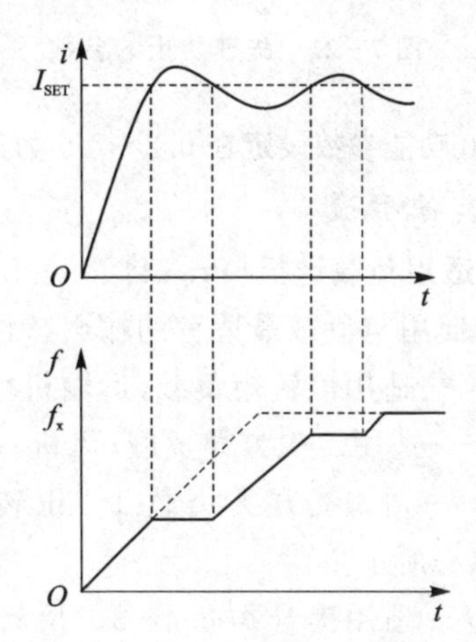

图 7-20　升降速时过流的自处理

为防止变频器速度失控,设置如下 3 个参数(见图 7-21):

失速防止动作水平:Pr.22 的功能码值为 0～200%;

倍速时失速防止动作水平补正系数:Pr.23 的水平补正系数为 0～200%,9999;

失速防止动作降低开始频率:Pr.66 的开始频率为 0～400 Hz。

5. 电子热保护功能预置

电子热保护功能是进行过载保护,主要是保护电动机。其保护的主要依据是电动机的温升不应超过额定值。

热保护曲线(见图 7-22)主要特点有:

① 具有反时限特性,即时限 t(s)与温升 t(℃)成反比。

② 在不同的运行频率下有不同的保护曲线。

电子热保护的电流值 Pr.9 :$I=0～500$ A。

6. 变频器控制方式

变频器控制方式有 U/f 控制方式和矢量控制方式。Pr.80 可对 U/f 控制方式和矢量控制方式进行选择。

Pr.80 功能参数设定在 9999,即选择 U/f 控制方式。

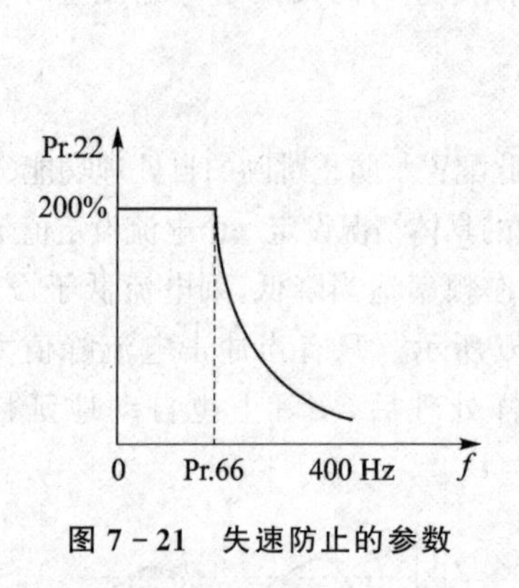

图 7-21 失速防止的参数

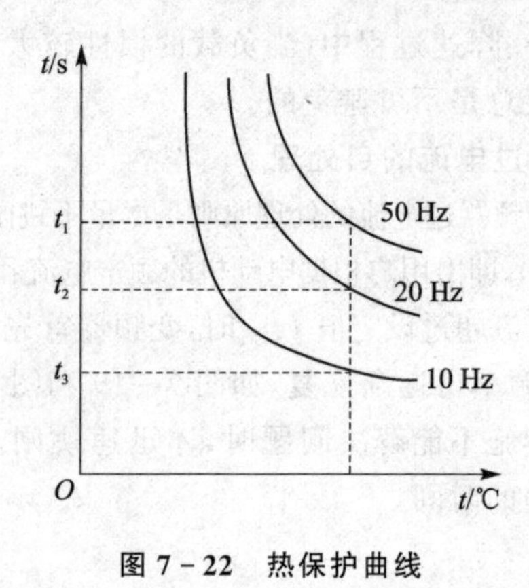

图 7-22 热保护曲线

Pr.80 功能参数设定在 0.2～7.5 为选择矢量控制方式,并设定使用电机的容量(kW)。

7. 其他预置

(1) 适用负载选择(Pr.14)

选择使用与负载最适宜的输出特性(U/f 特性),即

“0”——适用恒转矩负载(运输机械、台车),如图 7-23 (a)所示。

“1”——适用二次方律负载(风机、水泵),如图 7-23 (b)所示。

“2”——适用提升类负载 1。正转转矩提升为 0%,反转转矩提升为设定值,如图 7-23(c)所示。

“3”——适用提升类负载 2。反转转矩提升为 0%,正转转矩提升为设定值,如图 7-23(d)所示。

(2) 操作模式选择(Pr.79)

“1”——PU 操作模式　是指启动信号和频率设定均采用变频器的操作面板操作,即运行指令用 RUN 操作面板(FR.PA02-02)的 FWD/REV,设定用▲/▼键。

“2”——外部操作模式　是指根据外部的频率设定旋钮和外部启动信号进行的操作。频率设定用外部的接口端子 2～5 之间的旋钮(频率设定器)R_P 来调节,而变频器操作面板只起到频率显示的作用。

“3”——组合操作模式 1　是指启动信号由外部输入;运行频率由操作面板设定,频率设定用操作面板的▲/▼键;它不接收外部的频率设定信号和 PU 的正转、反转信号。

“4”——组合操作模式 2　是指启动信号用 RUN 键或操作面板的 FWD/REV 键来设定,频率设定用外部的接口端子 2～5 之间的旋钮(频率设定器)R_P 来调节。

“6”——切换模式　在运行状态下,进行 PU 操作和外部操作的切换。

“7”——外部操作模式 (PU 操作互锁)　当 MRS 信号为 ON 时,可切换到 PU 操作模式;当 MRS 信号为 OFF,禁止切换到 PU 操作模式。

“8”——切换到除外部操作模式以外的模式　当多段速信号 X16 端为 ON 时,切换至外部操作模式;当信号端 X16 为 OFF 时,切换到 PU 操作模式。

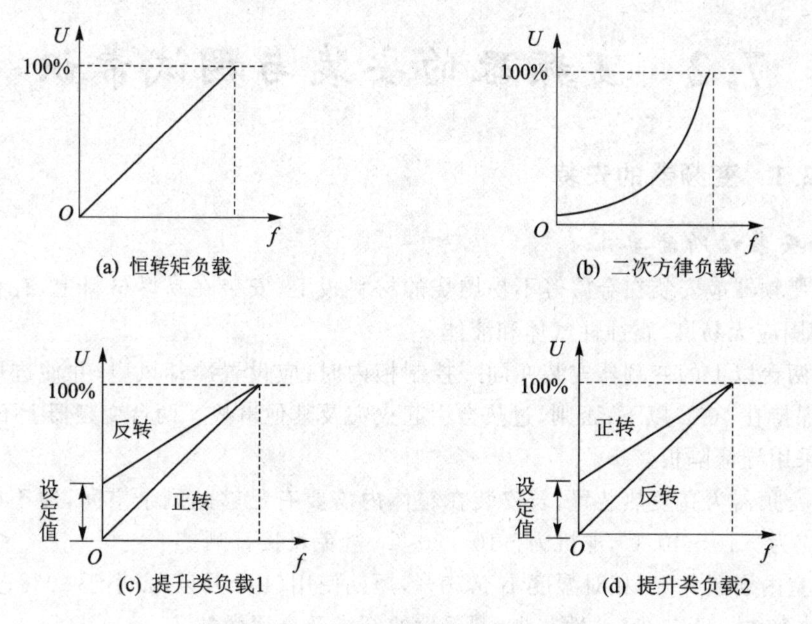

(a) 恒转矩负载　(b) 二次方律负载

(c) 提升类负载1　(d) 提升类负载2

图7-23　与负载最适宜的输出特性

(3) 适用电机选择 (Pr.71)

不同负载的电动机，其热特性也不相同，变频器为适应不同电机的热特性，都应对变频器设置相应的参数。表7-3所列为三菱FR-E500系列变频器的适用电机参数(Pr.71)的设置表。

表7-3　FR-E500的适用电机参数(Pr.71)的设置

<table>
<tr><td rowspan="2">Pr.71
设定值</td><td colspan="3" rowspan="2">变频器电子过电流保护热特性</td><td colspan="2">适用电机</td></tr>
<tr><td>标　准</td><td>恒转矩</td></tr>
<tr><td>0,100</td><td colspan="3">适合标准电机的热特性</td><td>○</td><td></td></tr>
<tr><td>1,101</td><td colspan="3">适合三菱恒转矩电机的热特性</td><td></td><td>○</td></tr>
<tr><td>Pr.71
设定值</td><td colspan="3">变频器电子过电流保护热特性</td><td colspan="2">适用电机</td></tr>
<tr><td>3,103</td><td>标准电机</td><td colspan="2" rowspan="3">选择“离线自动调整设定”</td><td>○</td><td></td></tr>
<tr><td>13,113</td><td>恒转矩电机</td><td></td><td>○</td></tr>
<tr><td>23,123</td><td>三菱标准电机SP-JR4P(1.5 kW以下)</td><td>○</td><td></td></tr>
<tr><td>5,105</td><td>标准电机</td><td rowspan="2">Y形连接</td><td rowspan="4">电机常数可以直接输入</td><td>○</td><td></td></tr>
<tr><td>15,115</td><td>恒转矩电机</td><td></td><td>○</td></tr>
<tr><td>6,106</td><td>标准电机</td><td rowspan="2">△形连接</td><td>○</td><td></td></tr>
<tr><td>16,116</td><td>恒转矩电机</td><td></td><td>○</td></tr>
</table>

7.2 变频器的安装与调试常识

7.2.1 变频器的安装

1. 安装场所的要求

① 变频器应安装在金属等不易燃烧的材料板上(安装在易燃材料上,有火灾的危险)。周围应无易燃、腐蚀性气体和液体。

② 两台以上的变频器安装在同一控制柜内时,应设置冷却风扇,并使进风口的空气温度保持在40 ℃以下;否则,过热会引起火灾及其他事故。两台变频器上下安装时,中间应采用导流隔板。

③ 变频器为高发热装置,若安装在箱体内需要有足够的剩余空间,便于散热。环境温度应为－10～40 ℃,裸机为－10～50 ℃,避免直接日晒。

④ 室内通风良好:相对湿度小于70%,短期使用(1个月以内)小于90%,无结露现象和雨水滴淋。无灰尘、油性灰尘、漂浮性的纤维及金属微粒。

⑤ 无电磁干扰,远离干扰源(如其他控制部分的装置)。

⑥ 安装基础坚固,无振动。

2. 拆装防范措施

① 搬运时,应托住机体的底部;只拿住面板,防止主体落下砸脚受伤的危险。

② 安装作业时,请将变频器盖上防尘罩;钻孔等产生的金属碎片切勿落入变频器内部;安装结束后,撤去防尘罩。

3. 安装方向和空间

(1) 整体安装

为使冷却循环效果良好,必须将变频器安装在垂直方向,其上下左右与相邻的物品或挡板(墙)必须保持足够的空间;具体参考变频器安装说明书,一般为上下不得少于120 mm,左右不得少于50 mm。进风区要保持50～80 mm以上的空间。

(2) 远控键盘和端子的安装及拆卸

当变频器的安装场所与操作场所不在一起时,可采用远控键盘及其延长电缆实现。远控键盘和端子连线的步骤如下:

① 取下端子外罩,用螺丝刀取下端子外罩的固定螺钉,按照箭头所示的方向抬起端子外罩后取下端子外罩。

② 连接远控键盘,延长电缆和端子;将远控键盘延长电缆、控制回路电缆和主回路电缆分别从橡胶套圈的出线孔引出;当远控键盘延长电缆超过10 m时,外接远控键盘＋5 V/500 mA的辅助电源;将远控键盘、延长电缆和端子连接。

③ 安装端子外罩,即将远控键盘和端子接线作业结束时,按取下端子外罩的逆顺序安装好。即将端子外罩的卡口嵌入箱体的卡槽内,并用力压端子外罩的底部,直到听

到“咔嚓”一声；然后，用螺丝刀紧固端子外罩的螺钉。

(3) 接线要求

变频器对供电电源质量要求高，其原因是：

① 给三菱 A540 变频器的辅助电源(R1，T1)接线时一定要拿掉短接片，否则容易造成相间短路，因为变频器内部 R 与 R1 连在一起，T 与 T1 连在一起，又错以为从 R，T 引来两条线没有区别，把 R 接到 S1 和 T 接到 R1，造成相间短路。由于 R 与 R1 和 T 与 T1 的连线是通过电源板的中间层，还可能把电源板烧掉，爆开成两层。一般情况下没必要接辅助电源(R1 和 T1)。

② 如果开关电源供电是从主回路的滤波电容后开始供给时，开关电源就容易损坏，则应该从输入端就与主回路分开单独供给。如果电源是 380 V 的，则最好先变压成 220 V 再整流后供给开关电源，这样变频器虽会复杂点，但其故障率会大大降低。

③ 输入端一定要安装空气开关，并加上压敏电阻，否则易烧模块。特别是不带熔断器的几个品牌的变频器，更要注意熔断器的电流不能选太大，且质量要好一点。

加压敏电阻的好处是：如果供电电压有故障(如发电机供电)，则输出高压电常把变频器及电子仪器烧坏；若在变频器或仪器的输入端的空气开关上加了一个压敏电阻(380 V 用 821 kΩ，220 V 用 471 kΩ)，当有高压电时压敏电阻就会短路，空气开关跳闸，保护了变频器。

并联(三相是三角接法)的压敏电阻瓦数大小没有严格要求，输入电流大的则选取的压敏电阻相对大一点(或几个并联)。当压敏电阻起作用时会完全短路，所以要求空气开关质量也要好，反应快。保护电流不要太大，应接在空气开关的输出端。

有的变频器输入端也有压敏电阻，但无保护作用，其原因是压敏电阻短路爆炸时，它的金属碎片到处飞，轻则烧断电路板的铜线，重则烧坏整流模块、开关电源、CPU 板、电容等。爆炸时发出强大的静电及电磁波很像雷击，可能烧断电路板的铜线，使空气开关不动作。

应该在变频器外面另加压敏电阻并装在直流回路上(这是第一道“过压”防线)；另外应尽量靠输入端安装，最好安装在快熔断器后面。

空气开关不能拿来当开关用，随意开关。某塑料厂一台 30 kW 变频器的空气开关跳闸，电工没查清楚就合上它，结果发出巨响，空气开关被炸烂。经检查，变频器输出模块完全短路(变频器没有快熔断器)。

变频器过压保护只是停止输出，不能保护本身不被烧毁。当压敏电阻击穿时，要求空气开关及时动作，否则变频器的其他元件也会烧掉。

④ 松下 DV-707 变频器开关电源没安装保险管，一旦开关管损坏短路时，也会把开关电源变压器初级线圈烧断。此类变压器不容易找到，价格又高。为了保护变压器，可在电路板上切断开关管与初级线圈的回路，在切口焊上一个保险管(1 A)或一个(0.6～1)Ω/0.25 W 的电阻。

⑤ 有些变频器，如安川 616G5-18.5 kW(或以上)变频器有一个辅助电源，其作用是把输入端 R，S 的电压通过一个变压器变压成 220 V 后供给散热风扇及接触器。辅

助电源的电压要根据实际输入电压选挡(380 V,400 V,440 V,460 V),应留有余地。否则易造成变频器里的散热风扇、接触器及变压器烧坏。比较安全的做法是对于380 V电源选取400 V挡。

⑥ 电缆敷设:电缆应采取分类(信号电缆、I/O电缆、控制电缆、动力电缆)分层隔离敷设,走线槽通过金属屏蔽外壳密封。

(4) 接　地

注意区分强弱电的接地,以此进行分别处理。

① 信号地:数字信号地(Signal Ground,SG或SD)是指系统中各种开关量(数字量)的0 V端,如接近开关的0 V线、开关量输入的公共0 V线或晶体管输出的公共0 V线等。

数字信号地在控制系统中需要按照变频器与交流伺服驱动器连接说明书的规定进行连接,无须另外考虑,也不要与PE线进行连接。

注意:当系统中的模拟信号采用差动输出/输入时,信号间的0 V线各自独立,信号地之间不允许相互连接,也不允许与系统的PE线连接。用于模拟量输出/输入的连线,要使用带屏蔽的双绞线电缆,屏蔽电缆的屏蔽层必须根据不同的要求与系统的PE线连接。

② 保护地:保护地也称机架地(Frame Ground,FG)是指系统中各控制装置、用电设备的外壳保护接地,如电机、驱动器的保护接地等。这些保护地必须直接与电柜内的接地母线(PE母线)连接,不允许控制装置和用电设备的PE线进行"互连"。

③ 系统地:系统地(System Ground,PE)是指将CNC控制系统各大部件的机架地连接到统一的大地的接地线。

7.2.2 变频器的调试

各种变频器系统的调试工作,其方法、步骤和一般的电气设备调试基本相同,应遵循"先空载、继轻载、后重载"的规律。

1. 通电前的检查

变频器系统安装、接线完成后,通电前应认真阅读说明书,认识键盘,接好线路。进行下列检查:

(1) 外观、构造检查

此类检查包括变频器的型号是否有误,安装环境有无问题,装置有无脱落或破损,电缆直径和种类是否合适,电气连接有无松动,接线有无错误,接地是否可靠等。

(2) 绝缘电阻的检查

一般在产品出厂时已进行了绝缘试验,因而尽量不要用绝缘电阻表测试;万不得已用绝缘电阻表测试时,要按以下要领进行测试,否则,会损坏设备。

测试分别对主电路和控制电路进行。

① 主电路:

- 准备耐压500 V绝缘电阻表,又称"兆欧表"或"摇表"。

- 全部卸开主电路、控制电路等端子座和外部电路的连接线。
- 用公共线连接主电路所有的输入输出端子 R,S,T,Pl,P,N,DB,U,V,W,如图 7-24 所示。
- 用绝缘电阻表测试,仅在主电路公用线和大地(接地端子 PE)之间进行。
- 绝缘电阻表若指示 5 MΩ 以上,就属正常。

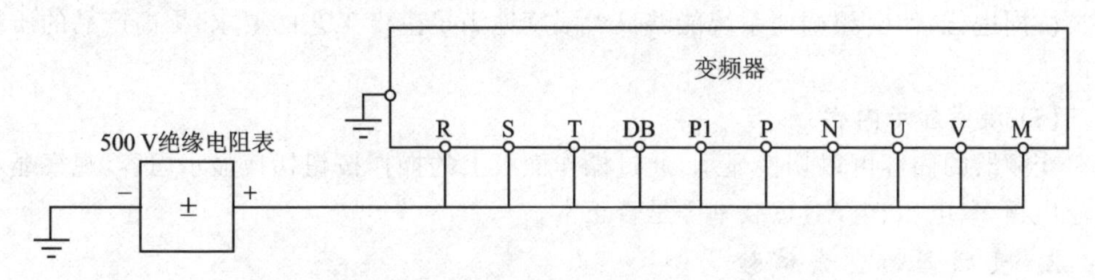

图 7-24　用绝缘电阻表测试主电路的绝缘电阻

② 控制电路:不能用绝缘电阻表对控制电路进行测试,否则会损坏电路的零部件。测试仪器要用高阻量程的万用表。

- 全部卸开控制电路端子的外部连接。
- 进行对地之间电路测试,测量值若在 1 MΩ 以上就属正常。
- 用万用表测试接触器、继电器等控制电路的连接是否正确。

在调试某些变频器时,如三菱变频器,要先短接端子 AU-SD。使三菱变频器的电流模拟量输入信号有效,才能用 4～20 mA 信号来控制变频器的输出频率。三菱 E 系列变频器没有这端子,则要将一个多功能端子改名为“AU”,再与“SD”短接。

2. 通电检查

在断开电动机负载的情况下,对变频器通电,主要进行以下检查。

(1) 观察显示情况

各种变频器都可以通过切换显示屏内容来了解变频器的工作情况,如运行频率、电压、电流等。用户应掌握其基本操作,并通过各项显示内容来检查变频器的状况。

各种变频器在通电后,显示屏的显示内容都有一定的变化规律,应对照说明书的说明,观察其通电后的显示过程是否正常。

(2) 观察风机的工作状况

观察风机变频器内部风机排出的热空气,可用手在风的出口处试探风机的风量,并注意倾听风机的声音是否正常。有的变频器风机是在内部达到一定温度后才启动的,应注意阅读说明书。

(3) 测量进线电压

测量三相进线电压是否正常?如有条件,也可测量直流电压。

(4) 进行功能预置

根据生产机械的具体要求,对照产品说明书,进行变频器内部各功能的设置。

这是十分重要的一步。每台变频器在使用前,都必须根据生产机械的具体要求,调整变频器内各功能的设定(称为功能预置)。否则,往往不能使变频调速系统在最佳状态下运行。

① 对照说明书,了解并熟悉进行功能预置的步骤。

② 针对生产机械的具体情况进行功能预置。

利用面板上的按钮进行功能预置时,最好能和机械工程师以及工艺工程师或操作人员协同进行,使变频调速系统能够最大限度地满足生产工艺的要求,提高产品的质量和产量。

(5) 观察显示内容

变频器的内容可以切换显示,通过操作面板上的操作按钮切换显示内容,观察显示的输出频率、电压、电流、负载率等是否正常。

3. 变频器的空载试验

空载试验准备:将变频器的输出端与电动机相接,电动机不带负载,主要测试以下项目:

(1) 进行基本的运行观察

例如,旋转方向是否正确,控制电路工作是否正常;通过逐渐升高运行频率,观察电动机运行是否正常,是否灵活,有无杂音;运转时有无振动现象,是否平稳等;升、降速时间是否与预置的时间相符等。

(2) 电动机参数的自动检测

具有矢量控制功能的变频器都需要根据说明书的指导,在电动机的空转状态下测定电动机的参数。新系列变频器也可在静止状态下进行部分参数的自动检测(一般来说,静止状态只能测量静态参数,如电阻、电抗等;而如空载电流等动态参数,则必须通过空转来测定)。

(3) 进一步熟悉变频器的基本操作

如启动、停止、升速、降速、点动等。

4. 变频器负载试验

变频调速系统的带负载试验是将电动机与负载连接起来进行试车。负载试验主要测试的内容如下:

(1) 低速运行试验

低速运行是指该生产机械所要求的最低转速。电动机应该满载,并在该转速下运行1～2 h(视电动机的容量而定,容量大的时间应长一些)。主要测试的项目是:

① 电动机的启动:

● 将频率缓慢上升至一个较低的数值,观察机械的运行状况是否正常,同时注意观察电动机的转速是否从一开始就随频率的上升而上升。如果在频率很低时,电动机不能很快旋转起来,说明启动困难,应适当增大电压频率比或增大启动频率。

● 把显示屏内容切换至电流显示,将频率给定调至最大值,使电动机按预置的升速时间启动到最高转速。观察在启动过程中的电流变化,如因电流过大而跳闸,应适当延长升速时间,或增大电流设定值。若已到电流设定最大值,生产工艺又不允许减小上升速度，速度上升时连续出现电流故障报警等现象，表明需要更换新变频器或功率大一级的变频器。

如机械对启动时间并无要求，则最好将启动电流限制在电动机的额定电流以内。

● 观察整个启动过程是否平稳。对于惯性较大的负载，应考虑是否需要预置S形升速方式，或在低速时是否需要预置暂停升速功能。

● 对于风机，应注意观察在停机状态下风叶是否因自然风而反转，如有反转现象，则应预置启动前的直流制动功能。

② 停机试验：在停机试验过程中，应把显示内容切换至直流电压挡，并注意观察以下内容：

● 观察在降速过程中直流电压是否过高，若因电压过高而跳闸，应适当延长降速时间；若降速时间不宜延长，则应考虑接入制动电阻和制动单元或增大制动电阻。若还不能解决问题，就要考虑逆变模块故障或载波频率设定值是否合适。

● 观察当频率降至0 Hz时，机械是否有"爬行"现象，并了解该机械是否允许蠕动。如需要制止蠕动时，应考虑预置直流制动功能。

● 低速运行：在负载所要求的最低转速时带额定负载并长时间运行，观察电动机的发热情况。如发热严重，应考虑增加电动机的外部通风问题。

(2) 全速启动试验

将给定频率设定在最大值，按"启动按钮"，使电动机的转速从零一直上升至生产机械所要求的最大转速，观察以下情况：

① 启动是否顺利　电动机的转速是否从一开始就随频率的上升而上升，如果在频率很低时，电动机不能很快旋转起来，说明启动困难，应适当增大U/f比或启动频率。

② 启动电流是否过大　将显示屏内容切换至电流显示，观察在启动全过程中的电流变化。如因电流过大而跳闸，应适当延长升速时间；如机械对启动时间并无要求，则最好将启动电流限制在电动机的额定电流以内。

③ 观察整个启动过程是否平稳　即观察是否在某一频率时有较大的振动，如有，则将运行频率固定在发生振动的频率以下，以确定是否发生机械谐振，以及是否有预置回避频率的必要。

④ 停机状态下有无自行反向旋转的现象　对于风机，还应注意观察在停机状态下，风叶是否因自然风而反转，如有反转现象，则应预置启动前的直流制动功能。

(3) 全速停机试验

在停机试验过程中，注意观察以下内容：

① 直流电压是否过高　把显示屏内容切换至直流电压显示，观察在整个降速过程中，直流电压的变化情形。如因电压过高而跳闸，应适当延长降速时间。如降速时间不宜延长，则应考虑加入直流制动功能，或接入制动电阻和制功单元。

② 拖动系统能否停住　当频率降至0 Hz时，机械是否有"爬行"现象，并了解该机械是否允许爬行；如需要制止爬行时，应考虑预置直流制动功能。

(4) 全速运行试验

把频率升高至与生产机械所要求的最高转速相对应的值,运行1～2 h,并观察:

① 电动机的带载能力　电动机带负载高速运行时,注意观察当变频器的工作频率超过额定频率时,电动机能否带动该转速下的额定负载。

② 机械运转是否平稳　主要观察生产机械在高速运行时是否有振动。

如果上述高、低频运行状况不够理想,还可考虑通过适当增大传动比,以减轻电动机负载的可能性。

7.3 变频器的保养和维护

7.3.1 变频器保养维护的重要性及注意事项

1. 变频器保养维护的重要性

通常,用户对变频器保养维护的重要性认识不足。只要它运行正常,就会忽视对变频器的保养维护。事实上,这是十分错误的看法。变频器是强电及弱电的结合体,主板电路精密,工作环境差,保养维护工作做得不好,则故障率高。

比如要经常检查,拧紧小小的螺丝(如模块的紧固螺丝、主回路的连接螺丝等)。螺丝没拧紧,模块散热不好,易烧掉。模块是变频器主要的关键部件,模块损坏,对变频器可以是致命的,修理的价值很小。不少更换的电路模块没几天又坏掉,就是这个原因。变频器装在有振动的设备上(如工业洗衣机、机床等)运行一段时间后,其主回路的连接螺丝和模块的紧固螺丝容易松动,易产生接触不良,接线脱落,电源短路等后果,最先损坏的一般是模块。装上模块后最好按电流走向顺序拧紧主回路上的螺丝,并重复检查,最后抖一下变频器,看看是否有螺丝丢在里面。其实这些问题在变频器说明书都有论述及重点强调,只不过很多人未去关注而已。

又比如要注意环境监测,及时清理粉尘、油雾,必要时安装空调来改善运行环境,这是十分重要的。

粉尘、油雾、潮湿、振动、温度都会影响变频器的工作。

粉尘、油雾的大量积累(如纱厂、化纤厂),使变频器内外(如冷却风机的风口和叶片上积累粉尘和油污)通风条件和散热条件变差,导致环境温度升高,加上潮湿,极易造成过热报警、高压短路打火、烧毁电路板等故障。

大多风扇是被灰尘堵塞而损坏的,所以应该定期为变频器清尘及检查风扇是否正常。很多变频器在散热风扇损坏后,也不会跳“过热”保护,直到模块烧坏。有一种带有自检测功能的散热风扇(三线风扇)在有少量的灰尘卡住它而降低其转速时,就会发出报警信号,不会导致变频器发热而烧毁模块。

此外,保养不好,如散热器尘多堵塞,电路板太脏,散热硅脂失效等,都可能损坏模块。不少三菱 A240 - 22K 变频器的毛病,多出于此。这款变频器的输出模块(PM100CSM120)是一体化模块,哪怕只损坏一路也要整个换掉,因而维修价格高。

很多故障是因为其工作环境温度高而使元件容易老化造成的，如电梯变频器安装在大楼的最顶层的控制室，经常在夏天受太阳的暴晒，加上变频器本身及制动电阻的发热，使控制室内温度非常高，会缩短电子元件的使用寿命。变频器在这方面更明显，所以电梯控制室在设计时除了通风问题还要注意隔热，安装散热风扇。有条件时应配置空调机，可大大降低变频器的故障率，延长变频器的寿命。夏天，如果发现变频器的电柜内部温度很高时，应把电柜门打开。

至于振动造成的影响已如上述，不再重复。

变频器在长期运行中，由于温度、湿度、灰尘、振动等使用环境的影响，内部元器件会发生变化或老化。为了确保变频器的正常运行，必须进行维护检查，更换老化的元器件。

因此，在存储、使用过程中必须对变频器进行日常检查，并进行定期保养维护。具体内容为：日常维护、定期维护、定期保养和变频器的保修等。

2. 变频器保养和维护的注意事项

变频器保养和维护的注意事项如下：

① 只有受过专业训练的人才能拆卸变频器并进行维修和元器件更换。如在保修期内，要通知厂家或厂家代理负责保修。

② 进行维修检查前，为防止触电危险，请首先确认以下几项：

- 变频器已切断电源。
- 主控制板充电指示灯熄灭，因变频器内的电解电容上有残余高电压须等其放电完成。
- 用万用表等确认直流母线间的电压是否已降到安全电压(DC36 V以下)。

③ 维修变频器后不要将金属等导电物遗漏在变频器内，否则有可能造成变频器损坏。

④ 通电后，请勿变更接线及触摸、拆卸端子接线。应注意：端子上有高电压，谨防触电的危险。运行中，若要用仪表检查信号(一般不要)，请注意操作规程。否则会损坏设备，甚至伤人。

⑤ 使用时请特别注意不可用手直接触摸电路板，静电感应可能会损坏电路板上的CMOS集成芯片。

⑥ 通电中，请勿变更接线及拆卸端子接线。亦应谨防触电的危险。

⑦ 对长期不使用的变频器，通电时应使用调压器慢慢升高变频器的输入电压直至额定电压，否则有触电和爆炸危险。

3. 注意不同应用领域各自的特点

(1) 关于变频供水“一拖几”要注意的几个问题

① 切换过程不能在变频器有输出时断开电机线。因为断开电感性负载所产生反电动势高压对变频器有冲击。应该让变频器惯性停车，变频器停止输出后再进行切换。更不能在变频器有输出时接上电动机。

② 大功率电动机则最好是让其先停下来再用软启动器启动。最好用“一拖一”形

式，不少工厂已把变频器当软启动器使用。

③ 要用质量好的接触器。因为接触器经常动作，劣质的寿命短，容易因触点打火或触点烧熔短路而损坏变频器，而且通常损坏严重。

④ 由于多种原因，恒压供水的变频器故障率相对比较高，维修好的变频器最好到现场检查一下其切换的问题，以免返修。

(2) 风机类变频器使用要注意几个问题

① 减速时间不能太短，一般要 3～5 min。

② 不要采用“自由停车”及“自动复位”功能，除非设置了“速度跟踪”功能。

③ 如果没设置“速度跟踪”功能，就不能在风机还在惯性转动时启动变频器。

④ 输入电压要求稳定性更高。

⑤ 电动机三相电流要求平衡，电动机轴承不能有问题。

7.3.2 变频器的保养维护

1. 日常检查与维护

变频器的日常维护的项目有：

① 变频器的操作面板显示数据是否正常(有无缺损、色浅、闪烁)，仪表指示是否正确，是否有振动(用手触、耳听、最好用振动测量仪。耳听可用螺丝刀的一头触变频器，耳朵贴近刀柄)等现象。

② 变频器的运行参数是否在规定范围内，电源电压是否正常。

③ 变频器是否异常发热。变频器的冷却风扇是否正常运转。

④ 变频器及引出电缆是否有过热、变色、变形、异味、噪声等异常情况。

⑤ 变频器的周围环境是否符合标准规范，温度和湿度是否正常。

电动机日常观察的项目包括：

① 电动机是否有异常声音、异常振动和过热现象。

② 电动机是否异常发热。

③ 环境温度是否过高。

④ 负载电流表是否与往常值一样。

⑤ 冷却风扇部分是否运转正常，有无异常声音。

2. 定期检查

用户根据使用环境情况，每 3～6 个月对变频器进行一次定期检查。在定期检查时，先停止运行，切断电源，再打开机壳进行检查。但必须注意，即使切断了电源，主电路直流部分滤波电容放电也需要时间，需待充电指示灯熄灭后，用万用表等测量，确认直流电压已降到安全电压(DC 25 V 以下)后，再进行检查。

定期检查项目包括：

① 打开机箱后，首先观察内部是否断线、虚焊、烧焦或变质变形的元器件，如有则及时处理。检查主电路端子、控制回路端子螺钉是否松动。输入、输出端子 R,S,T 与输出 U,V,W 和铜排是否有损伤。如因过热引起的变色，变形。R,S,T 和 U,V,W 与

铜排连接是否牢固。

② 用万用表检测电阻的阻值、电容器和二极管、开关管及模块通断电阻，判断是否开断或击穿。如有，按原额定值和耐压值更换，或用同类型的代替。

③ 用双踪示波器检测各工作点波形，采用逐级排除法判断故障位置和元器件。

④ 清洗：清洗的重点部位是机壳底部、主回路元器件、散热器和风机。冷却风机通常要拆下清洗。

给变频器吹尘最好用电吹风机。没有经验的就不要去清理电路板，只清理风扇及散热铝片的尘土就可以了。油腻污损的地方，用抹布沾上中性化学剂擦拭；用吸尘器吸去PCB电路板、散热器、风道上的粉尘，保持变频器散热性能良好。电路板尘多用酒精清洗，吹干后再喷绝缘漆；散热器的铝片也要除尘。

不要用压缩空气吹变频器，压缩空气一般含有水汽，加上变频器灰尘比较多，容易造成电路板短路而损坏电源。维修变频器的电路板时，由于拆装元件，原来电路板的绝缘漆受到破坏，修好后要在电路板上再喷一下绝缘漆，否则，结果当电路板受潮或尘多，容易出故障。特别是开关电源等强电部分。没有绝缘漆也可用松香溶于酒精刷到电路板上，再用电吹风机吹干。

可用软布擦拭引线和连线，难擦污渍可用酒精擦拭。

若有必要，需要拆卸时，一定要依照自上而下，由外至内的顺序，并做好记录。

⑤ 适时更换失效的零部件：同一切事物一样，变频器经过一段时间后，其元部件也会老化，性能下降，使变频器频发故障。变频器中不同种类零部件的使用寿命不同，并随其安置的环境和使用条件而改变，建议零部件在其损坏之前更换。

- 散热风扇坏了或有响声就换新的，一般使用3年就应更换。
- 电容器老化，充放电能力下降，尤其是电解电容器，当其电容量下降到原来的85%以下就失效了。直流滤波电容器使用5年应更换。电路板上的电解电容器使用7年应更换。
- 限流电阻如出现颜色发黄、变黑，测量其阻值已超出误差允许范围，就应更换。
- 继电器的触点出现烧黑、接触不良或粗糙变形；线包出现变色、异味等异常现象都要及时更换。
- 其他零部件根据情况适时进行更换。严防虚焊、虚连，或错焊、连焊，或者接错线。特别是别把电源线误接到输出端。
- 检修后在电路模块底面涂散热硅胶，否则模块的热量不能很好传给散热器，会因温度太高而烧毁。不能用其他胶（如有人用麦乳胶）代替，其作用相反。
- 对长期不使用的变频器，重新启用前应进行充电试验，致使变频器主回路的电解电容器的特性得以恢复。充电时，应使用调压器慢慢升高变频器的输入电压直至额定电压，通电时间应在2 h以上，可以不带负载，充电试验至少每年一次。

变频器如果不用而停放在车间里，老鼠经常会咬断变频器里面的电线，通电后有可能发生短路而把变频器烧毁，应装上防鼠铁丝网。

- 检修后的变频器，要通电静态检查指示灯、数码管和显示屏是否正常，预置数据是否适当;还要按照“7.2.2 变频器的调试”中讲过的方法重新调试后,再投入运行。有条件者,可先用一台小型电动机进行模拟动态试验。

3. 变频器基本检测仪表

变频器在运行和维修过程中,电气测量是少不了的。如:输入输出电压、电流、主回路直流电压、各电路相关点的电压、驱动信号的电压与波形等。根据参数和波形情况来分析、判断故障所在。

最基本的仪器设备有:指针式万用表、数字式万用表、示波器、频率计、信号发生器、直流电压源、驱动电路检测仪、电动机、假负载等。由于变频器输入、输出电压或电流中均含有不同程度的谐波分量,用不同种类的测量仪表会测量出不同的结果,并有很大差别,甚至有可能测量出错误的结果。因此,在选择测量仪表时应区分不同的测量项目和测试点,选择不同的测量仪表。

(1) 测量变频器主电路仪表选用

表 7-4 所列为测量主电路所用仪表,并说明如下:

表 7-4 主电路测量推荐使用的仪表

测定项目	测定位置	测定仪表	测定值基准
电源侧电压 U_1 和电流 I_1	R-S,S-T,T-R 间电压和 R,S,T 中的电流	电磁式仪表	变频器的额定输入电压和电流
电源侧功率 P_1	R,S,T	电动式仪表	$P_1=P_{11}+P_{12}+P_{13}$(3 功率表法)
输出侧电压 U_2	U-V,V-W,V-U 间	整流式仪表	各相间的差应在最高输出电压的 1%以下
输出侧电流 I_2	U,V,W 的线电流	电磁式仪表	各相间的差应在变频器额定电流 10%以下
输出侧功率 P_2	U,V,W 和 U-V,V-W	电动式仪表	$P_2=P_{21}+P_{22}$(2 功率表法或 3 功率表法)
整流器输出	DC+和 DC-之间	磁电式仪表	$1.35U_1$,再生时最大 950 V(390 V 级),仪表机身 LED 显示发光

变频器输入侧(即输入电源侧)是正弦波电压,可用任意类型仪表测量;输出侧电压是方波脉冲,含高次谐波,但电动机的转矩主要和电压的基波有关,故采用整流式仪表,而不用数字万用表测量。这是因为数字式万用表的交流电压挡,是按测量 50 Hz 的正弦波信号的电压设计的。它首先对被测量电压进行采样,然后模/数转换,再由芯片进行相关处理,通过数字显示被测电压的数值。而变频器的输出电压是由 PWM 调制后的系列脉冲波,电平的平均值是通过脉冲占空比来进行调节的。用数字万用表测量变频器,采样的信号都是系列脉冲的峰值,是不变的。所以用数字式万用表电压挡不可能准确地测出系列脉冲波的平均值。再者,变频器的载波频率为 1.5~15 kHz,防高频干扰性能差,这样的频率下将导致采样和模/数转换工作的紊乱,也就不可能测出正确的变频器输出电压值。

(2) 测量变频器控制电路仪表选用

由于控制电路信号微弱,所在电路的输入阻抗较大,故要选高频(1 000 Hz 以上)仪表(如数字仪表)进行测量。为使测量结果更加准确,应选用与待测点最近的公共端(尽管在理论上,这些公共端有相等的电位),具体讨论如下:

因变频器输入输出的电流均含高次谐波,故测输入、输出侧的电流均应采用电磁式仪表测量值为有效值。

① IGBT 模块可以用指针式万用表 10 K 挡检测其是否能动作,用指针(黑-红)去触发模块的 G-E,可使模块 C-E 导通,当 G-E 短接时则 C-E 关闭。

测耐压值可用晶体管参数测试仪,并且要短接触发端 G-E 才能测 C-E 的耐压值。

那么,外观一样的模块可用电容表测量后比较其电流的大小,即测出模块 G-E 或 C-E 结的电容量,电容量大的电流也大。注意要在同类型的模块中比较。

如果 IGBT 模块厂家不同、型号不同,其触发脚 G-E(或 C-E 结)电容量也不同,维修过的模块很难用到原型号的 IGBT 管,所以只要比较一下模块的 G-E(或 C-E 结)电容量,就可以直观地判断是否为维修过的模块。而今造假工艺比较好,已很难从外观来辨别。

查某模块的参数,可在"http://www.google.com/intl/zh-CN/"网站搜索模块的型号来查找。

教训:不可随意测 IGBT 模块,有人测 A540-55K 变频器的 IGBT 模块,把模块触发线拔掉,结果通电烧毁。

原因:IGBT 模块的触发端在触发线拔掉后有可能留有小量电压,此时模块处于半导通状态,一通电就会因短路而烧坏。GTR 模块没有这特性,才可这样测试。

② 测波形用示波器,主要用来观察各相关电路中 PWM 信号的波形和变频器的输出电压波形和电流波形,并必须用高压探头。若用低压探头,须配置互感器或其他隔离器实施隔离。

③ 信号发生器要选择具有方波波形输出的型号,在检查驱动电路是否正常工作时,是以方波来代替 PWM 信号的。测量波形时,可用 10 MHz 的示波器;观察电路的过渡过程,应选用 200 MHz 以上的示波器。

④ 由于输入电流中包含谐波,故测量功率因数不能用功率因数表测量,而应采用实测的电压、电流值通过计算得到,即

$$\cos\varphi_1=\frac{P_1}{\sqrt{3}U_1I_1},\quad \cos\varphi_2=\frac{P_2}{\sqrt{3}U_{21}I_{22}}$$

⑤ 高压直流电压源的制作:高压直流电压源就是变频器中的"主回路中的整流和平滑电路",可以将"这一部分"正常但已损坏的变频器废物利用。也可自己装制专用直流电压源,如图 7-25 所示。

图 7-25 中,D 为三只 220 V 的普通白炽灯,作 PN 短路保护用。由于仅给开关电源电路提供高压直流电源,电解电容器 C 取 1 000 μF/450 V 即可。在检修控制回路、驱动电路、保护电路时,为了检修方便往往把高压直流稳压源从变频器机壳内取出。目前,变频器控制电路、驱动电路、保护电路、操作面板的电源都是由开关电源提供的。绝

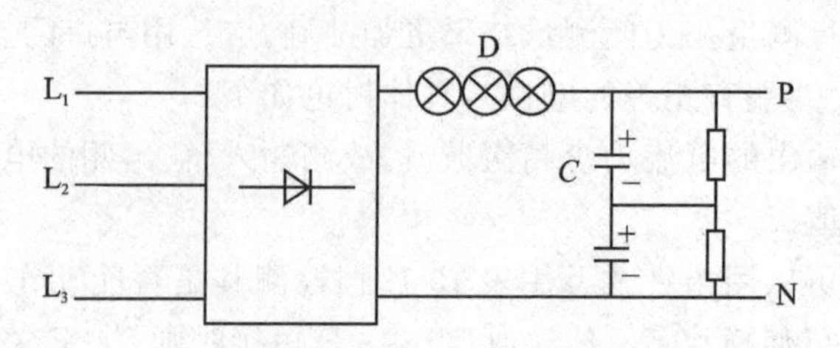

图 7-25　高压直流电压源

大部分变频器开关电源的高压取自于主回路的 PN 之间，该电压由高压直流电压源替代很方便。400 V 型的变频器，把 380 V 三相电源线接入 L_1，L_2，L_3。200 V 型变频器，把 220 V 的相线和中线接入 L_1，L_2，L_3 三个中的任意两个。

⑥ 驱动电路检测仪：驱动电路检测仪与示波器配合，可用来查寻驱动电路的故障，如图 7-26 所示。将驱动电路与变频器的连线断开，将其从变频器取出，单独对驱动电路检查，方便故障查找。

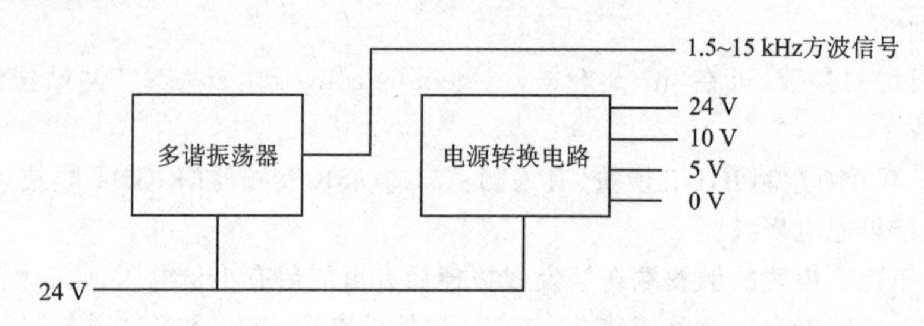

图 7-26　驱动电路检测仪

因为变频器测量涉及的仪表种类较多，并且对仪器有些特殊要求，为此，人们研制出综合性测量仪器。目前特别适于变频器测量的仪器是谐波分析仪，主要型号有日本横河(YOKOGAWA)的 WT 系列谐波分析仪，如 WT1600，WT3000 等产品。这类产品，不仅可以测量出基本的电参数，并且针对变频器做了一些特殊设计，比如测量模块比较多，可以同时测量输入、输出参数，进行谐波分析，测量真功率因数，而且带宽比较宽，可以从 DC 到 1 MHz，精度也很高，一般可以达到 0.15 级或 0.02 级；显示也很方便，可以显示数值、波形、谐波柱状图、三相矢量图等；同时，也可以测量变频器驱动的电机的机械输出，如电机转速、扭矩等，这样可以更方便地测量变频器的驱动能力及驱动效果。可以说，一台 WT 系列的谐波分析仪可以替代一堆传统仪表，提高了测量的准确度、方便性，从而大大提高测试的效率。

4. 变频器基本检测方法

(1) 断电静态测试

① 测试整流电路：用万用表电阻挡检测整流电路中的 6 个整流二极管的正、反向电阻值是否在正常范围内。找到变频器内部直流电源的 P 端和 N 端。

● 测正向电阻：将万用表调到电阻×10 Ω 挡，红表棒接到 P，黑表棒分别接到 R，S，T；再将黑表棒接到 N，红表棒分别接到 R，S，T。两种情况下都应该有大约几十欧的阻值，且三相阻值基本平衡。

● 测反向电阻：将万用表调到电阻×10 kΩ挡，红表棒接到N，黑表棒分别接到R，S，T；再将黑表棒接到P，红表棒分别接到R，S，T。两种情况下阻值应该为无穷大。

如果有以下结果，可以判定整流电路已出现异常：

A. 三相阻值不平衡，说明整流桥有故障。

B. 红表棒接P端时，电阻无穷大，断定整流桥故障或启动电阻出现故障。

② 测试直流中间回路：直流中间回路主要是对滤波电容的容量及耐压的测量，也可以从外观观察电容上的安全阀是否爆开，有无漏液、鼓包、变形等现象来判断它的好坏。如果用万用表来测量，电容没有放电过程或放电过程很短或表针动作比较缓慢，甚至不能跳变到无穷大，则表明电容漏液或性能不良；如果万用表读数一直为零，则表明电容已经断路，须尽快更换型号相匹配的滤波电容或更换变频器。

③ 测试逆变电路：类同于测整流电路，不予重述。对逆变管控制极的测量，以IGBT为例，取下驱动插件，将万用表调到电阻×10 kΩ挡，测其上桥臂与U，V，W三个极的电阻是否接近无穷大，下桥臂与N极的电阻是否接近无穷大。

若测试结果中，只要有一个数值远离参考值，都必须更换逆变模块。

④ 主回路绝缘电阻的测试：用500 V的绝缘电阻表测量公共线和接地端（外壳）间的绝缘电阻值，应该大于5 MΩ。如果远小于这个值，说明有漏电现象。检查各个元件与机壳的支撑架（柱）之间的绝缘是否达到要求；是否有元件碰到机壳，线路上有无油腻未擦拭干净等。然后，再查主回路部分的焊线是否牢固，所有螺丝是否拧紧。

⑤ 保护电路的检查：变频器的保护电路通常由三部分组成，即取样电路、取样信号的处理电路和设定比较电路，但不同地区、不同品牌的变频器，保护电路的设计各不相同。特别是西欧的一些品牌，更多的是利用CPU的软件来处理。作为变频器的定期检修，一般检查取样电路元件。

例如：电流互感器、电压互感器、电压分压电路，压敏电阻、热敏电阻等，是否有异常现象。观察外表有无变色，接线是否牢固。热敏电阻是否有脱离被测器件的现象（通常贴在散热器上）。用万用表测量电阻值是否随温度变化而变化。

⑥ 冷却风机的检查：首先根据变频器使用运行的时间，判断冷却风机是否到需更换的年限，一般使用寿命2～3年。如果风力大大减小，达不到设计要求，必须更换。在使用年限内的风机，在不通电的情况下，用手拨动旋转，有无异常振动或异常声音，如果有，也要更换。同时要注意加固接线，防止松动。

⑦ 控制电源电路、驱动电源电路的检查：这些电路分别在几块印刷电路板上，首先，观察电路板上的各种元器件，有无异味、变色、爆裂损坏的现象，如有，必须更换。印刷板上的线路有无生霉、锈蚀现象，如有，必须清除。锈蚀的要用焊锡焊补；锈蚀严重的，用裸导线“搭桥”，必须保证线路畅通。尤其是开关电路和驱动电路中的小电解电容，使用一年左右就会开始老化，存在许多隐患，要无条件地全部更新。这些电容从外表上发现不了问题，但变频器的不少故障常常由此而产生，这是具有丰富修理经验的技术人员长期实践得出的结论。

另外,还要检查这些电路板上的接插件,有无松动和断线现象,要及时修复。

(2) 上电动态测试

在静态测试结果正常以后,才可进行上电动态测试,如"7.2.2节变频器的调试"中所述的方法操作,不再重复。

在上电前后必须注意以下几点:

① 上电之前,须确认输入电压值无误。将380 V电源接入220 V的变频器之中会出现炸机(炸电容、压敏电阻、模块等)。

② 检查变频器各接插口是否已正确连接,连接是否有松动。连接异常有时可能导致变频器出现故障,严重时会出现炸机等情况。

③ 上电时,数秒钟后应该听到继电器动作的声音(有些变频器由可控硅取代继电器的机型无此声)。高压指示灯亮,变频器冷却风机开始运行(也有变频器运行时,冷却风机才转动的情况)。

查看面板上故障显示内容,并初步断定故障及原因。如未显示故障,首先检查参数是否异常,并将参数复归后,在空载(不接电机)情况下启动变频器,并测试U,V,W三相输出电压值。如出现缺相、三相不平衡等情况,则可判断有模块或驱动板故障等;若在输出电压正常(无缺相、三相平衡)的情况下,进行带载测试,最好是满负载测试。

7.4 变频器常见故障诊断

7.4.1 关于维修变频器要注意的一些问题

由于变频器种类繁多,本节主要介绍通用变频器的故障内容及其对策。

当变频器发生故障后,监视器显示当前故障功能代码。可按STOP/RESET键复位清除,退出故障状态。若故障消除,变频器返回参数设定状态,可重新设定参数后试运行。若故障仍未消除,监视器继续显示当前故障功能代码。

有的变频器有这样的功能,将变频器设置为转速追踪有效,在运行过程中,若发生瞬时欠压故障,变频器将停止输出;若电网恢复正常,欠压故障消除,变频器自动追踪电动机转速;过流、过压和过载时,故障3 s后,变频器自动重试,而无需按STOP/RESET键复位。

1. 重视显示屏的故障显示

当变频器发生故障后,如果变频器有故障诊断显示数据,其处理方法是:查找变频器使用说明书当中有关指示故障原因的内容,找出故障部位。用户可根据变频器使用说明书指示部位重点进行检查,排除故障元件。

三菱变频器故障报警代码表见附录二。

2. 多方面分析,找出真正故障原因

不少情况下,由面板显示的对应故障的功能代码及其内容,可以找到故障原因并排除故障。但往往当变频器发生故障,而又无故障显示,则不能再冒然通电,以免引起更

大的损坏。

故障原因是多方面的，不是单一原因引起的，仅由显示屏的显示判断故障原因往往是表面的，因此需要从多个方面查找，逐一排除才能找到故障点。找出真正故障原因，这样才能减少不必要的损失。

如三菱 E540－0.75 kW～3.7 kW 变频器显示"E7"故障，查说明书则认为CPU板损坏，但其实是模块里的通信电路存在问题。由于此模块是一体化模块，维修成本太高，应该整块更换。

不要随意更换模块去尝试找到故障原因，要从根本上发现问题所在。如某三菱 A540－22 kW 变频器没有显示，但有电源供电，就从另一台变频器上拆下主板试，还是没显示，装回去后，却发现该主板损坏了，导致另一台变频器也不能用了。后来才发现真正原因不是主板坏了，而是电源本身不正常所致。

变频器的电路板比较精细，有时甚至由于焊接不良而容易烧坏模块。为了减少损失，如果确定是模块损坏，可把模块从电路板上拔出来，再把模块的焊脚逐个清理掉，这样就可保留电路板上其他部分。

有时就是一个小问题：如充电电阻断了，电容器失效了，很快就能修好。

3. 注意安全

初学者最好从维修小功率变频器开始，因为检修大功率变频器，当其大容量的滤波电容充满电时，对人及变频器是相当危险的。通常的做法是把这些滤波电容断开（断开正负其中一端就可以），另装小电容（几百微法）代替，用380 V的变频器将模块和小电容串起来，这时即使假负载装在小电容前后也没关系，因小电容的电量难以烧毁模块。

4. 关注元件老化问题

很多故障是因为其工作环境温度高而使元件老化造成的。如G9系列变频器（如富士G9－15K）驱动电路的小电容失效，测其阻值有100 kΩ，以为没问题（正常值为无穷大），可烧坏模块的原因往往在于此。其容量变小会使变频器主回路直流电压不稳定，容易损坏模块，变频器经常跳"低压"故障。通常是开关电源最先停止工作，变频器没有显示。

应该把驱动电路的小电容全部拆下来测一下电容量，检查其是否漏电。

5. 霍尔元件检测

变频器中的霍尔元件是重要的较精密的测试元件，好多读者不太熟悉，特此简介其检测方法：

① 让变频器处于STOP状态下，测量霍尔元件的输出电压、输出电流，且都应该为零，如果测出电压不为零，就可判断坏了。千万不要试着修霍尔元件，因为弄不好，会把模块损坏，在线检查输出电压是最好的方法。例如：一台台达A系列22 kW机器显示代码为CFF，查手册的指示是线路异常，但检查机器却正常。分析是检测部分的故障，用此法检查霍尔的输出电压，发现一只霍尔元件输出为1 V，换掉该元件后机器正常。霍尔元件输入和输出满足比例关系。例如，它与检测对象的电流比为1 000:1，则变频

器输出是 50 A 的电流时,霍尔元件的输出是 50 mA 的电流。同时还要检测电压。其实检查输出电流是很麻烦的,检查电压很方便。霍尔元件一般是 4 个脚,2 个脚是霍尔的电源端,另外 2 个脚是检测输出端。变频器对霍尔元件的电压检测一般按如下要求配制:额定电流时,对应的检测输出电压为 2.2 V;过载电流点时,输出电压为 3.3 V;过电流时,输出电压为 4.4 V。100 A/4 V 表示 100 A 电流对应±4 V,若有放大电路再进行折算。置换霍尔电流传感器应按上述要求实施。

② 以 SL-N3501T 型集成线性传感器为例,其检测连接如图 7-27 所示。当永久磁铁 N 极靠近霍尔传感器时,其输出端电压将增大;如果用 S 极靠近,则输出端电压将减小。在这种情况下,输出电压的最大变化量取决于永久磁铁的剩磁强弱。在检测电路连接正确无误的情况下,如果永久磁铁的任一个磁极靠近霍尔传感器时,传感器的输出电压没有任何变化或变化极小,则说明霍尔传感器已经损坏。

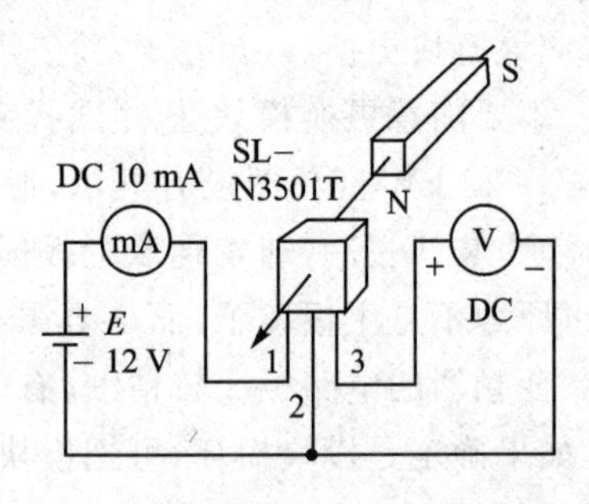

图 7-27 霍尔电流传感器检测

6. 示波器的使用

维修变频器需要用示波器观测各点信号波形,对于轻微的不正常触发信号却难以发现(变频器空载正常),也可用收录机替代;收听变频器运行时发出的噪声,平时可多听正常变频器的噪声便于以后比较,以积累经验。从变频器的输出端引出一条电线靠近收音机的天线,收到的噪音会明显高一点。

7. 远程控制

有人为方便起见,把变频器的操作面板用延长线从变频器中拉出来并在远处控制或显示,这样做的后果是容易使变频器受干扰而出现误动作,严重的可损坏主板。现在常改用远程控制,即利用变频器的模拟量输出信号通过接一个电压表来显示。

8. 在检修中应注意的问题

① 严防虚焊、虚连,或错焊、连焊,或者接错线。注重松香的使用,保证焊点的质量。特别是别把电源线误接到输出端。拆集成块贴片之前可在集成块上贴一小片沾着水或酒精的纸做散热用。

变频器的元件更换时,完全没必要找原型号的,如整流模块、接触器、充电电阻、滤波电容、快熔、散热风扇等。只要有位置安装,参数接近都没问题。安装螺丝孔不同可另钻孔,整流模块、接触器、充电电阻国产的都可用(性能要求不高)。充电电阻的阻值可以选用比原来大点而功率小点(体形小点容易安装)都不会影响变频器的启动。滤波电容、快熔、散热风扇则最好找名牌的,这样不容易坏。驱动电路的小贴片三极对管容易烧坏(如富士 G9、安川 616G5)在市场上又难以买到,可用 A950 及 C1815 小三极管顶替,不过要区分清贴片三极管哪个是 NPN 型还是 PNP 型,以确定接线端的极性。

② 注意通电静态检查指示灯、数码管和显示屏是否正常,预置数据是否适当?

③ 一定要清楚“线电压”及“相电压”的使用上的区别，正确接线。

④ 假负载的运用：在维修变频器时要利用假负载。假负载是用一个几百欧的电阻(白炽灯也可以)，串在主回路上，如有快熔就把它拿掉，装上电阻；没有快熔则可在主回路的任何地方断开，串上电阻。假负载起限流作用，当模块有短路时烧掉模块，等开机后测量变频器输出正常，再把这假负载撤掉。否则一旦驱动有故障，就会烧掉模块。

假负载的接法也要注意几个问题：

● 要接在电容与模块之间，不是接在整流与电容之间，因为电容放电就足以烧坏模块。

● 当开关电源供电是经过快熔时(如富士 G9-11 kW)，就不能把假负载接在快熔上方，不然送电后指示灯亮，但开关电源可能不工作。

● 假负载要接在直流电压检测点后面，这样当变频器输出不正常(指示灯亮)，变频器就不会跳“低压”，这才可检查是哪一路输出有故障。

● 三菱 A540-7.5/5.5 kW 换模块时用假负载的接线方法：这类变频器没装快熔，维修时用假负载的接线比较麻烦，先紧固好模块 7MBI50-120，从 P 端引出一条电线，在 P 端贴上两三层电工胶布使其与电路板隔开，把驱动板装上，这时除 P 端外其他装上螺丝，假负载就装在这引出线与变频器接线端的 P1 端之间。选择 5 Hz 开机，待测量输出电压平衡后，关掉电源，让滤波电容放电，松一松驱动板的螺丝，用力把引线拉出来(不用拿掉驱动板)，把 P 端的电工胶布撕破，直接装上螺丝就可以。该型号变频器不装模块无法开机(跳故障)，不能在装模块前观察驱动电路的波形，若不这样做，则很容易烧坏模块。

9. 更换与选购模块

变频器模块的价格有的只有 1 300 元(整台机共 6 个模块)，有的模块报价是 23 000 元(一体化模块)。某些品牌的小功率变频器是一体化设计(输出模块、电源、推动电路固封在一起)，这种模块有一点小故障就要整体换掉，接近整机价位，所以购买变频器时必须考虑以后维修的问题。

除了平时保养好变频器外，还要弄清楚该变频器的代理商、维修商和改用其他变频器是否方便(如何接线及调参数)。否则会因为没有配件而无法及时维修，造成停产事故。

尤其是进口的变频器，维修配件不好找，国内也没有代理商。变频器的控制线路复杂，换成其他牌子也不一定适用。生产线上的变频器要设置的参数比较多，大多数变频器只是坏模块，最快捷的换变频器方法是买一个同型号的变频器并把原来的主板换过来，这样就不用再设参数。

买模块时并不要求型号一字不差。如模块 7MBR25NF-120 与 7MBR25NE-120 的参数是一样的，前者只多了四个定位脚。IGBT 模块的驱动是电压控制，互换性好，只要耐压、电流参数一样，不同型号的 IGBT 模块很多是可互换的。有的安装尺寸不同，可另钻孔解决。GTR 模块互换性差一点，还需要考虑其放大倍数。充分利用模块的互换性，避开用市场上热销的模块，可降低维修成本。

怎样选购模块：首先要看模块是否被拆开过(看外观痕迹)。耐压值是最重要的参数，可用耐压表测量，输入380 V变频器的输出模块耐压值要大于1 000 V，220 V的则要选600 V。电流则可用电容表来比较判定大小。IGBT模块还可以用指针式万用表10 kΩ挡检测其是否能动作，用指针(黑-红)去触发模块的G-E，可使模块C-E导通，当G-E短接时则C-E关闭。

测模块耐压值要注意：用耐压表给IGBT模块测量耐压值时一定要同时短接各触发端G-E，否则不但测不到测压值，也有可能把模块烧坏了。因为如果G-E有残余电压，这时C-E是半导通的。

旧模块的好坏，没经验的人很难辨识，有时可能测量值完全正常，但不能用，最好用新模块更换。

10. 维修变频器的知识准备

变频器是一种牵涉知识面较宽、专业性较强、科技含量较高的较复杂电子产品。修理变频器仅靠一点经验实践，是远远不够的。维修变频器是一门技术。维修人员必须掌握变频调速技术的基本理论，变频器的工作原理(细分到各部分电路的工作原理)，并通过实践不断积累经验，两者相结合，才能达到较高的修理水平。

7.4.2 故障报警显示和运行异常处理对策

现在讨论变频器面板上有故障显示的处理对策，举几例加以说明：

1. 过电流故障显示 OC

出现过电流时会在面板上显示，有时还会引起变频器跳闸停机或主回路功率模块过热。

诊断与对策：

① 负载侧相间短路或对地短路。这多为电动机烧毁、绝缘劣化、电缆破损或其他原因造成的。

② 过负载或负载突变(如机械卡阻的情况)。若电动机堵转，可将电动机的电源从变频器改接到一般工频电源看其能否启动；若不能，看电动机是否完好，如果没问题，再检查电动机所带的负载是否过重，或被机械卡死。

③ 若变频器启动后电动机发热严重，表明电动机损坏，要更换电动机。

④ 变频器输出侧的电磁开关器件的ON/OFF是否动作失误。

⑤ 参数设定问题：加/减速时间设定太短；启动转矩不够；转矩补偿量设定过大，使得低频时空载电流过大；电子热继电器动作电流设定得太小，引起误动作等。

⑥ 变频器内部故障(如逆变管损坏)或谐波干扰大。

⑦ 电流检测电路故障。以FVR-075G 7S-4EX为例：有时会看到FVR-075G 7S-4EX在不接电动机运行时的面板也会有电流显示。电流来自于何处，这就要测试一下它的3个霍尔传感器，确定哪一相传感器损坏(每拆一相传感器的时候开一次机，看是否会有过流显示)，经过这样试验后基本能排除OC故障。

2. 过电压故障显示 OV

出现过电压时会在面板上显示，有时还会引起变频器跳闸停机。

诊断与对策：

① 直流母线产生过电压：检查电源电压偏高原因并使之降下来；若属电网电压暂时波动，可继续运行。

② 制动力矩不足：中间回路因来不及放电，造成直流电压过高。

③ 参数设置问题：加/减速时间设定得太短；载波频率设定不合适等。

④ 电动机突然甩负载，如传送带脱落、负载惯性大。

⑤ 制动装置中的制动电阻不合适，或制动单元不能正常工作等。

⑥ 电压检测电路故障：一般电压检测电路的电压采样点都是在中间直流母线取样后（530V 左右的直流）通过阻值较大的电阻降压后再由光耦进行隔离传送，当电压超过一定值时，面板显示过压，可以查看一下电阻是否氧化变值，光耦是否有短路现象。

3. 欠电压故障显示 UV

出现欠电压时会在面板上显示，有时还会引起变频器跳闸停机。

诊断与对策：

① 交流电源欠电压、缺相、瞬时停电。如果变频器电源缺相，则三相整流变成两相整流，当带上负载后，致使整流后的直流电压偏低，造成欠压故障。

三菱 A500 系列变频器电压信号的采样值则是从开关电源侧取得的，并经过光电耦合器隔离，实践表明，光耦损坏往往造成欠压故障。

② 在同一电源系统中有大的启动电流的负载启动。

③ 如果电网电压在变频器未启动时，电源电压正常。变频器启动后，电压变低，则是电源传送线路的问题。检查线路、开关、熔丝等有无接触不良的问题。

④ 变频器内部故障（整流部分故障）等。

⑤ 直流检测电路故障。对于 400 V 级的机组，当直流母线电压低于 380 V，DC 则有故障报警出现，这时可检测降压电阻是否断路。

4. 过热故障显示 OH

出现过热故障时会在面板上显示字符 OH。

诊断与对策：

① 电动机的负载太重，使得变频器长时间在超过其额定电流下工作。必须改换与电动机功率匹配的变频器。

② 电动机轴机械卡死，电动机堵转，此时变频器的电流限幅功能动作，其电流限幅值小于 120%。解除电动机机械方面的故障。

③ 变频器周围环境温度过高。检查或加装空调、风扇、机身水道等冷却措施。

④ 变频器保护设定值不正确，重新设定。

5. CPU 板故障显示 E6，E7

诊断与对策：

这是比较常见的三菱变频器典型故障,原因是多方面的。

① 集成电路 1302H02 损坏:这是一块集成了驱动波形转换以及多路检测信号于一体的 IC 集成电路,并有多路信号且和 CPU 板关联,在很多情况下,此集成电路的任何一路信号出现问题都有可能引起 E6,E7 报警。

② 信号隔离光耦损坏:在 IC 集成电路 1302H02 与 CPU 板之间有多路强弱信号需要隔离,要考虑到是否因为信号隔离光耦器件损坏而引起 E6,E7 报警。

③ 接插件损坏或接插件接触不良:由于 CPU 板和电源板之间的连接电缆经过几次弯曲后容易出现折断、虚焊等现象,在插头侧如果使用不当也容易出现插脚弯曲折断等现象,引起 E6,E7 报警。

6. 快速熔断故障显示 FU

装在主回路的保险丝被熔断。诊断与对策:

变频器输出侧短路、接地、输出晶体管损坏。快熔故障检测功能,对快熔前后的电压进行采样检测。当快熔损坏以后必然会出现快熔一端电压丢失,此时隔离光耦动作,出现 FU 报警。更换快熔就应能解决问题,特别注意的是更换快熔前必须判断主回路是否有问题。

7. 接地故障显示 GF

接地断开故障的诊断与对策:当电动机被烧毁、绝缘劣化、电缆破损、短路时,使变频器输出侧的接地电流超过了变频器额定输出电流约 50%时引起接地故障。在排除电动机接地存在问题的原因外,最可能发生故障的部分就是霍尔传感器了。霍尔传感器由于受温度、湿度等环境因数的影响,工作点很容易发生漂移,导致 GF 报警。查明原因,对症处理后复位即可。

8. 短路故障显示 SC

诊断与对策:如果没有厂家专业人员的指导一般检测不到这一步。假如变频器其他都检测没能恢复正常,再按复位按钮还取消不了"SC"故障时,那就直接更换变频器。

可检测一下变频器内部器件(模块、驱动电路、光耦)是否有短路或损坏现象。

9. 主回路电压故障显示 PF

诊断与对策:主要有以下几方面原因:输入变频器电源缺相;变频器瞬时停电;变频器的输入电源接线端子松动;输入变频器电源的电压变动太大;变频器相电压的平衡不好,一般这种故障很少。

10. 输出缺相故障显示 LF

诊断与对策:变频器输出侧发生缺相原因可能是:输出主电源线断线;行走电动机绕组击穿断线;变频器输出端子接线松动。

11. 闪烁故障显示 EF3

外部故障(输入端子 S3)。

诊断与对策:多功能输入端子输入了外部故障或确实存在外部故障。查明外部故障点,排除复位即可。

常见的外部故障有：

(1) 变频器输出漏电

拆下U,V,W三相输出到电动机的引线,用万用表测量电动机对地绝缘,判断是否由于电缆破皮而漏电。如果电缆绝缘正常,则查检测板XB1(XB2)是否漏电或误动作。按“复位”按钮观察是否能消除,如果不能消除,再重新启动机器观察是否消除,如果还无法消除,更换XB1(XB2)板即可。或将保护触点临时断开,查明原因检修后,再恢复保护。

(2) 输入电压异常

首先检查供电电压是否在320～460 V范围。如果正常,说明XB3板上的电压异常保护电路误动作,应更换XB3板或临时将保护接点去掉。假如电动机不动,首先观察面板上故障显示,查明原因,实施维修。其次是在变频器面板上修改参数,将变频器改为近控模式,进行手动操作,这样很快就可以判定是变频器本体故障还是外部故障。当出现外部故障时,真空接触器断电,变频器数字操作键盘没有显示,FU1,FU3,RUN,DS1,DS2也不显示,只有12 V和漏电灯或电压异常灯指示亮,则说明变频器输出漏电或输入电压异常。

12. 电动机故障

诊断与对策：

① 按下RUN键,电动机不旋转原因是操作键盘为无效键盘,选用有效键盘或将该键盘设为有效键盘。

② 运行控制模式(有三种)设定错误　从三种运行控制模式中选一种正确的设定模式。

③ 自由停车端子FRS为ON,引起电动机故障　将自由停车端子FRS设置为OFF。

④ 输入参考频率错设为0,引起电动机故障　重设,增大输入参考频率。

⑤ 单循环运行程序刚刚完成,引起电动机故障　清除单循环程序运行时间即可。

⑥ 软启动接触器未闭合,F01功能代码参数显示为5555　原因是输入电源异常或软启动接触器坏或控制电路故障。

⑦ 控制端子RUN,F/R有效,电动机不旋转。

⑧ 电动机只能单方向旋转　可能是设定了反转禁止功能代码有效,取消此项代码设定。

⑨ 电动机旋转方向相反　因为变频器的输出端子U,V,W与电动机输入端不一致,任意换接U,V,W的两根连线即可。

⑩ 电动机加速时间太长　原因是过电流限幅动作阈值太小。当过电流限幅功能设置有效时,变频器的输出电流达到其设定的限幅值后,在加速过程中,输出频率保持不变,只有输出电流小于限幅值后,输出频率才会继续上升,这样,电动机的加速时间就比设定的时间长。

⑪ 电动机减速时间太长　原因之一,再生制动有效时,制动电阻阻值太大,过电流

限幅动作,延长了减速时间,可减小制动电阻阻值;原因之二,回馈制动有效时,设定减速时间太长,重新确认减速时间功能代码参数值;原因之三,失速保护有效时,过压失速保护动作,直流母线电压超过 670 V 时,输出频率保持不变,当直流母线电压低于 630 V 时,输出频率继续下降,这样就延长了减速时间,可检查直流母线电压;原因之四,设定的减速时间太长,重新确认减速时间功能代码参数值。

13. 变频器参数问题

(1) 参数不能设定,按▲、▼键时,参数显示不变

原因之一,误将操作的键盘设为无效键盘。有些变频器有两个键盘,可将本机键盘和远控键盘同时互动操作,当设定其中一个键盘控制有效后,另一键盘自动无效。这时,无效键盘只能查询功能代码的参数值,但不允许修改。原因之二,变频器已设为运行状态,只能监视运行功能代码的内容,不能改变功能代码值。

(2) 按▲、▼键时,参数显示可变,但存储无效

原因是变频器的功能代码参数处于参数设定状态(无论功能代码参数能否设定,只要按下功能代码内容参数▲或▼键,必须要按 SET 键确认或 STOP/RESET 键恢复。改变后的参数显示时,会以每秒一次的频率闪烁,以便提示用户参数已被修改,需进行确认或恢复处理)。

(3) 某些变频器的特殊操作

如山肯 MF 系列有一个通病,就是有时会显示“Erc”故障,影响下一步的操作。

这时可进行下列操作:

打开参数 90,写入“7831”。这时变频器显示“PASS”,写入“变频器容量数”,再把参数恢复出厂值(参数 36=1)。

变频器容量数:2.2 kW-23,3.7 kW-24,7.5 kW-26,15 kW-28,22 kW-30,30 kW-31,45 kW-33,75 kW-35,110 kW-37。

其他功率类推。

(4) 转矩提升参数设定过大

转矩提升应适当,若转矩提升参数(或最低输出电压)调到很高,变频器的启动电流会很大,经常“过流跳闸”也容易损坏模块。转矩提升应慢慢调整,并随时观察电流大小,负载大的最好用“矢量控制”,这时变频器能自动地输出最大转矩,变频器会进行“调谐(自学习)”,但有此功能的变频器并不多。但不能调低基本频率,国内电动机设计基本频率是 50 Hz,当变频器的基本频率调小后,虽然可提高转矩,但电流急升,对变频器及电动机都会造成伤害。

(5) 加减速时间参数设定过小

变频器加减速时间设定最好不少于 2 s。若加减速时间调至 1 s 以下,变频器会损坏。当加速太快时,电动机电流大,性能好的变频器会自动限制输出电流,延长加速时间;性能差的变频器会因为电流大而减小寿命。当减速太快时,变频器在停车时会受电动机反电动势的冲击,模块也容易损坏。电动机要急停最好用刹车单元,不然就延长减速时间或采用自由停车方式,特别是惯性非常大的大风机,减速时间一般要几分钟。

(6) 高速电动机的基频参数设置不当

因为变频器基频的出厂设置是50 Hz，如果用在基频是400 Hz的高速电动机上，变频器会因为在低频时输出电压太高而造成电动机电流过大，变频器经常显示过流，而且电动机容易烧掉。

(7) 维修变频器经常要把参数恢复出厂值

将变频器的参数恢复为出厂值，是变频器维修的重要措施之一。

但很多人不知某些变频器(如日立J300)的参数恢复操作方法，其方法是要把一个多功能端子改名为“初始化”功能(参数C0～C7)，然后把这端子与公共端“CM1”(或P24)短接，再把变频器关电后送电就可以。如要把端子“7”改为“初始化”功能，则把参数C6设为“7”。

7.4.3 变频器主板故障

变频器最怕就是坏主板，难以维修，换板价格又高。

现象：当变频器出现主板故障时，有的显示通信故障；有的显示正常但没有输出；有的一开机就是最大输出，不受控制。

原因：变频器主板损坏原因是多方面的，如变频器本身设计不太完善；开关电源故障烧坏主板；环境问题(温度高、静电多)和各种电磁干扰，如附近有经常动作的接触器；模块爆炸时产生强大的电磁波也会损坏主板，类似于被雷击中。

修理：可将参数恢复出厂值一次，如果这样无效或参数都打不开，则一般要换板。

关于主板互换问题：有几个品牌变频器(如三菱、富士)其检测回路与主板的通信值大小是一样的，所以功率不同的同型号主板是能通用的，只不过电压、电流值要按出厂值设置，如3.7 kW主板用在30 kW上，电机电流值只能设9 A而不是66 A。此时变频器显示电流值也不是真实值(按比例缩小)，但其过流、过载保护功能完全一样。有的则要改写容量码。但当你不知密码或容量码时则无法使用，变频器会显示容量故障。

在第3章中已讨论过，变频器主板有几大单元模块。若只是某个单元模块的局部故障，还是可以维修的。下面分别讨论若干模块的故障维修。

1. 变频器中央处理单元

变频器中央处理单元就是变频器CPU主板电路，其故障率相对较低，约占总故障率的20%左右。

对变频器中央处理单元的检查，其主要内容是对其电路工作条件的检查和故障排除。

故障现象：供电电源正常，但上电后操作面板无显示，或显示某一固定字符，变频器无初始化动作过程，操作显示面板所有操作失灵。

原因和维修：

① CPU未完成初始化操作。

② CPU在自检过程中检测到危险故障信号存在，处于故障锁定状态中，所有操作被拒绝，这是一种“CPU主板伪故障”现象。检查和排除故障原因，则CPU“罢工”的现象也随即消失。

③ 由雷击或供电异常造成CPU芯片损坏。

例如一台富士5000G9S 47 kW变频器，操作面板显示一固定字符，不能操作，出现"程序卡住"现象，初步判断为CPU主板故障。开机检查，上电，测量CPU供电电源且正常，但CPU芯片烫手，出现异常温升，进一步判断CPU芯片本身存在短路故障，从一块相同型号的旧线路上拆下一块CPU芯片，更换后故障排除。

CPU芯片本身的损坏率在2%以下，由于技术封锁，其内部程序不易破解，也牵扯到知识产权的问题，一般维修人员不具备修复芯片的相关条件。因而损坏后，需购用厂家提供的已拷贝好程序的芯片，或从同型号线路板上拆换，或干脆换用CPU主板，这就是所谓"板级修理"。

第3章讨论过，变频器中央处理单元包含：供电电源电路、复位电路、晶振电路、外存、面板、按键及显示电路。分别讲解如下：

(1) 供电电源电路故障

故障现象：+5 V供电电源电路故障。

检查CPU的V_{DD},V_{SS},Vcc,GND等电源引脚，确认电源供电电压是否正常；+5 V供电回路往往接有千微法级较大容量的滤波电容器，当其容量严重下降时，会使CPU程序运行紊乱，易进入程序"死循环"。

故障现象：漏电断路器动作。

原因：变频器运行时，漏电断路器动作，变频器运行时的高频开关状态会产生漏电流并引起漏电断路器动作而切断电源。

对策：请选用漏电检测值较高的断路器，或降低载波频率也可减小漏电流。

(2) 复位电路故障

故障现象：不能复位。

原因和维修：检查复位电路。复位电路为CPU的复位脚提供一个上电期间的脉冲电压，脉冲电压的持续时间为微秒级。故需低脉冲进行的复位的，其CPU复位脚静态电压应为+5 V的高电平；需高电平脉冲进行复位的，其CPU复位引脚静态电压应为0 V低电平。

对复位电路的检测步骤：

① 测量其静态电位：根据CPU复位引脚需要高脉冲电压或低脉冲电压的要求，测量其静态电位是否正常。

若静态电压异常，再查CPU外接复位电路。可断开CPU的引脚，判断复位引脚电压异常是复位电路故障，还是CPU复位引脚内部电路损坏。

例如，一台7.5 kW英威腾变频器，上电后听不到充电继电器的吸合声，所有控制操作失灵。测量CPU的复位控制48引脚，其电压为2.3 V，正常时应为5 V，判断后可知三线端复位元件IMP809M不良，更换后故障排除。

② 人工强制复位：若静态电压正常，可用人工强制复位方法判断CPU是否能正常工作。方法是：若CPU复位脚静态电压为+5 V的，则用金属导线快速将复位引脚与供电地短接一下，人为形成一个低电平信号输入；若复位引脚静态电压为0 V的，则

用导线快速将复位引脚与供电+5 V短接一下，人为形成一个高电平信号输入。

③ 更换损坏元件：人为强制复位后，若CPU能正常工作(表现为操作显示面板的内容变化)，可以修改参数等，说明外接复位电路故障，须更换损坏元件。对于采用专用三线端复位元件的，如无原型号元件代换，可搭接阻容元件电路应急修复。

④ 强制复位无效，应进一步检查晶振电路。例如，一台富士5000G9S 11 kW变频器，操作面板显示一固定字符，不能操作，出现"程序卡住"现象，判断为CPU主板故障，开机测量CPU复位控制引脚静态电压且正常，用人为强制复位法无效，用烙铁加热晶振焊脚时，故障消失，此时，应更换优良晶振元件和两只瓷片电容后，故障排除。

(3) 晶振电路故障

晶振电路的外接元件较少，一般仅为两只电容和一只晶振。常见电路故障有以下几种：

① 因晶振元件内部为石英晶体，受剧烈震动后容易碎裂失效；

② 如晶振或电容漏电，会使信号传输损失加大而引起停振；

③ CPU内部振荡电路损坏，须更换CPU。

测量方法：

① 振荡脉冲为矩形方波，其引脚电压约为0 V～+5 V的中间值，两引脚的电压值略有差异，相差0.3 V左右。其中X2引脚为2 V，X1则为2.3 V，测量时请用数字万用表的电压挡，如用指针表，因内阻偏低，有可能引起停振，使测量结果不准确。

② 若晶振微漏电或性能变差，当用电烙铁轻烫晶振引脚时，CPU主板恢复正常工作，可能为晶振失效，更换晶振。

③ 怀疑晶振不良时，最好用优良晶振代换试验。摘下晶振进行检查时，可以晃动晶振，细看其内部有无细微的哗啦声，若有，说明晶振受振动而损坏。测量两引脚电阻值，应为无穷大，有电阻值说明漏电。若用电容表测量两引脚，好的晶振有皮法拉(pF)级电容量，其容量值随标称频率的升高而减小。

④ 还有一种极少见的情形，因结构形变或机械老化使电路振荡频率偏低于标称频率值，CPU时钟脉冲的频率降低，一是导致系统运行变缓，二是因时间基准值变化，使CPU对路输入电流、电压信号的采样出现误差，使运行电流、输出频率的显示值也出现相应偏差，严重时有可能使CPU出现误停机动作。此故障为疑难故障。

(4) 外存故障

故障现象：变频器能操作运行，参数也能被修改，但停电后，修改后的参数值不能被存储，说明机器有外部存储器故障。

原因与维修：检测CPU外部存储器的供电和与CPU连接线的状态，因CPU与外部存储器之间传输的是"脉冲流信号"，很难从其引脚电压的高低判断其工作好坏，可以从同型号的线路板上拆下好的存储器，代换试验。

注意： 若换用新的空白存储器芯片，机器将不能工作，存储器在出厂时已存有用户控制参数。有条件的，可将原存储内容复制到新的芯片中；或从制造厂家购得存储器芯片，进行更换。

(5) 面板故障

故障现象一：面板显示不好，不灵。

原因与维修：操作显示面板上的按键及调速电位器都属于易损件，加上工作现场粉尘、潮湿等因素，造成接触不良等故障现象。

故障现象二：LED显示笔画不全。

原因与维修：因振动造成内部驱动电路引脚虚焊，铜箔条断裂等现象，应焊接修复。

故障现象三：供电正常，但无显示或显示一固定字符。

原因与维修：用相同型号的操作面板代换试验，若属于操作显示面板故障，可从厂家购得整体更换。

故障现象四：代换操作，面板显示无效。

原因与维修：检查 CPU 与操作显示面板之间的数据通信模块(RS-442/RS-485)收发器等电路。

2. 驱动控制单元

整流和逆变电路模块烧坏大多数与驱动电路不正常工作有关系，如果驱动电路的元件有问题(如小电容漏水，PC923 老化)，会导致整流模块和逆变电路模块烧坏或变频器输出电压不平衡。反之，整流模块和逆变电路模块烧坏大多数情况下也会损坏驱动电路的元件，最容易坏的是稳压管和光耦等元件。

维修驱动单元常要花费很多时间，所以对于常用的变频器(安川 616G5、三菱A540)，建议备好驱动电路板，应付急用(如电梯用的变频器)，先整个主板换下来，以后有空再修理驱动单元。

驱动电路是维修变频器的重点及难点，即一方面是一些损坏的元件难以用万用表测出，另一方面是有的驱动电路的小元件不容易买到(可从另一同型号的板上拆下来)所导致。

最常见的是驱动电路无驱动信号输出，即可用驱动电路检测仪检测，使用方便、检测效果好。

检查驱动电路是否有问题，可在没通电时比较一下各路触发端电阻是不是一致；通电时可比较一下开机后触发端的电压波形(但有的变频器不装模块开不了机)，拆下驱动电路板，将驱动电路检测仪的 5 V 电源作为光电耦合隔离集成电路输入端电源，20 V 电源作为驱动电路的电源，5 V 电源接在 N(或 U,V,W)端。把驱动电路检测仪输出的方波信号作为光电耦合隔离集成电路的输入信号。然后，用示波器依次从光电耦合隔离集成电路输入端、放大电路输入端和驱动电路输出端检查信号。根据信号的有无，就能很简单、直观地找出故障发生处。这时最好装有假负载，防止检查时误碰触发端其他线路而引起模块烧毁。

当变频器输出电压不平衡，一般没有经验是很难判定哪路驱动有问题，这时可启动变频器 3 Hz，用万用表+500 V 挡分别测 P-U,P-V,P-W 及 U-N,V-N,W-N 的电压值，这时 6 路电压也会不一样，可断定偏高哪路有问题。这里 P,N 是直流回路正、负端，U,V,W 是输出端。

维修变频器时，经常碰到有的整流模块和逆变电路模块（如7MBI25NE-120）只损坏了整流部分。处理方法是把模块的输入脚R，S，T剪断，另加装一个整流模块，这样维修虽然比较麻烦，但大大节省维修成本，现在好的二手模块一只7MBI25NE-120价格也要在380元左右。

关于驱动电路维修，举几例如下：

故障现象一：驱动电路无驱动信号输出。

原因和维修：

① 光耦隔离集成电路损坏。光耦隔离集成电路有输入信号而无输出信号时，则光耦隔离集成电路损坏，通常是由于老化、自然损坏所致。只要有一路损坏，就应该把6只光耦隔离集成电路全部更换。

用光耦PC929作驱动的电路特点：因为该电路带有反馈检测回路，分别从输出三相（Eu，Ev，Ew）取回信号后与驱动信号进行比较，当检测到变频器输出不正常时，则通过一个光耦向主板发出一个高电平信号，变频器马上切断驱动信号并显示“过流”或“IGBT短路”故障，这个保护相当快，有该电路的变频器不太容易烧模块，但问题是当该变频器的驱动元件性能不稳定（如小电容、光耦老化、开关电源有轻微不正常）而影响驱动工作时，变频器总是误报警（SC），由于故障不明显，有时要检查大半天才找出原因，所以用PC929做驱动时一定要保证驱动电路小元件的质量。

用光耦PC929做驱动的变频器启动显示“SC”的处理方法是：如果换了烧坏的模块后还是无驱动信号输出，则有可能是变频器的驱动元件有损坏或性能不稳定，如小电容、稳压管、光耦、开关电源不正常等，但此时启动就会出现跳故障，没办法进行信号跟踪检查，建议把“SC”报警光耦的输入端短接（如安川616G5-7.5 kW的光耦PS10；15 kW的光耦PS4），这样变频器虽然可运行起来，但其失去对模块的保护，所以一定要装有假负载做保护，维修好以后不要忘记把“SC”报警光耦的输入端短接去除。

② 驱动放大电路中的三极管损坏所致，更换三极管。

③ 驱动电路电源中整流二极管损坏（滤波电容损坏短路、放大电路损坏短路，导致整流二极管烧毁）使驱动电路无直流供电，导致驱动电路无输出信号。措施：检查滤波电容、放大电路是否有短路现象，处理之。然后，更换整流二极管。

④ 驱动电路电源中，滤波电容损坏短路，电容老化是主要原因。导致驱动电路无直流供电，损坏整流二极管，更换滤波电容。驱动电路中，电源电路的滤波电容器属易老化器件，使用一年左右的时间，就要全部更换。

⑤ 驱动电路电源中，稳压二极管损坏开路，使驱动电路有驱动信号，而无驱动输出电压，这时应更换稳压二极管。

故障现象二：驱动输出电压偏低。

原因和维修：

① 驱动电路电源中的滤波电容老化，容量降低所致，更换滤波电容。

② 驱动放大电路中的三极管老化，更换三极管。

③ 驱动电路电源中的稳压二极管老化，稳压值增大所致，更换稳压二极管。

故障现象三：驱动输出电压偏高，静态时无负电压。

原因和维修：驱动电路电源中的稳压二极管损坏短路所致，应更换稳压二极管。

故障现象四：整个驱动电路被烧毁。

原因和维修：

这是由于在逆变模块损坏过程中，高压窜进了驱动电路造成的。恢复难度相对困难些，可以参照未损坏的驱动电路进行修理恢复。

3. 保护与报警单元

保护与报警电路单元中主要是故障检测电路，是电压、电流检测的后续电路以及温度检测电路，十分重要。

故障检测与保护电路出现故障表现为两个方面：

(1) 保护功能失效

保护与报警单元电路完好，但相关电路出现故障或变频器工作状态异常时，不能起到正常的保护作用。

例如在逆变回路的直流母线供电回路中串接熔断器，是最为直接的保护方式之一。只要运行电流一旦超过某一保护阀值，保险管熔断，即保护了IGBT的安全。但保险管的熔断值往往要留有一定的余地，负载电路出现正常情况下的随机性过载，靠快熔保险管来完成这种保护任务，显然是不现实的。快熔保险管所起到的作用，仅是在严重过流故障状态下熔断，从而中断对逆变电路的供电，避免了故障的进一步扩大。

又如由电流互感器检测三相输出电流信号，由运算电路(和数字电路)处理成模拟信号和开关量信号，再输入到CPU，进行运行电流显示，根据过载等级不同，进行相关不同的控制(如降低运行频率、报警延时停机、直接停机保护等)。在危及IGBT安全的异常过载情况下，因传输电路的R，C延时效应，再加上软件程序运行时间，CPU很难在微秒级时间内做出快速反应，对IGBT起到应有的保护。因而对IGBT最直接和有效的保护任务，落在驱动电路的IGBT保护电路上，即IGBT管压降检测电路的身上。驱动电路与IGBT在电气上直接连接，在检测到IGBT的故障状态时，一边对IGBT采取软关断措施，一边将OC故障信号送入CPU，在CPU实施保护动作之前，已经先行实施了对IGBT的关断动作。因而驱动电路起到了IGBT模块“贴身”警卫的作用。

(2) 故障检测电路本身损坏

故障检测电路和控制端子电路本身损坏时，就会误报故障。明明主电路是好的，却报出“输出短路”故障或输出缺相故障；明明风扇是好的，却报出过热故障等，使变频器不能投入正常运行。控制端子的故障多为用户误接入高电压，造成将端子供电24 V烧坏、端子输入电路开路损坏和光电耦合器的输入侧电路损坏等。

故障信号的存在，会使CPU封锁6路驱动脉冲信号的输出，无法检测驱动电路和逆变模块是否正常。故障信号的存在，使操作面板误报“OC故障”，这样，所有操作均被拒绝，好像进入了程序死循环一样；还会误判断为CPU故障，而忽视了对驱动电路及逆变输出电路的检查。

重点检测OC故障报警电路。大致判断方法如下：

① 变频器上电期间，细听充电继电器或接触器有无“啪嗒”的吸合声。若有，说明CPU已经正常工作，则变频器处于故障锁定状态。

② 观察操作显示面板，一般有一个“开机字符”呈闪烁状态，最后稳定为某一字符，有此过程，说明CPU也已进入工作状态。

③ 若了解该台变频器的上电自检流程和各脚电位状态，检测相关引脚的电压变化和电平状态，来判断CPU是否处于工作中。利用操作显示面板的按键信号输入和检测电路关键点的电压变化判断CPU是否处于工作状态。如按动面板复位键，变频器状态信号输出继电器可能会发出“啪嗒”的开、断声，同时驱动电路的复位信号输入脚有相应的电平变化，这说明CPU能接收复位信号输入，能将故障复位信号输出到驱动电路，说明CPU工作正常。

④ 判断CPU没有投入正常工作，则应对CPU的基本工作电路进行细查。

例如，一台英威腾INVT-G9-004T4小功率机器，初步检查故障为逆变模块损坏。先给CPU主板和电源驱动板上电，准备修复驱动板故障后，再购逆变模块。上电后，操作显示面板显示H：00，面板所有按键操作失灵，判断为CPU基本电路的故障，又对CPU的工作进行检查，无异常；再对CPU的其他外围电路进行检查，也无异常，一时间茫然无从下手，检修工作陷入僵局。

后来，在检查电流、检测电路时，测电流信号输入放大U12D的8脚、14脚电压为0 V，正常；U13D的14脚为−8 V，有误过流信号输出，操作依然失灵。但按道理，CPU应该显示OL或OC，SC故障，不应该程序不运行，试将该路故障信号切断，使之不能输入CPU，重新上电，操作面板恢复操作，但故障仍未排除。

分析英威腾G9/P9变频器的保护顺序：上电检测功率逆变输出部分有故障时，即使未接收启/停信号，仍跳出“SC-输出端短路故障代码”，所有操作均被拒绝；上电检测到由电流检测电路来的过流信号时，显示H：00，此时所有操作仍被拒绝；上电检测有热报警信号时，其他大部分操作可进行，但启动操作被拒绝，或许CPU认为输出模块仍在高温升状态下，等待其恢复常温后，才允许启动运行。而对模块短路故障和过流性故障，为保障运行安全，索性拒绝所有操作。但这一保护性措施，常被人误认为是程序进入了死循环，或是CPU外围电路故障，如复位电路、晶振电路异常等。

修复电流检测电路，并检查驱动电路无异常后，更换功率模块后，故障排除。

还有一个检测方法的问题，如故障检测与保护电路，其本身的故障率是较低的，但在检修过程中，即使故障检测与保护电路状态是完好的，仍需要对大部分检测电路动一下“手术”，屏蔽其检测与报警功能。这是因为，按通常的做法，将CPU主板、电源/驱动板与主电路脱开，单独上电检修，但因形不成故障检测电路的检测条件，常使故障检测电路误报故障现象，CPU封锁6路脉冲信号的输出，给检修带来很大的不便。因此，在检修线路板故障之前，经常要做的第一项工作，先要人为提供相关故障检测电路的“正常检测条件”，令CPU判断“整机工作状态正常”，以利于后续检修工作的开展。

因而要在电路原理上吃透，知道怎样“人为提供相关故障检测电路的正常检测条件”。

4. 开关电源电路的常见故障

某些系列变频器容易损坏开关电源,如FR－A500的常见故障多为脉冲变压器、开关场效应管、启动电阻或整流二极管等损坏,还有易损器件就是M51996波形发生器芯片,这是一块带有导通关断时间调整、输出电压调节、电压反馈调节等多种保护于一体的控制芯片。较容易出现问题的主要有芯片14脚的电源,调整电压基准值的7脚,反馈检测的5脚以及波形输出的2脚等。

一般开关电源有短路保护,所以短路处不会发热,用手摸不出来。如果用万用表都查不到,则要把开关电源中怀疑有短路的负载断开(拿掉整流二极管),再看开关电源是否正常来判断。

维修安川616G5变频器的开关电源,其开关管QM5HL－24H(不能用QM5HG－24H代替)及变压器在市场上是难以买到的,这时开关管可用D1433代替;而变压器虽然很多组抽头,但每组线圈都少,自己绕很容易,绕时应注意各绕组的方向要与原来一样。

如果知道＋24 V负载有短路但又查不出是哪个地方,这时可外接＋24 V电源让短路处发热来查出,但＋24 V要串一个几欧的电阻防止过流。

关于开关电源故障检修再举几例如下:

故障现象一:变频器所有直流供电无电压。

原因和维修:

脉冲变压器初级线圈上无脉冲开关信号,不是脉冲变压器线圈损坏外,就是自激振荡电路和稳压电路故障。如:

① 无直流供电。脉冲变压器初级线圈上无直流电压,检查主回路是否有直流供电,连线是否有虚脱现象,相关降压电阻中是否有损坏或开路现象。

② 开关管Q_3损坏,这是开关电源电路中损坏率较高的器件之一。检查三极管Q_2、二极管D_6是否损坏。

因为三极管Q_2击穿,使开关管Q_3始终处于导通状态。一方面开关电源电路无直流电压输出。另一方面开关管长期处于导通状态,会因电流过大而损坏。更换损坏的三极管Q_2,并进一步检查开关管Q_3是否损坏,采取相应的处理方法。

二极管D_6损坏开路。电容器的充电回路不通,电容器得不到充电,三极管Q_2不可能导通饱和,开关管Q_3会始终处于饱和状态。注意:更换二极管D_6后,要检查开关管Q_3是否损坏。

③ 各相关电阻中有损坏开路现象。

④ 脉冲变压器初级线圈损坏开路,要更换同类标准的脉冲变压器。

故障现象二:输出直流电压普遍偏高。

原因和维修:

这种现象是由于电源电压偏高等原因引起,同时稳压电路又未起作用所造成的。

① 可控稳压管ZDV1损坏开路,输出直流电压偏高,虽然,取样信号已反映出来了,但因ZDV1损坏开路,光耦隔离集成电路始终得不到输入信号,稳压电路也未起到作用。

② 光耦隔离集成电路 PC815 损坏。

③ 二极管 D_4 损坏开路。

故障现象三：输出直流电压偏低。

原因和维修：

① 可控稳压管 ZDV1 损坏导致短路，使光耦隔离集成电路上始终有输入信号。只要脉冲变压器的3端出现高电压，三极管 Q_2 会因在稳压电路的作用下提前导通饱和；而开关管 Q_3 提前截止，导通周期使 t_{on} 缩短，输出直流电压降低。

② 滤波电容老化，电容容量降低。

故障现象四：个别路的直流电源无电压。

原因和维修：

显然只是无直流电压输出的这路有问题，所以，只要检查这一路的问题即可。

① 整流二极管损坏。检查出整流二极管损坏后，还要检查直流负载有无短路现象。

② 脉冲变压器绕组损坏，则可更换同规格的脉冲变压器。

故障现象五：个别路直流电源电压偏低。

原因和维修：

① 滤波电容老化损坏或电容容量严重小于标称值。

② 直流负载明显增大。检查负载有无损坏；检查某路电源供电的集成电路有无损坏，从而使供电电流增大；有无负载电阻阻值减小而使供电电流增大等。

③ 脉冲变压器绕组有局部短路现象，使其输出的脉冲电压值偏低。

5. 通信接口电路中的常见故障

故障现象：显示"通信故障"。

原因和维修：

① 连接错误。检查屏蔽连接线，是否有断路现象。

② 缓冲器集成电路，如 A1701(西门子 75176B)损坏。

6. 外部控制电路的主要故障

故障现象一：频率设定电压(电流)控制失效。当频率设定电压(电流)信号加到控制端上后，变频器设定频率无反应，或设定频率不准确、不稳定。

原因和维修：通常是外部频率控制电路中的 A/D 转换器集成电路损坏。

故障现象二：外部由开关传递的正转、反转，点动和停止运行控制、多挡转速控制等控制功能失效。

原因和维修：主要是变频器输入电路中的光耦隔离器损坏所致，或控制接线端接触不良。

7. 其他故障

(1) 现象：漏电断路器动作

原因：变频器运行时，漏电断路器动作，变频器运行时的高频开关状态会产生漏电流并引起漏电断路器动作而切断电源。

对策：可选用漏电检测值较高的断路器,或降低载波频率也可减小漏电流。

(2) 现象：变频器运行时的机械设备振动

原因1：机械系统的固有频率与变频器载波频率或输出频率相同时,由共振产生机械噪声。

对策：调整载波频率,避开共振频率。

原因2：机械系统的固有频率与变频器输出频率共振而产生机械噪声。

对策：可在电动机底板设置防振橡胶或采用其他防振措施。

(3) 现象：PID控制振荡

原因：PID控制器的调节参数P,I,T设置不匹配。

对策：重新设定PID参数。

(4) 现象：模块爆炸

例1 维修一台安川616G5-55 kW变频器,三相中有一相的快熔断了,用一条铜线代替,开机巨响,两个模块炸裂,吸收回路毁坏,推动板也无法维修,造成重大损失。

原因：快熔断开,则模块大多有问题,但模块坏时快熔不一定断。

快熔大多数是装在大电解电容的后面,实际应该装在输入端。因为只要大电容里面的电能就足以使变频器在模块短路时发生爆炸。

变频器里用的IPM本身有短路保护功能,所以不少采用IPM模块的变频器电容到IPM之间就没用快熔。其实两者的保护功能是不能互相代替的,没有快熔的变频器有时会把IPM模块炸到粉碎,发出的强电磁波还可能损坏主控板。

例2 将三菱A240-5.5 kW变频器换成A540-5.5 kW时,错把A540-5.5 kW"N"线接地。因此,只要一通上电,变频器就发出巨响,变频器损坏。

原因：A540-5.5 kW的"N"线与A240-5.5 kW变频器的地线的位置相似,容易看错,或者误认为"N"线就是地线。原因是国内外对"N"的不同定义所导致。国外变频器把"N"定义为直流回路的负端,而国内的"N"是指三相电源的零线,有人认为就是地线。如果变频器输入端的空气开关跳闸不灵敏,变频器通常烧毁严重。

提示：以下情况下整流模块会炸。整流部分炸毁,通常是由于电源电压波动大,有瞬间高压输入到变频器;另外当整流模块后面的负载(如滤波电容、输出模块)发生短路,产生的大电流也会烧坏整流模块,所以在变频器输入端一定要装上空气开关;还有地线断开,往往没使人触电,却会烧毁变频器;强电会经变频器地线反串入变频器主板。

7.5 电磁干扰和射频干扰

变频器的整流电路和逆变电路都是由非线性器件构成的,因此,变频器运行时,由于变频器工作于高频开关状态,运行时就像一台功率强劲的电磁干扰器,干扰的源头就在输出模块的6个IGBT管上,会引起电网电压、电流的波形发生畸变,产生高次谐波。有的变频器开关电源也会造成一定的干扰,电源线及电机线就是干扰器的天线,地线接地不良则干扰信号也可通过接在外壳的地线发出去,线路越长则干扰范围就越大,不仅干扰周围的电子设备，也可干扰变频器本身。

反过来，电网电压、电流的波形发生畸变，产生的高次谐波会增加变频器输入侧的无功功率，减低功率因数（主要是频率较低的高次谐波），还会对其他设备形成电磁干扰和射频干扰。电磁干扰通过电路传导和电磁感应传播；射频干扰通过空中辐射传播。检查变频器对周围干扰程度可通过小收音机来测试。

变频器的抗干扰措施有以下方法：

① 降低变频器的载波频率。

② 在变频器的输入侧设置噪声滤波器（输入电抗器）。

③ 在变频器的输出侧设置噪声滤波器（输出电抗器）。

④ 主电路连线及控制回路连线分开独立走线。控制回路加磁环，采用屏蔽线。电缆的外部套上金属管，变频器安装在金属机箱内（变频器是铁壳比较好）。

⑤ 变频器放在铁柜里，变频器及电动机一定要可靠接地。会被雷损坏的变频器多数是没接地或接地不良。损坏严重，大多主板也坏掉。检查地线接地是否良好也很简单，用一个 100 W/220 V 的白炽灯接到相线与地线试一下，看其亮度就知道。

⑥ 排除充电接触器对变频器产生的干扰。

当变频器显示通信故障或经常误报警时，通常的解决办法是把变频器的参数恢复为出厂值。如果变频器在运行一段时间后这问题又会出现，可在充电接触器线圈（控制端）并联一个滤波器。同样道理，在变频器附近的接触器也会对变频器产生干扰，如果接触器经常动作则更应加上滤波器。

⑦ 有的变频器防干扰能力比较差，运行一段时间后经常出现误报警动作（如过流、过载和过压等），有的则启动不了或无故停车，这大多是通信程序出错所致。这时可把变频器的“参数恢复为出厂值”（这个办法似乎是“万用”妙法，维修变频器经常用到）。干扰有时也可使变频器显示通信故障，参数都打不开，通常是寄存器坏了，如果换了寄存器还不行则可能要换主板。

干扰比较小的变频器有一个共同特点，如变频器外壳是铁板、内置电抗器、多层电路板、开关电源的开关管为普通三极管（非场效应管）、输出模块为 GTR 模块（现在的新变频器已找不到）。这些特点的代表作是丹佛斯及安川变频器的某些型号。提高抗干扰能力，要求电源线及控制线布线合理。

习题 7

7.1　变频器的外形有哪些种类？

7.2　变频器的主电路端子有哪些？分别与什么相连接？

7.3　变频器的控制端子大致分为哪几类？

7.4　说明变频器的基本功能参数。

7.5　变频器有哪些运行功能需要进行设置？如何设置？

7.6　变频器有哪些保护功能需要进行设置？如何设置？

7.7　变频器提供了哪些与加、减速有关的功能？怎样适用于不同的负载？

7.8　变频器提供了哪些与启动和制动有关的功能？

7.9　说明设置变频器的 PID 功能的意义。

7.10　三菱 FR-E-500 系列变频器有哪几种操作模式？各操作模式有什么异同？

7.11　选择 U/f 控制曲线常用的操作方法分为哪几步？

7.12　变频器的安装场所须满足什么条件？

7.13　变频器安装时周围的空间最少为多少？

7.14　说明变频器系统调试的方法和步骤。

7.15　在变频器的日常维护中应注意些什么？

7.16　变频器的常见故障有哪些方面？

7.17　变频器的主电路端子 R,S,T 和 U,V,W 接反了会出现什么情况？电源端子 R,S,T 连接时有相序要求吗？

7.18　说明三菱 FR-E-500 系列变频器的操作面板各按键的功能。

7.19　频率给定信号有哪几种？怎样加到变频器上？

7.20　说明最大给定频率、最小给定频率与上、下限频率的区别。

7.21　变频器运行时为什么会对电网产生干扰？如何抑制？电网电压对变频器运行会产生什么影响？如何防止？

7.22　变频器干扰信号有哪些传播方式？

7.23　如何进行变频器的空载和负载实验？

7.24　如何进行变频器的安装和拆卸？

7.25　变频器出现故障显示时如何处理？

7.26　变频器控制电动机，旋转出现异常后如何处理？

7.27　变频器控制电动机减速时间太长如何处理？

7.28　变频器保养和维护的内容是什么？在变频器的日常维护中应注意些什么？

7.29　分析变频器跳闸的原因。

7.30　电源不符时应如何处理？

7.31　某调速系统用变频器拖动三相交流电动机，当变频器的输出频率达到 50 Hz 时，通常的做法是把变频器脱离系统，直接用工频供电，能否在电动机没有停止时，直接接上工频电源，会出现什么现象。为什么？反之，能否在电动机没有停止时，直接由工频电源切换到变频器？

7.32　剃齿机的剃齿器与作为工件的齿轮咬合，按正转、反转的方向不断切换旋转，从而将齿轮的两面研磨打光。在加工某种齿轮时，电动机传动运转的工艺如图 7-28 所示，图中横坐标的数字分别表示各段所用时间。

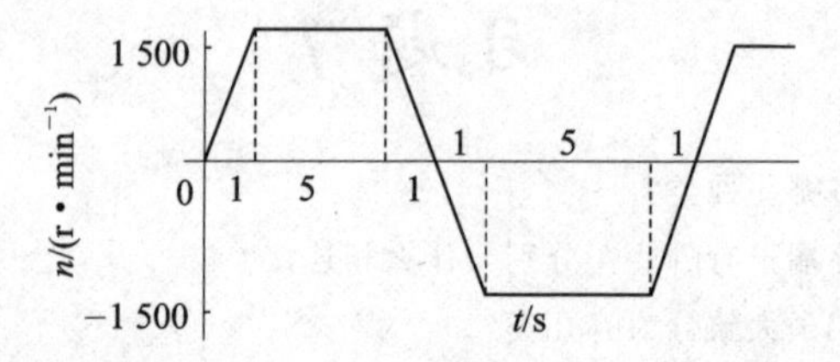

图 7-28　电动机传动运转的工艺

(1) 要求“运行/停止”信号由外部输入变频器的端子接口运行后可自动反复完成上述工艺。由此设计线路，画出接线图，列出变频器主要设定代码表，并有扼要说明及写出接线、调试步骤。

（2）问：

① 与采用机械式变速器的剃齿器相比，采用变频器有哪些优点？

② 为了缩短加工周期，应尽量减少与研磨无关的加/减速时间，若已知电动机的额定转矩，加工时的转速以及负载折算到电动机轴上的总飞轮矩 GD^2，如何估算加、减速时间？

7.33　某一食品搅拌机的电动机功率为 0.37 kW，空载转速为 1 500 r/min，由于搅拌物有一定黏度，要求电动机低速时仍有较大转矩。运转工艺如图 7－29 所示，要求自动运转 4 个循环后停止，清零后，按下"自动运行"按钮，又可继续。电动机的加、减速率均为 25 Hz/s。

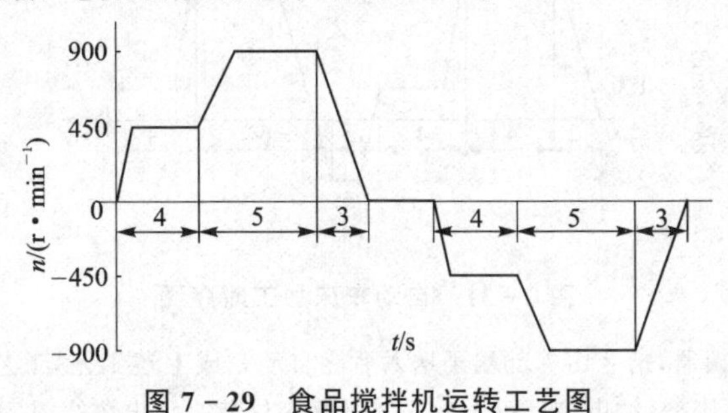

图 7－29　食品搅拌机运转工艺图

（1）要求设计线路，画出接线图，列出变频器主要设定代码表，并有扼要说明，且写出接线和调试步骤。

（2）回答：

① 对交流电动机，采用变频调速与采用调压调速相比，有何优点？

② 试说明变频器中开关元件的开关频率高、低的优缺点和适用场合，结合本题说明变频器如何选定。

③ 变频器在低转速时为何要做电压补偿？

7.34　运送平台车的运行模式如图 7－30 所示。装载（前进）时中速行驶，空载（后退）时高速行驶。要求停车时位置准确，控制信号从变频器的外部端子（多功能端子）输入，升降速率均为 30 Hz/s。

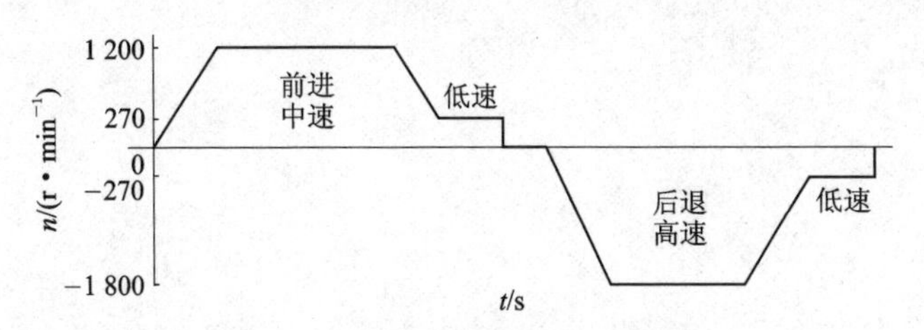

图 7－30　运送平台车的运行模式

（1）要求设计线路，画出接线图，列出变频器主要设定代码表，并有扼要说明，且写出接线和调试步骤。

（2）回答：

① 试说明变频器开关频率高、低的优缺点，适用场合，结合本变频器说明如何设定。

② 变频器是如何做直流能耗制动的？如何设定直流能耗制动的强度和时间？

7.35　自动车床主轴运转控制：自动车床加工的某工件形状及主轴电动机工艺时序如图 7－31 所示。图中：①为切削；②为攻丝；③为攻丝退；④为切削；⑤为端面切削。

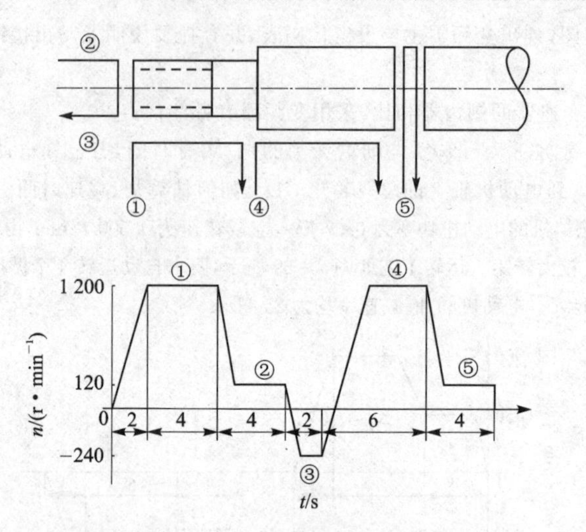

图 7-31　自动车床加工时序图

(1) 要求：采用变频器，指令由外部端子送入后能自动完成上述工艺，工艺结束后返回一个结束信号。开始指令由开关代替，结束信号可由发光二极管等代替。画出接线图，列出变频器主要设定代码表，并有扼要说明，且写出接线和调试步骤。

(2) 回答：如何设定直流能耗制动的强度和时间？

第8章　变频器操作实验

目前，国内市场上流行的通用变频器品牌很多，如欧美的 SIEMEN'S(西门子)、Schneider(施耐德)，日本的三菱、三肯、安川等。欧美国家的变频器性能优越、环境适应性强；日产的外形小巧、功能多；国产(含港澳台地区)的符合国情，功能简单、专用、大众化、价廉。

本章以日本的三菱为例，简述变频器的实验项目和操作步骤。各校所选用的不一定是三菱产品，可根据本校实际情况，结合本书内容进行讲授。相应的实验指导书可在网络上下载(只需输入相应文字即可)。

实验一　变频器结构认识与接线

一、实验目的

① 认识变频器的外观结构。

② 掌握变频器的拆装方法。

③ 了解变频器各接线端子的功能。

④ 掌握变频器的接线方法。

二、实验设备、工具及材料

FR－A540－0.4～7.5 kW 变频器每组一台、螺丝刀每组一套、连接导线每组若干条、电源连接线每组一条、电动机连接线每组一条、1 kΩ 电位器每组一个和开关按钮实验板每组一套。

三、实验内容与步骤

1. 变频器外观和结构认识

变频器外观前视图如图 8－1(a)所示，无前盖板如图 8－1(b)所示。

2. 变频器拆装

(1) 前盖板的拆卸与安装

① 前盖板的拆卸方法如图 8－2 所示。其步骤是：

● 将变频器直立。

● 双手握住前盖板上部两侧，两个大拇指向下压。

● 握住向下的前盖板向身前拉，就可将其拆下。如带着 PU(FR－DU04/FR－PU04)时也可以连参数单元一起拆下。

② 前盖板的安装步骤是：

● 将前盖板的插销插入变频器底部的插孔。

● 以安装插销部分为支点将盖板完全推入机身。

③ 注意事项：

● 严禁在带电情况下进行拆卸。

● 认真检查正面盖板是否安装牢固。

● 在正面盖板上贴有容量铭牌，在机身上也贴有定额铭牌，分别印有相同的制造编号，检查制造编号以确保将拆下的盖板安装在原来的变频器上。

● 安装前盖板前应拆去操作面板。

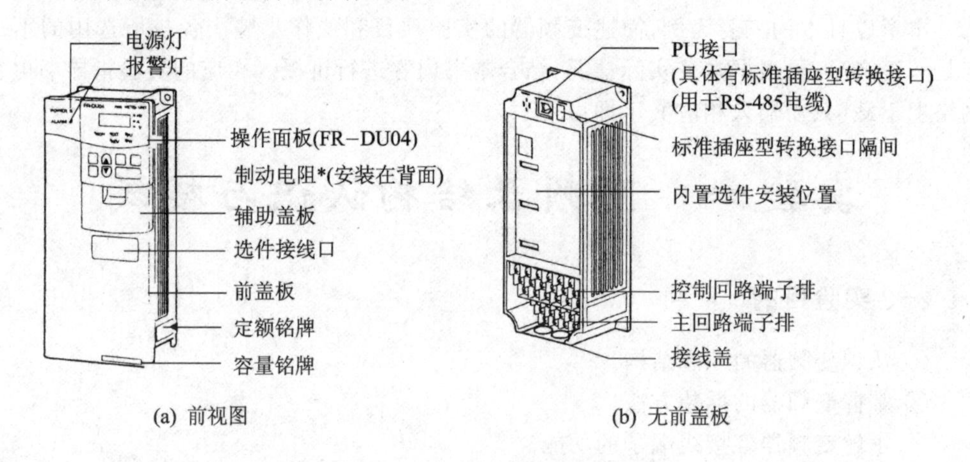

注：7.5 kW以下变频器装有内置制动电阻

图8-1 变频器外观结构

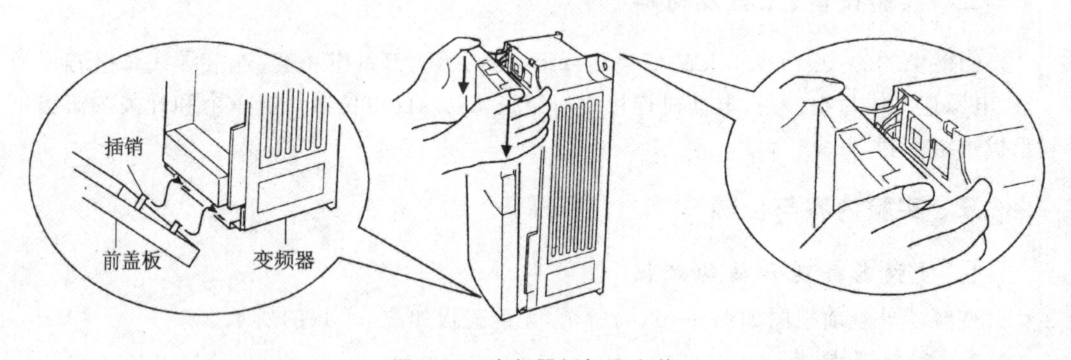

图8-2 变频器拆卸及安装

(2) 操作面板的拆卸和安装

① 操作面板的拆卸方法：一边按着操作面板上部的按钮，一边拉向身前，就可以拆下，如图8-3所示。

② 安装方法：

● 将操作面板垂直放入凹下的槽口中。

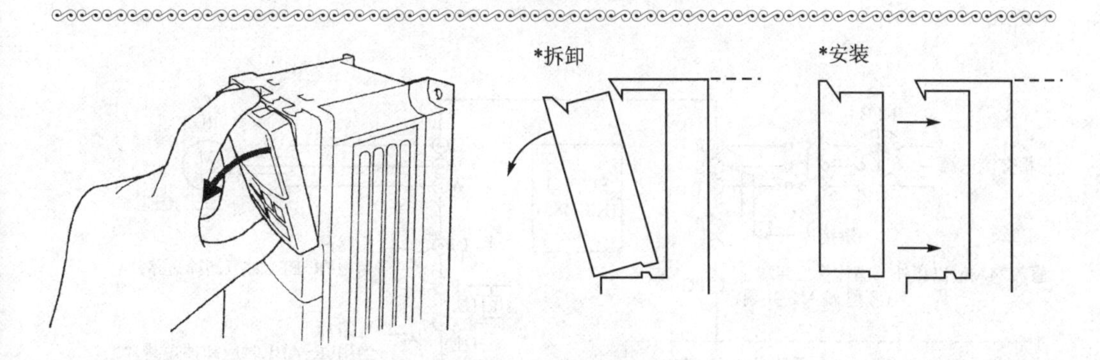

图 8-3　操作面板拆卸及安装

● 轻轻用力下压操作面板，即可牢固装入。

③ 注意事项：

● 不要在拆下前盖板的状态下安装操作面板。

● 严禁带电进行操作面板的拆装。

● 参阅变频器接线说明。

(3) 变频器端子接线图

图 8-4 所示为变频器电路接线图。

(4) 主回路端子说明

表 8-1 为变频器主回路端子说明。

表 8-1　变频器主回路端子说明

端子记号	端子名称	说明
R，S，T	交流电源输入	连接工频电源。当使用高功率因数转换器时，确保这些端子不连接(FR-HC)
U，V，W	变频器输出	接三相鼠笼型电动机
R_1，S_1	控制回路电源	与交流电源端子 R,S 连接。在保持异常显示和异常输出时或当使用高功率因数转换器时(FR-HC)，应拆下 $R-R_1$ 和 $S-S_1$ 之间的短路片，并提供外部电源到此端子
P，PR	连接制动电阻器	拆开端子 PR-PX 之间的短路片，在 P-PR 之间连接选件制动电阻器(FR-ABR)
P，N	连接制动单元	连接选件 FR-BU 型制动单元，或电源再生单元(FR-RC)，或高功率因数转换器(FR-HC)
P，P_1	连接改善功率因数 DC 电抗器	拆开端子 $P-P_1$ 间的短路片，连接选件改善功率因数用电抗器(FR-BEL)
PR，PX*	连接内部制动回路	用短路片将 PX-PR 间短路时(出厂设定)内部制动回路便生效(7.5 kW 以下装有)
⏚	接　地	变频器外壳接地用，必须接大地

注：* 端子 PR,PX 在 FR-A540-0.4～7.5 kW 中装置。

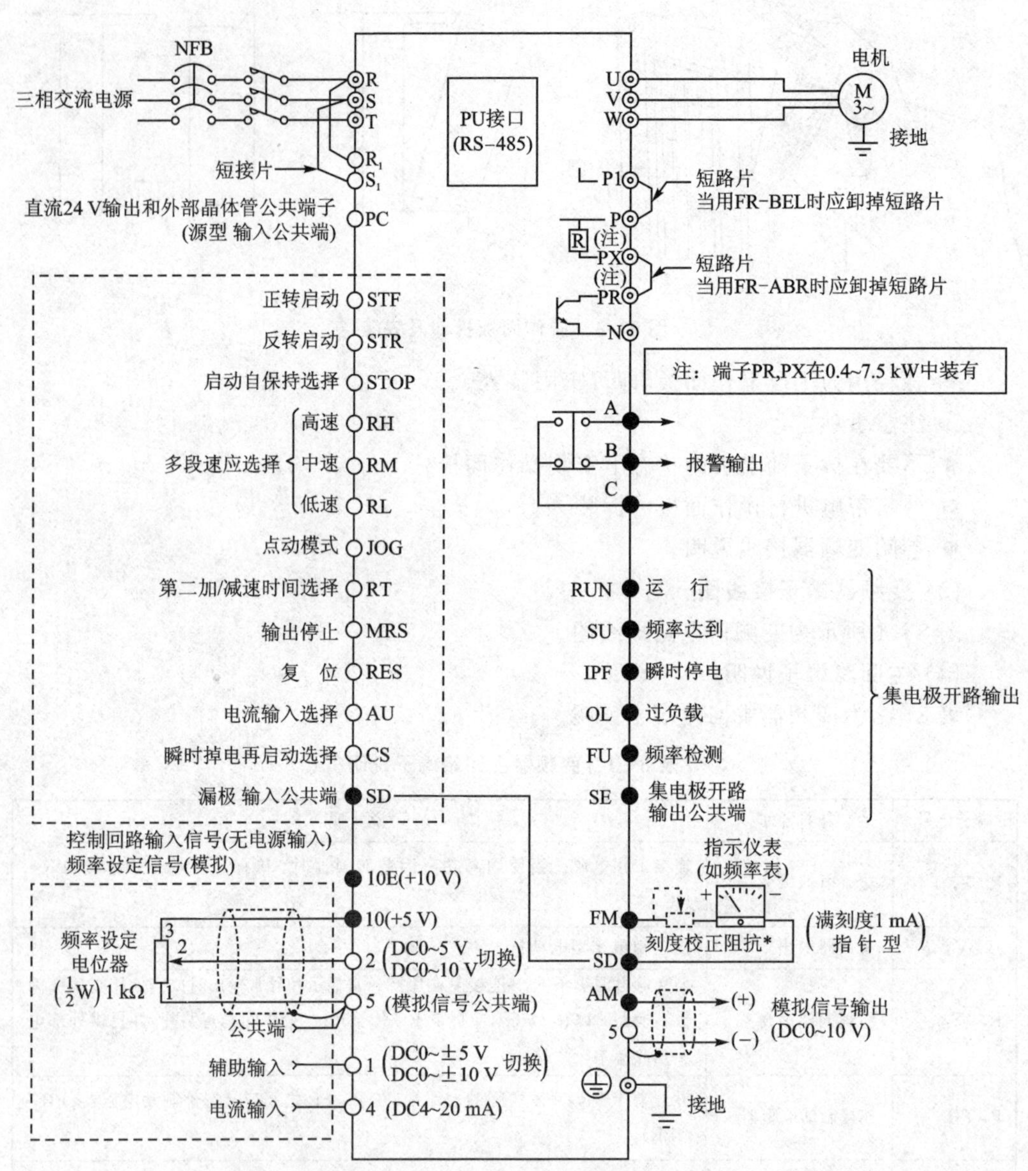

* 用操作面板(FR－DU04)或参数单元(FR－PU04)时没必要校正。仅当频率计不在附近又需要频率计校正时使用。但是连接刻度校正阻抗后,频率计的指针有可能达不到满量程,这时应和操作面板或参数单元校正共同使用。

图 8－4 变频器电路接线图

(5) 控制回路端子说明

表 8-2 所列为控制回路端子功能说明。

表 8-2 变频器控制回路端子说明

<table>
<tr><th colspan="2">类 型</th><th>端子记号</th><th>端子名称</th><th colspan="2">说 明</th></tr>
<tr><td rowspan="13">输入信号</td><td rowspan="13">启动节点和功能设定</td><td>STF</td><td>正转启动</td><td>STF 信号处于 ON 为正转、OFF 为停止。程序运行模式时为程序运行开始信号(ON 开始,OFF 静止)</td><td rowspan="2">当 STF 和 STR 信号同时处于 ON 时,相当于给出停止指令</td></tr>
<tr><td>STR</td><td>反转启动</td><td>STR 信号 ON 为逆转,OFF 为停止</td></tr>
<tr><td>STOP</td><td>启动自保持选择</td><td colspan="2">使 STOP 信号处于 ON,可以选择启动信号自保持</td></tr>
<tr><td>RH,RM,RL</td><td>多段速度选择</td><td>用 RH,RM 和 RL 信号的组合可以选择多段速度</td><td rowspan="3">输入端子功能选择(Pr. 180～Pr. 186)用于改变端子功能</td></tr>
<tr><td>JOG</td><td>点动模式选择</td><td>JOG 信号 ON 时选择点动运行(出厂设定),用启动信号(STF 和 STR)可以点动运行</td></tr>
<tr><td>RT</td><td>第 2 加/减速时间选择</td><td>RT 信号处于 ON 时选择第 2 加/减速时间。设定了[第 2 力矩提升][第 2 V/F(基底频率)]时,也可以用 RT 信号(处于 ON)选择这些功能</td></tr>
<tr><td>MRS</td><td>输出停止</td><td colspan="2">MRS 信号为 ON(20 ms 以上)时,变频器输出停止。用电磁制动停止电机时用于断开变频器的输出</td></tr>
<tr><td>RES</td><td>复 位</td><td colspan="2">用于解除保护回路动作的保持状态,使端子 RES 信号处于 ON 在 0.1 s 以上,然后断开</td></tr>
<tr><td>AU</td><td>电流输入选择</td><td>只在端子 AU 信号处于 ON 时,变频器才可用直流 4～20 mA 作为频率设定信号</td><td rowspan="2">输入端子功能选择(Pr. 180～Pr. 186)用于改变端子功能</td></tr>
<tr><td>CS</td><td>瞬时停电再启动选择</td><td>CS 信号预先处于 ON,瞬时停电再恢复时变频器便可自行启动。但用这种运行必须设定有关参数,因为出厂时设定后不能再启动</td></tr>
<tr><td>SD</td><td>公共输入端子(漏极型)</td><td colspan="2">接点输入端子和 FM 端子的公共端。直流 24 V,0.1 A(PC 端子)电源的输出公共端</td></tr>
<tr><td>PC</td><td>直流 24 V 电源和外部晶体管公共端接点输入公共端(源极型)</td><td colspan="2">当连接晶体管输出(集电极开路输出),例如可编程控制器时,将晶体管输出用的外部电源公共端接到该端子时,可以防止因漏电引起的误动作。该端子可用于直流 24 V,0.1 A 电源输出。当选择源极型时,该端子作为接点输入的公共端</td></tr>
</table>

续表 8-2

<table>
<tr><th colspan="2">类　型</th><th>端子记号</th><th>端子名称</th><th colspan="2">说　明</th></tr>
<tr><td rowspan="6">模拟输入信号</td><td rowspan="6">频率设定</td><td>10E</td><td rowspan="2">频率设定用电源</td><td>DC10 V 容许负载电流 10 mA</td><td rowspan="2">按出厂设定状态连接频率设定电位器时，与端子 10 连接。当连接到 10E 时，请改变端子 2 的输入规格</td></tr>
<tr><td>10</td><td>DC5 V 容许负载电流 10 mA</td></tr>
<tr><td>2</td><td>频率设定(电压)</td><td colspan="2">输入 DC0～5 V(或 DC0～10 V)时 DC5 V(DC10 V)对应于为最大输出频率。输入输出成比例。用参数单元进行输入 DC0～5 V(出厂设定)和 DC0～10 V 的切换。输入阻抗 10 kΩ，容许最大电压为 DC20 V</td></tr>
<tr><td>4</td><td>频率设定(电流)</td><td colspan="2">DC4～20 mA，20 mA 为最大输出频率时的电流，输入、输出成比例，只在端子 AU 信号处于 ON 时，该输入信号有效，输入阻抗为 250 Ω，容许最大电流为 30 mA</td></tr>
<tr><td>1</td><td>辅助频率设定</td><td colspan="2">输入 DC0～±5 V 或 0～±10 V 时，端子 2 或 4 的频率设定信号与这个信号相加。用参数单元进行输入 DC0～±5 V 或 0～±10 V(出厂设定)的切换。输入阻抗 10 kΩ，容许电压 DC±20 V</td></tr>
<tr><td>5</td><td>频率设定公共端</td><td colspan="2">频率设定信号(端子 2，1 或 4)和模拟输出端子 AM 的公共端子。不要接大地</td></tr>
<tr><td rowspan="9">输出信号</td><td>节点</td><td>A，B，C</td><td>异常输出</td><td>指示变频器因保护功能动作而输出停止的转换接点。AC200 V 0.3 A，DC30 V 0.3 A，异常时：B－C 间不导通(A－C 间导通)，正常时：B－C 间导通(A－C 间不导通)</td><td rowspan="6">输出端子的功能选择通过(Pr.190 ～ Pr.195)改变端子功能</td></tr>
<tr><td rowspan="6">集电极开路</td><td>RUN</td><td>变频器正在运行</td><td>变频器输出频率为启动频率(出厂时为 0.5 Hz，可变更)以上时为低电平，正在停止或正在直流制动时为高电平 *1。容许负荷为 DC24 V，0.1 A</td></tr>
<tr><td>SU</td><td>频率到达信号输出</td><td>输出频率达到设定频率的±10%(出厂设定，可变更)时为低电平，正在加/减速或停止时为高电平 *1。容许负荷为 DC24 V，0.1 A</td></tr>
<tr><td>OL</td><td>过负载报警</td><td>当失速保护功能动作时为低电平，失速保护解除时为高电平 *1。容许负载为 DC24 V，0.1 A</td></tr>
<tr><td>IPF</td><td>瞬时停电</td><td>电压不足保护动作时为低电平 *2，容许负载为 DC24 V，0.1 A</td></tr>
<tr><td>FU</td><td>频率检测</td><td>输出频率为任意设定的检测频率以上时为低电平，以下时为高电平 *2，容许负载为 DC24 V，0.1 A</td></tr>
<tr><td>SE</td><td>集电极开路输出公共端</td><td colspan="2">端子 RUN，SU，OL，IPF，FU 的公共端子</td></tr>
<tr><td>脉冲</td><td>FM</td><td>指示仪表用</td><td colspan="2" rowspan="2">可以从 16 种监示项目中选 1 种作为输出 *2，例如输出频率、输出信号与监示项目的大小成比例</td></tr>
<tr><td>模拟</td><td>AM</td><td>模拟信号输出</td></tr>
</table>

续表 8-2

类型		端子记号	端子名称	说明
通信	RS-485	—	PU接口	通过操作面板的接口，进行RS-485通信 · 遵守标准:EIA RS-485标准 · 通信方式：多任务通信 · 通信速率:最大:19 200 b/s · 最长距离：500 m

注：*1. 低电平表示集电极开路输出用的晶体管处于ON(导通状态),高电平为OFF(不导通状态)。

*2. 变频器复位中不被输出。

3. 变频器主回路接线

(1) 接线要求

① 电源及电动机接线的压紧端子,应使用带有绝缘管的端子。

② 当接线时剪开布线挡板上的保护衬套(22 kW以下的)。

③ 电源一定不能接到变频器输出端(U,V,W)上,否则将损坏变频器。

④ 接线后,零碎线头必须清除干净,否则会造成异常、失灵和故障;必须始终保持变频器的清洁。在控制台上打孔时,应注意不要使碎片粉末等进入变频器中。

⑤ 为使电压下降在2%以内,应用适当型号的电线接线。变频器和电动机间的接线距离较长时,特别是低频率输出情况下,会由于主电路电缆的电压下降而导致电动机的转矩下降。

⑥ 布线距离最长为500 m,尤其长距离布线,由于布线寄生电容所产生的冲击电流会引起过电流保护产生误动作,输出侧连接的设备可能运行异常或发生故障。因此,最大布线距离长度必须按表8-3所列(当变频器连接两台以上电动机,总布线距离必须在要求范围以内)。

表8-3 最大布线距离关系

变频器功率	0.4 kW	0.75 kW	1.5 kW以上
非超低噪声模式	300 m	500 m	500 m
超低噪声模式	200 m	300 m	500 m

⑦ 在P和PR端子间建议连接规定的制动电阻选件，端子间原来的短路片必须拆下(连接短路片时变频器无制动功能)。

⑧ 电磁波干扰:变频器输入/输出(主回路)包含谐波成分,这可能干扰变频器附近的通信设备(如AM收音机)。因此,安装选件无线电噪声滤波器FR-BIF(仅用于输入侧)或FR-BSF01或FR-BOF线路噪声滤波器,使干扰降至最小。

⑨ 不要在变频器输出侧安装电力电容器、浪涌抑制器和无线电噪声滤波器(FR-BIF选件),否则将导致变频器故障或电容和浪涌抑制器的损坏。如上述任何一种设备已安装,立即拆掉。

⑩ 运行后,改变接线的操作,必须在电源切断 10 min 以上,用万用表检查电压后进行。因为断电后一段时间内,电容上仍然有危险的高压电。

(2) 端子排的排列

变频器主回路端子排(400 V 系列)如图 8-5 所示。

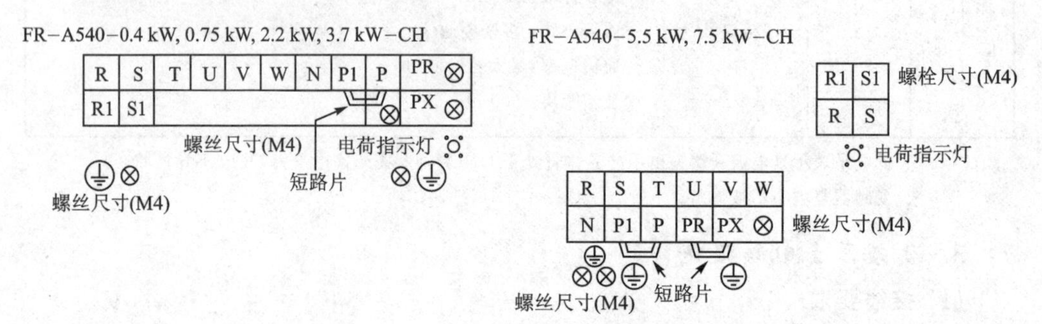

图 8-5 变频器主回路端子排列图

(3) 电源和电动机的连接

电源和电动机的连接如图 8-6 所示。

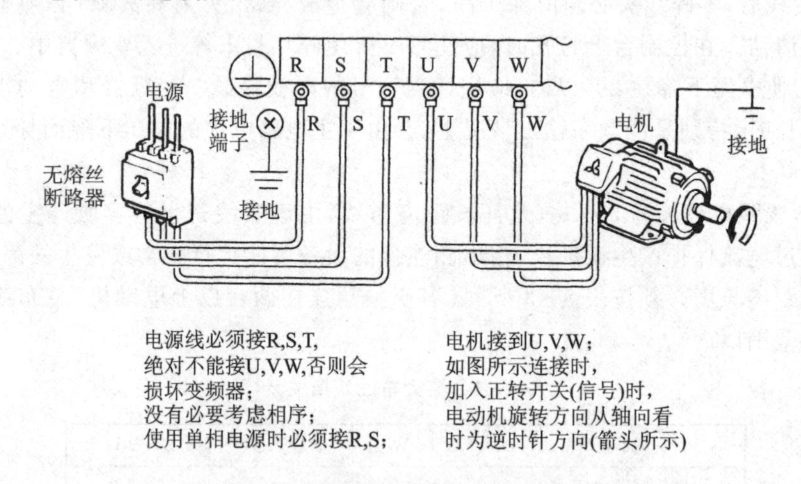

图 8-6 变频器电源和电动机接线图

注意事项:

① 由于在变频器内有漏电流,为了防止触电,变频器和电动机必须接地。变频器接地有独立接地端子,不要用螺丝在外壳其他位置或者采用变频器底盘等代替接地端子。在变频器侧的电机接地可用 4 芯电缆的其中一根将其接地。

② 电缆必须是耐温 75 ℃以上的铜芯电缆线。

③ 连接螺钉要拧紧,但要注意不能过力。没有拧紧会导致短路或误动作,拧过头会造成螺丝和端子排损坏,也会导致短路或误动作。

4. 变频器控制回路接线

(1) 接线说明

① 端子 SD,SE 和 5 为 I/O 信号的公共端子,相互隔离,请不要将这些公共端子互相连接或接地。因为 SD 是输入公共端,SE 是输出公共端,“5”是频率设定公共端,不能相互连接,更不能直接接地。

② 控制回路端子的接线应使用屏蔽线或双绞线,而且必须与主回路、强电回路(含 200 V 继电器程序回路)分开布线。

③ 由于控制回路的频率输入信号是微小电流,所以在接触点输入的场合,为了防止接触不良,微小信号接触点应使用两个并联的接触点。

④ 控制回路建议用 0.75 mm^2 的电缆接线。如果使用 1.25 mm^2 或以上的电缆,在布线太多和布线不恰当时,前盖将盖不上,导致操作面板或参数单元接触不良。

(2) 端子排的排列

在变频器控制回路,端子安排如图 8-7 所示。翻开接线盒,从小盖板上的标记可以发现和实际接线端子一样都是从上到下,从左到右一一对应的。

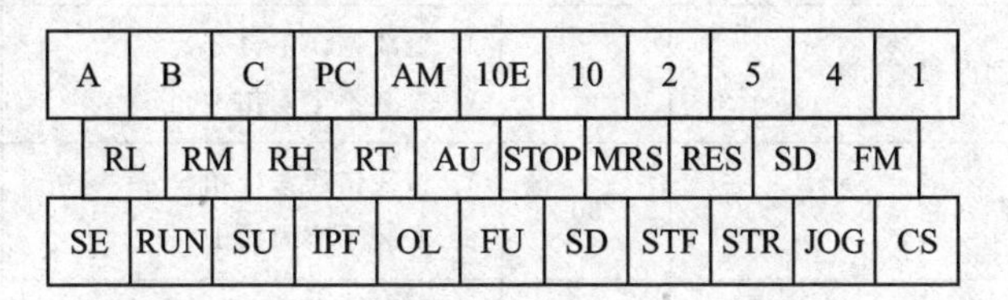

图 8-7　变频器控制回路端子排列图

(3) 变频器正、反转控制电路

变频器正、反转控制回路外部接线,如图 8-8 所示。

(4) “STOP”端子

使用“STOP”端子可实现正、反转电路的外部接线。图 8-9 所示是一个自保持启动正、反转控制的接线图。

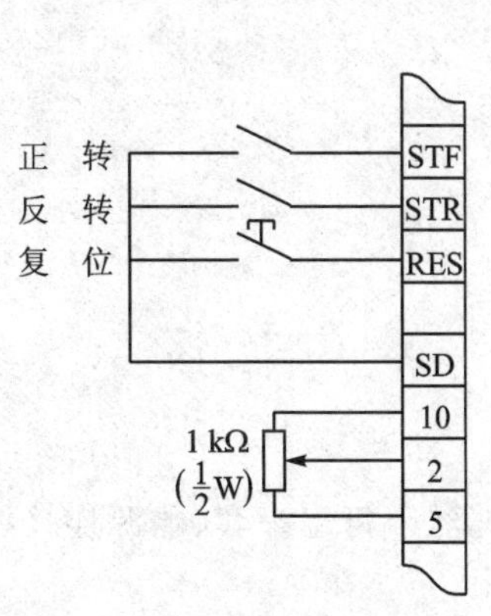

图 8-8　变频器正、反转控制回路外部接线图

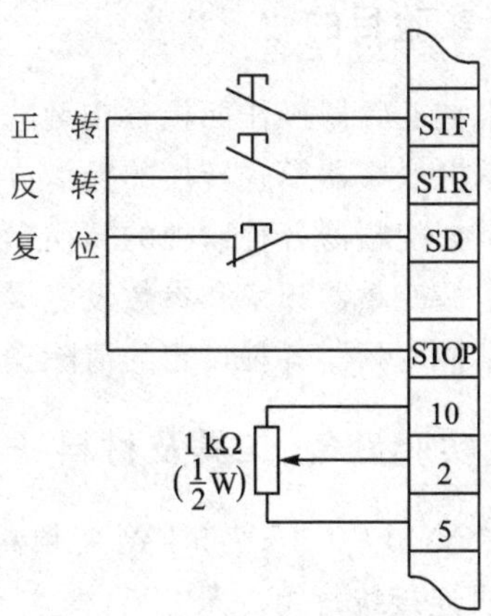

图 8-9　变频器正、反转控制回路外部接线图

四、成绩评定

将成绩评定记于表 8-4 中。

表 8-4 成绩评定表记录

考核项目		配 分	扣 分	得 分
变频器结构认识		10	错一个部件名称扣 3 分	
变频器拆装	前盖板拆装	10	1. 每个步骤错误扣 5 分 2. 安装不牢固扣 10 分 3. 损坏盖板不得分	
	操作面板拆装	10	1. 每个步骤错误扣 5 分 2. 安装不牢固扣 10 分 3. 损坏盖板不得分	
指出各接线端子的作用		10	错一个端子扣 2 分	
接线	主回路接线	20	1. 接线错误不得分 2. 安装不牢固扣 10 分	
	控制回路接线	30	1. 接线错误每处扣 5 分 2. 安装不牢固扣 10 分	
安全文明操作		10	违反操作规程时酌情扣分	
总得分				

实验二　变频器的基本操作

一、实验目的

① 掌握变频器操作面板各按键的作用。
② 掌握变频器模式转换的操作方法。
③ 掌握变频器各种监视的转换操作方法。
④ 掌握变频器频率和参数设定操作方法。
⑤ 掌握变频器各种设定的清除操作方法。

二、实验设备、工具及材料

FR-A540-0.4～7.5 kW 变频器每组一台、螺丝刀每组一套、电源连接线每组一条、电动机连接线每组一条。

三、实验内容与步骤

(1) 操作面板(FR－DU04)的介绍

操作面板(FR－DU04)的介绍,如图 8－10 所示。

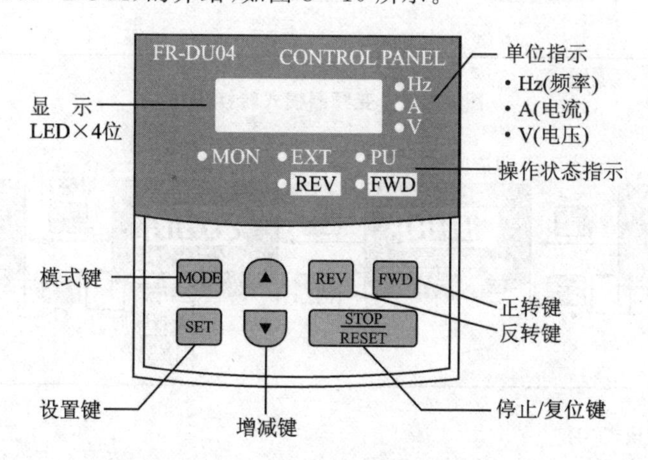

图 8－10　变频器控制面板结构

① 按键功能说明如表 8－5 所列。

② 单位显示及运行状态显示说明如表 8－6 所列。

表 8－5　按键功能说明

按　键	说　明
MODE	可用于选择操作模式或设定模式
SET	用于确定频率和参数的设定
▲/▼	用于连续增加或降低运行频率。按下这个键可改变频率,在设定模式中按下此键,则可连续设定参数
FWD	用于给出反转指令
REV	用于给出正转指令
STOP RESET	用于停止运行。用于保护功能动作输出停止时复位变频器(用于主要故障)

表 8－6　单位显示及运行状态显示

显　示	说　明
Hz	显示频率时点亮
A	显示电流时点亮
V	显示电压时点亮
MON	监视显示模式时点亮
PU	PU 操作模式时点亮
EXT	外部操作模式时点亮
FWD	正转时闪烁
REV	反转时闪烁

(2) 按 MODE 键改变监视显示,进行模式转换操作

图 8－11 所示为 MODE 键转换操作。

(3) 监视模式

① 监视器显示运转中的指示方法：EXT 指示灯亮表示外部操作;PU 指示灯亮表示 PU 操作;EXT 和 PU 灯同时亮表示 PU 和外部组合操作方式。

② 监视显示在运行中的转换操作方法如图 8－12 所示。

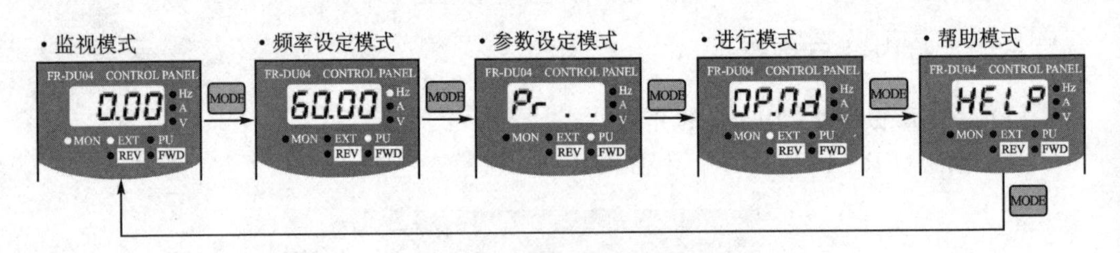

图 8-11 变频器模式转换操作

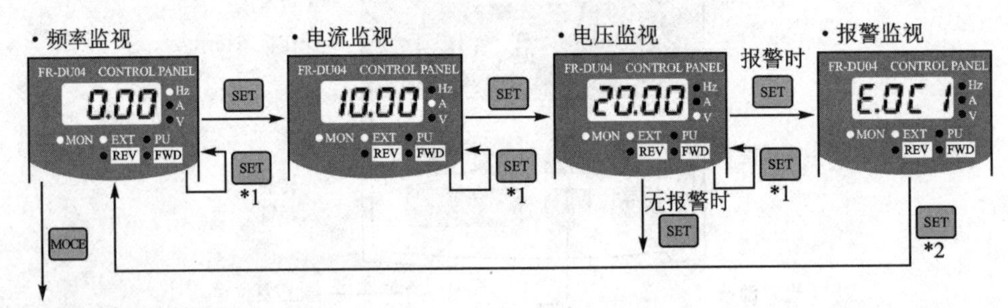

注：*1 按下标有*1的"SET"键超过1.5 s后，能把现监视模式改为上电后的监视模式。

*2 按下标有*2的"SET"键超过1.5 s后，能显示包括最近4次的错误指示。

*3 在外部操作模式下转换到参数设定模式。

图 8-12 变频器监视转换操作

(4) 运行频率设定模式

运行频率设定模式如图8-13所示。

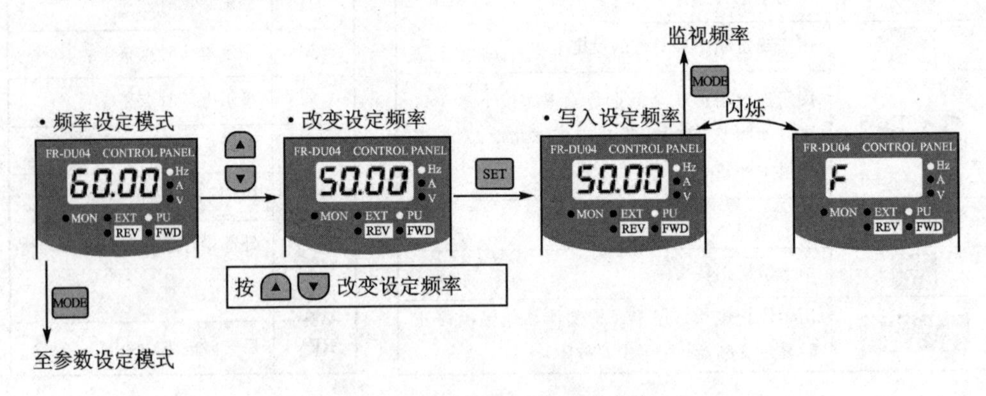

图 8-13 变频器频率设定操作

注意：在PU操作模式下设定运行频率。

(5) 变频器参数设定模式

变频器参数设定模式如图8-14所示。

例：把Pr.79"运行模式选择"设定值从"2"(外部操作模式)变更到"1"(PU操作模式)时应注意：

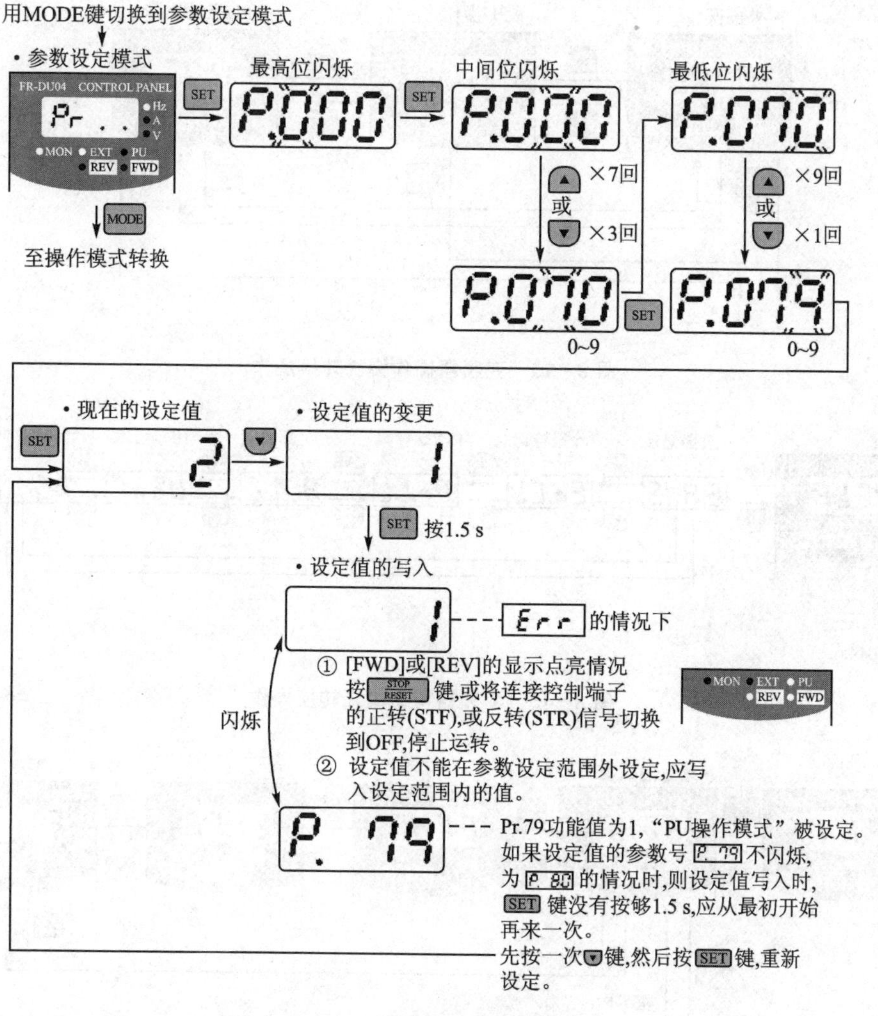

用MODE键切换到参数设定模式
·参数设定模式
FR-DU04 CONTROL PANEL
Pr. . .
Hz A V
MON EXT PU REV FWD
MODE
至操作模式转换
SET 最高位闪烁 P.000
SET 中间位闪烁 P.000
▲×7回 或 ▼×3回
P.070 0~9
最低位闪烁 P.070
▲×9回 或 ▼×1回
SET P.079 0~9
·现在的设定值 SET 2
▼ ·设定值的变更 1
SET 按1.5 s
·设定值的写入 1 --- Err 的情况下
① [FWD]或[REV]的显示点亮情况按 STOP/RESET 键,或将连接控制端子的正转(STF),或反转(STR)信号切换到OFF,停止运转。
② 设定值不能在参数设定范围外设定,应写入设定范围内的值。
MON EXT PU REV FWD
闪烁
P. 79 --- Pr.79功能值为1,"PU操作模式"被设定。
如果设定值的参数号 P. 79 不闪烁,为 P. 80 的情况时,则设定值写入时, SET 键没有按够1.5 s,应从最初开始再来一次。
先按一次▼键,然后按 SET 键,重新设定。

图8-14　变频器参数设定操作

① 一个参数值的设定既可以用数字键设定,也可以用"▲/▼"键增减。

② 按下"SET"键 1.5 s,写入设定值并更新。

(6) 变频器操作模式转换的操作方法

变频器操作模式转换的操作如图 8-15 所示。

注意: 只有在 Pr.79 参数号为 0 时才能转换。

(7) 变频器帮助模式

图 8-16 所示为变频器帮助模式转换操作。

① 报警记录:变频器报警记录显示操作如图 8-17 所示。

用"▲/▼"键能显示最近的 4 次报警(带有"."的表示最近的报警)。当没有报警存在时,显示 E.0。

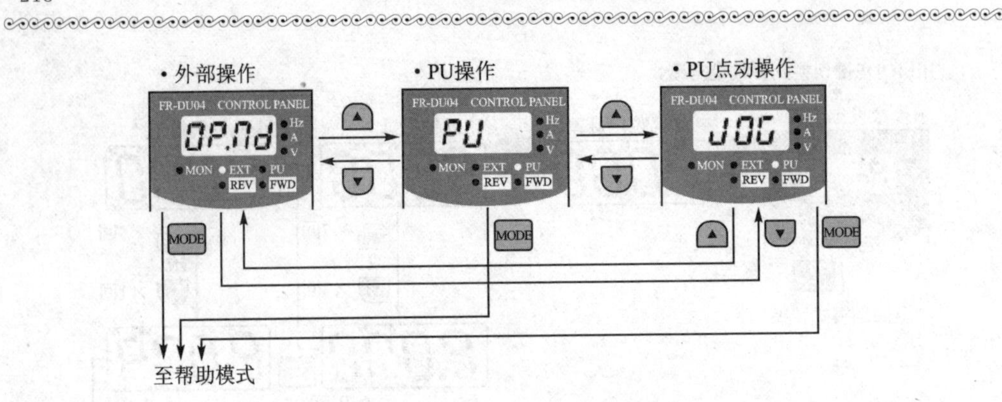

图 8-15 变频器操作模式转换操作

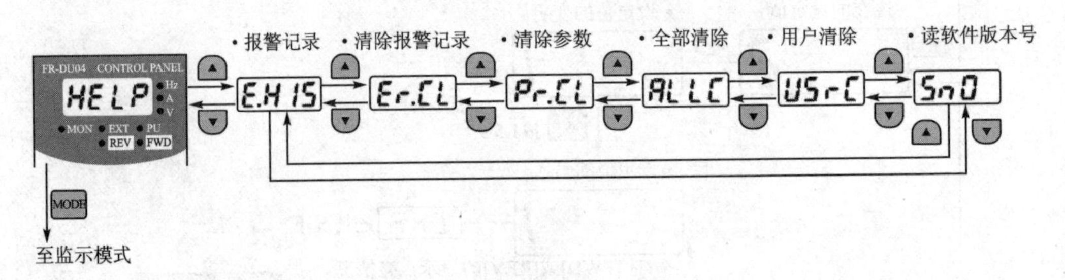

图 8-16 变频器帮助模式转换操作

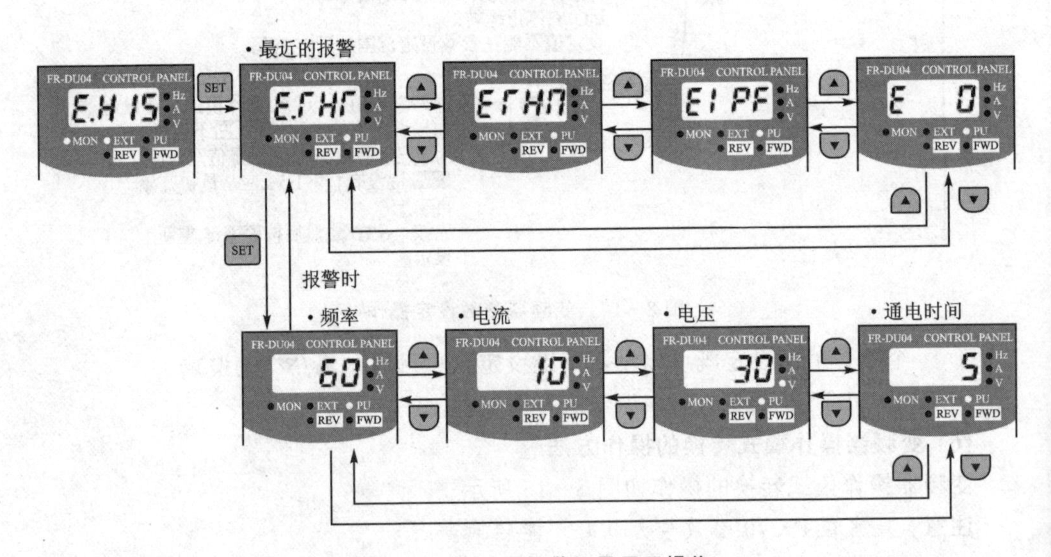

图 8-17 变频器报警记录显示操作

② 报警记录清除操作方法：图 8-18 所示的“取消”表示返回操作，停止报警记录清除操作，清除所有报警记录。

③ 参数清除操作方法：图 8-19 所示的“取消”表示返回，执行停止参数清除操作。将参数值初始化到出厂设定值，但是校准值不被初始化。当 Pr.77 参数号设定为“1”时，即选择了参数写入禁止，参数值不能被消除。

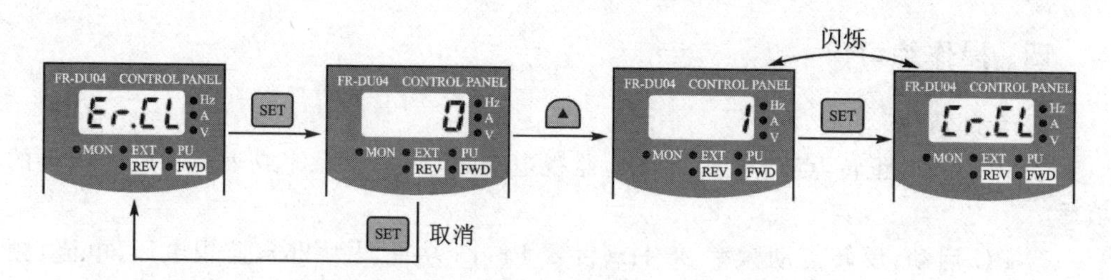

图 8-18 变频器报警记录清除操作示意图

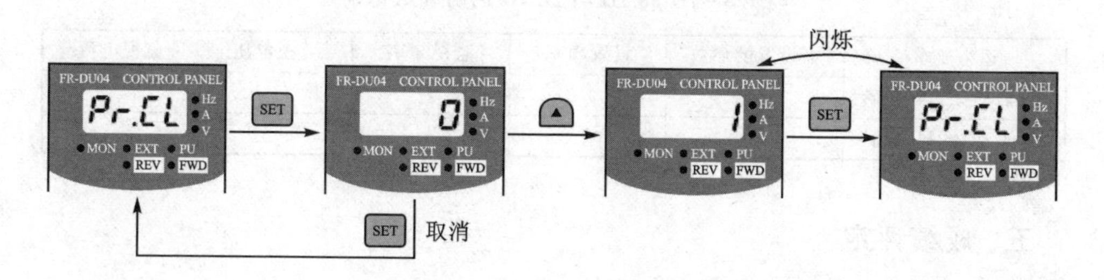

图 8-19 变频器参数清除操作

④ 全部清除操作方法：图 8-20 所示的“取消”表示返回操作，则停止全部清除操作。将参数值和校准值全部初始化到出厂设定值。

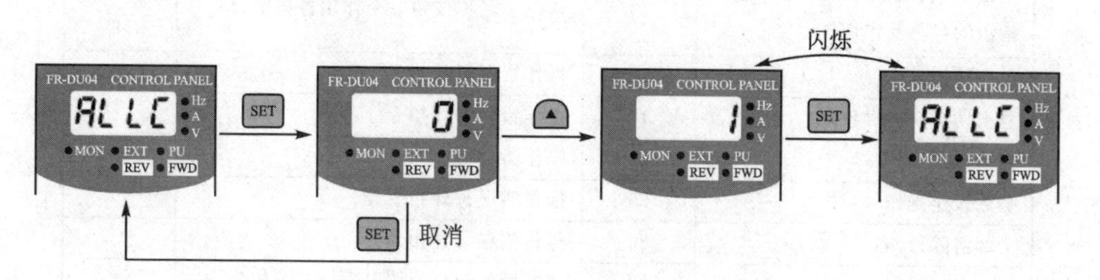

图 8-20 变频器全部清除操作

⑤ 用户清除操作方法（图 8-21 所示的“取消”表示返回操作，停止用户清除操作）。

初始化用户设定参数，其他参数被初始化为出厂设定值。

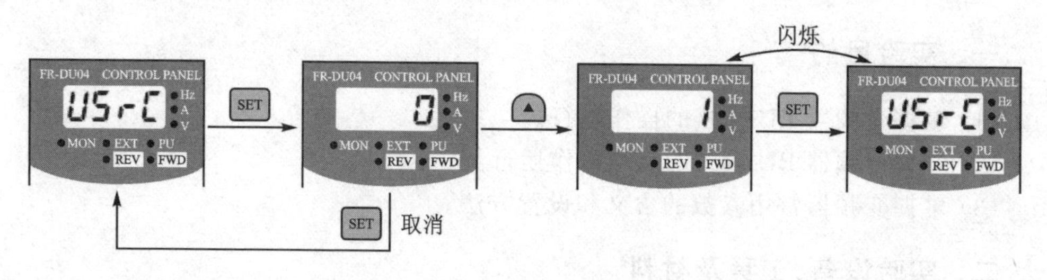

图 8-21 变频器用户消除操作

四、操作练习

① 全部清除。

② PU启动,正转,点动频率38 Hz,监视电压、电流、频率,完成表8.7栏内项目的填写。

③ PU启动,反转点动频率26 Hz(设置Pr.15功能码为26),监视电压、电流、频率,完成表8-7栏内项目的填写。

表8-7 38 Hz与26 Hz时各参数记录

运行要求	需设置的参数	设置频率	监视频率	监视电压	监视电流
PU启动38 Hz正转					
PU点动26 Hz反转					

五、成绩评定

成绩评定如表8-8所列。

表8-8 成绩评定记录

考核项目	配 分	扣 分	得 分
指出变频器操作面板各按键和指示的名称及作用	10	错一个名称或错一个作用各扣1分	
模式转换操作	10	操作错误每处扣5分	
监视功能转换操作	10	操作错误每处扣5分	
频率设定操作	20	操作错误每处扣5分	
参数设定操作	20	操作错误每处扣5分	
全部清除操作	20	操作错误每处扣5分	
安全文明操作	10	违反操作规程的情况进行酌情扣分	
总得分			

实验三 变频器的PU模式操作

一、实验目的

(1) 掌握变频器PU模式的操作运行。

(2) 掌握变频器PU模式的点动操作运行。

(3) 掌握变频器常用参数的含义和设置方法。

二、实验设备、工具及材料

FR-A540-0.4~7.5 kW变频器每组一台、电源连接线每组一条、电机连接线每组一条。

三、实验内容与步骤

1. PU 操作模式

PU 操作模式使变频器的操作可直接用 PU(FR－DU04/FR－PU04)的面板键盘进行,不须外接操作信号,如图 8－22 所示。

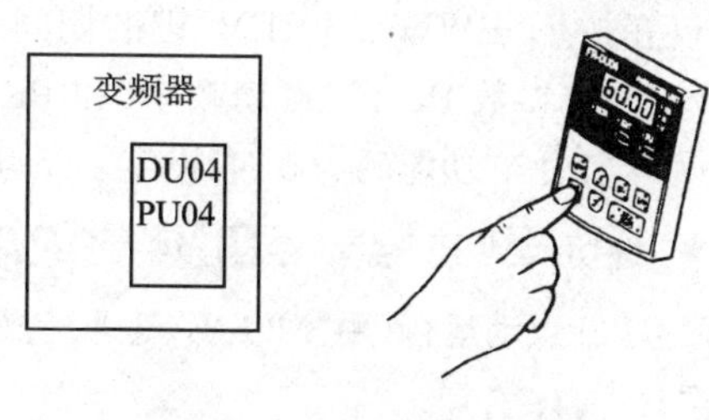

图 8－22　变频器 PU 操作

(1) 准备工作

操作面板(FR－DU04)或参数单元(FR－PU04),操作步骤如表 8－9 所列。

表 8－9　步骤说明及图示

步　骤	说　明	图　示
1	上电→确认运行状态 将电源置于 ON,确认操作模式时显示“PU”,没有显示时,用 MODE 键设定到操作模式,用“▲/▼”键切换到 PU 操作	合闸
2	运行频率设定 设定运行频率为 50 Hz 首先按“MODE”键切换到频率设定模式,然后按“▲/▼”键改变设定值,按“SET”键写入频率	(或)
3	开　始 按“FWD”或“REV”键 电动机启动,自动变为监示模式,显示输出频率	FWD (或) REV
4	停　止 按 $\frac{\text{STOP}}{\text{RESET}}$ 键 电动机减速后停止	

(2) 以 50 Hz 的 PU 操作运行

① 操作模式不在 PU 模式时(即 PU 灯不亮)可使 Pr. 79 功能码值为 0,再改变操作模式进入 PU 操作模式(OP.Nd _PU_JOG)或者使 Pr. 79 功能码值为 1。

② 如果电动机在运行中重复表 8.9 中的步骤 2,3,可改变运转速度。

(3) PU 点动运行

仅在按下“FWD”或“REV”键的期间内运行，松开后则停止。

① 设定参数 Pr. 15“点动频率”和 Pr. 16“点动频率加/减速时间”的值。

② 在 Pr. 79 功能码为 0 时，设定 PU 点动运行(先用“MODE”键选择操作模式，然后用“▲/▼”键切换到 PU 点动 JOG 运行 OP.Nd _PU_JOG；或者在 Pr. 79 功能码值为 1 时，设定 PU 点动运行(用“MODE”键选择操作模式，然后用“▲/▼”键切换到 PU 点动 JOG 运行 PU_JOG)。

③ 按“FWD”或“REV”键，则电动机即可正转或者反转运行。

注意：如果电动机不转，确认 Pr. 13 功能码值为“启动频率”。在点动频率设定为比启动频率低时的值时，电动机不转。

2. 相关参数说明

表 8－10 所列为相关参数号名称及其应用说明。

表 8－10　参数号名称及应用说明

参数号	名　称	应用说明		设定值
1	上限频率	用 Pr. 1 的值设定输出频率的上限；用 Pr. 18 设置高速上限频率，两者取一	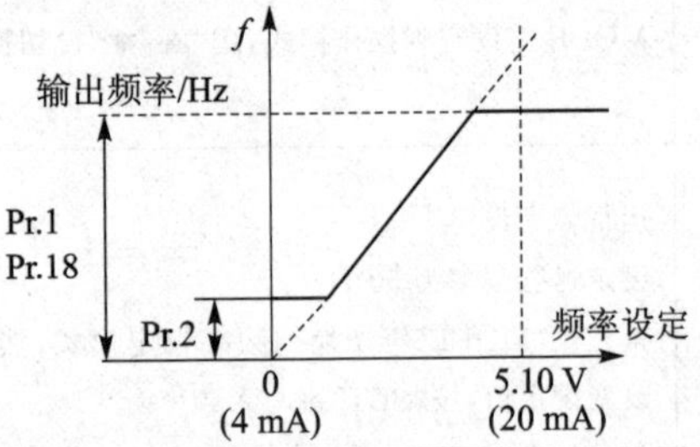 f；输出频率/Hz；Pr.1 Pr.18；Pr.2；0 (4 mA)；5.10 V (20 mA)；频率设定	45
2	下限频率	用 Pr. 2 的值设定输出频率的下限		5
20	加/减速基准频率	加/减速时间设定的基准频率用 Pr. 20 的值设定。用 Pr. 45 设置第二减速时间，用 Pr. 111 设置第三加速时间	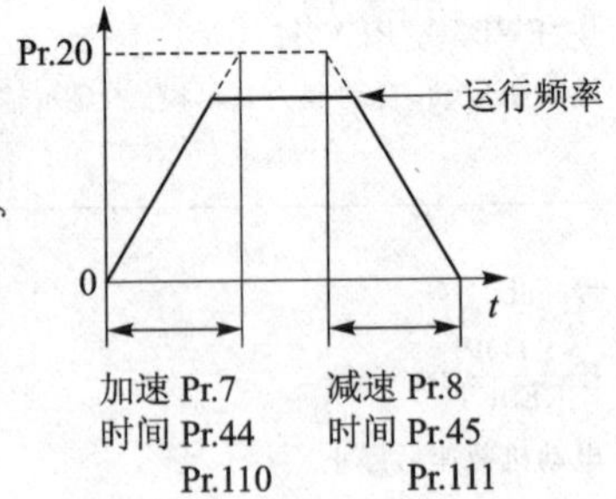 f/Hz；Pr.20；运行频率；0；t；加速时间 Pr.7 Pr.44 Pr.110；减速时间 Pr.8 Pr.45 Pr.111	8
7	加速时间	变频器从 0 Hz 增加到达 Pr. 20 所设定频率的加速时间可用 Pr. 7 的值来设定。用 Pr. 44 设置第二加速时间，用 Pr. 110 设置第三减速时间		5
8	减速时间	变频器从 Pr. 20 减少到达 0 Hz 所设定频率的减速时间		50
9	电子过流保护	通过设定电子过流保护的电流值可防止电动机过热，可以得到最优保护特性		电机的额定值

续表 8-10

参数号	名　称	应用说明		设定值
13	启动频率	用 Pr. 13 的值设定变频器开始运行的频率 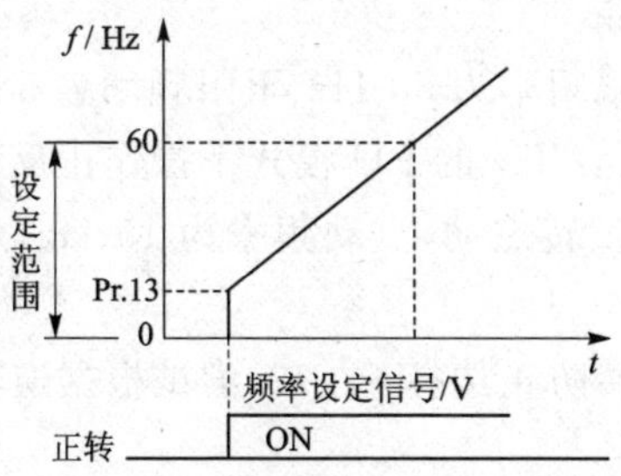	f/Hz；60；设定范围；Pr.13；0；t；频率设定信号/V；正转 ON	5
15	点动频率	用 Pr. 15 的值设定变频器点动操作时的运行频率 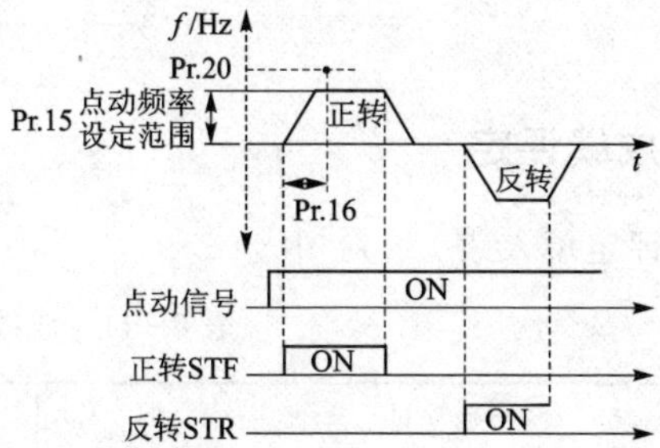	f/Hz；Pr.20；Pr.15 点动频率设定范围；正转；反转；t；Pr.16；点动信号 ON；正转STF ON；反转STR ON	15
16	点动加/减速时间	用 Pr. 16 的值设定：变频器点动操作时变频器从 0 Hz 到达 Pr. 20 所设定频率的加减速时间		8
77	参数写入禁止选择	Pr. 77 功能码值为 0 时并在 PU 模式下，仅限于停止，参数才可以被写入，其他状态不能写入 Pr. 77 功能码值为 1 时，不可写入参数，而在 Pr. 75，Pr. 77 和 Pr. 79"运行模式选择"可写入 Pr. 77 功能码值为 2 时，即使运行时也可以写入		0
78	逆转防止选择	Pr. 78 功能码值为 0 时，无"逆转防止"功能 Pr. 78 功能码值为 1 时，不可逆转 Pr. 78 功能码值为 8 时，不可正转		0
79	操作模式选择	Pr. 79 功能码值为 0 时，电源接通，为外部操作模式。但可以通过模式转换进行 PU 或外部操作切换 Pr. 79 功能码值为 1 时，PU 操作模式 Pr. 79 功能码值为 2 时，外部操作模式 Pr. 79 功能码值为 3 时，外部/PU 组合操作模式 1 运行频率：从 PU 设定(直接设定，或"▲/▼"键设定)或外部输入信号(仅限多段速度设定) 启动信号：外部输入信号(端子 STF，STR) Pr79 功能码为 4 时，外部/PU 组合操作模式 2 运行频率 ：外部输入信号(端子 2，4，1，点动，多段速度选择) 启动信号：从 PU 输入(按"PWD"或"REV"键) Pr. 79 功能码值为 5 时，程序运行模式 可设定 10 个不同的运行启动时间，旋转方向和运行频率各三组 运行开始：STF，定时器复位：STR 组别选择：RH，RM，RL		1

四、操作练习

① 全部清除。

② 设置上限频率为50 Hz、下限频率为5 Hz;加速时间为8 s、减速时间为5 s;启动频率为5 Hz,42 Hz的PU模式下操作正反转。

③ PU正、反转点动,点动频率为15 Hz,点动加/减速时间为8 s,监视电压、电流和频率。

④ 设置逆转防止选择Pr.78,尝试根据逆转防止参数设定数值所禁止的逆转控制效果。

⑤ 设置参数禁止选择Pr.77功能码值为1,设置其他参数尝试变频器的禁止写入功能。

五、成绩评定

成绩评定填入表8-11中。

表8-11 成绩评定记录

考核项目	配 分	扣 分	得 分
变频器的PU操作运行	30	操作错误每处扣5分	
变频器的PU点动操作运行	30	操作错误每处扣5分	
变频器常用参数设置	30	操作错误每个参数扣5分	
安全文明操作	10	违反操作规程时进行酌情扣分	
总得分			

实验四 变频器的外部操作

一、实验目的

① 掌握变频器外部操作模式的接线方法。

② 掌握变频器外部操作模式下的操作运行。

③ 掌握变频器的外部操作模式下的点动操作运行。

二、实验设备、工具及材料

FR-A540-0.4～7.5 kW变频器每组一台、螺丝刀每组一套、连接导线每组若干条、电源连接线每组一条、电动机连接线每组一条、1 kΩ电位器每组一个和开关按钮实验板每组一套。

三、实验内容与步骤

变频器的外部操作是利用外部操作信号（频率设定电位器和启动开关等）控制变频器的运行。当电源接通时，启动信号（STF，STR）接通，则开始运行，如图 8－23 所示。

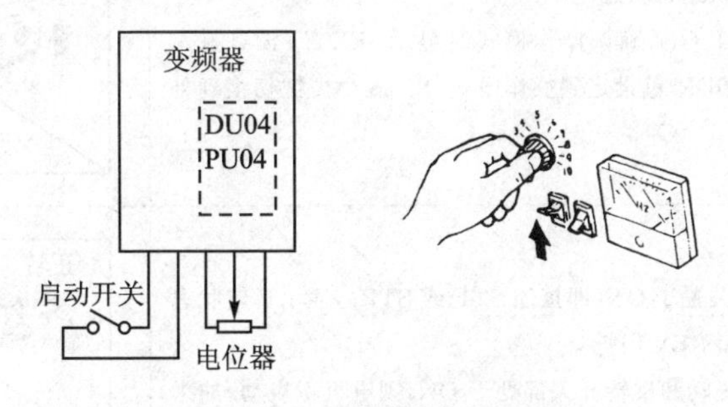

图 8－23　变频器的外部操作

1. 准备工作

启动信号：开关、继电器等。

频率设定信号：电位器或变频器以外的设备输入为 0～5 V，0～10 V 或 4～20 mA 的直流信号。

注意： 变频器的运行同时需要启动信号和频率设定信号。

2. 变频器外部操作接线

① 开关式外部操作接线图：开关式外部操作接线图如图 8－24 所示。

② 按钮式外部操作接线图：按钮式外部操作接线图如图 8－25 所示。

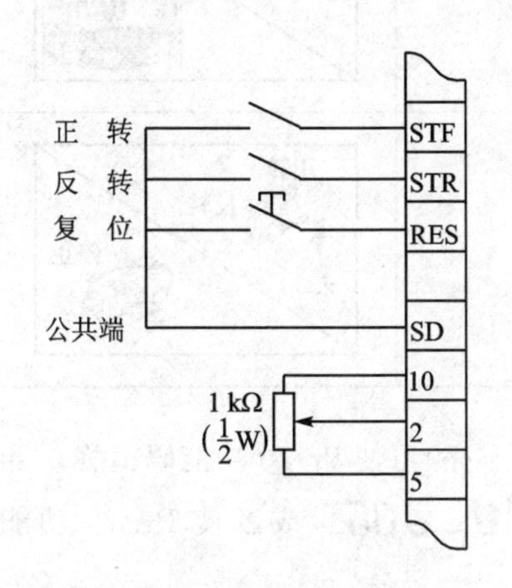

图 8－24　开关式外部操作接线图

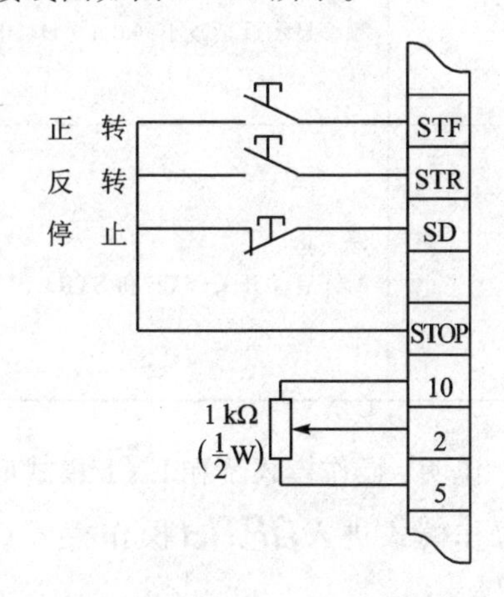

图 8－25　按钮式外部操作接线图

3. 外部操作模式（用外部信号操作以 50 Hz 运行）

外接操作模式步骤说明及图示如表 8－12 所列。

表8-12 外部操作模式步骤说明及图示

步 骤	说 明	图 示
1	上电→确认运行状态 将电源置于ON,确认操作模式时显示"EXT";没有显示时,用"MODE"键设定到操作模式,用"▲/▼"键切换到外部操作	合闸 FR-DU04 CONTROL PANEL 0.00 Hz MON EXT PU REV FWD
2	开 始 将启动开关置于ON(即接通STF或STR),表示运转状态的FWD和REV闪烁 注:如果正转和反转开关都处于ON,则电机不启动,如果在运行期间,两开关同时置于ON,电机减速至停止状态	正转 反转 FR-DU04 CONTROL PANEL 0.00 Hz MON EXT PU REV FWD
3	加速→恒速 顺时针缓慢旋转电位器(频率设定电位器)到满刻度 显示的频率数值逐渐增大,显示为50.00 Hz	FR-DU04 CONTROL PANEL 50.00 Hz MON EXT PU REV FWD
4	减 速 逆时针缓慢旋转电位器(频率设定电位器)到底 频率显示逐渐减小到0.00 Hz,电机停止运行	FR-DU04 CONTROL PANEL 0.00 Hz MON EXT PU REV FWD
5	停 止 断开启动开关(STF和STR)	正转 反转 关断 停止

说明:操作模式不在EXT模式时(即EXT灯不亮)可使Pr.79功能码值为0,再改变操作模式进入OP.Nd操作模式(OP.Nd _PU_JOG),或者使Pr.79功能码为2。

4. 外部点动操作

按下启动开关(STF或STR)时变频器启动运行,松开则停止,接线如图8-26所示。

① 设定Pr.15"点动频率"和Pr.16"点动加/减速时间"(Pr.79功能码值为1)。

② 选择外部操作模式;设置Pr.79功能码值为2。

③ 接通点动信号，并保持启动信号(STF或STR)接通，进行点动运行。点动信号的使用端子，应安排在Pr.180～Pr.186输入端子功能选择，Pr.185功能码值为5，即JOG接线端子为点动信号端子。

注意：输入参数时要在PU操作模式下进行(Pr.79功能码值为1)。

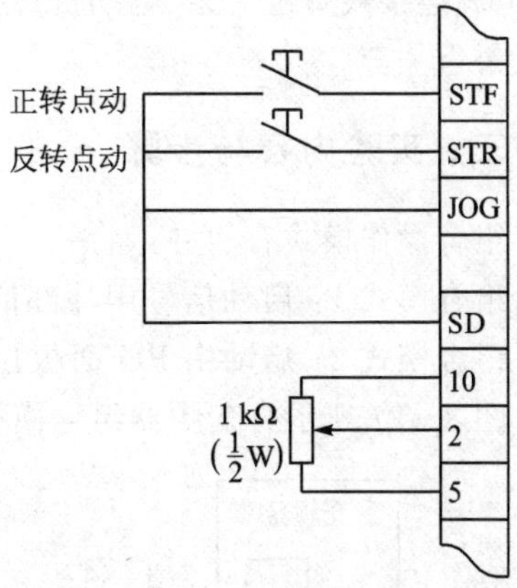

图8-26　变频器外部点动操作接线图

四、操作练习

① 全部清除。

② 设置上限频率为50 Hz，下限频率为5 Hz，加速时间为8 s，减速时间为5 s，启动频率为5 Hz，则进行外部操作42 Hz正转，外部操作35 Hz反转。同时监视电压、电流、频率。

③ 外部操作正反转点动，点动频率为25 Hz，点动加/减速时间为8 s。

五、成绩评定

成绩评定填入表8-13中。

表8-13　成绩评定记录

考核项目	配　分	扣　分	得　分
变频器接线	20	接线错误每处扣5分接线不牢固每处扣2分	
变频器的外部操作运行	40	操作错误每处扣5分	
变频器的外部点动操作运行	30	操作错误每个参数扣5分	
安全文明操作	10	违反操作规程时进行酌情扣分	
总得分			

实验五　变频器的组合操作

一、实验目的

① 掌握变频器组合操作模式的接线方法。

② 掌握变频器的组合模式1(外部启动、PU调频)操作运行。

③ 掌握变频器的组合模式2(PU启动、外部调频)操作运行。

二、实验设备、工具及材料

FR-A540-0.4～7.5 kW变频器每组一台、螺丝刀每组一套、连接导线每组若干条、电源连接线每组一条、电动机连接线每组一条、1 kΩ 电位器每组一个和开关按钮实验板每组一套。

三、实验内容与步骤

组合操作模式有两种：

组合模式1：启动信号用外部信号，频率值用PU面板设定。

组合模式2：启动由PU面板控制，频率值用外部频率控制电位器设定。

图8-27所示为变频器组合模式框图。

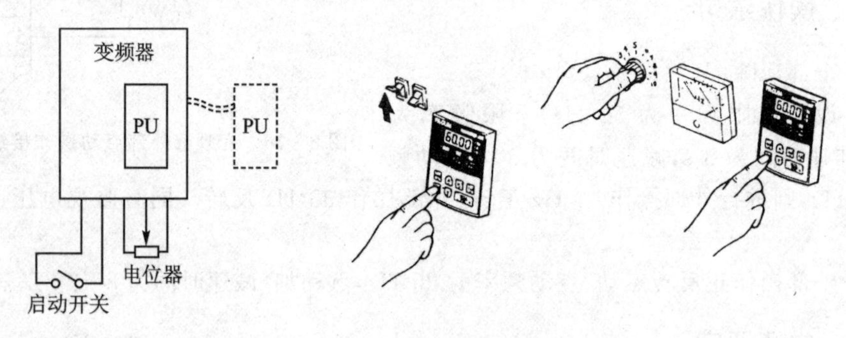

图8-27 变频器组合模式

1. 准备工作

启动信号：开关、继电器等(对于组合模式1)。

频率设定信号：电位器或变频器以外的设备输入为0～5 V，0～10 V或4～20 mA的直流信号(对于组合模式2)。

操作单元：操作面板(FR-DU04)，参数单元(FR-PU04)。

改变Pr.79"操作模式选择"的设定值，可选择不同的组合方式，如表8-14所列。

表8-14 操作模式选择设定值

设定值	说明	
	运行频率设定	启动信号
3	PU(FR-DU04/FR-PU04) 直接设定或用"▲/▼"键设定，多段速设定	端子信号 · STF · STR
4	端子信号 · DC0～5 V接到2～5 · DC0～10 V接到2～5 · DC4～20 mA接到4～5 · 多段速度选择(Pr.4～Pr.6和Pr.24～Pr.27) · 点动频率(Pr.15)	参数单元 · "FWD"键 · "REV"键

2. 外部启动 PU 调频组合操作模式(Pr. 79 功能码值为 3)

外部输入启动信号(开关,继电器等),用 PU 设定运行频率为不接收外部的频率设定信号,PU 的正转、逆转、停止键无效;但是当 Pr. 75“PU 停止选择”为“14～17”时,停止键有效。

① 外部启动 PU 调频组合操作模式的接线如图 8－28 所示。

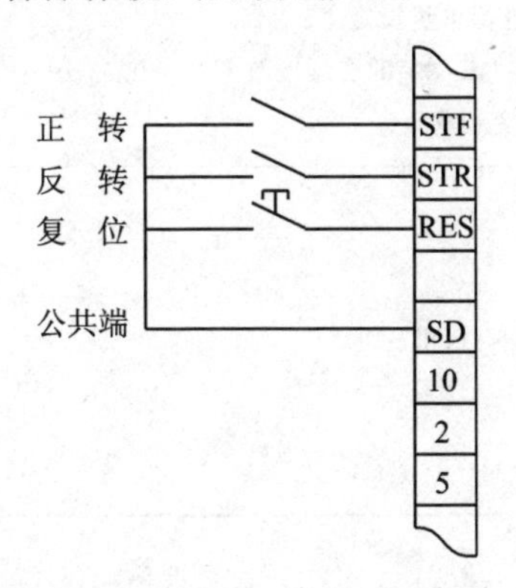

图 8－28　变频器外部启动 PU 调频组合操作模式的接线图

② 外部启动 PU 调频组合操作模式的操作步骤：表 8－15 所列为外部启动 PU 调频组合操作模式的步骤、说明及图示。

表 8－15　组合操作模式步骤、说明及图示

步　骤	说　明	图　示
1	上　电 电源 ON	合闸
2	操作模式选择 将 Pr. 79“操作模式选择”设定为“3” 选择组合操作模式,运行状态“EXT”和“PU”指示灯亮	P. 79 3 闪烁
3	开　始 将启动开关置于 ON(即接通 STF 或 STR) 注：如果正转和反转都处于 ON,则电动机不启动,如果在运行期间,同时处于 ON,电动机减速至停止(当 Pr. 250 功能码值设定为“9999”)	正转 反转 50.00

续表 8-15

步　骤	说　明	图　示
4	运行频率设定 用参数单元设定运行频率为 60 Hz 运行状态显示“REV”或“FWD” 选择频率设定模式并进行单步设定 注：单步设定是通过按“▲/▼”键连续地改变频率的方法 按下“▲/▼”键改变频率	<单步设定>
5	停　止 将启动开关处于 OFF(STF 和 STR) 电机停止运行	

3. 外部调频 PU 启动组合操作模式

用接于端子 2～5 间的旋钮(频率设定电位器)来设定频率，用操作面板(FR-PA02-02)的“FWD”或“REV”键来设定启动信号(Pr.79 功能码值为 4)。

运行指令：操作面板的“FWD”或“REV”键。

频率设定：接于外部的频率设定电位器或多段速开关指令(多段速开关指令优先)。

① PU 启动外部调频组合操作模式的接线如图 8-29 所示。

② PU 启动外部调频组合操作模式的操作步骤如表 8-16 所列。

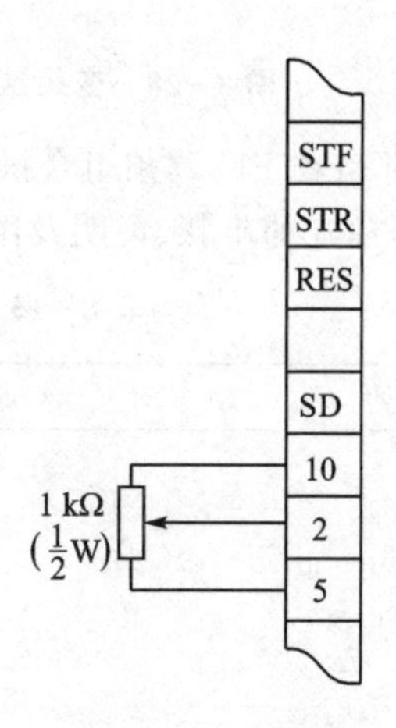

图 8-29　PU 启动外部调频组合操作模式的接线图

表 8-16　PU 启动外部调频组合操作模式步骤、说明及图示

步　骤	说　明	图　示
1	上　电 将电源置于 ON	ON

续表 8－16

步　骤	说　明	图　示
2	操作模式选择 将 Pr. 79“操作模式选择”设定为“4” 选择组合操作模式，运行状态“EXT”和“PU”指示灯都亮	P. 79 闪烁 4
3	开　始 按“FWD”或“REV”键 电机启动，自动地变为监示模式，显示输出频率	PWD (或) REV FR-DU04 CONTROL PANEL 50.00 Hz A V MON EXT PU REV FWD
4	加速→恒速 顺时针缓慢旋转电位器（频率设定电位器）到满刻度 显示的频率数值逐见增大，显示为 50.00 Hz	FR-DU04 CONTROL PANEL 50.00 Hz A V MON EXT PU REV FWD
5	减　速 逆时针缓慢旋转电位器（频率设定电位器）到底，频率显示逐渐减小到 0.00 Hz，电机停止运行	FR-DU04 CONTROL PANEL 0.00 Hz A V MON EXT PU REV FWD
6	停　止 按 $\frac{\text{STOP}}{\text{RESET}}$ 键，电机减速后停止	FR-DU04 CONTROL PANEL 0.00 Hz A V MON EXT PU REV FWD

四、操作练习

① 全部清除。

② 设置参数：上限频率为 50 Hz，下限频率为 5 Hz，加速时间为 8 s，减速时间为 5 s，启动频率为 5 Hz。

③ 外部启动 PU 调频操作 34 Hz，正、反转。

④ PU 启动外部调频操作 45 Hz，正、反转。

五、成绩评定

成绩评定如表 8－17 所列。

表8-17 成绩评定记分

考核项目	配分	扣分	得分
变频器接线	20	接线错误每处扣5分接线不牢固每处扣2分	
设置参数	10	设置错误一个参数扣5分	
外部启动PU调频操作	30	操作错误每个步骤扣5分	
PU启动外部调频操作	30	操作错误每个步骤扣5分	
安全文明操作	10	违反操作规程的情况进行酌情扣分	
总得分			

实验六 变频器的频率跳变

一、实验目的

① 了解变频器设置频率跳变的意义。

② 掌握变频器设置频率跳变参数设定和操作运行方法。

二、实验设备、工具及材料

FR-A540-0.4～7.5 kW变频器每组一台、螺丝刀每组一套、连接导线每组若干条、电源连接线每组一条、电动机连接线每组一条、1 kΩ电位器每组一个和开关按钮实验板每组一套。

三、实验内容与步骤

1. 变频器设置频率跳变的意义

此功能可用于防止机械系统固有频率产生的共振。可以使其跳过共振发生的频率点,最多可设定三个区域。

2. 变频器设置频率跳变的参数以及参数设定

变频器设置频率跳变参数以及参数设定状态:

Pr.31“频率跳变1A”;

Pr.32“频率跳变1B”;

Pr.33“频率跳变2A”;

Pr.34“频率跳变2B”;

Pr.35“频率跳变3A”;

Pr.36“频率跳变3B”。

1A,2A或3A的设定值为跳变点,用这个频率运行。

跳变参数为 Pr. 31～Pr. 36，具体操作见图 8－30 及例 1、例 2。

参数号	出厂设定	设定范围	备注
31	9999	0~400 Hz,9999	9999：功能无效
32	9999	0~400 Hz,9999	9999：功能无效
33	9999	0~400 Hz,9999	9999：功能无效
34	9999	0~400 Hz,9999	9999：功能无效
35	9999	0~400 Hz,9999	9999：功能无效
36	9999	0~400 Hz,9999	9999：功能无效

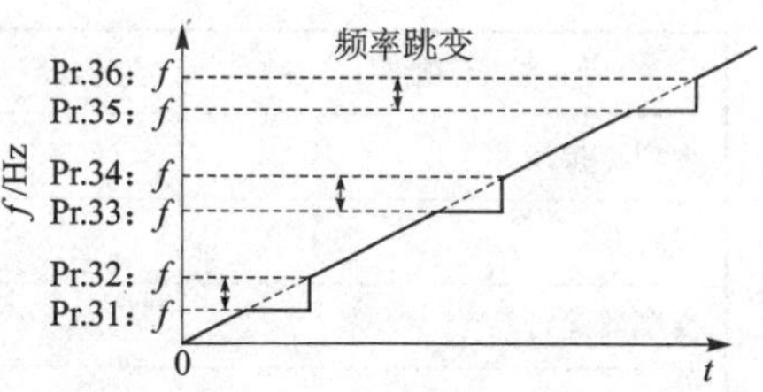

图 8－30　变频器频率跳变参数和曲线

例 1　在 Pr. 33 和 Pr. 34 之间(30 Hz 和 35 Hz)固定在 30 Hz 运行，设定 Pr. 34 功能码值为 35 Hz，Pr. 33 功能码值为 30 Hz，如图 8－31 所示。

例 2　在 30 Hz 和 35 Hz 之间跳至 35 Hz 运行，设定 Pr. 33 功能码值为 35 Hz，Pr. 34 功能码值为 30 Hz，如图 8－31 所示。

3. 变频器设置频率跳变后的验证操作

① 设立频率跳变的相关参数，如 Pr. 31 功能码值为 20，Pr. 32 功能码值为 30。

② 设立运行模式，如选择外部操作 Pr. 79 功能码值为 2。

③ 将启动开关(STF 或 STR)置于 ON，表示运转状态的 FWD 和 REV 闪烁。监视变频器运行频率。

④ 缓慢旋转电位器(频率设定电位器)，当显示的频率显示为 30.01 Hz 时，停止旋转电位器。

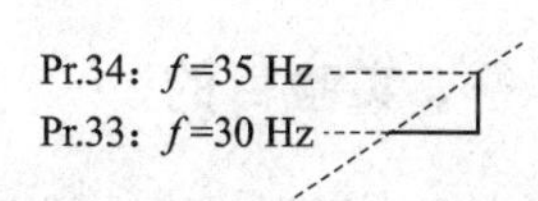

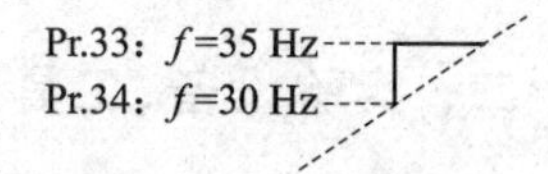

图 8－31　Pr. 33 和 Pr. 34 功能码值的跳变

⑤ 注意观察显示屏的运行频率，再缓慢旋转一下(减小)电位器(频率设定电位器)，此时变频器的运行频率由 30.01 Hz 很快变成 20.00 Hz。

⑥ 继续按原来方向缓慢旋转电位器(频率设定电位器)，开始运行频率不会改变，即 20 Hz；当调整的频率低于 20 Hz 时，运行频率才能继续下降。

⑦ 反方向缓慢旋转电位器(频率设定电位器)：当运行频率得到 20 Hz 时运行频率不再上升，当调整频率高于 30.01 Hz 时才可以继续上升。

四、操作练习

① 全部清除。

② 设置三个频率跳变区，它们分别是 10～20 Hz 运行 10 Hz；15～25 Hz 运行 25 Hz；35～42 Hz 运行 42 Hz。

③ 采用 PU 启动外部调频运行，并画出接线图。

五、成绩评定

表 8－18 为成绩评定记分表。

表 8-18 成绩评定

考核项目	配分	扣分	得分
变频器接线	20	接线错误每处扣5分接线不牢固每处扣2分	
设置参数	50	设置一个参数错误扣5分	
变频器运行	20	操作每个步骤错误扣5分	
安全文明操作	10	违反操作规程时酌情扣分	
总得分			

实验七　变频器的多段速运行

一、实验目的

掌握变频器设置多段速运行参数设置和运行方法。

二、实验设备、工具及材料

FR-A540-0.4～7.5 kW 变频器、螺丝刀一套、连接导线若干条、电源连接线一条、电机连接线一条、1 kΩ 电位器一个和开关按钮实验板一套。

三、实验内容与步骤

1. 变频器多段速度运行设置的参数

Pr.4：多段速度设定(高速)；

Pr.5：多段速度设定(中速)；

Pr.6：多段速度设定(低速)；

Pr.24～Pr.27：多段速度设定(4～7段速度设定)；

Pr.232～Pr.239：多段速度设定(8～15段速度设定)；

用参数将多段运行速度预先设定,用输入端子进行转换：

● 可通过开启、关闭外部触点信号(RH,RM,RL,REX信号)选择各种速度。

● 借助于与点动频率(Pr.15)、上限频率(Pr.1)和下限频率(Pr.2),最多可以设定18种速度。

● 在外部操作模式或PU/外部组合模式(Pr.79功能码值为2,4)中有效。

表8-19所列为参数号与对应的设定。

表 8-19　参数号设定

参数号	出厂设定	设定范围	备　注
4	60 Hz	0～400 Hz	
5	30 Hz	0～400 Hz	
6	10 Hz	0～400 Hz	
24～27	9999	0～400 Hz,9999	9999，未选择
232～239	9999	0～400 Hz,9999	9999：未选择

2. 参数设定步骤

① 设置 Pr. 79 功能码值为 1,进入 PU 模式,才能进行参数设定。

② 设置功能码值 Pr. 4～Pr. 6,Pr. 24～Pr. 27,Pr. 232～Pr. 239。

③ 设置功能码值 Pr. 184 为 8,将 AU 接线端子变成"速度 15"控制用的 REX 端子,也可以用 Pr. 180～Pr. 186 中的任何一个参数等于"速度"8 来安排端子用于 REX 信号的输入,但是接线方式将要改变。

④ 设置功能码值 Pr. 79 为 2,即外部操作模式;或者设置 Pr. 79 功能码值为 4,即组合操作模式。

说　明:

① 设定的多段速度优先于主速度(端子 2～5,4～5),即选择了多段速度开关(RH,RM,RL,REX)并设置了多段速度参数,则调速电位器不能调速,断开了多段速度开关(RH,RM,RL,REX)或者没有设置多段速度参数,则调速电位器可以调速。

② 只设定了 3 速的场合,2 速以上同时被选择时,低速信号的设定频率优先。

③ Pr. 24～Pr. 27 和 Pr. 232～Pr. 239 之间的设定则没有优先级。

④ 当用 Pr. 180～Pr. 186 改变端子分配时,其他功能可能受到影响;设定前检查相应的端子功能。

3. 变频器多速运行接线图

图 8-32 所示为变频器多速运行接线图。

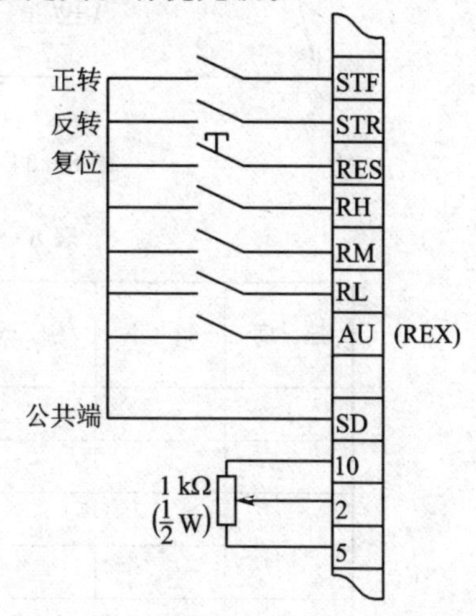

图 8-32　变频器多速运行接线图

4. 变频器多速运行的操作

① 接好主回路线,并按图 8-32 接好控制回路的控制线。

② 按照控制要求设置好相关参数。

③ 设置外部运行 Pr. 79 功能码值为 2。

④ 接通运行开关 STR 或 STF,使电机正转或者反转运行。

⑤ 按图 8-33 所示的控制接通 RH,RM,

RL 和 REX,使变频器在不同频率下运行。

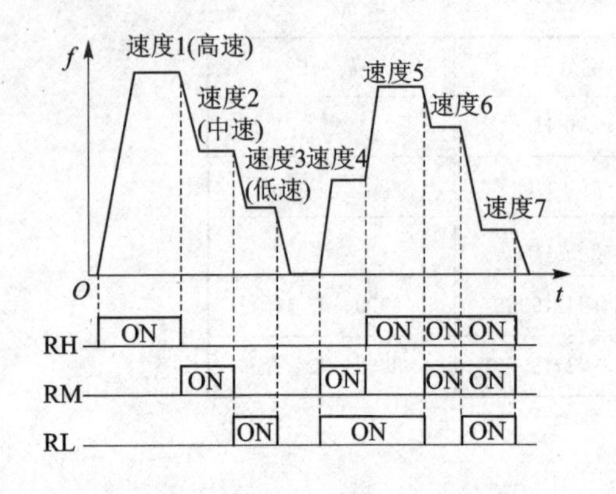

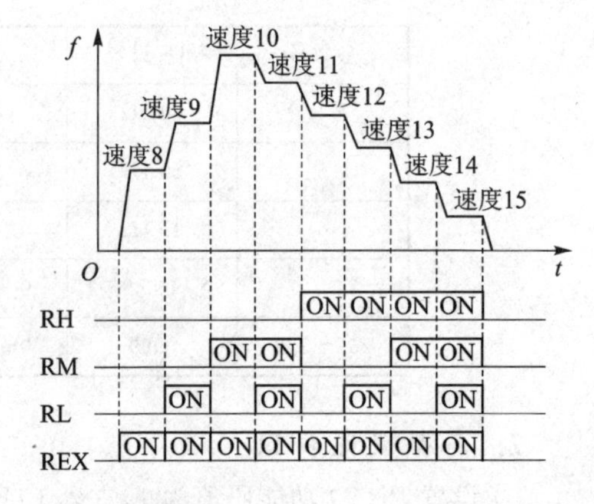

图 8-33　变频器多速运行开关控制

四、操作练习

① 全部清除。

② 根据图 8-34 完成表 8-20 填写并设置参数。

③ 在设定的各种频率下运行。

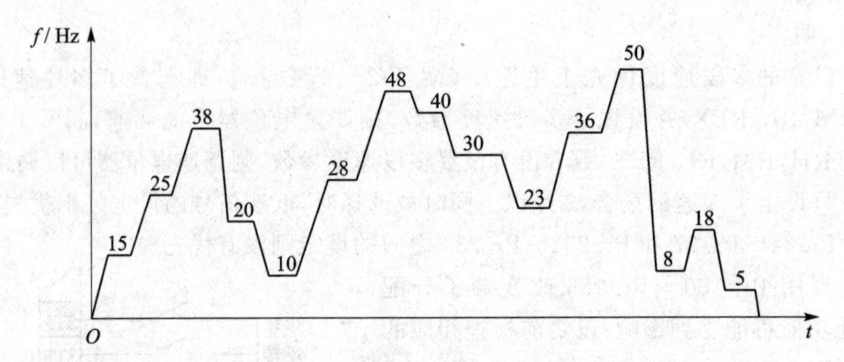

图 8-34　变频器多速运行参数图

表 8-20　速度、频率及参数

速　度	频　率	参　数	开　关			
			RH	RM	RH	REX
1						
2						
3						
4						
5						

续表 8-20

速度	频率	参数	开关			
			RH	RM	RH	REX
6						
7						
8						
9						
10						
11						
12						
13						
14						
15						

五、成绩评定

成绩评定记录于表 8-21 中。

表 8-21　成绩评定记分

考核项目	配分	扣分	得分
变频器接线	20	接线错误每处扣 5 分，接线不牢固每处扣 2 分	
设置参数	30	设置一个参数错误扣 5 分	
多速运行操作	40	操作每个步骤错误扣 5 分	
安全文明操作	10	违反操作规程时酌情扣分	
总得分			

实验八　变频器的程序运行

一、实验目的

① 掌握变频器程序运行接线。

② 掌握变频器程序运行参数设置方法。

③ 掌握变频器程序运行操作方法。

二、实验设备、工具及材料

FR-A540-0.4～7.5 kW 变频器、螺丝刀一套、连接导线若干条、电源连接线一条、电机连接线一条、1 kΩ 电位器一个、开关按钮实验板一套。

三、实验内容与步骤

(一) 变频器单次程序运行

1. 变频器单次程序运行的相关参数

在程序运行时,按照预设定的时钟,运行频率和旋转方向在内部定时器的控制下自动执行运行操作。其主要设定参数有:

Pr. 200:程序运行分/秒选择;

Pr. 201～Pr. 210:程序设定 1,1～10;

Pr. 211～Pr. 220:程序设定 2,11～20;

Pr. 221～Pr. 230:程序设定 3,21～30;

Pr. 231:时间设定。

说明:

① 当下列参数按照下列值设定时,此功能有效:Pr. 79 功能码值为“5”(程序运行)。

② 可以在“分/秒”和“小时/分”之间选择程序运行的时间单位。

③ 启动时间、旋转方向和运行频率可以定义为一个参数号,每 10 个参数号为一组,共分三个组:

- 1 组　Pr. 201～Pr. 210;
- 2 组　Pr. 211～Pr. 220;
- 3 组　Pr. 221～Pr. 230。

④ 用 Pr. 231 设定的时钟为基准开始程序运行。

表 8-22 所列为各参数号的设定及功能。

表 8-22　参数号的设定及功能

参数号	出厂设定	设定范围	功　能
200	0	0～3	0, 2(min/s) 1, 3(h/min)
201～210	0,9999,0	0→2 0～400,9999 0～99:59	0→2: 旋转方向 0～400, 9999: 频率 0～99:59: 时间
211～220	0,9999,0	0→2 0～400, 9999 0～99:59	0→2: 旋转方向 0～400, 9999: 频率 0～99:59: 时间

续表 8 - 22

参数号	出厂设定	设定范围	功　能
221～230	0,9999,0	0→2：旋转方向 0～400，9999：频率 0～99:59：时间	0→2：旋转方向 0～400，9999：频率 0～99:59：时间
231	0	0～99:59	

2. 单次程序运行接线图

单次程序运行接线图如图 8 - 35 所示。

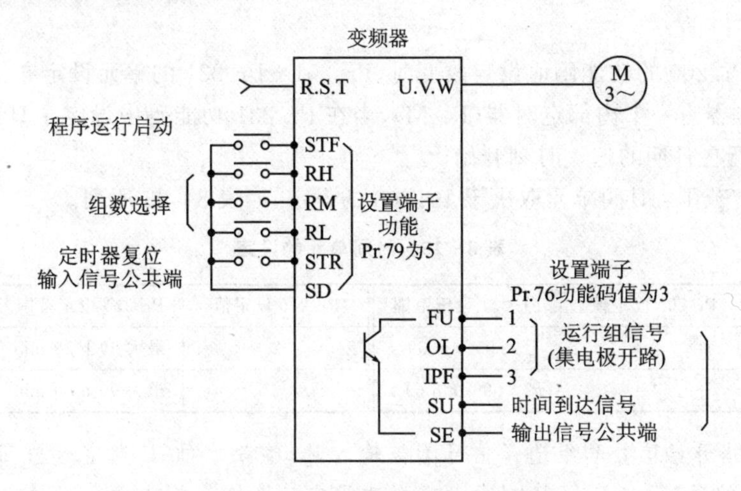

图 8 - 35　单次程序运行接线图

输入信号与输出信号如表 8 - 23 所列。

表 8 - 23　输入信号与输出信号的名称和说明

名　称		说　明
输入信号	组信号 RH(组 1) RM(组 2) RL(组 3)	用于选择预定程序运行组
	定时器复位信号(STR)	将日期的参考时间置 0
	预定程序运行开始信号(STF)	输入开始运行预定程序
输出信号	时间到达信号(SU)	所选择的组运行完成时输出和定时器复位时清零
	组选择信号(FU,OL,IPF)	运行相关组的程序的过程中输出和定时器复位时清零

3. 参数设定方法说明

① 用 Pr. 200 设定程序运行时使用的时间单位。可选择“分/秒(min/s)”和“小时/分(h/min)”中的任一种，如表 8 - 24 所列。

表 8-24 分、秒、时的设定

设定值	说 明
0	分/秒(min/s)单位(电压监视)
1	小时/分(h/min)单位(电压监视)
2	分/秒(min/s)单位(基准时间表示)
3	小时/分(h/min)单位(基准时间监视表示)

说明:

● 当在 Pr.200 功能码中设定“2”或“3”时,参考时间-日期监视画面替代电压监视画面并显示。

● 当 Pr.200 的功能码值设定改变时,Pr.201～Pr.231 的单元设定亦将改变。

② 变频器有一个内部定时器(RAM),当在 Pr.231 功能码中设定了日期的参考时间,程序运行在日期的这一时刻开始。

③ 设定范围:时间单元取决于 Pr.200 的设定,如表 8-25 所列。

表 8-25 时间单元的设定

Pr.200 设定值	Pr.231 设定范围	Pr.200 设定值	Pr.231 设定范围
0	最大 99 min 59 s	2	最大 99 h 59 min
1	最大.99 min 59 s	3	最大 99 h 59 min

注意:当开始信号和组选择信号都被输入时,参考时间-日期定时器回到“0”。当两种信号都接通时,在 Pr.231 功能码参数中设定日期的参考时间。

④ 重新设定日期的参考时间:通过接通定时器的重新设定信号(STR)或者重新设定变频器可以清除日期的参考时间。

注意:在 Pr.231 功能码参数中既可设定日期的参考时间值,也可复位回“0”。

⑤ 程序设定:旋转方向、运行频率和开始时间用 Pr.201～Pr.231 功能码参数设定。其中第一组参数为 Pr.201～Pr.210;第二组参数为 Pr.211～Pr.220;第三组参数为 Pr.221～Pr.230,开始的时间为 Pr.231。其具体参数要求如表 8-26 所列。

表 8-26 程序设定

参数号	名 称	设定范围	出厂设定	功 能
Pr.201～Pr.230	程序运行分/秒(min/s)选择	0～2	0	旋转方向设定 0:停止;1:正转;2:反转
		0～400 Hz	9999	频率设定
		0～99:59	0	日前的时间设定

4. 参数设定操作过程

例 1 设定点 No.1,正转,30 Hz,4:30。

① 在 Pr.79 设定值为 5 的 PU 模式下读 Pr.201 的值。

② 在 Pr. 201 中输入“1”(正转)然后按下“SET”键(当使用 FR－PU04 参数单元时为 WRITE 键)。

③ 输入 30(30 Hz),然后按下“SET”键(当使用 FR－PU04 参数单元时为 WRITE 键)(注 1)。

④ 输入“4:30”再按下“SET”键(当使用 FR－PU04 参数单元时为 WRITE 键)(注 2)。

⑤ 按下“▲”键移动到下一个参数(Pr. 202),再按下“SET”键(当使用 FR－PU04 参数单元时为 $\overline{\text{READ}}$ 键)显示当前设定;之后,按“▲”键逐步进行下面的参数。

注:1:若要停止,可在旋转方向和频率中写入“0”;若无设定,则设置为“9999”。

2:如果输入 4:80,将会出现错误(超过了 59 min 或者 59 s)。

例 2　假定运行曲线如图 8－36 所示,其设定参数如表 8－27 所列。

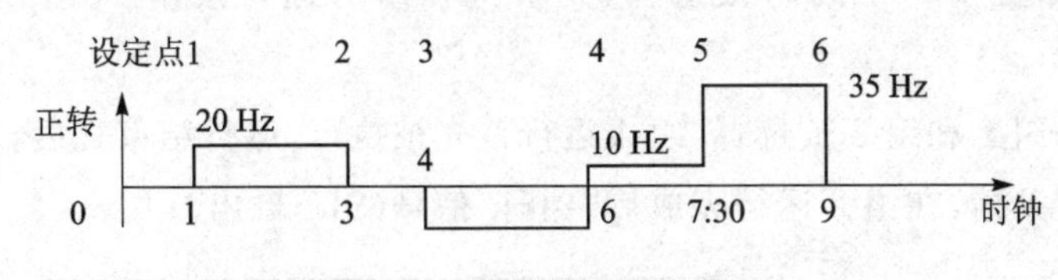

图 8－36　变频器运行曲线图

表 8－27　参数设定与运行

编　号	运　行	参数设定值
1	正转,20Hz,1 点整	Pr. 201 为 1,20,1:00
2	停止,3 点整	Pr. 202 为 0,0,3:00
3	反转,30 Hz,4 点整	Pr. 203 为 2,30,4:00
4	正转,10 Hz,6 点整	Pr. 204 为 1,10,6:00
5	正转,35 Hz,7 点 30 分	Pr. 205 为 1,35,7:30
6	停止,9 点整	Pr. 206 为 0, 0,9:00

5. 操　作

(1) 单组操作(见图 8－37)

① 所有准备工作和参数设定完成。

② 接通所要选择组的信号(RH 组 1)。

③ 接通开始信号(STF),使内部定时器(参考日期时间)自动复位,将按顺序执行的组的运行与设定操作。当组运行完毕时,将从“到时”输出端子输出一个信号(开集电极信号被打开)。

④ 第二次启动时,先对定时器复位(接通一次 STR 并关闭)。

⑤ 接通开始信号(STF),变频器进行第二次运行。

注意:通过在 Pr. 79 中设定“5”来运行预定程序。如果在 PU 运行或者数据通信运行过程中接通任何一个组选择信号,将不能执行预定程序运行。

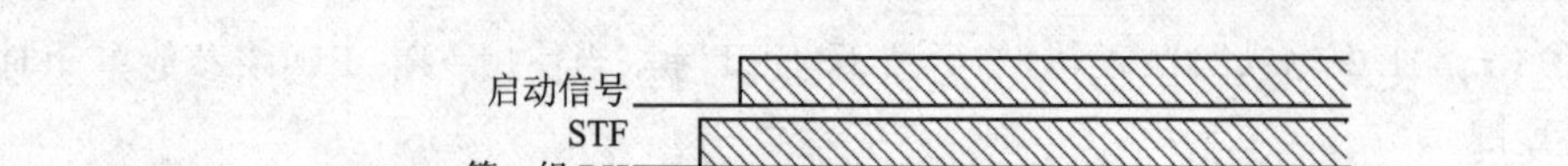

图 8-37 变频器单组操作开关控制图

(2) 多个组选择运行(见图 8-38)

当两个或者更多的组同时被选择，则被选择组的运行按组 1、组 2、组 3 的顺序执行。

例如，如果组 1 和组 2 被选择，组 1 运行首先被执行，运行结束之后，日期参考时间复位，组 2 运行开始，在组 2 运行完成后“到时”信号(SU)输出。

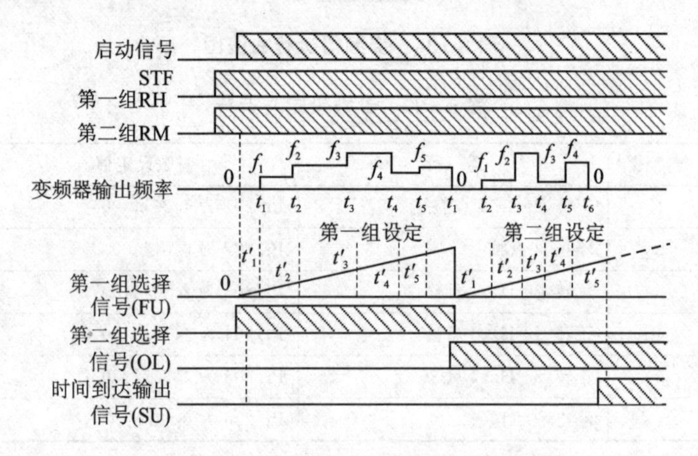

图 8-38 变频器多组操作开关控制图

(二) 变频器重复循环程序运行

1. 变频器循环程序运行接线图

变频器循环程序运行接线如图 8-39 所示。

2. 参数设置方法

① 在 Pr.79 功能码值为 5 的 PU 模式下写入 Pr.200～Pr.231 的相关参数。

② 在 Pr.79 功能码值为 1 的 PU 模式下写入 Pr.76 功能码值为 3 的相关参数(变频器程序运行到每组程序结束后自动复位信号输出)。

③ 设置 Pr.79 功能码值为 5。

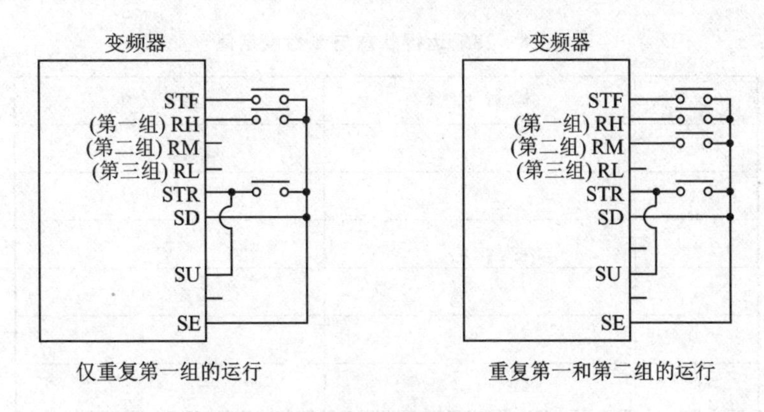

图 8-39　变频器循环程序运行接线图

说　明：

● 如果在执行预定程序过程中，变频器电源断开后又接通(包括瞬间断电)，内部定时器将复位，并且若电源恢复，变频器亦不会重新启动。要再继续开始运行，则关闭预定程序开始信号(STF)和复位(STR)后再打开(这时，若需要设定日期参考时间时，在设定前应打开开始信号)。

● 当变频器按程序运行接线时，这些信号是无效的：AU，STOP，2，4，1 和 JOG。

● 程序运行过程中，变频器不能进行其他模式的操作。当程序运行开始信号(STF)或者定时器复位信号(STR)接通时，运行模式不能使 PU 运行和外部运行之间变换。

四、操作练习

① 全部清除。

② 按要求接线。

③ 根据如图 8-40 所示完成表 8-28 设置参数。

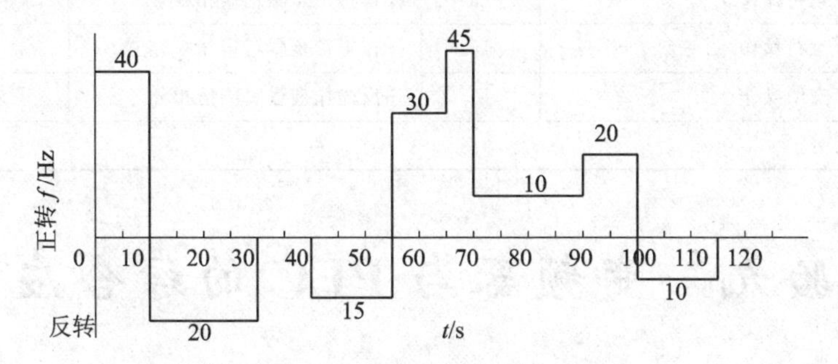

图 8-40　变频器程序运行曲线图

表 8-28 运行状态与参数设定值

No	运行状态	参数设定值
1		
2		
3		
4		
5		
6		
7		
8		
9		
10		

④ 单次运行。

⑤ 循环运行。

五、成绩评定

成绩评定记分于表 8-29 中。

表 8-29 成绩评定记分

考核项目	配 分	扣 分	得 分
变频器单次运行接线	10	接线错误每处扣5分 接线不牢固每处扣2分	
变频器循环运行接线	10		
设置参数	40	设置一个参数错误扣5分	
单次运行操作	15	操作每个步骤错误扣5分	
循环运行操作	15	操作每个步骤错误扣5分	
安全文明操作	10	违反操作规程时酌情扣分	
总得分			

实验九 变频器与PLC的综合应用

一、实验目的

① 掌握PLC控制变频器的控制方式和接线方式。

② 掌握变频器相关运行参数设置方法。

③ 掌握PLC程序编写方法。

二、实验设备、工具及材料

FR－A540－0.4～7.5 kW变频器每组一台、FX2N－48MR型PLC每组一台、FX－20P手编器每组一台(或带FXGP－WIN编程软件的计算机一台)、螺丝刀每组一套、连接导线每组若干条、电源连接线每组一条、电机连接线每组一条、1 kΩ电位器每组一个和开关按钮实验板每组一套。

三、实验内容与步骤

1. 变频器与PLC综合控制的优点

① 用PLC的程序来控制变频器：通过几个简单的开关来调用不同的PLC程序以控制变频器，扩展变频器的功能。

② 方便、高效：用PLC的程序来控制变频器修改程序更加方便，在生产过程中如果需要修改程序只需修改PLC的程序即可到达目的。

2. 控制实例练习

(1) 控制要求

设置的三种运行程序分别是：

自动程序1：20 Hz正转30 s→50 Hz正转60 s→停10 s→15 Hz反转20 s→35 Hz反转45 s→停30 s。如此循环。

自动程序2：20 Hz正转20 s→停5 s→10 Hz反转15 s→停10 s→30 Hz正转30 s→停15 s→35 Hz反转45 s→停30 s→50 Hz正转60 s→停40 s→45 Hz反转45 s→停30 s。如此循环。

手动程序：正、反转可以自由选择，15 Hz，35 Hz，50 Hz几种频率可以自由选择。

(2) 电路接线图及PLC的I/O分配图

图8－41所示为变频器和PLC控制接线图。

(3) 变频器参数设置

表8－30所列为变频器参数设置。

表8－30 变频器参数设置值及说明

参数号	参数名称	设定值	说明
1	上限频率	55	
2	下限频率	10	
7	加速时间	5	
8	减速时间	3	
20	加/减速基准频率	50	
9	电子过流保护	负载电动机的额定电流	
13	启动频率	5	

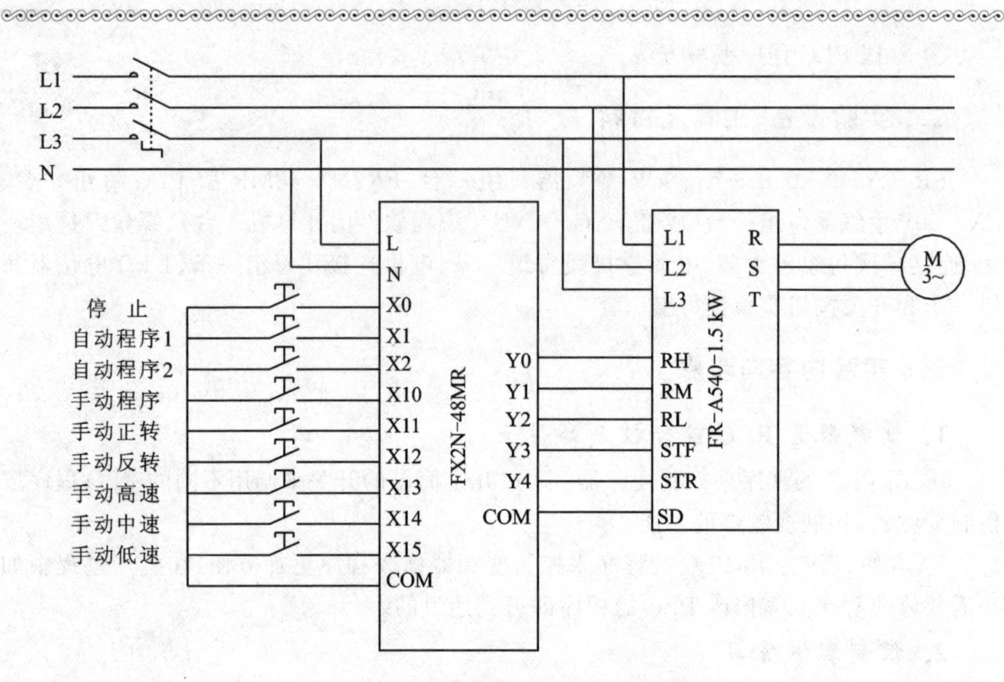

图 8-41 变频器和PLC控制接线图

续表 8-30

参数号	参数名称	设定值	说 明
4	高 速	50	
5	中 速	35	
6	低 速	15	
24	多段速设定	10	
25		20	
26		30	
27		45	
79	操作模式选择	2	其他参数设定时要在PU模式下进行,即Pr.79功能码值为1

3. PLC程序编写

图8-42所示为变频器和PLC控制程序SFC图。

四、成绩评定

成绩评定记入表8-31中。

表 8-31　成绩评定记分

考核项目	配　分	扣　分	得　分
电路接线	20	接线错误每处扣 5 分接线不牢固每处扣 2 分	
变频器参数设置	30	设置一个参数错误扣 5 分	
PLC 编程	30	操作每个步骤错误扣 5 分	
运行操作	10	操作每个步骤错误扣 5 分	
安全文明操作	10	违反操作规程时酌情扣分	
总得分			

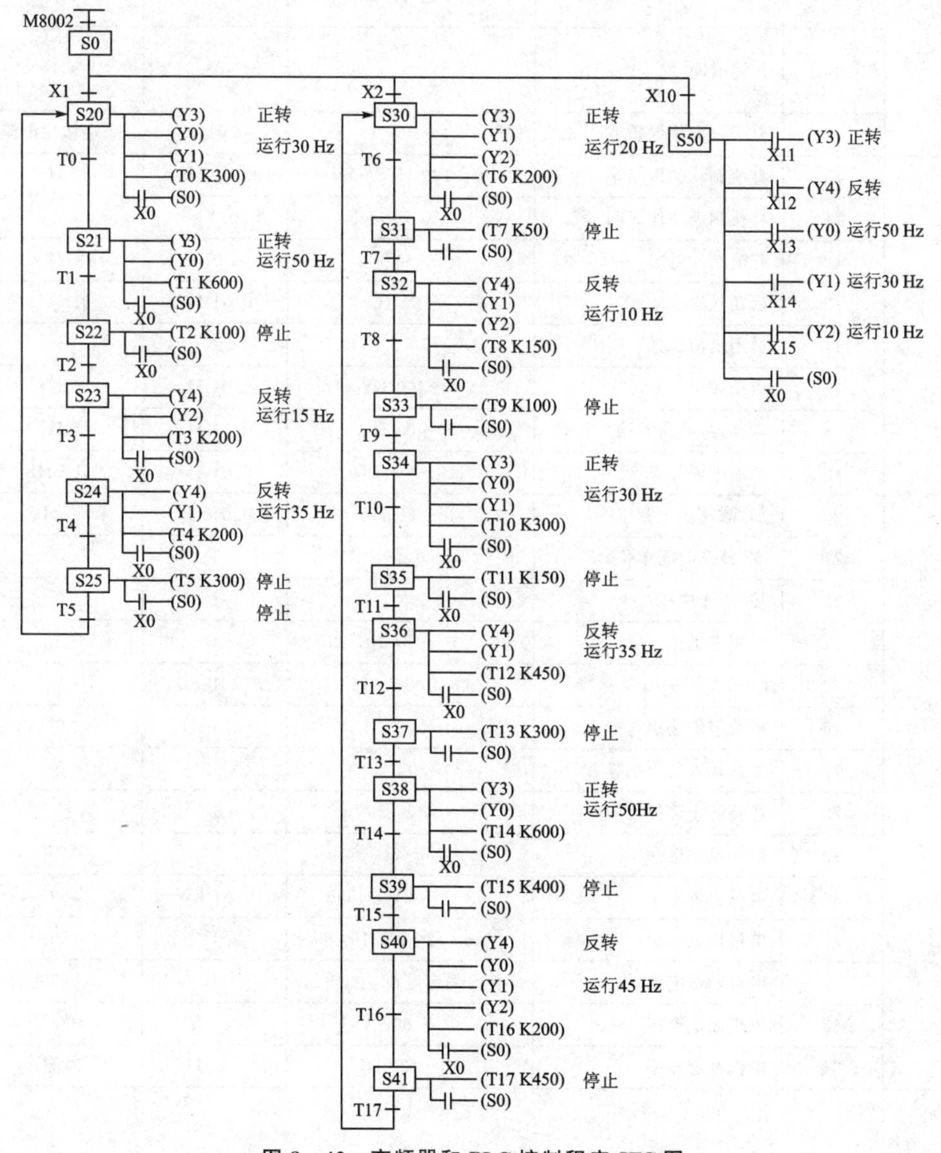

图 8-42　变频器和 PLC 控制程序 SFC 图

附录一 三菱 FR-A-500 变频调速器常用参数表

功能	参数号	名称	设定范围	最小设定单位	出厂设定
基本功能	1	上限频率	0～120 Hz	0.01 Hz	120 Hz
	2	下限频率	0～120 Hz	0.01 Hz	0 Hz
	7	加速时间	0～3 600 s 0～360 s	0.1 s/0.01 s	5 s/15 s
	8	减速时间	0～3 600 s 0～360 s	0.1 s/0.01 s	5 s/15 s
	9	电子过电流保护	0～500 A	0.01 A	额定输出电流
标准运行功能	10	直流制动动作频率	0～120 Hz,9999	0.01 Hz	3 Hz
	11	直流制动动作时间	0～10 s, 8888	0.1 s	0.5 s
	12	直流制动电压	0～30%	0.10%	4%/2%
	13	启动频率	0～60 Hz	0.01 Hz	0.5 Hz
	14	适用负荷选择	0～5	1	5
	15	点动频率	0～400 Hz	0.01 Hz	5 Hz
	16	点动加/减速时间	0～400 Hz	0.01 Hz	5 Hz
	18	高速上限频率	120～400 Hz	0.01 Hz	120 Hz
	20	加/减速参考频率	1～400 Hz	0.01 Hz	50 Hz
	21	加/减速时间单位	0,1	1	0
	29	加/减速曲线	0, 1, 2, 3	1	0
	71	适用电机	0～8, 13 ～18, 20, 23, 24	1	0
	73	0～5 V/0～10 V 选择	0～5, 10～15	1	1
	76	报警编码输出选择	0, 1, 2, 3	1	0
	77	参数写入禁止选择	0, 1, 2	1	0
	78	逆转防止选择	0, 1, 2	1	0
	79	操作模式选择	0～8	1	0
	80	电机容量	0.4～55 kW, 9999	0.01 kW	9999
	81	电机极数	2, 4, 6, 12, 14, 16, 9999	1	9999
	82	电机励磁电流	0～额定电流, 9999	1	9999
	83	电机额定电压	0～1 000 V	0.1 V	400 V
	84	电机额定频率	50～120 Hz	0.01 Hz	50 Hz

续附录一表

功 能	参数号	名 称	设定范围	最小设定单位	出厂设定
频率跳变	31	频率跳变 1A	0～400 Hz，9999	0.01 Hz	9999
	32	频率跳变 1B	0～400 Hz，9999	0.01 Hz	9999
	33	频率跳变 2A	0～400 Hz，9999	0.01 Hz	9999
	34	频率跳变 2B	0～400 Hz，9999	0.01 Hz	9999
	35	频率跳变 3A	0～400 Hz，9999	0.01 Hz	9999
	36	频率跳变 3B	0～400 Hz，9999	0.01 Hz	9999
端子安排功能	180	RL 端子功能选择	0 ～99，9999	1	0
	181	RM 端子功能选择	0 ～99，9999	1	1
	182	RH 端子功能选择	0 ～99，9999	1	2
	183	RT 端子功能选择	0～99，9999	1	3
	184	AU 端子功能选择	0～99，9999	1	4
	185	JOG 端子功能选择	0～99，9999	1	5
	186	CS 端子功能选择	0～99，9999	1	6
	190	RUN 端子功能选择	0～199，9999	1	0
	191	SU 端子功能选择	0～199，9999	1	1
	192	IPF 端子功能选择	0～199，9999	1	2
	193	OL 端子功能选择	0～199，9999	1	3
	194	FU 端子功能选择	0～199，9999	1	4
	195	A,B,C 端子功能选择	0～199，9999	1	99
程序运行	200	程序运行 min/s 选择	0，2：min，s	1	0
			1，3：h，min		
	201～210	程序设定 1～10	0→2：旋转方向	1	0
			0～400，9999：频率	0.1 Hz	9999
			0～99:59：时间	min 或 s	0
	211～220	程序设定 11～20	0→2：旋转方向	1	0
			0～400，9999：频率	0.1 Hz	9999
			0～99:59：时间	min 或 s	0
	221～230	程序设定 21～30	0→2：旋转方向	1	0
			0～400，9999：频率	0.1 Hz	9999
			0～99:59：时间	min 或 s	0
	231	时间设定	0～99:59	—	0

续附录一表

功能	参数号	名称	设定范围	最小设定单位/Hz	出厂设定
多段速度运行	4	多段速度设定(高速)	0～400 Hz	0.01	60 Hz
	5	多段速度设定(中速)	0～400 Hz	0.01	30 Hz
	6	多段速度设定(低速)	0～400 Hz	0.01	10 Hz
	24	多段速度设定(速度 4)	0～400 Hz，9999	0.01	9999
	25	多段速度设定(速度 5)	0～400 Hz，9999	0.01	9999
	26	多段速度设定(速度 6)	0～400 Hz，9999	0.01	9999
	27	多段速度设定(速度 7)	0～400 Hz，9999	0.01	9999
	232	多段速度设定(速度 8)	0～400 Hz，9999	0.01	9999
	233	多段速度设定(速度 9)	0～400 Hz，9999	0.01	9999
	234	多段速度设定(速度 10)	0～400 Hz，9999	0.01	9999
	235	多段速度设定(速度 11)	0～400 Hz，9999	0.01	9999
	236	多段速度设定(速度 12)	0～400 Hz，9999	0.01	9999
	237	多段速度设定(速度 13)	0～400 Hz，9999	0.01	9999
	238	多段速度设定(速度 14)	0～400 Hz，9999	0.01	9999
	239	多段速度设定(速度 15)	0～400 Hz，9999	0.01	9999

附录二 三菱变频器故障报警代码表

代码 FR-DU-04	参数单元 FR-PU-04	故障名称	故障原因	处理方法
E. OC1	OC During Acc	加速时过电流断路。当变频器输出电流达到或超过大约额定电流的200%时,保护回路动作,停止变频器输出	加速时间太短 增加加速时间 检查输出是否短路或接地	E. OC1
E. OC2	Steady Spd OC	定速、过电流、断路	检查负荷是否突变?保持负荷稳定。检查输出是否短路或接地	E. OC2
E. OC3	OC During Dec	减速、停止、过电流、断路	减速时间太短 增加减速时间 检查输出是否短路或接地	E. OC3
E. OV1	OV During Acc	加速、再生过电压、断路 来自电动机的再生能量使变频器内部直流主回路电压上升达到或超过规定值,保护回路动作,停止变频器输出。也可能是由于电源系统的浪涌电压引起的	加速太快 增加加速时间	—
E. OV2	Steady Spd OV	定速、再生过电压、断路	检查负荷是否突变 保持负荷稳定	E. OV2
E. OV3	OV During Dec	减速、停止、再生过电压、断路	减速太快 增加减速时间	E. OV3
E. THM	Motor Overload	电动机过负荷、断路	电动机过负荷减轻负荷。经常发生时,可根据工艺要求更换增加变频器和电动机的容量	—
E. THT	Inv. Overload	变频器过负荷、断路	变频器过负荷	—
E. IPF	Inst. Pwr. Loss	瞬间停电保护		恢复电源

续附录二表

代　码 FR-DU-04	参数单元 FR-PU-04	故障名称	故障原因	处理方法
E. UVT	Under Voltage	低电压保护	回路中有大容量电动机启动	检查供电系统，避免回路中频繁启动的大容量电动机的影响
E. FIN	H/Sink O/Temp	散热片过热	环境温度过高	加强通风的同时减轻负荷
E. BE	Br. Cct. Fault	制动晶体管报警	制动率设定是否正常	降低制动率的设置
E. GF	Ground Fault	输出侧接地故障过电流保护	电动机或电缆存在接地故障	解决接地故障
E. OHT	OH Fault	外部热继电器动作	检查电动机是否过热	降低负荷，解决机械故障
E. OPT	Option Fault	选件报警	选件接口松脱	可靠连接
E. PE	Corrupt Memry	参数错误	输入参数的次数太多，变频器死机	恢复出厂设置后重新设置参数。无法恢复时，更换变频器
E. PUE	PU Leave Out	面板脱出发生	—	牢固安装好操作面板
E. RET	Retry No Over	再试次数超出	再试设定次数内运行没有恢复，变频器停止输出	检查异常发生前的一个异常
E. P24	—	直流24 V电源输出短路	—	检查PC端子是否短路，修复短路。需要复位时用面板复位或关断电源重新合闸
E. CTE	—	操作面板电源短路	—	操作面板连接电缆存在短路现象，修复短路
E. CPU	CPU Fault	CPU错误	—	检查松脱的接口，可靠连接

续附录二表

代　码 FR-DU-04	参数单元 FR-PU-04	故障名称	故障原因	处理方法
E. MB1～～E. MB7	—	顺序制动错误	—	检查抱闸顺序是否正常
E. 3	Fault 3	选件异常	通信选件设定错误或接触不良	检查选件设定，操作是否有误。选件接头插座确实连接好
E. 6	Fault 6	CPU 错误 内置 CPU 发生通信异常时，变频器停止输出 CPU 通信异常错误发生，变频器停止输出。停电复位重新启动	—	—
E. 7	Fault 7	CPU 错误	—	—
E. LF	E. LF	输出缺相保护	当变频器输出三相中有一相断开时，变频器停止输出	检查断开的输出相
FN	Fan Failure	风扇故障	—	冷却风扇是否正常？更换风扇
OL	OL	失速防止过电流	电动机是否在过负荷情况下使用	减轻负荷
oL	oL	失速防止过电压	是否急速减速运行	延长减速时间
PS	PS	面板停止	远方控制运行时是否使用了操作面板的“STOP”键进行停止	检查负荷状态
Err	—	操作错误	—	准确地进行运行操作

习题解答

习题 1

1.1 复习电力拖动课程，回答下列问题。

(1) 选择题

1) A；　2) D；　3) B,D；　4) B；　5) B；

6) B；　7) C,A；　8) A；　9) B；　10) C。

(2) **解答**　电动机拖动系统由电动机、传动机构、生产机械和控制系统等部分组成。

(3) **解答**　直流电动机有两个独立的绕组：定子和转子。定子绕组通入直流电，产生稳恒磁场；转子绕组通入直流电，产生稳恒电流；定子的稳恒磁场和转子电流相互作用，产生机械转矩，拖动转子旋转。并且，此机械转矩分别和定子的稳恒磁场和转子电流成正比。

因为，直流电动机的定子电路和转子电路彼此独立，互不干扰；可以分别调节定子磁场的强弱和转子电流的大小。二者相互作用产生的机械转矩分别和定子的稳恒磁场和转子电流成正比。所以，直流电动机有优良的调速特性。

(4) **解答**　三相异步交流电动机的工作原理是：

定子绕组通入相位差为 120°的三相对称的交流电，产生大小不变的旋转磁场；此旋转磁场切割鼠笼型转子导体，在转子中感应出电流；旋转磁场又和感生电流相互作用，产生机械转矩，拖动转子旋转。

三相异步交流电动机的机械特性曲线，参看教材第 1 章，略。

(5) **解答**　参看本书第 1 章图 1-19，机械特性曲线如习题图 1-1 所示，几个特殊点标在图上。

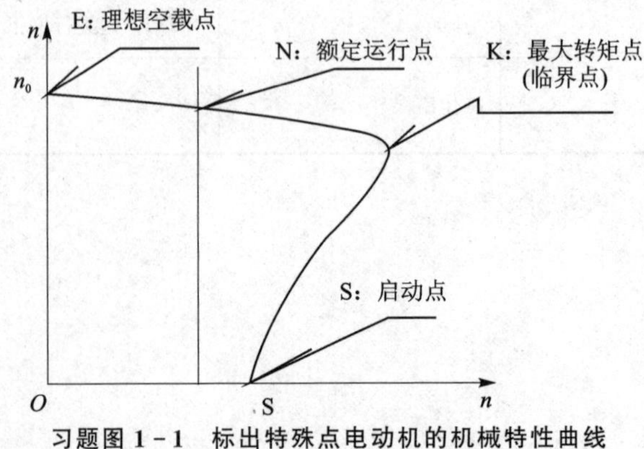

习题图 1-1　标出特殊点电动机的机械特性曲线

(6) **解答**　按转子结构的不同,三相异步电动机可分为笼式和绕线式两种。

1)鼠笼型转子的异步电动机

优点:结构简单、运行可靠、重量轻、价格便宜,得到了广泛的应用。

缺　点:

① 启动转矩不大,带负载启动困难。启动电流很大,需增加供电变压器的容量,加大投资,或用降压启动,降低启动电流,也要增添降压装置。

② 短时过负荷,易烧坏电动机。大多在轻载状况下运行,增加耗能。

2)绕线式三相异步电动机

优　点:

启动特性和运行特性兼优。绕线性感应电动机正常运行时,三相绕组通过集电环短路。启动时,为减小启动电流,转子中可以串入启动电阻,减小启动电流,而且由于转子结构的原因,其功率因数和转子电流有功分量增大,启动转矩也可增大。这种电动机还可通过改变外串电阻调速。

缺　点:

① 由于转子上有集电环和电刷,不仅增加制造成本,并且集电环和电刷之间的滑动接触,易产生火花,降低了启动和运行的可靠性。特别是在矿山等对防爆有较高要求的场所,或粉尘浓度很高的地方,这就限制了其应用范围。

② 绕线型电动机运行时存在下列电能浪费:集电环和电刷间的摩擦损耗和接触电阻上的电损耗,电刷至控制柜短路开关间三根电缆的电损耗(若电动机与控制柜之间距离长,损耗会更严重)。另外,集电环与电刷产生碳粉、电火花和噪声,会长期污染环境,有害健康。

上述传统感应电动机存在的严重缺点的根本原因在于"启动""运行"和"可靠性"三者之间存在难以调和的矛盾,因此势必顾此失彼,不可兼优。

(7) **解答**　第1章三相异步电动机的转速公式是:

$$n=\frac{(1-s)60f}{p}$$

可见,三相异步电动机的转速 n 与电源频率 f_1、磁极对数 p 及转差率 s 有关。

因此,三相异步电动机有变极对数调速、变转差率调速和变频调速三种调速方式。变极对数调速是有级调速,调速的级数很少,只适用于特制的笼型异步电动机,这种电动机结构复杂,成本高。变转差率调速时,随着 s 的增大,电动机的机械特性会变软,效率会降低。变频调速具有调速范围宽,调速平滑性好,调速前后不改变机械特性硬度,调速的动态特性好等特点。

最后一问,略:参看教材第1章相关内容。

(8) **解答**　鼠笼型异步电动机允许直接启动的条件是:

$$\frac{I_{1st}}{I_{1N}}\leqslant\frac{1}{4}\left(3+\frac{S_{YZ}}{S_D}\right)$$

式中:I_{1st}——电动机的启动电流;

I_{1N}——电动机的额定电流；

S_{YZ}——电源总容量，以 kV·A 为单位；

S_d——电动机容量，以 kV·A 为单位。

如果不满足上式的要求，则必须采用减压启动的方法，通过减压，把启动电流 I_{1st} 限制到其允许的数值。

绕线型异步电动机不存在直接启动的条件，因为其转子和定子一样，都是由线圈绕成，承受不了启动电流。若按启动电流设计转子线圈，势必线粗，体积庞大。

(9) **解答**　调速范围是这样定义的：电动机在额定负载时，所能达到的最高转速 n_{max} 与最低转速 n_{min} 之比，即

$$\alpha_L = \frac{n_{max}}{n_{min}}$$

不同的生产机械对调速范围的要求不同，如车床的调速范围为 20～120，钻床的调速范围为 2～12，铣床的调速范围为 20～30 等，一般变频器的最低工作频率为 0.5 Hz，额定频率为 50 Hz，调速范围为 $\alpha = 50/0.5 = 100$。

(10) **解答**　三相异步电动机的功率传递过程是：由定子向电源吸取电功率，经电磁感应传递到转子，称为电磁功率，该功率使转子产生电磁转矩，再转换成机械功率，带动负载旋转。

异步电动机在功率传递的过程中，不可避免地会有功率损耗，可用图 1-2 来表示三相异步电动机的功率分配。P_1 为定子向电源吸取的电功率；P_{em} 为传递到转子的电磁功率；P_M 为电动机轴上的总机械功率；P_2 为传递给负载的机械功率；P_{cu1}，P_{cu2} 分别为定子铜损、转子铜损，即分别在定子绕组、转子绕组上的损耗；P_{Fe} 为铁损，即在铁芯

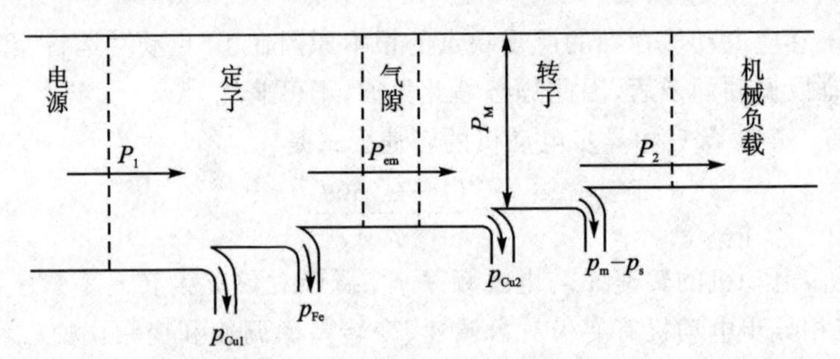

习题图 1-2　三相异步电动机的功率分配

上的损耗；P_m，P_s 分别为机械损耗、附加损耗。电动机转子的电磁功率可用下式计算：

$$P_{em} = 3E'_2 I'_2 \cos\varphi_2 = 3I'^2_2 \frac{r'_2}{s}$$

扣除各种损耗，负载上得到的机械功率为

$$P_2 = P_M - (P_m + P_s)$$

电动机的效率可用下式表示：

$$\eta = \frac{P_2}{P_1}$$

(11) **解答** 公式中各物理量的含义和使用的单位是这样的：

P_M 为电动机的功率，单位是 kW；Ω 为电动机转动的角速度，单位是 rad/s ；n 为电动机转动的速度，简称转速，单位是 red/s ；此公式是由

$$P_M = W/t = F \cdot s/t = F \cdot V = F \cdot R \cdot \Omega = T \cdot \Omega = T \cdot 2\pi f = T \cdot 2\pi n / 60 \text{（单位 W）}$$

而来，将单位化为 kW，则有

$$P_M = (2\pi / 60/1\,000) T \cdot n = T \cdot n / 9\,550$$

(12) **解答** 参看教材 1.2.10 节中的 2. 位能性恒转矩负载系统的正向能耗制动和反向能耗制动。

1.2 解答 异步交流电动机的变频调速的理论依据是转速公式：

$$n = \frac{(1-s)60f}{p}$$

由上式可知，异步交流电动机的调速可以有三种方案：改变转差率 s；改变磁极对数；改变交流电的频率 f，即变频调速。参见教材 1.3.1 节。

1.3 解答 不是。一般，它的电磁转矩 T_S 和额定转矩 T_N 的关系为 $T_S = (1.8 \sim 2) T_N$。为了降低启动电流常用降压的方法来启动。鼠笼型异步电动机常见的降压启动的方法有：自耦变压器减压启动、Y－Δ 启动、定子串电阻(或电抗)减压启动。

1.4 解答 变频技术是一种利用电力半导体器件的通断作用，改变交流电动机的供电频率来达到交流电动机调速目的的电能控制技术。所使用的装置，称为变频器。

1.5 解答 交-交变频主要优点是没有中间环节，变换效率高。主要缺点是连续可调的频率范围窄，一般为额定频率的一半以下。主要应用于低速大容量的电动机拖动系统中。

1.6 解答 参看教材第 1 章相关内容。

1.7 解答 参见教材 1.3.3 节内容。

1.8 解答 参见教材 1.3.3 节内容。

1.9 解答 参看教材第 1 章相关内容。

1.10 解答 参看教材第 1 章相关内容。

1.11 解答 参看教材第 1 章相关内容。

1.12 解答 当大功率开关元件问世并成为逆变器的电力电子器件时，PWM 技术也进入到应用阶段，为了使逆变电路能够得到相当接近正弦波的输出电压和电流，就需要相当准确地计算出各开关元件的通断时间，于是微处理器成为变频器的控制核心，按压频比(U/f)控制原理实现异步电动机的变频调速。同时使变频器的功能也从单一的变频调速功能发展为包含算术逻辑运算及智能控制在内的综合功能；自动控制理论的发展使变频器在改善压频比控制性能的同时，推出了能实现矢量控制、直接转矩控制、模糊控制和自适应控制等多种模式。现代的变频器已经内置有参数辨识系统、PID 调节器、PLC 和通信单元等，根据需要可实现拖动不同负载、宽范围调速和伺服控制等多种应用。所以说，计算机技术和自动控制理论在变频技术的发展过程中起了很重要

的作用。

习题2

2.1 解答 异步交流电动机实现变频调速的基础是开关元件,而能够承受高电压大电流的开关元件是电力电子器件,所以说电力电子器件的发展是变频器发展的基础。

2.2 解答 图2-14左边所示半波整流电路的负载电阻R_d上的电压波形$u_d-\omega t$如图2-14右边所示。由此得出:当$u_g>0$,$u_2>0$时,晶闸管导通,其他情况截止时的$u_d-\omega t$波形如习题图2-1所示。

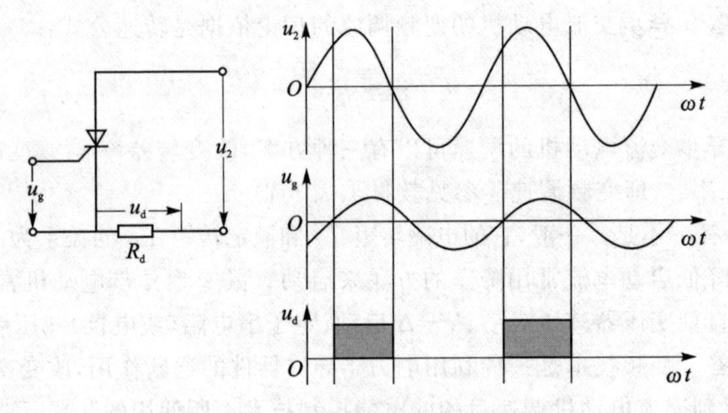

习题图2-1 晶闸管半波整流电路及其波形

2.3 解答 参看本书第2章2.1.2节相关内容。

2.4 解答 GTR(BJT)工作特点与晶体管类同,属于电流控制型器件。其优点是:控制方便,大大简化了控制电路,提高了工作的可靠性。能较好地实现正弦脉宽调制技术;具有自关断能力,主要用作开关,工作在高电压、大电流的场合。

GTR的选择方法有两种:

① 开路阻断电压U_{CEO}选择方法

U_{CEO}通常按电源线电压U_L峰值的2倍来选择

$$U_{CEO} \geqslant 2\sqrt{2}U_L$$

② 集电极最大持续电流I_{CM}选择方法

I_{CM}按额定电流I_N峰值的2倍进行选择

$$I_{CM} \geqslant 2\sqrt{2}I_N$$

2.5 解答 为使GTR开关速度快、损耗小,应有较理想的基极驱动特性。参看教材图2-6中的i_B-t波形,最优化的基极驱动特性电流波形应如习题图2-2所示。

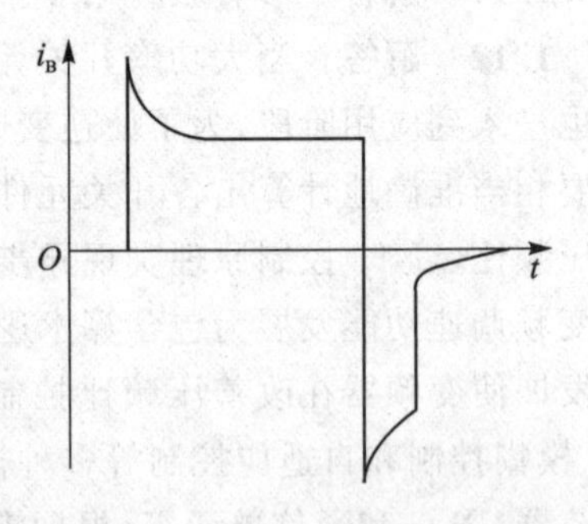

习题图2-2 理想基极驱动电流波形

在GTR开通时,基极电流具有快速上升沿并短时过冲,以加速开通过程。在GTR导通期间应使其在任何负载条件下都能保证正向饱和压降 u_{CES} 较低,以便获得低的导通损耗。但有时为了减小存储时间,提高开关速度,希望维持在准饱和工作状态;在关断时,基极电流也有一快速下降沿和短时过冲,能提供足够的反向基极驱动能量,以迅速抽出基区的过剩载流子,缩短关断时间,减小关断损耗。

2.6 解答 绝缘栅双极晶体管(IGBT)的结构是由场效应晶体管(MOSFET)和功率晶体管(GTR)组合成的模块,其主体部分与功率晶体管相同,也有集电极 C 和发射极 E,但驱动部分却和场效应晶体管相同,也是绝缘栅结构。其电路符号和等效电路如教材图 2-10(a)(b)所示。

绝缘栅双极晶体管(IGBT)的工作特点与场效应晶体管类同,属于电压控制型(u_{GE} 控制 i_C)器件。兼有场效应晶体管(MOSFET)和功率晶体管(GTR)的特点。广泛应用于变频器中。其优点是:

① 输入阻抗高(MOSFET 的特点),导通压降低(GTR 的特点)。因而开关波形好,开关速度快(开关频率高≤20 kHz,比 GTR 高一个数量级),用作变频器件会使变频器的载波频率也较高(≤10 kHz)。

② 电流波形比较平滑,电动机基本无电磁噪声,电动机的转矩增大。

③ 驱动电路简单,已经集成化。适用于功率场效应晶体管(MOSFET)的均可应用。多采用变压器隔离或光隔离驱动电路。如 EXB 系列的驱动模块。

2.7 B;D

2.8 解答 参看教材 2.5.2 节内容。

2.9 解答 参看教材 2.6.2 节内容。

2.10 解答 参看教材 2.8 节内容。

2.11 解答 栅电阻(R_G)值小,栅极充放电电流大,充放电时间常数小,栅极与源极间的电容积累电荷多,IGBT 管的开关时间短,漏、源极间电流容量大;所以,随着电流容量的增大,栅电阻(R_G)值相应减少。

习题 3

3.1 解答 变频器进行有源逆变的基本条件是:必须有把直流电逆变为频率可调的交流电的大功率电子器件。即必须有开关元件,这种开关元件必须耐高电压,大电流;并且,开关频率高。

3.2 解答 在异步电动机调速时,一个重要的因素是希望保持每极磁通 Φ 为额定值,即磁通恒定。如果气隙磁通 Φ_m 小于额定气隙磁通 Φ_m,这样,电动机的铁芯的效能没有得到充分利用。而且也会使电动机的输出转矩下降。如果气隙磁通 Φ_m 大于额定气隙磁通 Φ_m,这样,电动机的铁芯产生过饱和,这就意味着励磁电流会过大,导致绕组过分发热,造成系统的功率因数下降,电动机的效率也随之下降,严重的会使定子绕组过热而烧坏。

恒磁通控制的条件是:在基频以下调速控制

$$U_1/f_1=常量$$

的方式来达到控制 E_1/f_1 不变,保持气隙磁通 Φ_m 不变;基频以上调速不可能保持气隙磁通 Φ_m 不变,因为,电压不能随频率升高而升高,超过额定电压,所以基频以上调速属于弱磁恒功率调速。

3.3 解答 上题已说明:恒磁通控制的条件是:在基频以下调速,控制

$$U_1/f_1=常量$$

的方式来达到控制 E_1/f_1 不变,保持气隙磁通 Φ_m 不变;这就是U/f控制。为了保持气隙磁通 Φ_m 不变,根据 $E_1=4.44K_{N1}f_1N_1\Phi_m$ 可知,必须在降频的同时降压。

3.4 C。

3.5 解答 电动机以很低的频率启动,随着频率的上升,转速上升,直至达到电动机的工作频率后,电动机稳速运行。在此过程中,转速差 Δn 被限制在一定的范围,启动电流也将被限制在一定的范围内,而且动态转矩 ΔT 很小,启动过程很平稳。

3.6 解答 在恒U/f控制中,频率下降后,电动机的临界转矩 T_S 下降,电磁转矩下降,带负载的能力也会下降。频率下降较多时,带负载的能力会下降太多。在频率太低时,定子绕组的感抗分量会减少很多,但电阻分量不变,

$$\Delta U\approx I_1R_1(定子绕组的电阻分量)$$

是一个恒量,于是定子绕组的电压损失 ΔU 几乎不变,由

$$U_1/f_1\approx E_1/f_1+\Delta U/f_1$$

可知随着频率的下降,$\Delta U/f_1$ 越来越大,如果要维持转矩不至下降太多,就需保持 E_1/f_1 为常量,即必须随着 $\Delta U/f_1$ 的增大,让 U_1/f_1 也增大同样的数量,这就是所谓的**"低频补偿"**。即在低频时,应适当提高 U_1/f_1 的值,以补偿 ΔU 所占比例增大的影响。补偿后的电动机的低频机械特性如教材图3-1中粗线所示,其对应的恒压比补偿控制特性如教材图3-2中直线 BA 所示。

除此以外,在 U/f_1 控制方式下,如果电压补偿过多,将最低频时的转矩补偿到与额定转矩相等的程度,轻载或空载时,将出现磁路严重饱和、励磁电流严重畸变的问题。所以,转矩补偿的程度是受限制的。

因为针对不同的负载,U/f控制曲线的低频补偿有不同的情况,所以,变频器总是给出多条U/f控制曲线供用户选择。

3.7 解答 交-直-交变频器的主电路由整流电路,中间直流电路和逆变器三部分组成。电压源型交-直-交变压变频器主电路的基本结构如教材图3-12所示。

(1) 输入整流电路

在中、小容量的通用变频器中,整流器件采用六个不可控的整流二极管或二极管模块构成,如教材图3-12所示。它是变频器输入电路,电压为电源电压 U_S,三相输入端分别为R,S,T(或L1,L2,L3)。输出端为直流"+"端和直流"-"端。输出电流即整流电流,也就是变频器的输入电流 I_S。

电阻 R_L 和短路开关 K_L(或晶闸管 S_L)的作用:变频器接通电源瞬间,滤波电容的充电电流很大,此冲击电流可能损坏整流桥。当电路中串入限流电阻 R_L 后,就限制了

电容的充电电流。对整流桥起保护作用。但当电容器组 C_{F1} 和 C_{F2} 充电到一定程度时,限流电阻 R_L 就起反作用了,会妨害电容器组 C_{F1} 和 C_{F2} 的进一步充电。为此,在 R_L 旁并联一个短路开关 K_L,当电容器组 C_{F1} 和 C_{F2} 充电到一定程度时,让 K_L 接通,将 R_L 短路。在有些变频器中 K_L 用晶闸管 S_L 替代(在教材图 3-12 中用虚线连接表示)。

(2) 中间直流(滤波)电路

三相全波整流后的电压波形脉动较大,需要进行滤波。由于受到电解电容的电容量和耐压能力的限制,滤波电路通常由若干个电容器并联成一组,又由两个电容器组串联而成。直流电压指示灯 H_L 通常是在主控板上,表示滤波电容器 C_F 上的电荷是否已经释放完毕;由于 C_F 的容量较大,电压较高,如不放完,对人身安全将构成威胁。

由于电解电容器的电容量离散性较大,因而电容器组 C_{F1} 和 C_{F2} 的电容量不能完全相等,造成电容器组 C_{F1} 和 C_{F2} 承受的电压不完全相等,使承受电压较高一侧的电容器容易损坏,另一侧也会相继损坏。为了解决这个问题,在电容器组 C_{F1} 和 C_{F2} 旁各并联一个电阻 R_1 和 R_2,两者阻值相等,起均压作用。

电容器组 C_{F1} 和 C_{F2} 的作用除滤波外,还有另外的作用:在整流与后面的逆变电路之间起去耦作用,消除两电路之间的相互干扰;为整个电路的感性负载(电动机)提供容性无功补偿;电容器组 C_{F1} 和 C_{F2} 还有储能的作用。

(3) 输出逆变电路

开关器件(即逆变管)$VT_1 \sim VT_6$ 构成逆变桥,其功能是把直流电转换成频率可调的三相交流电。逆变电路实际输出线电压的波形是经过 SPWM 调制后的高频脉冲系列,但就宏观效果而言,它和正弦波是等效的。

在变频器的逆变电路里,逆变桥每个开关器件旁边,都反并联一个二极管($VD_1 \sim VD_{12}$)。这是由于外加电压和电动机定子绕组的反电动势之间相互作用的需要。

因为逆变管只能在电源做功时单方向导通,因此,必须为反电动势做功提供安全回路,反向二极管就是为此而设立的。

(4) 电阻 R_{01} 和二极管 VD_{01} 的作用

不同型号的变频器,其缓冲电路的结构也不尽相同。教材图 3-12 所示是比较典型的一种。由 $C_{01} \sim C_{06}$,$R_{01} \sim R_{06}$ 和 $VD_{01} \sim VD_{06}$ 组成。

逆变管 $VT_1 \sim VT_6$ 每次由“导通”状态切换到“截止”状态瞬间,极间电压(比如 GTR 的集电极和发射极之间)由近乎 0 V 上升到直流电压值 U_D,如此高的电压变化率会导致逆变管的损坏。$C_{01} \sim C_{06}$ 的功能是降低 $VT_1 \sim VT_6$ 在每次关断时的电压变化率。但由此又产生了新的问题:当逆变管 $VT_1 \sim VT_6$ 每次由“截止”状态切换到“导通”状态瞬间,$C_{01} \sim C_{06}$ 上所充的电压将向 $VT_1 \sim VT_6$ 放电,此放电电流的初始值是很大的,并且叠加到负载电流上,导致 $VT_1 \sim VT_6$ 的损坏。所以,电路中增加了限流电阻 $R_{01} \sim R_{06}$。而 $R_{01} \sim R_{06}$ 的接入,又会在 $VT_1 \sim VT_6$ 关断过程中,影响 $C_{01} \sim C_{06}$ 降低 $VT_1 \sim VT_6$ 电压变化率的效果。为此,电路中又接入了二极管 $VD_{01} \sim VD_{06}$,使 $VT_1 \sim VT_6$ 在关断过程中,$R_{01} \sim R_{06}$ 不起作用;而在 $VT_1 \sim VT_6$ 接通过程中,又迫使

$C_{01} \sim C_{06}$ 的放电电流流经 $R_{01} \sim R_{06}$ 达到限流的目的。

(5) 说明制动单元电路的原理

电动机在工作频率下降的过程中,其转子的转速会超过此时的同步转速,处于再生(回馈)制动状态,拖动系统的动能要反馈到直流电路中,但直流电路的能量无法回馈给交流电网,只能由电容器组 C_{F1} 和 C_{F2} 吸收,使直流电压 U_D 不断上升(称为"泵升电压"),升高到一定程度,就会对变流器件造成损害。为此,在电容器组 C_{F1} 和 C_F 旁并联一个由制动电阻 R_B 和制动单元(用功率开关,如大功率晶体管 GTR 及其驱动电路组成)相串联的电路。当再生电能经逆变器的续流二极管反馈到直流电路时,将使电容器的电压升高,触发导通与制动电阻 R_B 相串联的功率开关 VT_B,让电容放电电流流过制动电阻 R_B,再生电能就会在电阻上消耗。放电电流的大小由功率开关 VT_B 控制。此方法适用于小容量系统。还有另一方法,在整流电路中设置反并联逆变桥,使再生能量回馈给交流电网。该方法适用于大容量系统。

3.8 解答 "DC 制动"即直流制动,也叫能耗制动,是在定子绕组中通入直流电流,激励出稳恒磁场,它对转子产生一个制动转矩,使电动机减速,其过程是消耗机械能转化为热能。

3.9 解答 电动机在运转中如果降低指令频率,则电动机变为非同步发电机状态运行,作为制动器而工作,这就叫作再生(电气)制动。

由于某种原因,电动机的实际转速高于同步转速(如变频调速时,降低指令频率),电动机切割磁场的方向与电动机状态相反,电动机变为非同步发电机状态运行,把输入的机械能变为电能,回馈给电网,称为发电机状态或再生状态。转子绕组中的电流方向也反了,电磁转矩的方向也和转速相反,成为制动转矩。

在整流电路中设置反并联逆变桥,使再生能量回馈给交流电网。该方法适用于大容量系统。

3.10 解答 怎样得到三相电压和频率可调的交流电呢?目前,采用较普遍的变频调速电路是恒幅 PWM 型间接变频电路,由二极管整流器、滤波电容和逆变器组成。三相交流电经过二极管整流器整流后,得到直流电压,然后送入逆变器,再通过调节逆变器的开关元件上的触发脉冲宽度和开关频率,实现调压调频,输出三相电压和频率可调的交流电,供给负载,如交流电动机。

SPWM 型脉冲调制是这样实现的,在开关元件的控制端加上两种信号:三角载波 U_C 和正弦调制波 U_r。当正弦调制波 U_r 的值在某点上大于三角载波 U_C 的值时,开关元件导通,输出矩形脉冲;反之,开关元件截止。改变正弦调制波 U_r 的幅值(注意不能超过三角载波 U_C 的幅值),可以改变输出电压脉冲的宽窄,从而改变输出电压在相应时间间隔内的平均值的大小;改变正弦调制波 U_r 的频率,可以改变输出电压的频率;

对于三相逆变器,必须有一个能产生相位上互差 120°的三相变频变幅的正弦调制波发生器。载频三角波可以共享。逆变器输出三相频率和幅值都可以调节的脉冲波。

SPWM 控制方式就是对逆变电路开关器件的通断进行控制,使输出端得到一系列幅值相等而宽度不等的脉冲,用这些脉冲来代替正弦波所需要的波形,按一定的规则对各脉冲的宽度进行调制,既可改变逆变电路输出电压的大小,也可以改变输出频率。在进行脉宽调制时,使脉冲系列的占空比按正弦规律来安排。当正弦值为最大值时,脉冲的宽度也最大,而脉冲间的间隔则最小;反之,当正弦值较小时,脉冲的宽度也小,而脉冲间的间隔则较大,这样的电压脉冲系列可以使负载电流中的高次谐波成分大幅度减小,称为正弦波脉宽调制,所以变频器多应用 SPWM 控制。

3.11 解答 从调制后的脉冲极性来看,有单极性和双极性之分。采用单极性调制时,在每半个周期内,每相只有一个开关器件反复通、断。例如,A 相的 VT_1 反复通、断。因而三角载波 U_C、正弦调制波 U_r 和逆变器输出的脉冲波三者都是同一方向。显然,采用单极性调制时,必须在每半周加一倒向信号。采用双极性调制时,逆变器同一个桥臂的上下两个开关器件交替通、断,处于互补的工作方式。例如,A 相的 VT_1 和 VT_4 反复通、断。采用双极性调制时,无须在每半周加一倒向信号。

3.12 解答 为了克服普通控制型的 U/f 通用变频器对 U/f 的值进行调整的困难,人们设想,如果采用磁通反馈,让异步电动机所输入的三相正弦电流在空间产生圆形旋转磁场,那么就会产生恒定的电磁转矩,于是,这样的控制方法就叫作“磁链跟踪控制”。由于磁链的轨迹是靠电压空间矢量相加得到的,所以有人把“磁链跟踪控制”也叫作“电压空间矢量控制”。但它仍然属于 U/f 控制方式。

3.13 解答 转差频率 f_S 是施加于电动机的交流电压频率 f_1(变频器的输出频率)与以电动机实际转速 n_N 作为同步转速所对应的电源频率 f_N 的差频率,即 $f_1 = f_S + f_N$。当转差频率 f_S 较小时,如果 E_1/f_1 常数,则电动机的转矩基本上与转差频率 f_S 成正比,即在进行 E_1/f_1 控制的基础上,只要对电动机的转差频率 f_S 进行控制,就可以达到控制电动机输出转矩的目的。这是转差频率控制的基本出发点。

在电动机转子上安装测速发电机等测速检测器装置,转速检测器可以测出 f_N,并根据希望得到的转矩对应于转差频率设定值 f_{S0} 去调节变频器的输出频率 f_1,就可以得到电动机具有所需的输出转矩,这是转差频率控制的基本控制原理。

控制电动机的转差频率还可以达到控制和限制电动机转子电流的目的,从而起到保护电动机的作用。

为了控制转差频率,虽然需要检测电动机的转速,但系统的加减速特性比开环的 U/f 控制获得了提高,过电流的限制效果也更好。

3.14 解答 异步电动机经过坐标变换可以等效成直流电动机,那么,模仿直流电动机的控制方式,求得直流电动机的控制量,经过相应的坐标反变换,就可以控制异步电动机。由于进行坐标变换的是电流(代表磁动势)的空间矢量,所以通过坐标变换实现的控制系统就叫作矢量变换控制系统(Transvector Control System),或称矢量控制系统。

将给定信号和反馈信号,经过控制器,产生励磁电流的给定信号 i_{m1} 和电枢电流的给定信号 i_{t1},经过反旋转变换 VR^{-1} 得到 $i_{\alpha 1}$ 和 $i_{\beta 1}$,再经过 2/3 坐标变换,得到 i_A^*,i_B^* 和 i_C^*。把这三个电流控制信号,和由控制器直接得到的频率控制信号 ω_1 加到带电流控制器的变频器上,就可以输出异步电动机调速所需的三相变频电流,实现了用模仿直流电动机的控制方法(改变给定信号,使励磁电流的给定信号 i_{m1} 即转矩分量得到调整)去控制交流异步电动机,使异步电动机的调速性能达到直流电动机的控制效果。

3.15 解答 矢量控制的交流调速系统的机械特性是很硬的,并且具有很高的动态响应能力。

反馈信号,通常是转速反馈,目的是使异步电动机的转速和给定转速尽量地保持一致,因此,这种交流调速系统的机械特性是很硬的,并且具有很高的动态响应能力。

但是,转速反馈中用到的速度传感器,需要在变频器外部另装测速装置,这个装置又是整个传动系统中最不可靠的环节,安装也很麻烦。由于矢量控制技术的核心是等效变换,而转速反馈并不是等效变换的必要条件。进一步的研究表明,在了解电动机参数的前提下,通过检测电动机的端电压电流,也能算出转子磁通及其角速度,实现矢量控制。因而许多新系列的变频器设置了"无速度反馈矢量控制"功能。"无速度反馈矢量控制"系统,也能得到很硬的机械特性,但由于运算环节相对较多,故动态响应能力不及"有速度反馈矢量控制系统"。在一些动态响应能力要求不高的场合,建议采用"无速度反馈矢量控制系统"。

3.16 解答 直接转矩控制是继矢量控制变频调速技术之后的一种新型的交流变频调速技术。它用空间矢量的分析方法,直接在定子坐标系下计算与控制转矩,采用定子磁场定向,借助于离散的两点式调节(Band - Band 控制)产生 PWM 信号,比较转矩的检测值和转矩给定值,使转矩波动限制在一定的容差范围内(容差的大小,由频率调节器控制),直接对逆变器的开关状态进行最佳控制,以获得转矩的高动态性能。它省掉了复杂的矢量变换与电动机数学模型的简化处理。该系统的转矩响应迅速,限制在一拍以内,而且无超调。这是一种具有高的静态和动态性能的交流调速方法。其控制思想新颖,控制结构简单,控制手段直接,信号处理的物理概念明确。

3.17 解答 在高电压、大容量、交-直-交电压源型变频调速系统中,为了减少开关损耗和每个开关承受的电压,不采用双电平控制方式,人们提出了三电平或五电平逆变器。进而还可以改善输出电压波形,减少转矩脉动。

3.18 解答 参看教材相关内容。

3.19 解答 过电流保护、电动机过载保护、过电压保护、欠电压保护和瞬间停电的处理。详见教材 3.2.3 节之 3.保护与报警单元电路的内容。

3.20 解答

(1) 三相逆变桥的工作过程

如教材图 3-7(a)、(c)电路,逆变桥它由 6 个桥臂组成,上下桥臂各有一个电力电子器件(如可用绝缘栅双极型晶体管(IGBT))组成一相,上下 2 个桥臂交替导电,每个桥臂的导电角度均为 180°。每次换相都是在同一相上下两个桥臂之间进行的,称为纵向换相。

各相之间的导通控制间隔为 60°,在任一瞬间,有 3 个桥臂同时导通。可能是上面 1 个桥臂和下面 2 个桥臂,也可能是上面 2 个桥臂和下面 1 个桥臂同时导通。逆变电路输出的电压波形如图 3-7(b)所示。

三相逆变桥与单相逆变桥的区别是：单相逆变桥交替过程之间互差二分之一周期($T/2$)；三相逆变桥交替过程之间互差三分之一周期($T/3$)，即使三相输出电压的相位之间互差($2\pi/3$)电角度。

(2) 不用 SCR 和 GTO 的原因

为什么低压变频器逆变开关器件不用可控硅(SCR)和门极可关断晶闸管 GTO，而使用其他的电力电子器件(如可用绝缘栅双极型晶体管(IGBT))？

因为逆变桥必须同时满足以下要求：

① 能承受足够大的电压和电流　我国三相低压电网的线电压均为 380 V，经三相全波整流后的平均电压为 513 V($k=1.35$)，而峰值电压则为 537 V($k=1.05$)。这个条件，SCR 和 GTO 均能承受。

② 允许频繁地接通和关断　要求电力电子器件具有自行关断的能力。在逆变桥中，其相互关断的电容器要求电压高、容量大；

③ 接通和关断的控制必须十分方便　但硅可控(SCR)晶闸管不具有自关断能力，要求驱动电流大；它的主电路与控制电路都较复杂、工作不够可靠，性能也不太完善，未能推广普及。并且在不同的负载电流下，硅可控逆变桥的关断条件也并不一致，影响了工作的可靠性。但它是理解许多新型电力电子器件的基础，GTO 具有普通晶闸管(SCR)的全部优点，如耐压高，电流大，控制功率小等。还具有自关断能力，属于全控器件。但其开关频率不高，一般在 2 kHz 以下。用在脉宽调制技术中，难以得到比较理想的正弦脉宽调制波形，使异步电动机在变频调速时产生刺耳的噪声，现在已较少使用。

而绝缘栅双极型晶体管(IGBT)是场效应晶体管(MOSFET)和电力晶体管(GTR)相结合的产物，具有较好的频繁地接通和关断性能。它是一种以极小的控制功率来控制大功率电路的器件，接通和关断的控制十分方便。

所以，低压变频器逆变开关器件不用可控硅(SCR)和门极可关断晶闸管 GTO，而使用其他的电力电子器件(如可用绝缘栅双极型晶体管(IGBT))。

3.21　解答　变频器的 U/f 控制原理如下：由 $E_1=4.44K_{N1}f_1N_1\Phi_M$ 及 $U_1\approx E_1\propto f_1\Phi_M$ 可知：若 U_1 没有变化，则 E_1 也可认为基本不变。如果这时从额定频率 f_N 向下调节频率，因为 $E_1\propto f_1\Phi_M$，必将使 Φ_M 增加，即 $f_1\downarrow\rightarrow\Phi_M\uparrow$。由于额定工作时电动机的磁通已接近饱和，$\Phi_M$ 增加将会使电动机的铁芯出现深度饱和，这将使励磁电流急剧升高，导致定子电流和定子铁芯损耗急剧增加，使电动机工作不正常。

可见，实现变频调速，单纯调节频率是不行的。当下调频率 f_1 时，为保磁通 Φ_M 不变，必须让 E_1/f_1，即 U/f 为常数。

U/f 控制(又称为 Variable Voltage Variable Freqency，VVVF 控制方式)是使变频器的输出在改变频率的同时也改变电压，使 U/f 为常数，保持电动机磁通一定，能在较宽的调速范围内，电动机的转矩、效率、功率因数不下降。

U/f 控制是转速开环控制，无须速度传感器，控制电路简单，负载可以是通用标准异步电动机；因转速的改变是靠改变频率的设定值 f 来实现的，故其动态性能和精确度都欠佳,常用于速度精度要求不十分严格或负载变动较小的场合。

习题4

4.1 解答 变频器的额定数据为:

① 输入侧的额定值:电压、频率和相数;

② 输出侧的额定值:输出电压的最大值 U_N;输出电流的最大值 I_N;输出容量 S_N($S_N=\sqrt{3}U_N I_N$);配用电动机功率 P_N(对于连续工作负载);超载能力,如150%,60s。

变频器的性能指标有:① 频率指标;② 在0.5Hz时能输出多大的启动转矩;③ 速度调节范围的控制精度;④ 转矩控制精度;⑤ 低转速时的转速脉动;⑥ 噪声及谐波干扰;⑦ 发热量。

4.2 解答 电力拖动变频调速系统的变频器的选择是一个比较复杂的问题,是一个有多个步骤的实验过程。主要考虑以下几个方面:负载情况;工作环境;选择变频器的特性;根据需要选择附件。

4.3 解答 变频器所带负载的主要类型如下。

① 恒转矩类负载,其机械特性为:转矩恒定;其功率特性为:功率正比于转速 n。

② 恒功率类负载,其机械特性为:功率恒定;其转矩特性为:转矩反比于转速 n。

风机、泵类负载,其机械特性为:转矩 T_L 正比于转速 n 的平方;其功率特性为:功率正比于转速 n 的三次方 。

4.4 解答 一般先计算负载的需用功率,则电动机的容量一定要大于负载的需用功率。从而确定电动机的功率,再由电动机的功率,确定变频器的功率。最后分以下几种情况进行校核和讨论:

① 连续恒载运转的场合;

② 考虑加减速时的校核;

③ 频繁加减速运行时的校核;

④ 电流变化不规则的场合的校核;

⑤ 电动机直接启动时所需变频器容量的选定和校核;

⑥ 大过载容量;

⑦ 大惯性负载启动时变频器容量的计算;

⑧ 轻载电动机;

⑨ 启动转矩和低速区转矩。

4.5 解答 一般应用于恒转矩负载,可放大一级估算,取110 kV·A。比较复杂的情况,也按书中式(4-4)先算,再考虑过载情况,乘以1.33,得185~220 kV·A。

4.6 解答 一般应用于恒转矩负载,取110 kV·A,电流可放大一级估算,额定电流为224 A。比较复杂的情况,按书中式(4-4)算,得185 kV·A。

4.7 解答 此风机工作于轻载情况,由题设,最低功率不得小于电动机的额定功率的0.65,选择容量110 kV·A,额定电流为180~200 A的变频器。

4.8 解答 按教材式(4-4)先算,得263 kV·A,再考虑过载情况,乘以1.33,得350 kV·A。选300 kV·A。注意,这里不能用263 kV·A乘2.8,因式(4-4)已考虑了一部分过载情况。额定电流为393~828 A,取605 A。总之,既要考虑过载情况,又不可盲目加大,造成浪费。

4.9 解答 按教材式(4-5)先算,得40 A,再考虑变频器输出电压400 V,选变频器容量为:16~20 kV·A。

4.10 解答 按教材式(4-13)算,选5.6~6.1 kV·A容量的变频器。

4.11 解答 变频器有这些外围常规配件:电源变压器,避雷器,电源侧断路器,电磁接触器,电动机侧电磁接触器,工频电网切换用接触器,外围专用配件有,电源侧交流电抗器,无线电噪声滤波器,电源滤波器,制动电阻,用于改善功率因数的直流电抗器。

4.12 解答 主电路电源输入侧连接断路器的作用是:用于变频器、电动机与电源回路的通断,并且在出现过流或短路事故时能自动切断变频器与电源的联系,以防事故扩大。

断路器这样选择:如果没有工频电源切换电路,由于在变频调速系统中,电动机的启动电流可控制在较小范围内,因此电源侧断路器的额定电流可按变频器的额定电流来选用。如果有工频电源切换电路,当变频器停止工作时,电源直接接电动机,所以电源侧断路器应按电动机的启动电流进行选择。

4.13 解答 主电路中接入交流电抗器的作用是:① 实现变频器和电源的匹配,限制因电网电压突变和操作过电压所引起的冲击电流,保护变频器。② 改善功率因数。③ 减少高次(5,7,11,13次)谐波的不良影响。

主电路中接入交流电抗器按书中式(4-18)的方法选择。

4.14 解答

(1)制动电阻与制动单元的作用

当电动机制动运行时,储存在电动机中的动能经过PWM变频器回馈到直流侧,从而引起滤波电容电压升高;当电容电压超过设定值后,制动单元启用,电流经制动电阻消耗回馈的能量。

(2)制动电阻的选用:按教材4.5.2中3所述方法选用。

4.15 解答 通用变频器都具有内部电子热敏保护功能,不需要热继电器保护电动机,但在10 Hz以下或60 Hz以上连续运行时;一台变频器驱动多台电动机时,应考虑使用热继电器。

4.16 解答 为使滤波器能够有效地发挥功效,在输入端安装滤波器时,尽量靠近变频器安装,并与变频器共基板。若两者距离超过变频器使用说明书规定标准,应用扁平导线进行连接。

4.17 解答 应注意变频器和工频电网之间的切换运行是互锁的,这可以防止变频器的输出端接到工频电网上。

选择时注意:对于具有内置工频电源切换功能的通用变频器,要选择变频器生产厂家提供或推荐的接触器型号。对于变频器用户自己设计的工频电源切换电路,按照接触器常规选择原则选择。输出侧电磁接触器使用时请注意:在变频器运转中请勿将输出侧电磁接触器开启(OFF→ON)。在变频器运转中开启电磁接触器,将有很大的冲击电流流过,有时会因过电流而停机。

4.18 解答 起重机械属于恒转矩类负载,速度升高对转矩无影响。功率随速度升高而呈正比增大。

4.19 解答 按教材所述方法,从变频器的容量考虑:应选 90 kV·A;从电动机的功率考虑:依照书中式(4-17)可知,应选 93 kV·A;比较后,选择 90 kV·A。

4.20 D。

习题5

5.1 解答 变频调速系统的组成部分主要有电源、变频器、电动机及负载;辅助环节有测量反馈(含传感器)及控制电路等。构建变频调速系统有以下两方面的基本要求:

① 在机械特性方面的要求;

② 在运行可靠性方面的要求。

5.2 解答 电动机在某一频率下允许连续运行的最大转矩,称为有效转矩。注意:电动机在某一频率下工作时,对应的机械特性曲线只有一条,而有效转矩只有一个点。将所有频率下的有效转矩点连接起来,即得到电动机在变频调速范围内的有效转矩线。

显然,要使拖动系统在全调速过程中都能正常运行,必须使有效转矩线把负载的机械特性曲线包围在内。如果负载的机械特性曲线超越了电动机的有效转矩线,则超越的部分将不能正常工作。

5.3 解答 对恒转矩负载来说,在构建变频调速系统时,必须注意工作频率范围、调速范围和负载转矩的变化范围能否满足要求,以及电动机和变频器的选择。

5.4 解答 见第5章中5.5.1节内容。

5.5 解答 ① 计算负荷率:电动机的额定转矩 T_N 为

$$T_N=\frac{9\ 550\times 11\ \text{N}\cdot\text{m}}{2\ 880}=36.5\ \text{N}\cdot\text{m}$$

因原传动比为 $\lambda=2$,故负载转矩的折算值为

$$T'_L=\frac{70}{2}\text{N}\cdot\text{m}=35\ \text{N}\cdot\text{m}$$

电动机的负荷率

$$\sigma=\frac{T'_L}{T_N}=\frac{35\ \text{N}\cdot\text{m}}{36.5\ \text{N}\cdot\text{m}}=0.96$$

② 核实允许的变频范围:由图5-5知,当负荷率为0.96时,允许频率范围是19~52 Hz,调频范围为

$$\alpha_f = \frac{52\ \text{Hz}}{19\ \text{Hz}} = 2.74 \ll \alpha(=9)$$

显然，与负载要求的调速范围相去甚远。

③ 选择传动比：由图 5-5，如果负荷率为 70% 的话，则允许调频范围为 6～70 Hz，调频范围为

$$\alpha_f = \frac{70\ \text{Hz}}{6\ \text{Hz}} = 11.7 > \alpha(=9)$$

电动机轴上的负载转矩应限制在

$$T'_L \leqslant (36.5 \times 70\%)\text{N} \cdot \text{m} = 25.55\ \text{N} \cdot \text{m}$$

确定传动比为

$$\lambda' \geqslant \frac{70}{25.55} = 2.74$$

故选 $\lambda' = 2.75$。

④ 校核：电动机的转速范围

$$n_{\max} = 1\ 440 \times 2.75\ \text{r/min} = 3\ 960\ \text{r/min}$$
$$n_{\min} = 160 \times 2.75\ \text{r/min} = 440\ \text{r/min}$$

工作频率范围

因
$$s = \frac{3\ 000 - 2\ 880}{3\ 000} = 0.04$$

故
$$f_{\max} = \frac{p \cdot n_{\max}}{60(1-0.04)} = \frac{1 \times 3\ 690}{60(1-0.04)}\text{Hz} = 64\ \text{Hz} < 70\ \text{Hz}$$

$$f_{\min} = \frac{p \cdot n_{\min}}{60(1-0.04)} = \frac{1 \times 440}{60(1-0.04)}\text{Hz} = 7.64\ \text{Hz} > 6\ \text{Hz}$$

式中，p 为电动机的磁极对数，为 1。可见，增大了传动比后，工作频率在允许范围内。

5.6 解答 为了在计算时便于比较，负载的转矩和转速都用折算到电动机主轴上的值。现计算如下：

(1) 负载功率的计算

① 最高转速时的负载功率：

因为

$$T'_L = T'_{L,\min} = 10\ \text{N} \cdot \text{m}$$
$$n'_L = n'_{L,\max} = 1\ 440\ \text{r/min}$$

所以

$$P_L = 10 \times 1\ 440/9\ 550\ \text{kW} \approx 1.5\ \text{kW}$$

② 最低转速时的负载功率：

因为

$$T'_L = T'_{L,\min} = 60\ \text{N} \cdot \text{m}$$
$$n'_L = n'_{L,\min} = 230\ \text{r/min}$$

所以

$$P_{L}=60\times 230/9\ 550\ \text{kW}\approx 1.5\ \text{kW}$$

③ 如果把频率范围限制在 $f_{X}\leqslant f_{N}$ 以内，电动机工作在恒转矩区，电动机的额定转矩必须能够带动负载的最大转矩，则所需电动机最大转矩为

$$T_{N}\geqslant T'_{L,man}=60\ \text{N}\cdot\text{m}$$

同时，电动机的额定转速又必须满足负载的最高转速

$$n_{N}\geqslant n_{L,max}=1\ 440\ \text{r/min}$$

所以，电动机的容量应满足

$$P_{L}=60\times 14\ 400/9\ 550\ \text{kW}\approx 9\ \text{kW}$$

查电动机系列，应选电动机的额定功率为11 kW。可见，所选电动机的容量比负载所需功率增大了7.3倍。

(2) 减小容量的对策

频率范围扩展至 $f_{X}\leqslant 2f_{N}$ 时，因为电动机的最高转速比原来增大了一倍，对比题设条件，可知传动比 λ 也必增大一倍，为 $\lambda'=9$。图5-11(b)画出了传动比增大后的机械特性曲线。其计算结果如下：

① 电动机的额定转矩：因为 $\lambda'=2\lambda$，所以负载转矩的折算值减小了一半，即

$$T_{N}\geqslant T'_{L,max}=30\ \text{N}\cdot\text{m}$$

② 电动机的额定转速仍为1 440 r/min。

③ 电动机的容量

$$P_{N}=\frac{30\times 1\ 440}{9\ 550}\ \text{kW}\approx 4.5\ \text{kW}$$

查电动机系列，故取

$$P_{N}=5.5\ \text{kW}$$

可见，所需电动机的容量减小了一半。

为什么能够节能呢？由题设条件可知，电动机的同步转速为1 440 r/min，磁极对数 $p=2$，对应的频率为50 Hz。现选传动比 $\lambda'=9$，电动机的转速范围是53×9～318×9 r/min，即477～2 862 r/min，对应的频率范围是16.6～100 Hz。可见，电动机一部分工作在恒转矩区(16.6～50)Hz，一部分工作在恒功率区(50～100)Hz内。

由于电动机的工作频率过高，会引起轴承及传动机构磨损的增加，故对于卷取机一类的必须连续调速的机械来说，拖动系统的容量已经不大可能进一步减小了。

5.7　解答

① 电动机的选择：绝大多数风机水泵在出厂时都已经配上了电动机，采用变频调速后没有必要另配。

② 变频器的选择：大多数生产变频器的工厂都提供了风机和水泵用变频器可供选用。它们的主要特点有：

● 风机和水泵一般不容易过载，所以，这类变频器的过载能力较低，为120%/1 min(通用变频器为150 %/min)。因此，在进行功能预置时必须注意，由于负载的转矩与转速的平方成正比，当工作频率高于额定频率时，负载的转矩有可能大大超过额定

转矩，使电动机过载。所以，其最高工作频率不得超过额定频率。

● 配置了进行多台控制的切换功能。如上所述，在水泵的控制系统中，常常需要由1台变频器控制多台水泵的情形。为此，大多数变频器都配置了能够自动切换的功能。

● 配置了一些其他专用于能耗控制的功能，如“睡眠”与“唤醒”功能、PID调节功能等。

5.8 解答 所谓混合特殊性类负载，如金属切削机床中的低速段，由于工件的最大加工半径和允许的最大切削力相同，故具有恒转矩性质。而在高速段，由于受到机械强度的限制，将保持切削功率不变，属于恒功率性质。金属切削机床除了在切削加工毛坯时，负载大小有较大变化外，其他切削加工过程中负载的变化通常是很小的。就切削精度而言，选择U/f控制方式能够满足要求，但从节能角度看并不理想。

矢量变频器在无反馈矢量控制方式下，已经能够在0.5 Hz时稳定运行，完全可以满足要求。而且无反馈矢量控制方式能够克服U/f控制方式的缺点。

当机床对加工精度有特殊要求时，才考虑“有反馈矢量控制方式”。

目前，国内外已有众多生产厂家定型生产多个系列的变频器，使用时应根据实际需要选择满足使用要求的变频器。当然，价格和售后服务等其他因素也应考虑。

5.9 解答 对鼓风机(二次方律负载)，在低转速(频率较低)运行时，负载的阻转矩很小，电动机的有效转矩也比负载转矩大得多，故变频器专门设置了若干根“负补偿线”，在低频运行时，电压应适当减小；对于传输带电动机(恒转矩负载)负载，必须考虑在物料最多的情况下，低频时也能带动负载的问题，因此，应该选择具有“正补偿量”的U/f线，使电动机的有效转矩足以克服负载的阻转矩。

因此，当变频器转为用于风机上时，如果不调整对U/f线的预置，则在低频运行时，必将处于补偿过分的状态，导致电动机磁路高度饱和，励磁电流出现尖峰脉冲，使变频器因过电流而跳闸。

习题 6

6.1 解答 电机交流变频调速技术以其优异的调速和启动、制动性能，高效率、高功率因数，显著的节电效果，进而可以改善工艺流程，提高产品质量，改善工作环境、推动技术进步，还有广泛的适用范围等许多优点而被国内外公认为最有发展前途的调速方式。

6.2 解答 参见教材第6章的相关内容。

6.3 解答 参见教材第6章的相关内容。

6.4 解答 参见教材第6章的相关内容。

6.5 解答 参见教材第6章的相关内容。

6.6 解答

(1) 分析能耗制动过程

当异步电动机供电频率下降,同步转速随之下降,或由于重力负载的带动,造成转子转速超过同步转速,而处于再生制动状态,产生泵升电压,导致直流回路电压升高,将超过上限值 U_{DH};为了防止直流电压超过允许限值,必要时,应在直流回路内接入制动电阻 R_B,让滤波电容器上"堆积"的电荷很快泄放掉,调整直流电压跟随下降,能耗电路将停止工作。但只要电动机的再生制动状态未结束,直流电压又会上升,上述过程将重复发生。可见,即使在连续再生制动的情况下,能耗电路也处于断续工作的状态。

(2) 制动电阻计算

统计资料表明,制动电阻阻值的选定有一个不可违背的原则:应保证流过制动电阻的电流 I_C 小于制动单元的允许最大电流输出能力,即

$$R > \text{直流电压上限值 } U_{DH}/I_C$$

并且,当流过能耗电路的制动电流 I_B 等于电动机额定电流的一半时,电动机的制动转矩大约等于其额定转矩。于是应取

$$R = 2\text{ 直流电压上限值 } U_{DH}/I_C = 2\times 700\ \text{V}/70\ \text{A} = 20\ \Omega$$

其中:直流电压上限值 U_{DH} 为变频器直流侧所可能出现的最大直流电压;I_C 为制动单元的最大允许电流。

若取制动电阻的规格是:20 Ω,5 kW,由题设,直流电压上限值 $U_{DH}=700$ V,所以,制动电阻接入电路时消耗的功率为

$$P_B = \frac{U_{DH}^2}{R_B} = \frac{700^2}{20} = 24\ 500\text{W} = 24.5\ \text{kW}$$

则由书中式(4-21)可知,制动电阻的修正系数为

$$\gamma_B = \frac{P_{BO}}{P_B} = \frac{24.5}{5} = 4.9$$

式中:P_B 为制动电阻接入电路时消耗的功率,kW,实际制动电阻的容量可以适当减小(因能耗电路处于断续工作状态之故),$P_B \geqslant P_{BO}/\gamma_B$;$P_{BO}$ 为制动电阻的实际值,kW;γ_B 为容量的修正系数。其取值范围大致如下:用于制动次数少,每次制动时间短,间隔时间长时,$\gamma_B = 1\sim7$;对于启动与制动比较频繁的负载,以及对于向下运行的重力负载来说,容量的修正系数经验值可查容量的修正系数(参看书中图4-6),宜取 $\gamma_B = 1.0\sim1.5$。

上面计算得出的修正系数4.9,用于重力负载,显然是太大了。

取 $\gamma_B = 1.4$,于是

$$P_B = \frac{P_{BO}}{\gamma_B} = \frac{24.5}{1.4} = 17.8 \approx 18\ \text{kW}$$

采用发热元件代替原制动电阻。用9根2 kW,20 Ω的发热电阻丝三三并联后再串联来代替,则冷态电阻值接近于20 Ω;合成热态电阻 R_B,的大小约为24.2 Ω。发热元件总的额定功率为

$$P_B = 2\times 9 = 18\ \text{kW}$$

于是,制动电阻的阻值和容量为20 Ω、18 kW。

6.7 解答 变频调速系统配电元件选择

(1)塑壳断路器和快速熔断器选择原则

$$I_{QN} \geqslant (1.3 \sim 1.4) I_N$$

式中:I_{QN} 为断路器和快速熔断器的额定电流,A;I_N 为变频器的额定电流,A。

输入接触器主触点的额定电流大于变频器的额定电流:

$$I_{KN1} \geqslant I_N$$

式中:I_{KN1} 为输入接触器主触点的额定电流,A。

因电机 $P_e = 22$ kW,$I_e = 43$ A;$(1.3 \sim 1.4) I_N = (1.3 \sim 1.4) \times 43$ A $\approx (59.8 \sim 60.2)$ A;选额定电流为 63 A 规格的塑壳断路器和快速熔断器。

又因 $I_{KN1} \geqslant I_N$,故取额定电流为 50 A 规格的接触器。

(2) 水泵负载上下限频率的预置

离心式水泵属于二次方律负载,故最高频率也不允许超过电动机的额定频率(基本频率)。水泵的上限频率通常预置为 50 Hz,但因为在变频 50 Hz 下运行,与工频 50 Hz 运行相比,至少增加了变频器本身的功耗。

所以,从节能的角度出发,上限频率可预置为 49.5 Hz 或 49 Hz。如流量不足,可切换至工频运行;由于水泵的扬程特性与转速有关,转速太低,供水系统有可能因达不到实际扬程而不能供水。因此,下限频率须根据实际扬程来预置。

(3) 变频恒压供水流量计异常

如果变频器运行时,供水系统流量计工作异常,可先检查流量计本身有无故障。否则再进一步检查变频器产生的高次谐波对流量计电路的干扰。流量计故障多是这个原因,教材第 7 章对此有详述,容后学习。高次谐波通过“电路耦合”“感应耦合”和“电磁辐射”多种方式对流量计电路产生干扰。

应对措施:通过隔离变压器使流量计与电网隔离;流量计信号线与控制线应尽量远离变频器的输入电力线、输出电力线,或使两者垂直交叉。

为防止频率很高的、具有向空中辐射电磁波的谐波电流分量,变频器主电路应接入电抗器和滤波器,并注意系统的接地,接地时,应注意:

变频器所用的接地线,必须和其他设备的接地线要分开,绝对不允许把所有设备的接地线连在一起后再接地;接地线应尽量粗一些;接地地点应尽量靠近变频器,远离电源线;变频器的接地端子不能和电源的“零线”相接。

(4) 恒压供水节能设计

参看教材 6.4.2。对二次方律负载,当电动机在额定转速(相对转速 $n_X^* = 1.0$)下运行时,负载转矩等于额定转矩(相对转矩 $T_X^* = 1.0$),此时负载所消耗的电功率等于额定功率(相对功率 $P_X^* = 1,0$)。如果平均转速下降至 $n_X^* = 0.7$ 的话,则负载转矩减小为:$T_X^* = 0.7^2 = 0.49$,而输出功率则减小为:$P_X^* = 0.7^3 \approx 0.34$,

与额定转速时相比,节约电能为

$$\Delta P_X^* \approx 1.0 - 0.34 = 0.66$$

即变频调速可节能达 66%。

显然,转速控制的实质是通过改变水泵的供水能力来适应用户对流量的需求。当水泵的转速改变时,扬程特性将随之改变,在所需流量小于额定流量($Q_X=Q_B<Q_N$)的情况下,转速控制所需的流体功率比阀门控制要小得多,两者之差 ΔP 便是转速控制方式节约的流体功率。这就是变频调速供水系统具有节能效果的基本原理。

集体用户供水系统的特点是:

① 静扬程 H_{A1} 较大,而静扬程越大,则供水时的基本功耗越大。

② 静扬程变化越大,则供水时的节能效果越好。

③ 对于集体用户供水系统,无论是每台电机用一台变频器,还是4台电机共用一台变频器,都必须维持整个供水系统静扬程的相对稳定。因此,无从比较一台变频器和用四台变频器的节能效果。当然,一台变频器比用四台变频器的投入成本要高,再考虑到变频器本身的耗能,就更不划算了。

但是,一台变频器控制四台电机的系统的设计和管理,比四台变频器各自控制每台电机的系统,要复杂多了。

习题 7

7.1 解答 根据功率的大小,变频器的外形有盒式和柜式两种。

7.2 解答 主电路接线端有:

① 输入端 其标志为L1,L2,L3,有的标志为R,S,T,接工频电源。

② 输出端 其标志为U,V,W,接三相鼠笼电动机。

输入端和输出端绝对不能接错。否则,逆变器会迅速烧坏。

③ 直流电抗器接线端将直流电抗器接至"+"与 P_1 之间,可以改善功率因数。出厂时"+"与 P_1 之间有一短路片相连,需接电抗器时应将短路片拆除。

④ 制动电阻和制动单元接线端制动电阻器接至"+"与PR之间,而"+"与"-"之间连接制动单元或高功率因数整流器。

7.3 解答 变频器控制电路接线端大致分为以下几类:

① 外接频率给定端;

② 输入控制端;

③ 故障信号输出端;

④ 运行状态信号输出端;

⑤ 频率测量输出端;

⑥ 通信PU接口。

7.4 解答 变频器的基本功能参数有基本参数和功能参数。基本参数是指变频器运行所必须具有的参数,主要包括转矩补偿、上下限频率、基本频率、加减速时间和电子热保护等。功能参数是指根据选用的功能而需要预置的参数,如PID调节的功能参数等。如果不预置参数,则变频器参数自动按出厂时的设定选取。

7.5 解答 变频器运行时需要设置基本功能参数和选用功能参数。功能参数的预置过程大致有下面几个步骤：

① 查功能码表，找出需要预置的参数的功能码。

② 在参数设定模式(编程模式)下，读出该功能码中原有的数据。

③ 修改数据，送入新数据。

7.6 解答 变频器有以下保护功能需要进行设置：过电流保护，过电压保护，电子热保护，瞬时停电保护等功能。设置方法同一般功能参数的预置。

7.7 解答 变频器提供了与加、减速有关的功能：如加、减速时间，加、减速方式等。要根据不同的负载要求进行设置。基本原则就是不过流，不过压；再就是照顾有特殊要求的负载。如电梯，要考虑人体感觉；又如风机的惯性；水泵的“水锤效应”。

7.8 解答 变频器提供了以下与启动和制动有关的功能：启动频率、瞬时停电再启动前的直流制动功能，直流制动动作频率 f_{DB}、直流制动电压 U_{DB}、直流制动时间 t_{DB}，再如启、制动的转矩要求等。

7.9 解答 PID 控制是综合使用了比例、积分、微分等控制手段，构成一个闭环控制系统，能使控制系统的被控量在各种情况下，都能够迅速而准确地接近控制目标。具体地说，是随时将传感器测量的实际信号(称为反馈信号)与被控量的目标信号相比较，以判断是否已经达到预定的控制目标。如尚未达到，则根据两者的差值进行调整，直至达到预定的控制目标为止。

7.10 解答 三菱 FR－E500 系列变频器以下几种操作模式：

“1”——PU 操作模式　是指启动信号和频率设定均采用变频器的操作面板操作。即运行指令用 RUN 键或操作面板(FR. PA02—02)的“FWD/REV”。频率设定用“▲/▼”键。

“2”——外部操作模式　是指根据外部的频率设定旋钮和外部启动信号进行的操作。频率设定用外部的接于端子 2～5 之间的旋钮(频率设定器)RP 来调节。变频器操作面板只起到频率显示的作用。

“3”——组合操作模式 1　是指启动信号由外部输入；运行频率由操作面板设定，频率设定用操作面板的▲/▼键。不接收外部的频率设定信号和 PU 的正转、反转信号。

“4”——组合操作模式 2　是指启动信号用“RUN”键或操作面板的“FWD/REV”键来设定，频率设定用外部的接于端子 2～5 之间的旋钮(频率设定器)RP 来调节。

“5”——程序运行模式。

“6”——切换模式　在运行状态下，进行 PU 操作和外部操作的切换。

“7”——外部操作模式 (PU 操作互锁)　当 MRS 信号为 ON 时，可切换到 PU 操作模式；当 MRS 信号为 OFF，禁止切换到 PU 操作模式。

“8”——切换到除外部操作模式以外的模式　当多段速度信号 X_{16} 端为 ON 时，切换至外部操作模式；当信号端 X_{16} 为 OFF 时，切换到 PU 操作模式。

各操作模式的异同主要在：

① 是由操作面板操作，还是信号通过端口由外部输入，还是综合操作；

② 信号类型和信号的有无。

7.11 解答 选择U/f控制曲线常用的操作方法大致分为以下几步：

(1) 观察低速下电动机的启动

低速运行是指该生产机械所要求的最低转速，电动机应该满载。观察电动机的启动。

将频率缓慢上升至一个较低的数值，观察机械的运行状况是否正常，同时注意观察电动机的转速是否从一开始就随频率的上升而上升。如果在频率很低时，电动机不能很快旋转起来，说明启动困难，应适当增大电压频率比控制曲线的高度或增大启动频率。

(2) 全速启动试验

将给定频率设定在最大值，按“启动按钮”，使电动机的转速，从零一直上升至生产机械所要求的最大转速，观察以下情况：

① 启动是否顺利　电动机的转速是否从一开始就随频率的上升而上升，如果在频率很低时，电动机不能很快旋转起来，说明启动困难，应适当增大U/f比控制曲线的高度或启动频率。

② 观察整个启动过程是否平稳　即观察是否在某一频率时有较大的振动，如有，则将运行频率固定在发生振动的频率以下，以确定是否发生机械谐振？以及是否有预置回避频率的必要。

(3) 全速运行试验

把频率升高至与生产机械所要求的最高转速相对应的值，运行1～2 h，并观察电动机的带载能力。电动机带负载高速运行时，注意观察当变频器的工作频率超过额定频率时，电动机能否带动该转速下的额定负载。

(4) 轻载或空载试验

如果负载经常变化，还要做轻载或空载试验，在低速下运行，观察定子电流的大小，如果过大，或者变频器跳闸，说明原选U/f比控制曲线的高度过大，应适当调低。

7.12 解答 变频器的安装场所要求是：

① 安装在金属等不易燃烧的材料板上，还有无易燃、腐蚀性气体和液体。安装在易燃材料上，有火灾的危险。

② 两台以上的变频器安装在同一控制柜内时，应设置冷却风扇，并使进风口的空气温度保持在40℃以下。因为过热，会引起火灾及其他事故。

③ 环境温度－10～40 ℃，裸机为－10～50 ℃，避免直接日晒。

④ 室内通风良好。相对湿度小于90％，无结露现象和雨水滴淋；无灰尘、油性灰尘、漂浮性的纤维及金属微粒。

⑤ 无电磁干扰，远离干扰源。

选择安装场所时，应基础坚固，无振动。

7.13 解答 参看该变频器的说明书，一般上下空间≥120 mm，左右空间≥50 mm。

7.14 解答 参看第7章相关内容。

7.15 解答 参看第7章相关内容。

7.16 解答 参看第7章相关内容，主要有参数问题、电动机问题、变频器问题和电路问题等。

7.17 解答 变频器的主电路端子R，S，T和U，V，W绝对不能接错。否则，逆变器会迅速烧坏。电源端子R，S，T连接时无相序要求。

7.18 解答 参看教材相关内容。

7.19 解答 频率给定信号有两种：数字量和模拟量。

数字量给定的方式由通过面板上的按键给定，或通过接口RS-232C、RS-485由其他机器(如PLC)给定。

模拟量给定的方式是指由模拟量进行外接频率给定(参看第7章图7-3)，比如通过外接电位器连接变频器的10，1，5(对应于5 V，VRF和GND)三端进行电压给定，也可以是电压信号U_G(0～5 V或0～10 V)直接送入10，1，5三端；还可以是电流信号I_G(4～20 mA)直接送入4，5两端。

7.20 解答 最大给定频率、最小给定频率与上、下限频率的区别是：上、下限频率不是最大频率和最小频率。上限频率f_H是根据生产需要预置的最大运行频率，它并不和某个确定参数相对应。假如采用模拟量给定方式，给定信号为0～5 V的电压信号，则给定频率对应为0～50 Hz；而上限频率f_H = 40 Hz，则表示给定电压大于4 V以后，不论如何变化，变频器输出频率为最大频率40 Hz。

7.21 解答 参看第7章相关内容。

7.22 解答 参看第7章相关内容。

7.23 解答 参看教材相关内容。

7.24 解答 参看第7章中7.2.1节相关内容。

7.25 解答 当变频器发生故障后，如果变频器有故障诊断并显示数据，其处理方法是：查找变频器使用说明书中有关指示故障原因的内容，找出故障部位。用户可根据变频器使用说明书指示部位重点进行检查，排除故障元件。

7.26 解答 立即断电停机，认真分析故障现象，参看第7章中相关内容。排除故障后再开机试运行，观察运行情况，还要检查有无过电流、过电压以及轻载、空载运行等情况。

7.27 解答 参看第7章相关内容。

7.28 解答 参看第7章相关内容。

7.29 解答 参看第7章相关内容。

7.30 解答 检查电源,看是否瞬时停电或电压低落,有无故障显示。若因电网电压不符,应更换电网或设置变压器。

7.31 解答 当变频器的输出频率达到50 Hz时,通常的做法是把变频器脱离系统,直接用工频供电,可以在电动机没有停止时,直接接上工频电源。因为两个电源频率相符。反之,不能在电动机没有停止时,直接由工频电源切换到变频器,会损坏变频器。因为变频器是在接电后,才能将频率逐渐调上去。所以,必须在电动机停止时,才能由工频电源切换到变频器,然后,重新启动运行。

7.32 解答

(1) 接线图如习题图7-1所示,"运行/停止"信号由外部输入变频器的端子接口,接通SU与STR,SE与SD,可自动反复完成上述工序。不接通SU与STR,SE与SD时,只运行一次。

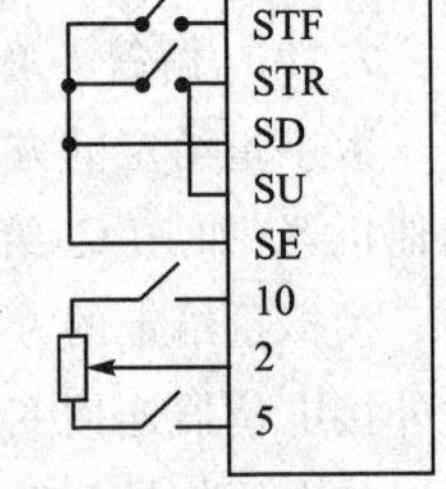

习题图7-1 接线图

列出变频器主要设定代码表如下:

因题目要求,自动反复完成上述工序。故设操作方式为"程序运行"。所以,设Pr.79功能码值为5。每一循环完成,到时从SU输出报警信号,使内部定时器清零,之后又重复运行,故设Pr.76功能码值为3。

由图7-28可知:加、减速时间均是1 s,所以,设Pr.7功能码值为1;Pr.8功能码值为1。

由图7-28还可知:最高频率、基准频率、基底频率、上限频率都是50 Hz;下限频率为0。所以,设Pr.20功能码值为50;Pr.3功能码值为50;Pr.1功能码值为50;Pr.2功能码值为0。

综合成下面的基本参数设定如习题表7-1所列。

习题表7-1 基本参数设定表

参数号	Pr.7	Pr.8	Pr.20	Pr.3	Pr.1	Pr.2	Pr.79	Pr.76
设定值	$t_{上}=1$ s	$t_{下}=1$ s	$f_{加减基准}=50$	$f_{基底}=50$	$f_{上限}=50$	$f_{下限}=0$	5	3

再接着设定程序运行参数。由图7-28,可知:

程序运行时间用Pr.200设定监视方式:

"0"表示以min/s(分/秒)为单位计(电压监视);

"1"表示以h/min(小时/分)为单位计(电压监视);

"2"表示以min/s(分/秒)为单位计(时间监视);

"3"表示以h/min(小时/分)为单位计(时间监视);此题选"Pr.200功能码值为3"。

程序运行状况参数用Pr.201~Pr.230设定:表中每个参数有三个内容:

第一个内容表示转向:"0"为停止;"1"为正转;"2" 为反转。

第二个内容表示运行频率。

第三个内容表示运行此频率的开始时刻。

具体设定如习题表 7－2 所列。

习题表 7－2　参数号与设定值

参数号	Pr. 200	Pr. 201	Pr. 202	Pr. 203
设定值	2	1,50,0.00	2,50,0.06	2,0,0.13

“接线、调试过程”从略。

(2) 回　答

① 机械式变速器不能无级变速，难以提高加工精度；机械式变速器必须停车调速，不方便，既浪费时间，劳动效率又不高。

② 根据第 4 章中式(4－7)，可以估算加、减速时间。

7.33　解答　接线图如习题图 7－2 所示，“运行/停止”信号由外部输入变频器的端子接口，接通 SU 与 STR，SE 与 SD 时，可自动反复完成上述工艺。不接通 SU 与 STR，SE 与 SD 时，只运行一次。从题意可知，空载转速 1 500 r/min，对应的频率为 50 Hz；而 900 r/min，对应的频率为 30 Hz；450 r/min，对应的频率为 15 Hz。还要求电动机低速时仍有较大转矩，电动机的加、减速率均为 25 Hz/s。再对比习题图 7－2 可知，食品搅拌机运转时的加速时间为 0.6 s，减速时间为 1.2 s。要求自动运转 4 个循环后停止，清零后，按下“自动运行”按钮，又可继续。显然，要选择“程序运行”方式。于是，基本参数得以设定；再考虑到运行情况，又可设定程序运行参数。综合考虑，可按习题表 7－3 和习题表 7－4 基本参数进行。

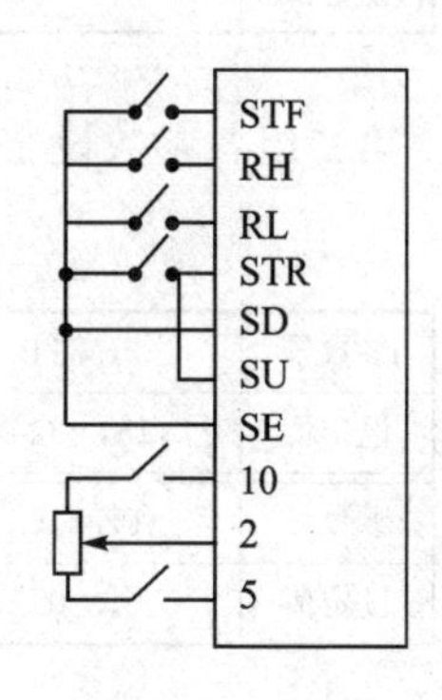

习题图 7－2　接线图

习题表 7－3　基本参数设定(在 Pr. 79 功能码为 1 下设定)

参数号	Pr. 7	Pr. 8	Pr. 20	Pr. 3	Pr. 80	Pr. 81
设定值	$t_{上}=0.6$ s	$t_{下}=1.2$ s	$f_{加减基准}=50$	$f_{基底}=50$	0.37	4
参数号	Pr. 79	Pr. 76	Pr. 0	Pr. 4	Pr. 5	—
设定值	5	3	5%	30	15	—

习题表 7－4　程序运行参数设定(在 Pr. 79 功能码为 5 下设定)

参数号	Pr. 200	Pr. 201	Pr. 202	Pr. 203
设定值	2	1,15,0.00	1,30,0.04	0,0,0.09
参数号	Pr. 204	Pr. 205	Pr. 206	—
设定值	2,15,0.12	2,30,0.16	0,0,0.21	—

4个循环后切断电源。“接线、调试过程”从略。

也可以不接通SU与STR,SE与SD时,只运行一次,但程序运行参数设定表要设计成三组,每10个一组,每组计时都从零起始,如习题表7-5、习题表7-6和习题表7-7所列。

第一组:先设Pr.200功能码值为2后,再设习题表7-5各参数。

习题表7-5 第一组参数号设定

参数号	Pr.201	Pr.202	Pr.203	Pr.204	Pr.205
设定值	1,15, 0.00	1,30, 0.04	0,0, 0.09	2,15, 0.12	2,30, 0.16
参数号	Pr.206	Pr.207	Pr.208	Pr.209	Pr.210
设定值	0,0, 0.21	1,15, 0.24	1,30, 0.28	0,0, 0.33	0,0, 0.36

第二组各参数设定如习题表7-6所列。

习题表7-6 第二组参数号设定

参数号	Pr.211	Pr.212	Pr.213	Pr.214	Pr.215
设定值	2,15, 0.00	2,30, 0.04	2,0, 0.07	1,15, 0.10	1,30, 0.14
参数号	Pr.216	Pr.217	Pr.218	Pr.219	Pr.220
设定值	0,0, 0.19	2,15, 0.22	2,30, 0.26	0,0, 0.31	0,0, 0.34

第三组各参数号设定如习题表7-7所列。

习题表7-7 第三组参数号设定

参数号	Pr.221	Pr.222	Pr.223	Pr.224
设定值	1,15, 0.00	1,30, 0.04	0,0, 0.09	2,15, 0.12
参数号	Pr.225	Pr.226	—	—
设定值	2,30, 0.16	0,0, 0.21	—	—

回 答

① 对交流电动机,采用变频调速相对于采用调压调速优点多。调压调速主要是降压调速,同步转速不变,启动转矩和临界转矩减少,能拖动的负载转矩范围锐减,机械特性变软,动静态性能变差。采用变频调速多用于机械特性的硬度和能拖动的负载转矩范围基本不变等场合。

② 变频器开关频率越高,其输出波形就越接近于正弦脉宽调制波形。由此减少了谐波分量,增大调速范围,减少转矩的脉动幅度,噪音小。但变频器成本高,价格昂贵。适用于对系统动静态性能要求较高的场合。本题系统工作在较低频率,动静态性能要求不高,选择一般的变频器开关频率、“U/f”控制方式的变频器即可。

③ 变频器在低转速时做不做电压补偿,主要看系统对低转速运行时的要求。就本题

而言，由于搅拌物有一定黏度，要求电动机低速时仍有较大转矩。所以，必须在低转速时做电压补偿。

7.34 解答

(1) 此题横坐标未标明具体时间，且控制信号从变频器的外部端子(多功能端子)输入，说明此车运行时间受外部端子控制。有 3 个速度(中速 1 200 r/min，即 40 Hz；低速 270 r/min，即 9 Hz；高速 1 800 r/min，即 60 Hz)。要求停车时位置准确，应采用直流制动，升降速率均为 30 Hz/s。

由此画如习题图 7-3 的运行示意图，设计接线如习题图 7-4 所示，列出变频器主要设定代码表为：

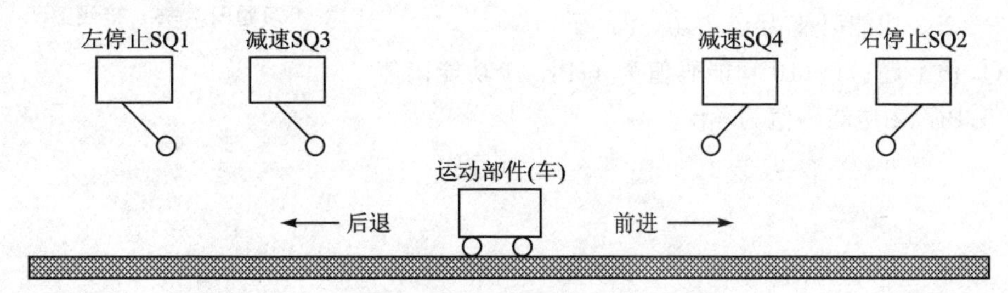

习题图 7-3 示意图

加减速基准频率 Pr. 20：$f=60$ Hz；加速时间 Pr. 7：$t=2$ s；减速时间 Pr. 8：$t=2$ s；

3 个速度：Pr. 4：$v_1=40$ m/s；Pr. 5：$v_2=60$ m/s；Pr. 6：$v_3=9$ m/s；

Pr. 10：$v_4=9$ m/s，Pr. 11：$v_5=0.5$ m/s；Pr. 79：$v_6=3$ m/s；Pr. 12 参数值为 4%。

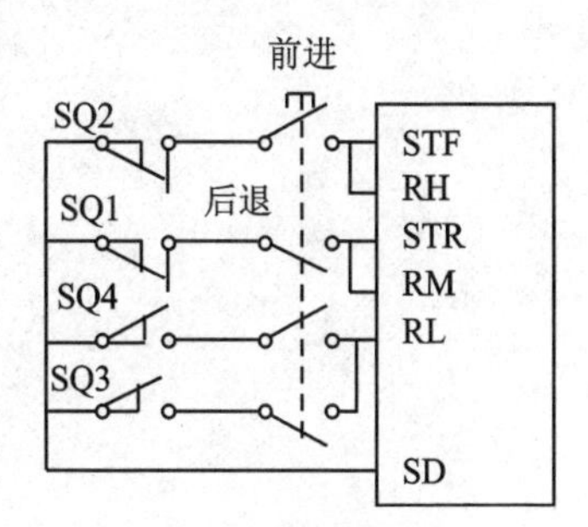

习题图 7-4 接线图

(2) 回 答

① 仿上题，但本题调速范围大，要求停车时位置准确，升降速率也大，均为 30 Hz/s。所以，要求变频器开关频率高。

② 变频器是通过能耗电阻和能耗制动单元完成直流能耗制动的。变频器是通过设定参数 Pr. 10，Pr. 11，Pr. 12，Pr. 30 和 Pr. 70 的功能码值来选择直流能耗制动的强度和时间的，详见手册。

7.35 解 答

① 由题意可知，控制信号从变频器的外部端子送入后，能自动完成加工工艺。说明此车床启动受外部端子控制，开始指令由开关代替，结束信号可由发光二极管等代替。按程序运行，并且有三个速度(高速 1 200 r/min，即 40 Hz；低速 120 r/min，即 4 Hz；中速 240 r/min，即 8 Hz)。要求停车时位置准确，应采用直流制动。升降速率可从习题图 7-5 看出，由此设计接线如习题图 7-5 所示。列出变频器主要设定代码表如下：

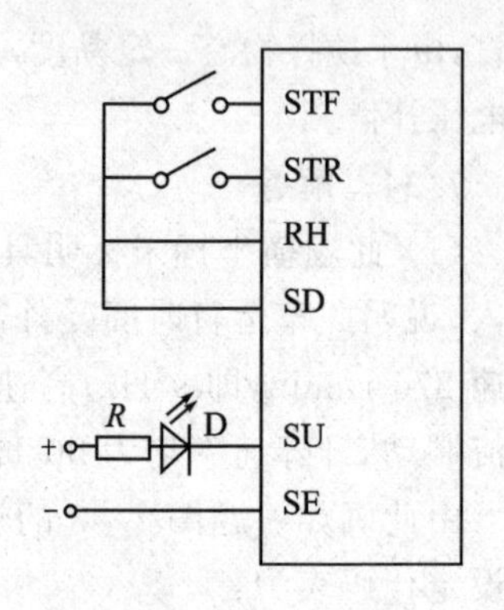

习题图 7-5　接线图

Pr.79 功能码值为 5：加减速基准频率 Pr.20：$f=60$ Hz，加速时间 Pr.7：$t=3$ s，减速时间 Pr.8：$t=2$ s，

Pr.200 功能码值为 2，Pr.201 功能码值为 1，40，0.00；

Pr.202 功能码值为 1，4，0.06；

Pr.203 功能码值为 2，8，0.10；

Pr.204 功能码值为 1，40，0.12；

Pr.205 功能码值为 1，4，0.18；

Pr.206 功能码值为 0，0，0.22；

② 仿上题。Pr.10 功能码值为 4；Pr.11 功能码值为 0.5；Pr.12 功能码值为 4%。

参考文献

[1] 张燕宾,李鹤轩．电动机变频调速图解[M]. 北京:中国电力出版社,2003.

[2] 陈伯时,陈敏逊．交流调速系统[M]. 北京:机械工业出版社,2005.

[3] 王树．变频调速系统设计与应用[M]. 北京:机械工业出版社,2005.

[4] 刘美俊．通用变频器应用技术[M]. 福州:福建科技出版社,2004.

[5] 李良仁．变频调速技术与应用[M]. 3 版. 北京:电子工业出版社,2015.

[6] 孙传森,钱平．变频器技术[M]. 北京:高等教育出版社,2005.

[7] 何超．电工技术[M]. 北京:中国人民大学出版社,2000.

[8] 龚仲华．变频器从原理到完全应用:三菱、安川[M]. 北京:人民邮电出版社,2009.

[9] 李自先,周中方,张相胜. 变频器应用、维护与修理[M]. 北京:地震出版社,2005.